現代天文学史

History of Modern Astronomy

天体物理学の源流と開拓者たち

小暮智一
Tomokazu Kogure

京都大学学術出版会

目　　次

はじめに　1

第1部　天体分光学

第1章　「新天文学」の開幕 …………………………………………… 11

  1. フラウンホーファーと太陽スペクトル　12
  2. キルヒホッフと分光分析　20
  3. ハギンスと「新天文学」　28
  4. 分光分類への道，セッキとフォーゲル　45
  5. ラザファードと分光観測　57
  6. ドナーティと彗星　65
  7. グリニジ天文台と新天文学　71

第2章　星の分光分類とHD星表 ……………………………………… 81

  1. ドレイパーとヘイスティングス天文台　82
  2. ハーバード大学天文台とピッカリング　97
  3. フレミングと特異星探査　110
  4. モーリーと独自分類　119
  5. キャノンとHD星表　129
  6. リービットとケフェウス型変光星　140

第2部　星の構造と進化論

第3章　星の進化論とHR図表 ………………………………………… 147

  1. 忘れられた先駆者ウォータストン　148

2. 外科医マイヤーとエネルギーの法則　　153
    3. レーンとリッターのガス球論　　161
    4. エムデンのガス球論とカール・シュヴァルツシルト　　168
    5. ロッキャーと星の2元的進化論　　177
    6. ヘルツシュプルングと色等級図の着想　　184
    7. ラッセルとHR図の成立　　192
    8. モーガンと2次元分光分類　　200

  第4章　熱核反応と星の進化論 ……………………………………… 209
    1. エディントンと内部構造論　　210
    2. チャンドラセカールと白色矮星　　221
    3. ベーテと熱核反応　　233
    4. ワイツゼッカーと思索的物理学　　241
    5. ガモフと星の均質的進化論　　249
    6. エピックと星の非均質モデル　　256
    7. トランプラーと散開星団の進化　　262
    8. サンデージと球状星団の進化　　272
    9. マーティン・シュヴァルツシルトと星の進化論　　278

第3部　銀河天文学と宇宙論

第5章　銀河と星雲の世界 ……………………………………………… 287
    1. ハーシェルと天空の探索　　288
    2. 第3代ロス卿と渦状星雲の発見　　306
    3. 星団と星雲のカタログ，GC，NGCの成立　　312
    4. 天空の穴とエドワード・バーナード　　318
    5. オルフと暗黒星雲　　331
    6. 電離星雲の構造　　341

第6章　銀河系の発見 ………………………………………… 355

1. 恒星の距離測定に挑んだ人たち　356
2. シュトルーヴェの銀河系モデル　370
3. カプタインと銀河系モデル　373
4. ゼーリガーと銀河系モデル　384
5. カーティスと島宇宙　391
6. シャプレーと大銀河系　396
7. カーティスとシャプレーとの「大論争」　403

第7章　宇宙論の源流 …………………………………………… 411

1. スライファーとローウェル天文台　412
2. ハッブルと膨張宇宙　420
3. バーデと宇宙の拡大　430
4. 現代宇宙論の黎明　435
5. ビッグバン宇宙論へ　446

第4部　現代天文学へ

第8章　日本における天体物理学の黎明 ………………… 461

1. 明治期における天文学と天体物理学　462
2. 新城新蔵と宇宙物理学　465
3. 一戸直蔵と天文台構想　472
4. 山本一清と観測天文学　480
5. 萩原雄祐から畑中武夫へ，東京における天体物理学　487
6. 荒木俊馬から宮本正太郎へ，京都における天体物理学　496
7. 藤田良雄と低温度星　507
8. 松隈健彦，一柳壽一と仙台における天体物理学　513

第9章 現代天文学への展開 ……………………… 519
1. 電波天文学の登場　520
2. 新技術光学望遠鏡への道　531
3. 大気圏外観測へ　539
4. X線天文学の開幕　541
5. 赤外線および紫外線天文学　545
6. 気体力学と天体活動理論の発展　549

あとがき　563
参考図書および文献表　566
図版出典一覧　609
索引　619
巻末折込
　現代天文学の開拓者たち ── 研究者年表（生年順）
　主な歴史的天文台分布図

はじめに

　現代天文学は太陽，星，銀河の絶え間ない活動や宇宙の果てに迫る探究によって人々を魅了してやまない。しかし，天文学の任務は古くは星々の位置を精確に測り，太陽系天体の運動を解明することであった。時刻を測り，暦を作り，経緯度を決定する実用的な学問でもあった。それは古典天文学とも呼ばれ，その研究業務は各国の主要天文台に課せられた任務であった。それに対し，現在の天文学は量子力学や相対論，気体力学を基調として，天体の構造と進化を物理的に解明しようとする天体物理学（または宇宙物理学）が主要部分となっている。いつごろ，古典天文学から現代的な天文学に変わったのであろうか，また，それを推し進めたのはどんな人々であったのだろうか。現代天文学の流れをさかのぼっていくと，18世紀の終わり頃から，20世紀の初めにかけて姿を見せる3つの大きな源流にたどり着く。注目されるのはどの分野も新天文学の扉を開いたのは古典天文学にゆかりのない市民層であったことだ。産業革命によって富裕になった市民層が自由な発想で星空の探究に挑んだのである。

　本書では3つの源流を中心に，新しい天文学を築いた人々の人となりと，その人たちが築いた天文学の発展とを織り交ぜながらたどってみたい。それにははじめに，源流のあらすじを述べておこう。

　第1の源流は天体分光学である。イギリスの物理学者アイザック・ニュートンは1665年に太陽光線を直径1.2 cmほどのスリットを通してからプリズムに送り，通過した光を白い壁に当ててみた。壁に赤から紫につながる虹模様が現われたのを見て，ニュートンは白色光と呼ばれる太陽光が色別に分解できることを見出し，その色模様をスペクトルと呼んだ。それから約150年後，1814年にドイツのガラス職人であったヨーゼフ・フラウンホーファーは入射光のスリット幅を狭くして，プリズム分光を試み，太陽スペクトルにはスペクトルと直角方向に，波長によって分散され

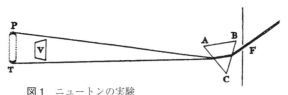

図1　ニュートンの実験
ニュートン著『光学』(1717年) に掲載された図。

た無数の暗線が現われることを発見した。これらの暗線はフラウンホーファー線と呼ばれるようになった。それからさらに半世紀，1859年にドイツのハイデルベルクではギュスターフ・キルヒホッフがフラウンホーファー線の波長が地上の元素のスペクトル線に対応することを見出した。その発見は太陽も地球上と同じような元素を持つことを明らかにしたもので，月より遠方の天体は地球上とは全く異なった天体であるという古代からの認識に変換を求めるものであった。

キルヒホッフの発見はすぐに世界に広まった。ロンドンではアマチュア天文家のウィリアム・ハギンスが友人のウィリアム・ミラーと協力して1862年に太陽と星の分光観測に乗り出した。自作の分光器を望遠鏡に取り付け星のフラウンホーファー線の解析を行い，太陽と星に十数種類の元素の存在を発見した (1863年)。当時の欧米の主要天文台は古典天文学が主流であったから，ハギンスに始まる研究は「新天文学」と呼ばれた。新天文学は恒星の元素組成の解明とともに多様な恒星スペクトルの分類を主要な任務とした。特にスペクトル分類は，バチカン天文台のアンジェロ・セッキ (1863年) によって4000個の星が5種類に分類され，少し遅れてドイツのヘルマン・フォーゲル (1874年) は分光型を7種類に拡張した。

ロンドンで始まった「新天文学」の流れはニューヨークのアマチュア天文家のルイ・ラザファードに引き継がれるが，分光観測はアメリカではそれに先立って，ジョン・ドレイパー，ヘンリー・ドレイパー父子によって早くから始まっている。天体分光の流れはハーバード大学天文台に引き継がれる。エドワード・ピッカリングの指導のもとにウィラマイナ・フレミ

ング，アントニア・モーリー，アンニー・キャノンら女性のパワーによって現在でも基本的な分類法となっているハーバード分類が1920年代に確立し，合計36万個の星の分光分類が完成する．

　分光学は天体の化学組成，物理構造（温度，密度，運動）の解明に大きな力を発揮するようになり，20世紀初頭には，天体物理学の基本分野としての地位を確立する．

　第2の源流は，恒星内部構造論と星の進化論である．太陽の本体については，19世紀に入っても，輝く固体の球と見るのが一般の考え方であった．太陽をガス体と仮定する大胆な発想はスコットランドの技術者ジョン・ジェイムス・ウォータストンとドイツの外科医ロバート・マイヤーによってもたらされた．彼らは1840年代に，太陽や星はガス体であると見なし，熱力学の応用という新しい発想で太陽の熱源の解明に挑み，ウォータストンは太陽収縮説，マイヤーは彗星の落下説を提唱した．

　それから二十数年後の1860年代に再び2人のパイオニアが現われる．アメリカの特許局調査官のジョナサン・レーンとドイツの構造力学の専門家アウグスト・リッターである．共に天文学とは縁遠い研究者であった．

　レーンは「太陽の理論的温度」(1870年）という論文を書き上げた．これは自己重力のもとで球状に保たれるガス体の全体的平衡状態を数式的に取り扱った最初の論文である．一方，リッターの天文学の仕事は1878年から1883年に集中し，この間に太陽と恒星をガス球と見なし，その内部構造に関する18編の長大な論文をまとめている．その中で彼はガス球の平衡，振動，安定性の問題に取り組み，星の進化については収縮論の立場から「星は高温度星に向かった後，低温度星に向かう」という二方向進化説を提唱した．

　当時の主流は，星は高温度星として誕生し，収縮冷却によって赤く，暗い星への道をたどるという，ヘルムホルツ収縮論に基づいた一方向進化説であった．観測的立場から二方向進化説を主張したのはアマチュア出身のノーマン・ロッキャーであった．彼は分光タイプが温度上昇期にある星と

下降期にある星に分類できると考え,星の進化には2つの方向があると主張した(1887年)。また,太陽の熱源として流星物質の落下説をとり,星は低温の流星体の集合によって低温巨星として誕生し,中心への落下によって加熱され,高温に向かうが,やがて,ある時点で最高温度に達した後に,低温の赤色星に向かうという進化過程をとなえた。

パイオニア時代の後期を飾るのは,理論面ではレーン,リッターの内部構造論を引き継いだロベルト・エムデンの『ガス球論』(1907年)であり,観測面ではエイナー・ヘルツシュプルングとヘンリー・N・ラッセルによるHR図の成立である。HR図(ヘルツシュプルング・ラッセル図)は星の分光型(表面温度)と明るさ(等級)との相関図(1914年)である。星は進化に伴ってHR図上で経路を描く。その経路を理論的に示すのが進化論である。

ヘンリー・ラッセルはエムデンによって整備されたヘルムホルツ収縮論に基づいて,HR図上における星の進化経路が赤色巨星から青色星を経て,主系列を赤色へと向かうことを示した(1914年)。これは収縮説による進化論の総仕上げであったが,収縮説には深刻な矛盾があった。それは太陽や星の寿命である。太陽の寿命は収縮説によると高々数千万年程度であるが,一方,地層や化石から推測される地球の年齢は十億年を超える。太陽も地球と同程度の年齢と考えざるを得ないが,収縮論にはこの矛盾から逃れる手段はない。こうして太陽の長期にわたる熱源の探究が始まった。

この課題の解決に向けて基礎となったのはアインシュタインの相対性理論による質量と光の等価性(1905年)である。エディントンは「恒星内部構造論」(1926年)の中で物質がエネルギーに変換する物質消滅過程を新しい熱源として提唱した。この説は一時期,進化論の主流となり,多くの理論的研究があった。しかし,どのような反応で物質消滅が生じるのかはまだ未解明であった。1930年代に入ると原子核物理学が発展し,中性子や陽電子の発見,核反応における遷移確率の計算などによって,いよいよ熱源問題の解決が近付いて来た。それを先導したのはフォン・ワイツゼッカーの「星の内部における元素変換について」(1938年)とハンス・ベーテ

による「星の内部におけるエネルギー生成」(1939年)という2つの論文である。これによって解決の道が開かれ，1940年代からはHR図上の新しい進化経路が提唱されるようになる。

　その進化論を担ったのはジョージ・ガモフ，エルンスト・エピック，マーティン・シュヴァルツシルトらである。ガモフは水素からヘリウムが合成された後も星内部の化学組成は一様であるとの均質モデルを計算し，太陽は次第に高温に向かい，やがて爆発するという見解を示した。それに対し，水素から合成されたヘリウムは星の中心部に蓄積されて熱源は外に広がるという非均質モデルを唱えたのがエピック，シュヴァルツシルトらであった。このモデルによって主系列星は赤色巨星へと進化することになり，アラン・サンデージらの球状星団を含むHR図の観測と，非均質モデルとの整合性が示されて現代的な星の進化論の基礎が固まる。

　第3の源流は1780年代の音楽家ウィリャム・ハーシェルに始まる天空の探索と銀河系，宇宙の構造の研究である。ハーシェルは大口径の反射望遠鏡を自作して天空の探索を行い，2500個もの星団，星雲を発見している。探索は息子のジョン・ハーシェルおよびウィリャム・パーソンズ(第3代ロス卿)に引き継がれる。1838〜39年には星の距離がフリードリッヒ・ベッセル，ウィルヘルム・シュトルーヴェ，およびトマス・ヘンダーソンによって初めて測定され，銀河系構造の探究が始まる。しかし，太陽─地球間を基線とする三角測量には限界があり，100光年以上の遠方の星の距離測定は困難であった。ヤコブス・カプタインとユーゴー・ゼーリガーは統計的方法を用いて銀河モデルを構築したが(1920年)，それは太陽を中心とし，直径5万光年，厚み1万光年程度の銀河系構造であった。

　銀河には銀河面に沿って明暗さまざまな模様が見られる。ウィリャム・ハーシェルは暗黒部分を「天の穴」と名づけた。それが「天空の穴」(星の欠乏領域)なのか，あるいは遠方の星を隠す暗黒星雲なのか，長い間の謎であったが，エドワード・バーナードとマックス・オルフらによってようやく暗黒星雲と判明した。

ハーロウ・シャプレーは球状星団の分布から，それが銀河系の骨格を作り，太陽から離れた点に銀河中心があるという直径30万光年を超える大銀河説を唱え，渦状星雲は大銀河系の内外に分布する近傍の天体であると主張した。それに対し，ヒーバー・カーティスは，渦状星雲は銀河系外の遠方の島宇宙であり，銀河系はカプタインらの主張するような太陽中心の恒星系であると主張した。1920年に2人は「大論争」を行ったが議論は平行していた。

　1915年に渦状星雲が銀河系内天体に見られない大きな接近または後退速度を持つことがヴェストー・スライファーによる分光観測によって明らかになった。エドウィン・ハッブルはこうした視線速度と星雲までの距離の測定から遠方の銀河ほど大きい速度で遠ざかるという速度距離関係 (1929年) を見出し，膨張宇宙という考え方が定着する。

　宇宙全体の構造と進化を考察する宇宙論は一般相対性理論に基づくアインシュタインの静的宇宙モデル (1917年) から始まる。ウィレム・ド・ジッター，アレクサンドル・フリードマン，ジョルジュ・ルメートルらは1910年代から30年代にかけて，それぞれ膨張宇宙論を提唱する。ジョージ・ガモフは1940年代に核物理学の立場から非平衡爆発によって宇宙が誕生したとする火の玉宇宙論を唱えて，現在のビッグバン宇宙論の基礎を築いた。

　これらの3つの源流をたどってみると，すでに述べたように，1つの特徴が見えてくる。それはどの分野においてもその源は天文学からはなれたアマチュアの活動に始まるという点である。音楽家，事業家，医師，弁護士，技術者などさまざまな職業を持った人々が最初の扉を開いたのである。しかし，20世紀に入ると，天体物理学はアマチュアの手を離れ，研究者集団へと重心が移る。観測装置の大型化，天体の組織的研究など，天文学は巨大科学への道を進む。また，源流の時代はほぼ1940年代に終わり，1950年代から新しい時代が始まる。電波天文学が登場し，大気圏外観測，新技術望遠鏡の建設などが始まる。また，宇宙気体力学から始まっ

た理論的研究は電磁流体力学分野で種々の天体活動現象の解明へと進展する。

　欧米に根付いた天体物理学は日本にどのような形でもたらされたのであろうか。それは明治末のことであるが，当時，日本にはアマチュア活動の基盤はなかった。1905年，京都大学の新城新蔵はドイツへ，東京天文台の一戸直蔵はアメリカへと留学に出かけ，天体物理学の衝撃を受けて帰国する。東京大学の萩原雄祐，京都大学の山本一清，荒木俊馬，東北大学の松隈健彦らはそれを継承し，天体物理学は大学人によって推進された。欧米に追いつくには半世紀以上の歳月が必要であったが，1970年前後から欧米に伍した観測と理論の発展期に入る。

　本書は天体物理学の源流をさかのぼり，また，新しい分野を加えた現代天文学への展開を，それを築いた人々の生涯と天文学を中心として概観する。研究を進めるのは人であり，人々の生活や研究の中での悩み，喜びをたどることによって，天体物理学の発展が身近に感じられるであろう。

　本書は4部から構成される。第1部〜第3部は3つの源流を順にさかのぼる。第4部は「現代天文学へ」として日本における天体物理学の黎明と，1950年代から80年代にかけての現代天文学への展開期を簡単にまとめる。本書では理解しやすいように多少の数式を示したが，数式が苦手な読者はそこを読み飛ばしても差し支えない。また，参考書を含め，多くの文献を引用したが，これらは参考にされる程度で良い。文献表には簡単なコメントも添えてある。科学者の人名は『科学者人名事典』[0.1]，『天文学人名辞典』[0.2]を参照した。天文学用語の解説については『宇宙天文大辞典』[0.3]などを参照されたい。各章はかなり独立しているので，どの章からでも読めるようになっている。主な参考書や引用文献は巻末にまとめる。また，参考までに主な研究者の生没年表および主な天文台の地図を添えた。

第1部
天体分光学

第 1 部扉図　オリオン星雲 M42
　オリオン座の三ツ星の中央やや南に肉眼でもかすかに見える散光星雲。地球から 1300 光年の距離にあり，年齢も 1 万年程度と推定される若い星雲である。中心部のトラペジュウムと呼ばれる 4 重星の付近は多数の若い星の群れる散開星団となっており，塵に包まれた誕生間もない星も多数見つかっている。
　ヘイスティングス天文台のヘンリードレイパーは 1880 年にオリオン星雲の写真撮像に挑み，初めて明るい部分の撮影に成功した。また，分光観測にも挑み，多数の輝線を発見している（第 2 章）。

第1章
「新天文学」の開幕

ドイツのキルヒホッフは 1859 年に，フラウンホーファーによって発見された太陽スペクトルの暗線が地球上の元素のスペクトル線と一致することを見出した。これは，宇宙に普遍的な化学組成が存在するという衝撃的な発見であった。そのニュースはまたたくまに欧米に広がり，各地で星と太陽の分光観測が始まる。1863 年にはロンドンのハギンス，バチカン天文台のセッキをはじめとする 5 人の研究者が分光観測の第 1 報を公刊した。天体の分光は古典天文学に対して「新天文学」と呼ばれた。本章では新天文学を築いた 5 人を中心に 19 世紀中葉から 20 世紀初頭にかけて発展した天体分光学の流れを眺めてみよう。

タルスヒル天文台のドーム内の 8 インチ屈折望遠鏡（1870 年代）。分光器が取り付けられている。

1 フラウンホーファーと太陽スペクトル

1.1　生い立ちとフラウンホーファー線の発見[1.1]

　ドイツのミュンヘンをワイン祭りの季節に訪れると，市役所前のマリエン広場では大きな人形仕掛けの時計のまわりに大道芸人がパフォーマンスを繰り広げ，人々が群がっている。この広場から狭い通りに入ってすぐ，ザンクト・ヤコビ広場の一角にミュンヘン市立博物館がある。「写真の歴史」部門の一室にはフラウンホーファーの作業場が復元され，工具や測定器，作りかけの望遠鏡などが雑多に置かれている。その脇には39歳で夭折した彼のデスマスクが置かれてある。静かに眠るようなデスマスクは印象的である。

　ヨーゼフ・フラウンホーファー（Joseph von Fraunhofer, 1787〜1826）はミュンヘン近郷でガラス研磨師の末子として生まれた。10歳で母を，続いて翌年に父を失った。そのため，はじめ木工所の徒弟として住み込むが，もともと虚弱な体質であった彼は体力的な仕事に耐えられず，ミュンヘンに移ってガラス工場の徒弟となる。住み込みの徒弟は無給である。ここで6年間を過ごすが，工場の親方も非情でヨーゼフが教会の日曜学校に通うことも，夜間に部屋の明かりを灯すことさえ禁じていたという。1801年7月，親方の家が崩壊するという事件が起きた。親方の妻は圧死し，家の下敷きになった14歳のヨーゼフは辛うじて助け出されるが，この事件が契機になって彼のその後の人生を変えた2人の人物に出会う。1人は政治家・企業家であるヨーゼフ・ウツシュナイダー（J. von Utzschneider），もう1人はバイエルンの王子で将来バイエルン国王になるルードイッヒ・マクシミリアン1世（Ludwig Maximilian 1）である。ウツシュナイダーは事件の少し前に政治から手を引き，精密機械と光学機器の企業に専念するようになっていた。彼はヨーゼフの親方とは知己でもあった。事件の日に親方の家を訪ね，見舞いとともに日頃目にかけていたヨーゼフにも励ましの

図 1.1　フラウンホーファー肖像

言葉をかけた。政治家として彼はマクシミリアン王子とも親交があったから，それが機縁となったのであろう。王子は親方に会ってヨーゼフを日曜学校に通わせるように薦め，勤務の改善を求めた。また，ヨーゼフには裁断機や研磨機を購入するための資金を与えた。こうしてヨーゼフは仕事の合間に光学機器の研鑽に打ち込めるようになった。1806年（19歳）にはウツシュナイダーに招かれ，彼の工場で働くようになる。マクシミリアン王子は国王になってからもヨーゼフの良き理解者として多くの支援を行っている。

　1807年にウツシュナイダーが同業の2人と共同してベネディクトボイエルン光学工場（Benediktbeuern glass melting factory）を設立すると，フラウンホーファーもそれに従い，新しい工場で精密機器用のガラスの開発を担当する。彼はそこで気泡や石目を持たない高品質のガラスを製造したが，さらに屈折率を異にする2種類のガラスの組み合わせによって色消しレンズの製作にも成功した。1種類のガラスレンズで製作された望遠鏡では波長によって屈折率が異なるために光が焦点に集まらず，色収差と呼ばれる星像のぼやけを生じる。彼は高品質のガラス製造と色消しレンズの採用によって，当時としては比類のない高性能の望遠鏡や光学機器を生み出し

た．1809 年にはウツシュナイダーとともに，ベネディクトボイエルン光学工場の共同経営者になり，彼は望遠鏡をはじめとする光学機器製作の担当者となる．この工場は 1811 年当時，50 人の人々が働く中規模の企業に成長していた．

フラウンホーファーの事業は順調に進んでいたが，その間にも彼はなお種々のガラス材料に対し，精密な屈折率と分散度の測定実験を繰り返していた．そうした日々の中で 1814 年のある日，彼は太陽光をプリズムに通してみようと思いついた．口径 2.5 cm の小型望遠鏡の対物レンズの前に頂角 60° のプリズムを置き，スリットを通して太陽光を導いてみた．アイピースを通して彼の見たものは何であったか．そのときの情景を彼は次のように記している[1.1] b．

> 「私は太陽光の色彩像 (colour-image，スペクトルのこと) がランプ光の色彩像と似ているかどうか試してみようと思った．ところが，予想に反して，数え切れない強弱多数の暗い線が色彩像を垂直に横切るように現われていた．これらの線は色彩像のほかの部分より暗く，中にはほとんど暗黒に近い暗線まであった．」

彼はそのうち，顕著な 10 本の線に対し，赤側から順に

　　A，a，B，C，D，E，b，F，G，H

と記号をつけた．H 線は肉眼では最も紫側にあり，また，最も暗黒に近い，強い暗線であった．A 線は後に地球大気に由来する暗線であることが判明する．彼はこれらの結果を 1817 年にミュンヘン科学アカデミーの紀要に報告した[1.2]．この報告には図 1.2 に示すようなスペクトル線のスケッチと，眼視的に測定された連続光の分布（上）およびスペクトルの色（下）が添えられている．これは 40 年あまり後の 1860 年代にようやく開幕したスペクトル研究の原点となった貴重なスケッチである．

また，1817 年に彼は口径 4 インチ (10 cm) の望遠鏡に頂角 37° 40' の対物プリズムを装着し，金星，シリウスや，明るい 1 等星の分光観測を行っている．金星スペクトルが太陽に類似していることは納得しているが，シ

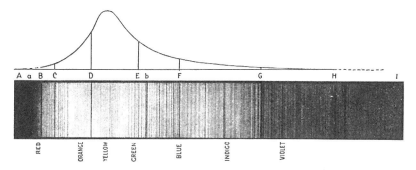

図 1.2 フラウンホーファーによってスケッチされた太陽スペクトルの連続光と暗線模様

スペクトルの左は赤側,右は紫側を示し,主な吸収線には A, a, B, C などの記号を記す。上に連続光分布曲線,下にはスペクトルの色が示されている。

リウスや他の恒星が太陽とまったく異なったスペクトル線を示すことに驚きを示し,次のように述べている。

> 「シリウスのスペクトルには確かに太陽と異なった 3 本の幅広いスペクトルバンドが現われている。1 本はグリーン帯に,2 本はブルー帯にある。他の 1 等星にも多くのバンドが見られるが,星ごとに異なっているように見える。」[1.1] b

その後,フラウンホーファーは改良した分光器で太陽スペクトルの観測を続け,1821 年に B 線と H 線との間に 574 本の弱い暗線の存在を認めている[1.3]。暗線はフラウンホーファー線と呼ばれるようになったが,歴史的に見ると太陽暗線はすでにイギリスの化学者・鉱物学者ウィリャム・ウォラストン(William Hyde Wollaston)によって 1802 年に発見されている。ウォラストンは分光装置に初めて幅の狭いスリットを置き,太陽スペクトルに 5 本の暗線を見出し A, B, ……, E と命名した。しかし彼は暗線とはスペクトルの色(赤,橙,黄,緑,青,紫)の境界を表わすものだろうと単純に考えて納得し,それ以後,太陽分光から離れてしまった。しかし,彼が分光器の主要部としてスリットを配置した意義は認められ,その後広

く用いられるようになる。

　プリズム分光器では波長分散が一様でなく赤色帯では分散が低く，青側では高い。このため，吸収線の波長測定は困難を伴う。それを避けるため，フラウンホーファーは1821年に回折格子による太陽スペクトル線の波長測定を試みた[1.4]。回折格子は細い縞模様によって光を分散させる装置で，その原理はすでにトマス・ヤング（Thomas Young, 1802年）によって知られていた。これを光の波長測定に用いたのはフラウンホーファーが最初である。彼は対物レンズの前に微細な金属線を等間隔で平行に置いて光を分散させた。金属線の数が多いほど分散が高く，スペクトル線の見え方も細かくなる。フラウンホーファーの用いた回折格子は分散度の低いものであったが，それでも暗線の波長を測定するには十分であったという。

　フラウンホーファーはこうした光学上の業績によって，1822年，エルランゲン大学から名誉学位を贈られ，1823年にはミュンヘン市からミュンヘン物理博物館の館長に任命されている。また，バイエルン国王から王室教授の称号を得ており，実際にバイエルン大学で講義も行っている。

1.2　望遠鏡の製作[1.5], [1.6]

　フラウンホーファーはベネディクトボイエルン光学工場の共同経営者となった1809年以降も生涯，高精度の屈折望遠鏡の製作に取り組んでいる。

　光学望遠鏡には基本的に屈折望遠鏡と反射望遠鏡という2つのタイプがある。前者はガリレオに始まりレンズを使って集光する。後者はニュートンに始まり凹面の反射鏡で集光する。反射面としては，現在は鍍金したガラス面を用いるが，フラウンホーファーの時代にはスペコラと呼ばれる銅と錫の合金の金属面が使われていた。1770年代にイギリスのウィリャム・ハーシェルはアマチュアとして金属反射望遠鏡の製作に取り組み，1780年代には口径48 cm，122 cmの反射望遠鏡を製作している。金属鏡は重量が大きく，また金属面が曇りやすく絶えず研磨を行う必要があるなどの欠点もあったが，口径の大きい望遠鏡がつくれるので微光天体の探査に広

く用いられた。

　一方，屈折望遠鏡は視野も広く，軽量で研磨の必要もなく，取り扱いが便利であったが，色収差の発生が問題であった。しかし，上述したようにフラウンホーファーはすでに色収差のない屈折望遠鏡を製作していた。鮮明な星像と取り扱いの便利さで，フラウンホーファー型の屈折望遠鏡はヨーロッパの天文台で広く採用された。

　フラウンホーファーが1809年以降に製作した主な望遠鏡には，没後の完成を含めて次の3つがある。

(1) 9インチ (23 cm) 屈折鏡

　1815年，ロシアのドルパト王立天文台 (Dorpat, 現エストニアのタルト天文台) からの注文によって製作された。フラウンホーファーは製作に当たって次のような新しい技術を採用している。

1) 赤道儀式を採用した。（地球の自転に合わせて星を追尾する望遠鏡。フラウンホーファー以前はほとんど経緯台式であった。）
2) それまで手動であった星の追尾を錘の重さを利用して自動化する方式を取り入れた。
3) 対物レンズは色消しであるが，さらに望遠鏡運転中も常に色消しになるようなレンズ支持方式を採用した。

なお，赤道儀式とは望遠鏡の回転軸を北極に向け望遠鏡の回転によって天体を追尾する方式，経緯台式とは鏡筒が地平高度，水平方向に自由に回転する望遠鏡である。経緯台式はコンピュータ制御以前には星の追尾には多くの手間を要した。

　望遠鏡の製作には10年の歳月を要したが，こうした技術によって，9インチ望遠鏡は他に例のない高精度の，しかも当時としては最大口径の屈折鏡になった。ウィルヘルム・シュトルーヴェはこの望遠鏡によって星の距離の測定に取り組む（第6章参照）。この望遠鏡は現在，タルト天文台展示室にその姿を見せている。

図1.3 タルト（ドルパト）天文台の「大屈折鏡」

　この9インチ鏡の姉妹望遠鏡がベルリン王立天文台からの発注で製作されている。これはフラウンホーファーの死後，後継者によって再現されたものである。この望遠鏡は1846年にヨハン・ガレ（J. G. Galle）が海王星の発見に使ったといういわれがあり，現在はミュンヘンのドイツ博物館のフラウンホーファー室の中央に展示されている。この展示室には壁に沿って彼の製作した小型望遠鏡や分光器などが多数展示されている。

(2) 6.25インチ（16 cm）ヘリオメータ

　ヘリオメータとは近接した2つの星の角距離を測定するための特殊な屈折望遠鏡である。対物レンズを2つに分割して半レンズの1つを筒に固定し，他をマイクロメータによって移動するようにしてある。2つの半レンズによって星は2つの像に分かれる。測定したい2つの星の1つの星像を他の星と一致するまで移動させる。この移動距離をマイクロメータで読み取ることによって2星間の角度を測定することができる。

　ヘリオという名前は太陽（ヘリオス）の直径を計るためにロンドンでジョン・ドロンド（John Dollond）によって考案されたことに由来する。フ

図 1.4　ケーニッヒスベルク天文台のヘリオメータ

ラウンホーファーには事業を始めた頃，ゲッチンゲン大学付属天文台長のカール・フリードリッヒ・ガウス（Karl Friedrich Gauss）からの依頼で小型ヘリオメータを製作した経験がある。口径 6.25 インチ（16 cm）の大型ヘリオメータは 1824 年にロシアのケーニッヒスベルク大学天文台のフリードリッヒ・ウィルヘルム・ベッセルから発注された。これも恒星の距離測定用である（第 6 章）。フラウンホーファーはこの望遠鏡の製作に意欲を示したが，完成を待たずに没する。

(3) 10.5 インチ（27 cm）屈折望遠鏡

ミュンヘン王立天文台によって 1825 年に発注され，彼の死後，1835 年に完成する。この望遠鏡は当時としては最高の性能を誇り，1969 年まで現役として使用されていた。この王立天文台はマクシミリアン 1 世の命により，1805 年にバイエルン科学アカデミーがミュンヘン郊外に創設したもので，1820 年代の一時期，フラウンホーファーも台長を務めていた。

フラウンホーファーは屈折望遠鏡の製作とともに，ガラス材料の光学的

特性の研究，太陽，月，惑星および恒星のスペクトル吸収線の観測から光の理論的研究まで幅広い分野で精力的な活動を続けたが，もともと頑健でなかった彼は次第に病気がちとなり，ついに結核に侵されて1826年に39歳で夭折した。フラウンホーファーは南ミュンヘンの墓地に埋葬され，墓碑には望遠鏡の図柄とともに「星に近づいた人」（Approximavit sidera）と賛辞が刻まれている。

2 キルヒホッフと分光分析

2.1　キルヒホッフと太陽スペクトル[1.7],[1.8]

ハイデルベルクの繁華街ハウプトストラッセを歩くと，通りに面してハイデルベルク大学化学研究所がある。正面の壁には

> 「この建物においてキルヒホッフは1859年に，ブンゼンとともに太陽と恒星界の分光解析の基礎を築き宇宙の化学を開拓した。」

と書かれたパネルが掲げられている。

1859年2月，ハイデルベルクから20 kmほど離れた隣町のマンハイムで火事が発生した。このとき，たまたま研究所の実験室にいたロベルト・ブンゼンとグスタフ・キルヒホッフは火事の炎光を分光器に導き，そのスペクトル中にバリウム，ストロンチウムの輝線を見つけた。数日後，2人してネッカー河を望む哲学者の道を散策中，ブンゼンがふとつぶやいた。「遠い火事の光が分析できるなら，太陽にも同じことができないだろうか」。このひとことがきっかけとなって，キルヒホッフはさっそく太陽光を分光器に入れてみた。多数のフラウンホーファー線の中に地上の元素と対応するものがあるのかどうか，彼はまずNaのスペクトルから実験を始めた。そのときの模様を彼は次のように描き出している[1.7] a。

図 1.5　ハイデルベルク大学化学研究所（上）とキルヒホッフのパネル（下）

「私はまず，ようやくフラウンホーファー線が見られる程度の，弱い太陽スペクトルを作っておいた。次にナトリウム蒸気によって色づけられた炎光を分光器のスリットの前に置いてみた。すると太陽のD線と同じ位置に輝線が現われている。ナトリウム線が太陽スペクトルの上で明るく輝いていたのだ。私は太陽スペクトルの強度をどの程度上げることができるかを調べるために十分な太陽光をスリットに送り込んでみた。驚いたことにD線はきわめて明確な吸収線に変わっていた。……」

「この現象は次のように仮定すると容易に説明できる。ナトリウム炎は同じ

波長で光を放射したり吸収したりする．その炎が他の放射に対して完全に透明であるとき輝線となる．……一方，固体または液体による連続光の前にこの炎を置くと輝線と同じ波長で吸収線が形成される．……」

こうしてキルヒホッフは太陽スペクトルの D 線（波長 5895.92 Å, 5889.95 Å）がナトリウム元素に対応すること，および，D 線がなぜ吸収線になるかを同時に理解した．他の知られた元素についても同じ実験をしてみたが結果はどの元素もそれぞれ対応するフラウンホーファー線と一致する．キルヒホッフはこの実験から，太陽には Na, Fe, Mg, Ca が確実に存在し，Cu, Zn, Ba も少量ではあるが存在すると推定した．また，フラウンホーファー線が暗線である理由も太陽の内部から放射される連続光が低温の表面ガス層で吸収されるためとして容易に理解できた．この実験の成果はその年の 12 月 15 日にベルリン科学アカデミーの会合で報告されている[1.9]a．キルヒホッフはさらに同定作業を進めて，1861 年には太陽スペクトル表を公刊しており，これは翌年，ロンドンからその英訳版が出版されている[1.9]b．

なお，スウェーデンのアンドレス・オングストローム（Andres Jonas Ångström）は 1850 年代に実験室で種々の元素の分光測定を行い，金属線の多くが太陽のフラウンホーファー線と一致することを見出していたが，それが公表されたのはキルヒホッフに遅れて 1862 年であった．このとき彼は波長単位として 100 億分の 1 メートルを導入した．この長さは 1 オングストローム（Å）として現在もその名を留めている．

キルヒホッフの時代には，月より遠い天体は地上とは異なった物質で構成されているというアリストテレスの考え方が一般的であった．キルヒホッフの報告は誰も予想していなかった新しい発見を伝えるものであったが，宗教界や思想家から強い反発を受けたという記録は残っていない．ちなみに 1859 年の 11 月にチャールス・ダーウィンの『種の起源』が公刊されたときは教会や保守派から激しい批判が集中している．キルヒホッフの報告は宗教界まで届かなかったのか，それとも遠い星の話として無視さ

れたのか。ダーウィンとは対照的であった。

2.2 キルヒホッフの生涯と放射法則[1,7]

　グスタフ・ロベルト・キルヒホッフ（Gustav Robert Kirchhoff, 1824～1887）はケーニッヒスベルク（Königsberg, 現ロシア領カリーニングラード）で生まれた。ケーニッヒスベルクはイマヌエル・カントの生地でもある。父フリードリッヒ・キルヒホッフ（Friedrich Kirchhoff）は同市の法律顧問で，両親ともプロシャ帝国への強い愛国心を持っており，キルヒホッフは生涯その強い影響を受けている。ケーニッヒスベルク大学で数学と物理学を学ぶが，在学中はフランツ・ノイマン（Franz Ernst Neumenn）とフリードリッヒ・リシェロット（Friedrich J. Richelot）の数理物理学ゼミに参加していた。また，数学は楕円関数で著名なヤコビ（Carl Gustav Jacobi, 1805～1851）にも師事している。

　1847年，同大学を卒業の年，師のリシェロットの娘クララ（Clara Richelot）と結婚する。キルヒホッフはベルリン大学の無給講師として教壇に立ち，学生からの受講料を得て生計を立てながら3年間を過ごした。この時期の彼はオームの法則を理論的に一般化した電流回路の研究を行い，複雑な回路を流れる電流の計算を行うための規則を発見している。これは電流回路に関するキルヒホッフの法則と呼ばれ，電気工学の分野ではキルヒホッフの名前はむしろその法則によってよく知られている。

　1850年になってようやくブレスラウ大学（Breslow, 現ウロツワフ，ポーランド）に招聘され，数学と物理学を担当する。ここで彼はたまたまアカデミックイヤーを送っていた13歳年上のロベルト・ブンゼン（Robert Wilhelm Bunsen, 1811～1899）と知り合いになり，意気投合して生涯の友となる。

　1854年，キルヒホッフはブンゼンに招かれてハイデルベルク大学に移り，ブンゼンとともに化学分析法の開発に取り組むことになる。ブンゼンはブンゼンバーナーの発明でよく知られている。ブンゼンはこのバーナー

図 1.6 左から順にキルヒホッフ，ブンゼン，およびロスコーの肖像
1862 年撮影。ロスコーはロンドン在住の化学教授でブンゼンの友人。2 人には『光化学研究』(1892 年) の共著もある。

を化学分析に用いた。バーナーの炎は無色高温なので，その中に試料を入れ，炎の色の変化によって試料の化学組成を推定するという簡明な方法である。一方，キルヒホッフはプリズム分光器を製作し，スペクトル線の波長特性によって化学分析の精度を高めようとしていた。1860 年にはブンゼンも分光分析の意義を認め，キルヒホッフとの共著で「スペクトルの観測による化学分析」と題する論文を次の書き出しから始めている[1.10]。

> 「いくつかの物質は炎に投じると明るいスペクトル線を生じる性質を持っている。物質の定性分析はこれらのスペクトル線に基づいている。これによって化学反応の分野は大きく拡大し，これまで到達できなかった問題も解決できるようになった。」

この書き出しに続いて論文はアルカリ金属 (Na, Li, K) およびアルカリ土類金属 (Ca, Sr, Ba) についてスペクトル線の特徴を記述し，この分光分析法の有用性を述べている。図 1.7 はこのときの実験に用いられた分光器を示す。原図には光学系の詳しい説明も付されている。

　ブンゼンがキルヒホッフのよき先輩であり，暖かい心情を持った人であ

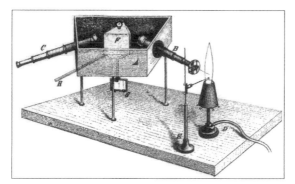

図 1.7 キルヒホッフとブンゼンの用いたプリズム分光器
「スペクトルの観測による化学分析」(1860 年)より。

ることは,ブンゼンからロンドンに住む友人のロスコー (Henry Enfield Roscoe) に宛てた次の手紙 (1859 年 11 月 15 日付) からも読み取れる[1.7] a。

> 「現在のところ,キルヒホッフと私は夜も眠れないくらい忙しい毎日を送っています。キルヒホッフは太陽スペクトル中の暗線とその起源について,すばらしい,まったく予想もしていなかった発見を成し遂げました。彼は太陽の連続スペクトル上のフラウンホーファー線と精確に一致する位置に人工的な輝線を出現させたのです。こうして太陽や恒星の化学組成を,われわれが地上の化学分析でストロンチウムや塩化物などを決定するのと同じ精度で決定する方法が得られたのです。」

この手紙はキルヒホッフが太陽スペクトルの第一論文を書き上げている時期に書かれたものでブンゼンによるキルヒホッフの宇宙化学への評価でもあり,2 人の友情の証しともなっている。しかし,ブンゼンは地上の化学に徹し,未知の元素を探る独自の研究を進めていた。ブンゼンは後になって地球化学の新しい分野を開き,ハイデルベルクに留まって晩年を送った。

キルヒホッフは太陽の連続スペクトルと吸収線の解析が契機となって,その後も放射の問題に取り組み,1860 年には「キルヒホッフの法則」と

呼ばれる次の法則を見出している。

1. 高温の固体または液体は連続スペクトルを示す。
2. 高温の希薄なガスは輝線を示し，異なった元素は異なった輝線を示す。

したがって，輝線の波長を測定することによって元素の種類が特定できる。また，この法則からの帰結として，「すべての光を吸収し，何も反射しない物体は，熱せられるとすべての波長の光を放射するであろう」と推測している。彼はこのような理想的な物体を黒体(black body)と呼んだが，この時代には黒体の重要性は認識されなかった。それから40年後になってようやく黒体の放射するスペクトルが測定され，量子論誕生のきっかけとなったのである。

　キルヒホッフはその後もハイデルベルク大学において分光分析の研究に携わっていたが，1869年に最初の妻クララを失ってから環境が変わってくる。残された子供4人の養育に加えて，彼自身も次第に身体不自由になり松葉杖と車椅子の生活に入るようになった。それでもハイデルベルクの生活を楽しんでいたので，3年後にはルイーゼ・ブレンメル(Luise Blömmel)と結婚し，他の大学からの招聘も断っていた。しかし，次第に実験生活に限界を覚えるようになり，理論的研究に専念するために1875年にベルリン大学の招聘を受けてベルリンに移り，数理物理学を担当する。彼は自分の講義録を丹念にまとめて『数理物理学講義』(Verlesungen über mathematische Physik) 4巻の執筆に取り掛かる。この書は1876年から1894年にかけて順次刊行され，長年にわたりドイツの大学における標準的な教科書となった。彼は優れた研究者であるとともに優れた教育者でもあったと評価されている。しかし，その間に彼の健康も次第に悪化し，出版の完結を待たずに1887年に世を去った。享年63歳であった。

2.3　1863年という年

　キルヒホッフの太陽スペクトル解析のニュースはまたたくまにヨーロッパ，アメリカの主要国に広まり，それに刺激されて多くの人が1860年頃より星の分光観測に乗り出すようになった．なかでも，1863年には次の5人の天文家が初の論文を公刊し，恒星の分光観測が新しい天文学として注目され，「新天文学」と呼ばれるようになった．その5人とは

　　ウィリャム・ハギンス（私設タルスヒル天文台，ロンドン）
　　ピエトロ・アンジェロ・セッキ（バチカン天文台）
　　ジョバンニ・バッティスタ・ドナーティ（フィレンツェ市立天文台）
　　ルイ・モリス・ラザファード（私設天文台，ニューヨーク）
　　ジョージ・エアリー（グリニジ天文台）

である．同じ年に5人によってそれぞれ最初の論文が公刊されるというのは偶然であろうが，恒星分光への機運がそれだけ熟していたといえる．この中で注目されるのは生粋のアマチュア天文家，ロンドンのハギンスとニューヨークのラザファードとが，「新天文学」をリードしていた点であろう．アマチュア天文家は伝統的な天文観測法にこだわらず，あらたな発想で新しい観測に挑んだのであった．また，セッキのようにバチカンでイエズス会神父として「新天文学」に取り組んだ人や，英国の中枢天文台であるグリニジ天文台長で分光観測の重要性を認識していた人まで，キルヒホッフの影響は欧米の広い範囲にわたっていた．次節以下では，これらの人々の足跡を中心に，1850年代から1890年代にかけての恒星分光学の流れを振り返ってみよう．なお，アメリカではそれより早くドレイパー父子によって分光観測が始まっているが（第2章），ここでは1863年に名を連ねた人としてラザファードを取りあげた．

　1863年は日本では文久3年，明治まであと5年という時期であった．黒船来航から10年経っていたが天文学では江戸の天文方が天象台で星の位置観測を続けていた．天体分光はまだまだ遠い未来の時代であった．

イギリスはビクトリア時代の安定した繁栄期であり，1863年にはロンドンに世界初の地下鉄が開通している．世界の富を集め，資産家が科学や芸術に力を入れていた．ヨーロッパ大陸では1848年の革命の余波で民権運動と王政復古との争いが多くの国々で強まっていた．フランスは第2帝政の時代であったが，1863年の立法議会の選挙では反政府派の「自由連合」が進出し，共和制への動きを見せていた．ドイツはプロシャ王国で1860年代ビスマルク執政のもと軍制改革が進み，近隣諸国との緊張下にあったが，一方，民権運動も勢いを増していた．イタリアでは1861年にイタリア王国が北部に建設され，統一国家への道が進み始めていた．また，アメリカでは1861年から始まった南北戦争が1863年に終結し，ボストン，ニューヨークなど東部では安定を取り戻していた．こうしてヨーロッパ大陸やアメリカでは政府も科学技術に力を注ぎ，また，アマチュア活動も活発になっていた．

ヨーロッパ大陸のフランス，オーストリア，ロシアなどでは経緯度，航海暦など実用天文学を主任務とする伝統的天文学が国の威信をかけて整備されている．しかし，これらの国々にも「新天文学」は次第に波及し，1880年代以降は「天体物理学」として天文学の主要分科として認められるようになった．

3 ハギンスと「新天文学」

3.1　生い立ちからタルスヒル天文台へ[1.11]

1851年5月，ロンドンのハイドパーク公園で第1回万国博覧会が開かれた．産業革命の成果を誇る工業製品から工芸品，美術品まで多彩な展示に人々は興奮して群がっていた．巨大な温室を思わせるクリスタル館には世界の科学技術の粋が集まっている．20歳代後半を迎えたウィリアム・ハギンスは何度もこの館を訪れ，顕微鏡や望遠鏡の展示を丹念に見てま

わっていた．彼はすでに小型望遠鏡を使って惑星面の観測などを趣味としていたが，性能の高い次の望遠鏡を物色していたのである．

ウィリャム・ハギンズ（William Huggins, 1824～1910）はシティ・オブ・ロンドンの裕福な絹織物問屋に一人っ子として生まれた．当時の富裕層の習慣に従って幼少時は家庭教育を受けたが，その頃から科学装置の工作などに興味を持っていた．1838年（14歳）に母とパリに出かけた折には，前年に発売されたばかりというダゲレオ式カメラを買ってもらった．カメラの木箱セットは8 cmのカメラレンズを備え背面にガラス焦点面のついた重さ50 kgという大きなものであった．また，湿式乾板の感度が低いため野外の明るいところでも10分あまりの露出を要したといわれている．それ以後，彼はカメラの改良にも関心を持ち，写真撮影は1つの趣味となって後年の観測にも活かされている．

ハギンズは家業を手伝いながら1842年（18歳）のときに初めて望遠鏡を手に入れた．この時期には大彗星が出現したり，海王星が発見されたり，いくつかの天文事象が世間を賑わせ，ロンドンでも惑星や彗星への関心が高まっていた．

こうしたなか，ハギンズは家業に励みながらアマチュア天文家へと育っていく．惑星面の細部を見るために彼はさらに大きい口径の望遠鏡を必要としていた．ロンドン万博で検討を重ねた後，1853年にドーランド社製の口径5インチ（12 cm）屈折鏡を購入した．その頃にはすでにかなりの観測の実績があったので，翌年には王立天文協会への入会が認められている．

その頃，父が病に倒れたが，ハギンズは家業を継がず，ロンドン南部のアッパー・タルスヒルの丘の広い敷地に家を建て，父母とともに移り住んだ．やがて父は死去したが地代収入などで生活には不自由しなかったので，それ以後，彼は天文の道に専念するようになる．空の美しさに魅了されて1856年に敷地内に天文台を建設し，それをタルスヒル天文台と呼んだ．天文台の設備は5インチ（12 cm）屈折鏡と3.25インチ（8.25 cm）子午儀で，ドームは内径3.6 m，床の高さ5 mを持ち，周囲の森を超えて十分

図 1.8　アッパー・タルスヒルへの道標

図 1.9　タルスヒル天文台の外観（1870 年頃の撮影）

図 1.10　ウィリャム・ハギンスの肖像

な視界を持っていた。2年後の1858年にはさらに8インチ（20 cm）屈折鏡を購入し，翌年からこの望遠鏡で分光観測を始めている。天文台の跡地は現在，地下鉄終点のブリックストン駅からバスで南下し，アッパー・タルスヒル通の緩やかな坂を上りつめたところにある。この付近は第2次世界大戦中の空襲によって焼き払われ，いまは中層住宅の並ぶ住宅街となって当時の面影はない。

3.2　恒星と星雲の分光観測

　1862年1月，ロンドンで開かれた英国薬学会の会合に出席したハギンスは，近隣に住む友人のウィリャム・ミラー（William Allen Miller）から分光学に関する講演を聴いた。ミラーはロンドンのキングス・カレッジの化学教授である。彼は講義の中でキルヒホッフの新しい分光分析法について触れたが，それを聞いてハギンスの頭の中に1つのブレークスルーが起こった。このときの感激を彼は後年次のように振り返っている（抄訳）[1.11] d。

> 「私は通常のルーチン的な天文観測に次第に満足できなくなっていた。天体の研究についてなにか新しい方向か，新しい方法の可能性があるのではないかと漠然と考えるようになっていた。丁度このとき，フラウンホーファー線から太陽の本性と化学組成が得られるというキルヒホッフの偉大な発見のニュースが入ってきた。この報せは砂漠の中の水のように私の心に浸み込んだ。これこそ私のこれまで探してきた道なのだ。キルヒホッフが太陽について行った新しい方法を他の天体に広げるという考えが直ちに思い浮かんだのである。」

ハギンスはこの会合の後，ミラーを誘ってタルスヒル天文台に戻り，キルヒホッフの化学分析法と太陽スペクトルの分析について詳しく検討した。このとき，ハギンスは分光器を製作して星の分光分析に応用しようと提案した。ミラーにとってはまったく新しい分野なのでしばらくためらってい

図 1.11　ミラー肖像

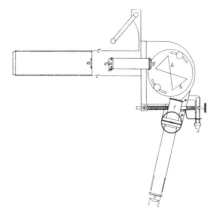

図 1.12　ハギンスとミラーの製作した最初の分光器の光学系
　　　　左の筒から光を取り入れ，下の筒からスペクトルを測定する。

たが，やがて同意し，2人でプリズム分光器の製作に取り掛かった．最初の分光器は2個のプリズムを組み合わせたものである．接眼鏡は回転台に置かれ，スペクトル線の位置はマイクロメータで精密に読み取られた．このときの分光器の光学系を図1.12に示そう．

8インチ屈折鏡にこの分光器を取り付け2人は星の分光観測を始めた．その第1報は1863年2月19日受理で王立協会誌（Proc. R. S. London）に掲載され[1.12]，次の文章から始まっている．

> 「最近の太陽スペクトルの詳細な検討，特にキルヒホッフによるフラウンホーファー線と人工炎中の明るい線との一致に関する注目すべき観測はスペクトル研究に新しい興味を惹き起こした．……」

この速報には明るい1等星，シリウス，ベテルギウス，アルデバランの3星のスペクトルがスケッチされ，太陽スペクトルと比較されている．

その後，1863年後半，2人はさらにプリズムを6個に増やして分光器を改良し，また，N，Oほか比較用元素のスペクトルを取り入れるなど，本来の目的である星の化学組成の測定に向かっていた．その成果は1864年のシリーズとして公表された次の3編の報告である．それについて順に述べてみよう．

(1) 「化学元素のスペクトルについて」[1.13]

これは天体の分光観測に入る前の実験室における測定作業の報告である．大体のスペクトル線のどの線がどの元素に対応するかを知るためにはキルヒホッフの場合と同じように実験室で作成された元素ごとのスペクトル線の波長表を用意する必要がある．ハギンスらはキルヒホッフの太陽スペクトル表（1861年）を見ているが，それは元素の数，波長域の広さなどに制限があり，恒星分光には不十分と考えて，タルスヒル天文台内に実験室をつくり，そこで広範な実験を行った．ハギンスらは改良した分光器によって24種の元素のスペクトル線の波長を測定した．紫外域から近赤外域まで測定されたスペクトル線の数は元素ごとに数十本から数百本に及ん

でいる。ハギンスらのスペクトル表は当時としては最も完備したもので，それによって他の追随を許さない天体スペクトルの解析が可能になったのである。

(2)「いくつかの恒星のスペクトルについて」[1.14]

これは 50 個ほどの星に対する分光観測の結果をまとめたもので，星のスペクトルを実験室の元素スペクトルと比較し，星の大気中に存在する元素の同定を行っている。明るい星についていくつか例を挙げてみよう。(ただし，カッコ内の分光型は現在採用されている分類法に基づく，第 2 章参照)

- アルデバラン (おうし座 α 星，黄赤色，分光型 K5III)
  約 70 本のスペクトル線が観測され，その中から Na, Mg, Ca, Fe など 8 種類の金属と水素が検出された。
- ベテルギウス (オリオン座 α 星，オレンジがかった色，分光型 M1 Iab 型超巨星)
  観測された星の中で最も複雑なスペクトルを示し，同定に困難があったが Na, Mg, Ca など 5 種類の元素が検出された。
- シリウス (おおいぬ座 α 星，明るい白色，現行 A1 V 型)
  水素のスペクトル線が異常に強い。金属線は弱いが Na, Mg は同定された。Fe の存在の可能性もある。

これらの例に見られるように，この報告の特徴はスペクトル線と元素との関係を明確に示している点にある。また，星の色とスペクトル線の形成についてハギンスとミラーは

>「連続光を放射する光球はすべての星について同一である。ただし，光球を構成する元素組成は星によって異なる。スペクトル線を形成するのは星の大気であるが，色の違いも大気に起因する」

と述べている。ここではまだ，高温の物体ほど紫外光が強いという熱放射の概念は生まれていないが，星の光球は連続光を放射する高温ガス体であ

り，大気はそれを取り巻く低温度のガス体で，吸収線が大気で形成されることを正しく指摘している。

こうして彼らはスペクトルの多様性は恒星がそれぞれ異なった化学成分を持つためであると考えるようになった。恒星の本性と形成について論文の末尾で述べている。

> 「恒星はすべて太陽と同じ自ら輝く天体で，太陽と同じように原始星雲から形成される。星によって化学組成が異なるが，これはラプラスの星雲説を採用すると宇宙の原始星雲に局所的に組成の異なった星雲があって，そのために多様な化学組成も持った星が生まれる。」

> 「恒星には太陽系と同じように惑星系を持つ星があるかも知れない。もし，母星が地球と同じような組成を持つとすれば，その惑星の中には地球と似た星も存在するかもしれない。」

最後の点は大変ユニークで面白い。しかし，原始星雲の化学組成は果たして不均質なのか，あるいは星の大気中に多様性を作り出す別の働きがあるのか，彼は迷っていた。

しかし，解釈は別として，ハギンスは観測結果そのものには満足していた。後年（1899年）に次のように回顧している。

> 「星や他の天体に対する初期の分光観測は地球上と同じ化学元素が宇宙にあまねく存在することを示したが，この結果はたいへん満足できるものであった。それによって化学が宇宙全体に適用できるものとなったのである。」[1.11] d

(3) 「星雲のスペクトルについて」[1.15]

ハギンスの優れた発見の中に惑星状星雲の観測がある。

「星雲とは遠方の恒星の集団にほかならない。大きな望遠鏡で見れば個々の星に分解できるであろう」というのがウィリャム・ハーシェル（William Herschel）以来の一般的な考え方であった（第5章）。ハギンスも星

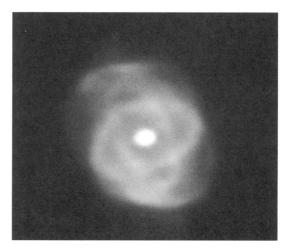

図 1.13 惑星状星雲 NGC6543（キャッツアイ星雲）
すばる望遠鏡の高感度カメラによる撮影（1999年1月17日）

雲には興味を持っていたが，一般に星雲は表面輝度が低いので分光は難しいのではないかと思っていた．しかし，星雲の中で惑星状星雲には小型で比較的輝度の高いものもあり，また，ロス卿をはじめ，これまでの観測で星に分解された例のない星雲であった．ハギンスはミラーと相談して惑星状星雲の分光観測を始めることにした．1864年の8月29日，最初の観測目標として望遠鏡をりゅう座の惑星状星雲（NGC6543）に向けた．これはキャッツアイ星雲とも呼ばれる美しい星雲である（図1.13）．

この星雲に望遠鏡を向け，最初に分光器をのぞいたときの驚きを彼は次のように述べている[1.15] a．

> 「最初，スペクトルに何も見えず，分散と直角方向にただ1本の明るい線が見えていただけだったので，分光器の調整が悪いのかと思った．もう一度，分光器をのぞいてみたところ，それはどんな天体にもこれまでに見たことのないスペクトルであった．確かに，ただ1本の明るい線だけが見えていたのだ．」

これが星雲に輝線スペクトルが初めて観測されたときの生の声である。この後，この星雲が3本の輝線スペクトルを示すことを見出し，実験室で見られる元素のスペクトルと類似することから，星雲が星の集団ではなく，高温のガス体であることにすぐに気が付いたと記述している。3本のうち青側の1本は水素のHβ線であるが，赤側の2本は同定が難しく，最初は窒素の線ではないかと考えてみた。しかし，「もし窒素であるなら，他の元素も輝線として見えていなければならないのに，水素以外は何も見えていない。」として窒素とすることに否定的になっている。この2本は星雲線と呼ばれ，どの元素に起因するかは長い間の謎であった。アイラ・ボーエン（I. S. Bowen）によって，星雲線が酸素イオンの禁制線と呼ばれる星雲に特有な輝線と同定されたのは，半世紀以上も後の1928年になってからである（第5章）。

　この報告でハギンスとミラーはNGC 6543のほかにこと座リング星雲（NGC 6720）を含む7個の惑星状星雲を観測し，すべてに3本の輝線を認めている。また，比較のためにヘルクレス座の球状星団とアンドロメダ星雲のスペクトルも撮影し，それらが共に輝線を示さず，吸収線スペクトルであることから，これらは星の集団であると正しく指摘している。

　初期の観測は分光器を通してスペクトルを肉眼でスケッチし，波長をマイクロメータで読み取るという眼視的手法であった。1882年にハギンスは星雲スペクトルの写真撮影に挑んだ。写真は肉眼に比べて紫外域まで撮影され，また，長時間露出によって弱い光を捉えることができる。こうして，彼は初めて紫外域に輝線を発見し，また，微弱ながら連続スペクトルの存在も検出している。これらはどちらも眼視観測では不可能な成果であった[1.16]。

　ハギンスはまた，星雲が地球に接近しているのか，遠ざかっているのか，その速度の測定を始めた。それは視線速度と呼ばれスペクトル線が紫側または赤側に変移する量で測定される。紫側に変移すれば天体は接近しつつあり，赤側に変移すれば後退しつつある（ドップラー効果）。ハギンスがこの観測を始めた1868年はまだ眼視観測に時代であり，測定精度は有意な

結果を生み出すまでに至らなかった。しかし，視線速度の測定は19世紀の末ごろから分光観測の主要な課題となり，ハギンスはそのパイオニアとなっている[1.17]。

3.3 新星の分光観測

1863年からタルスヒル天文台で始まった分光観測はその後のハギンスの生涯の仕事となる。1870年には王立天文協会から15インチ (38 cm) 屈折望遠鏡と18インチ (46 cm) 反射望遠鏡が天文台に貸与され，ドームも内径3.6 mから5.5 mに拡張された。2つの望遠鏡は1つの赤道儀に交換装備できる。共に分光器を装着して，タルスヒル天文台は分光観測に専念することになった。とくに18インチ鏡に取り付けられた紫外用分光器は光学系にクオーツなど紫外透過材を用い，写真紫外としてそれまで3800 Åまでであった波長域を3200 Åまで広げた画期的なものであった。これによって当時他に例のない紫外分光を可能にしたのである。こうした分光技術，写真技術によって支えられ，ハギンスは突然出現した新星の分光観測を行って，新星に対する史上初の分光観測として注目された。

1866年5月16日，ハギンスのもとにアイルランド西部のツアムに住むバーミンガム (J. Birmingham) から5月12日にかんむり座イオタ星 (ι CrB) の近くに2等級で輝く新しい星が出現したという速報が届いた。同じ日にマンチェスターのバクセンデル (J. Baxendell) からも15日には新星はさそり座ベータ星 (β Sco, 3.7等級) とほぼ同じ明るさになったとの連絡があった。ハギンスは早速，16〜19日の4晩続けて，この星に望遠鏡を向けた。すでに4.3〜4.5等に減光していたが，初日のスペクトルをミラーと一緒に検討したとき，この星の異常さに気づいた。注目したのはその複合性である。主スペクトルと呼ばれる吸収線スペクトルと連続光の上に明るい線をつくる輝線スペクトルとが合成して現われたのである。前者は太陽に似た光球と大気の存在を示し，後者は希薄な高温度ガス体を起源としている。輝線は5本でそのうち3本は水素のバルマー線 (Hα, Hβ, Hγ線)

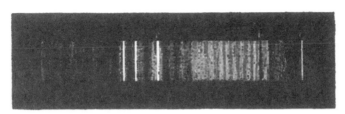

図 1.14 新星かんむり座 T 星のスペクトルのハギンスによるスケッチ（1864 年）
顕著な輝線は中央左から星雲線 2 本（5007, 4959 Å），Hβ，右端に Hγ，また左端に Hα 線（6563Å）が弱い輝線として見えている。

と見られたので，17 日の夜には誘導スパークで生成した水素輝線を星と同時に測定してそれを確かめている．また，輝線の強度が吸収線スペクトルに比較してきわめて強いことから，輝線を放射するガスの温度が星本体より高いためであろうと推測した．実際，この星の吸収線スペクトルは赤色星のベテルギウス（α Ori）やペガサス座ベータ星（β Peg）と似ており，これらの低温の星には水素の線は見られない．一方，シリウスのような高温の星では水素のスペクトル線が強い．ハギンスはこれまで星によって化学組成が異なるとまだ考えていたが，新星が合成スペクトルを示すことから，星の構造や新星のスペクトル変化に水素が重要な役割を果たしているのではないかと考えるようになった．ハギンスのスケッチした新星のスペクトルを図 1.14 に示そう．星の光球スペクトルと重なって強い輝線の存在が顕著である[1.18]．

また，17 日にはグリニジ天文台においてこの星の精密な位置が測定され，かんむり座 T 星（T CrB，9.5 等）が新星の爆発前の星であることが同定された．この星が爆発的に 7 等程（約 600 倍）に増光したのである．こうしてかんむり座 T 星は最初に分光観測された新星となったが，この星は実は爆発を繰り返す回帰新星の 1 つで 1946 年にも爆発を起こしている．

3.4　マーガレットとの出会いと天体写真分光へ[1.19]

　1875年9月8日ハギンスはアイルランドのダブリンに近い田舎町モンクスタウン（Monkstown）の教会でマーガレット・リンゼイ（Margaret Lindsey Murray）との結婚式を挙げた．ハギンスは51歳，マーガレット（1848〜1912）は27歳であった．

　マーガレットは少女時代，祖父の薫陶で星座に親しみ，望遠鏡で太陽黒点を観測したり，分光器を自作してフラウンホーファー線を観察したり，また，新興の写真撮影に興味を持ったり，当時としては珍しい科学少女であった．その後，彼女は日曜学校の教師をしながら，物理，化学の実験を重ね，なかでも，写真技術の改良には大きな関心を寄せていた．また，天文アマチュアとして，ロンドンに住むウィリアム・ハギンスは彼女の憧れの的であった．マーガレットがハギンスと最初に出会ったのはロンドンで開かれた音楽サロンの会場だったという．音楽は2人の共通の趣味となった．後年，2人はタルスヒルでバイオリンの合奏など，音楽を楽しんでいる．結婚前，ハギンスも彼女の地元であるアイルランドのダブリンにはよく出かけた．ここには望遠鏡メーカーのホワード・グラブ（Howard Grubb）の工房がある．王立天文協会がタルスヒル天文台のために望遠鏡の貸与を決めた際，望遠鏡の製作はグラブに任されたので，ハギンスは調節や検査などでダブリンに滞在する機会がよくあった．マーガレットとハギンスの仲を取り持ったのはホワード・グラブである．そういうわけで結婚式はアイルランドで行われたのであった．

　マーガレットがタルスヒルに移り住んだとき，ハギンス邸は狭い前庭と広い裏庭を持つレンガ積みの殺風景な家であった．マーガレットは持ち前の絵画や彫刻，園芸などの才能で家の内外をすっかり快適な住宅に変えてしまった．とくに裏庭のガーデニングに凝って，友人に「エデンの庭のように心地よい庭園に変えてみました」などと書き送ったりしている．

　タルスヒルに落ち着くとマーガレットは早速，これまでの経験を活かして写真技術の開発に取り組む．ハギンスも写真観測の重要性を認識してお

図 1.15　マーガレット・ハギンス
タルスヒル天文台の観測室において
（ウィリャム・ハギンス撮影）

り，初期の 1863 年にシリウスに対しコロディオン軟式乾板による分光観測を試みたことがある．しかし，このときは乾板の感度が低く，スペクトル線は検出できなかった．マーガレットに課せられた大きな課題は乾式ゼラチン乾板の導入と分光写真用カメラの小型化であった．これによって初めて天体の長時間露出が可能となる．マーガレットは有能な観測助手であったばかりでなく，独自の技術的見解を持っていたので，夫妻はときには技術上の問題で意見の対立を見ることもあったが，マーガレットとの共同作業によってタルスヒルでの分光写真観測は順調に進み，恒星や彗星の分光資料が蓄積されていった．

1892 年 2 月におうし座に新星（T Aur）が現われた．このときはポツダム天文台のヘルマン・フォーゲル（Hermann C. Vogel）を始め，多くの分光観測や測光観測が行われたが，ハギンス夫妻も分光観測に乗り出した．夫妻は 2 月 2 日に写真分光を行っている[1,20]．夫妻の観測でとくに目立ったのは可視域の水素 $H\alpha$，$H\beta$，$H\gamma$ が強い輝線として現われ，その紫側に吸収線を伴うことであった．これらの線について，夫妻は輝線波長を実験室の波長に比較し，輝線部分は赤側にずれて地球からの後退を示し，吸収線部分は紫側にずれて地球への接近運動を示すと述べている．ここでは大気が

膨張しているとまでは述べていないが,大気運動の理解に一歩迫っている。なお,夫妻の観測した輝線の輪郭はいまでは P Cyg 型輪郭と呼ばれ,膨張大気の指標の1つともなっている。

3.5 恒星分光アトラスの出版

　ハギンスとマーガレットは1899年に共著で『代表的な恒星の分光アトラス』[1.21] を出版している。これはタルスヒル天文台の18インチ (46 cm) 反射望遠鏡で撮影されたスペクトルが主要部分となっている。この書は古典的装丁の美しいA3版のアトラスで,スペクトル写真も鮮明である。マーガレットは絵の才能を活かし,各章の初めを美しい挿絵で飾っている。このアトラスは本文8章と12葉の図版とからできている。はじめの2章にはタルスヒル天文台開設以来の詳しい歴史と観測結果の文献がまとめられているが,ここにはハギンス夫妻の長年にわたる研究への思いがこめられている。続いて第3章は分光写真の方法,第4章はタルスヒルで用いられた分光器の説明に当てられる。

　第5章では恒星スペクトルの特性と系列化について考察している。夫妻は主として水素のバルマー線と電離カルシウムK線の強度変化に着目して星のスペクトルを配列する。白色星から赤色星へと進むとバルマー線の吸収線強度は次第に弱くなるが,一方,カルシウムK線は次第に強度を増し,同時に金属線も姿を現わして顕著になっていくと指摘している。この指摘は後年の恒星分光分類の方向性を示すものであった。

　また,バルマー吸収線が星によって線幅が狭く,高準位線まで識別できるもの,中間のもの,幅が広く数本で重なり合ってしまうものの3段階に分けられることも示したが,これは紫外分光によって初めて可能になった分光特性であり,後にモーガン (W. W. Morgan) によって提唱された星の光度階級の識別を示唆するものとなっている (本書第3章8節)。

　第6章では前章の議論を踏まえて約50星に対する化学組成および星の進化が論じられている。ハギンスらは当初は化学組成の違いによって異な

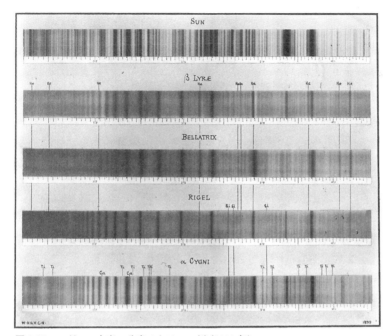

図 1.16 ハギンス夫妻の分光アトラスの例（1899年）
スペクトルは上から順に太陽，こと座 β 星，オリオン座 γ 星，オリオン座 β 星，および，はくちょう座 α 星

る進化を示すと考えていたが，このアトラスでは進化は収縮説の立場に立っている．それによると準定常的に重力収縮を続けるガス球は収縮とともに表面温度を増加させるが，この増加は放射によるエネルギー損失が卓越してくると，必然的に温度低下に移行する．したがって，星は白色星として誕生し，太陽型を経てオレンジから赤色星へと進むことになる（本書第 3 章参照）．

アトラスの第 7 章はタルスヒルで撮影された古いスペクトル乾板の記録に当てられ，第 8 章は特殊な星，オリオン星雲の中心のトラペジウム星，はくちょう座 P 星（P Cyg），こと座ベータ星（β Lyr），新星やオリオン星雲についても詳しいスペクトルの説明がある．こうしてこのアトラスはハ

ギンス夫妻の生涯の活動を表わす記念的著作となったのである。

3.6 晩年

　タルスヒル天文台の観測活動はマーガレットの協力にもかかわらず，1880年代後半から停滞気味になる。その原因の1つはロンドンにおける気候の変動にあった。ハギンスがタルスヒルに住み始めた1850年代から1870年代のロンドンは卓越風が南西の風でロンドン市内の大気塵の影響も少なく，観測条件も良好であった。しかし，1880年代以降は卓越風が次第に北西から北向きに変わり，大気塵の影響を直接受けるようになったと，夫妻はアトラスの中で述懐している。

　1899年以降，タルスヒルでは天文台内の実験室での原子スペクトル線の同定や，相対強度の測定など室内での仕事が主体になってくる。1900年代になってもハギンスは毎年のように王立天文学会誌に台長報告を掲載しているが，ほとんどは小さな記事である。その中で興味を引くのは1903年から1907年にかけて行ったラジウムのスペクトル解析である。おそらく，1898年のキュリー夫妻によるラジウム発見と夫妻のロンドン訪問（1903年）がきっかけとなったのであろう。しかし，短い台長報告ではラジウム解析の内容までは触れていない。没年に書かれた最後の台長報告[1.22]ではタルスヒル天文台の望遠鏡と観測設備はすべて前年にケンブリッジ大学天文台に寄贈され，そのために大学敷地内に新しいドームが建設されたと述べている。ただし，物理実験施設はそのままタルスヒルに残された。それはマーガレットのためであることは言うまでもない。

　ケンブリッジに置かれた諸設備はハギンスドームとして長く保存されていたが，1950年代になって敷地が手狭になったとの理由で解体され，スクラップにされてしまった。そのうち分光器などはケンブリッジ大学付属のホイップル博物館に保存されていたが，やがてそれも廃棄された。

4 分光分類への道，セッキとフォーゲル

4.1 セッキ，ローマからアメリカへ[1.23]

1848年10月24日，イギリスのリバプール港から1隻の帆船がニューヨークに向けて出帆した．乗船したのはローマ・イエズス会の司祭アンジェロ・セッキ（30歳）とその仲間たちである．故郷のイタリアを追放され，アメリカに永住の地を求めるためであった．

アンジェロ・セッキ（Pietro Angelo Secchi, 1818～1878）は1818年にボローニャに近いレギオ（Reggio）の町で指物師アントニオ（Antonio Secchi）の息子として生まれた．家はまずまずの暮らしであった．16歳で地元のイエズス教会付属の中学を卒業後，ローマに出て最初はローマ・カレッジで古典学を学ぶ．しかし，ローマ滞在中に科学への関心が高まって数学，物理学を学び始めた．その面白さに惹かれて，ついに古典学から離れて物理，数学の研究に没頭するようになった．

その成果が実を結び，イエズス・カレッジ（Jesuit College）で4年間，数学，物理学のチューターを務め，その後，物理学教授に抜擢された．しかし，1844年秋からは本来の神学に戻り，パッサグリア（Passaglia）教授らの指導のもとで神学の研究を進めて，1847年（29歳）に法王庁の司祭に任じられた．

彼の属していたイエズス会というのは16世紀の宗教改革の際，カトリック教会の内部改革として創立された修道会で，ローマ法王への絶対忠誠と広範な海外布教を特色とする．フランシスコ・ザビエルも創始者の1人で，16世紀半ばに日本にも布教に来ている．この会の中でも過激な一団はウルトラモンタリスト（法王至上主義者）と呼ばれたが，彼らは1847年にスイスで反乱を起こし，カルビン派の軍隊によって壊滅された．その余波は1848年にローマに及び，民衆の蜂起によって法王はナポリ近郊に追放された．イエズス教会に属していた法王庁の司祭はセッキを含め全員が

図 1.17 アンジェロ・セッキの肖像（1878 年撮影）

イタリアを追放される．彼らは各地に分散するがセッキはデ・ヴィコ神父 (S. J. de Vico) に率いられてパリからロンドンに渡る．デ・ヴィコは天文学者でもあり，いくつかの彗星を発見している．また，セッキの天文学の師でもあった．しかし，ロンドン到着後デ・ヴィコはチフスに侵されて他界する．その葬儀には王立天文協会の会長ジョン・ハーシェルも参列して弔辞を捧げている．残されたセッキらはその年の秋，20 人の仲間とともにアメリカに渡ることになった．

アメリカではワシントンに近いジョージタウン (Georgetown) に移った．ここにはイエズス会のジェイムス・カーリー神父 (James Curley) の主宰するジョージタウン・カレッジと付属天文台が設立されており，セッキは神父の勧めで物理学担当の教授となる．その頃，ジョージタウンを訪れていたアメリカ海軍天文台の海洋気象学，測地学，天文学の教授モーリー (F. M. Maury) と知己になり，彼との交流の中で天文学への関心が再び深まった．セッキはこの地で物理学者として過ごしたいと考えていたが，ローマからの報せによって，彼の人生はまた一変する．ローマ法王を追放した反乱はフランス軍の介入によって 1849 年に鎮圧され，ローマは平安に戻った．法王もローマに戻り，法王庁の整備に乗り出す．天文台はその中でも

重要な施設であったから，法王は故デ・ヴィコから法王に送られていた推薦状に基づいて，セッキにローマ・カレッジ天文台長として帰国するようにという要請状を送った。これを受けてセッキはローマに戻る。

4.2　バチカン天文台の再建から観測へ[1.23] a,b

　バチカン天文台は1582年創立の世界で最も古い天文台の1つである。1774年にローマ・カレッジから赴任したクラヴィウス（C. Clavius）神父によって改造，拡張され，それ以後ローマ・カレッジ天文台と呼ばれるようになる（現在のバチカン天文台）。1850年にローマ・カレッジ天文台長に就任したセッキの最初の仕事は騒乱後の天文台の改築で，新しいドームはセント・イグナチウス教会の高い塔屋上に置かれた。天文台は1852年に完成し，フラウンホーファー社製7.5 cm屈折望遠鏡のほかに，新しくミュンヘンのメルツ社製の屈折望遠鏡（口径25 cm，焦点距離435 cm）と精巧な恒星観測用の時計が設置された。セッキの天体観測の多くはこの25 cm望遠鏡で行われた。

　ローマ・カレッジ天文台における天体観測は1850年の木星が月に隠されるという掩蔽（えんぺい）観測から始まる。このときは7.5 cm屈折望遠鏡が用いられた。それ以後1850年代は彗星の軌道運動や土星リングの非均質性の観測など太陽系天体が中心になっているが，この時期にセッキはフーコー振り子の追実験という少し風変わりな仕事をしている。

　レオン・フーコー（Leon Foucault）は1851年1月8日にパリのパンテオンで公開実験を行い，振り子の振動面の回転から地球の自転を証明した。この実験結果はフーコー振子と呼ばれてヨーロッパ各地で大きな反響を呼んだ。地球物理に興味を持っていたセッキは直ちに追実験を試みた。振り子は長さ31 m，重さ28 kgの球で，彼は精密な回転角を測定し，回転速度が地球自転の理論と一致することから，フーコーの実験の正しさを認めた。フーコーとセッキの実験によって地球回転の直接的な証明が得られたことは，当時の社会に大きな衝撃を与えた。

図1.18 ローマ・カレッジ天文台（1774〜1878年）
この建物はセッキによる改築後と思われる。

4.3　恒星分光の始まり[1.23] b

　キルヒホッフの太陽スペクトルの話はすでにセッキの元に届いていた。しかし，セッキが恒星分光を意図するようになった契機は，パリ天文台のジュール・ジャンセン（Jules Janssen, 1824〜1907）が小型直視分光器を製作したという報道であった。ジャンセンは太陽スペクトルの草分けで，日食外の彩層スペクトルの観測を行ったことで知られている。後にパリ天文台にムードン天体物理部（1875年）を創立した人である。セッキは早速，メルツ屈折望遠鏡（口径25 cm）に装備する分光器の製作をフィレンツェのアミーチ（第6節）に依頼した。分光器は1862年の暮れに出来上がってローマに送られてきた。ちょうどそのとき，ジャンセンも自分の分光器を携えてローマに滞在していたので，セッキは彼の協力によって分光器を屈折鏡に取り付けた。試験観測の結果は上々で彼は「非常に良い（très bien!）」といって満足している。

　分光観測はいくつかの色の異なった星について行われた[1.24]。最初の星は赤色のベテルギウス（α Ori）であった。ナトリウム D 線（$\lambda 5889$ Å）のま

わりに多数の暗線が見えたが,その多くは太陽スペクトルとは異なっていた。初めて分光器をのぞいたときの印象を「この星のスペクトルは(あまりにも太陽と異なっているので)私を驚かせ,注目させた」と述べている。次は赤橙色の星,アルデバラン(α Tau)である。D線はより鮮明になり,やはり多くの暗線が見られた。また,白色星としてシリウス(α CMa)やリーゲル(β Ori)などにも望遠鏡を向けたが,これらの星にはD線は見られず,水素のHβ線($\lambda 4861$ Å)が顕著であると述べている。こうして全体として恒星のスペクトルに大きなバラエティのあることに強い印象を受けている。パリの科学アカデミーで行った報告[1.24] b の中で彼は次のように意気込みを述べている。

> 「天体スペクトルの研究には2つの意義がある。1つは星にはさまざまのタイプがあり,それらの星の大気の存在とその本性を探ること,第2はなぜ多種の星が存在するのかなど,宇宙における興味深い秩序についての,いくつかの疑問に答えられるようになること,なかでも重要な疑問は星々の運動に関係している。」

こうして彼はすでに恒星大気の多様性と宇宙の構造についての観測の意義を表明している。

4.4 セッキの分光観測

　セッキは1863年以降も太陽系天体の観測を継続しているが,それと平行して多数の星について分光観測を行っている。彼は分散を変えた4種類の分光器を製作し,目的に応じて使用しているが,多数の星に対する掃天分光観測はメルツ屈折望遠鏡に装着した対物レンズ(頂角12°)で行った。
　観測は眼視的に行われ,視野に現われるスペクトルをスケッチし,マイクロメータによって吸収線の同定を行う。波長はまだ測定されず,吸収線は太陽スペクトルとの比較によって同定された。最初に観測されたベテルギウス(α Ori)とアンターレス(α Sco)のスペクトルを図1.19に示そ

図 1.19 セッキによるスペクトルのスケッチの例

(上) ベテルギウス（α Ori）
スケッチの中で δ は Na D λ 5896 Å, η は Mg λ 5170 Å を表わす.

(下) アンタレス（α Sco）
D は Na D 線, b は Mg λ 5170 Å, F は Hβ λ 4861 Å を示す.
α Ori では右が赤側, α Sco では左が赤側になっている. なお, 同定は太陽スペクトルとの比較による.

う[1.25]. スケッチされたスペクトルの原図はベテルギウス（α Ori）では 38 cm という長さを持ち, 詳細なスペクトル線が再現されている.

セッキは 1863 年にはスペクトルを赤色星と白色星の 2 種類に分けていたが, 1866 年には 209 星をクラス I, II, III に 3 分類し, 1868 年にはさらに 2 クラスを追加して 5 種類に分類した[1.26]. それをまとめると表 1.1 のようになる. なお, 通常の星ではスペクトル線はすべて吸収線であるが, クラス V のように連続光の上にさらに明るい輝線を示す星もあり, それらを輝線星と呼んでいる.

当初の観測星数は 200 個足らずであったが, その後も観測を続け, 全体としては 4000 星に達している.

セッキはクラス IV の星に強い印象を受け図 1.20 のようなスペクトルのスケッチを残している[1.27]. この図で星番号はシェーレラップ（H. K. F. K. Schjellerup, 1866 年）の赤色星カタログによるもので, 参考まで表 1.2 にこれらの星の HD（ヘンリー・ドレイパー）星表の星番号と分光型（第 2 章参照）を示そう.

表 1.1 セッキによる分光分類 (1866〜1868年)[1.26]

クラス	色	スペクトルの特徴	代表星
I	白，青	水素吸収線が顕著	シリウス (α CMa)，ベガ (α Lyr)
II	黄色	多数のフラウンホーファー線	太陽，カペラ (α Aur)
III	橙，赤	多くの分子バンド	ベテルギウス (α Ori)，アンタレス (α Sco)
IV	微光赤色	3本の輝線バンド (現在は炭素星と呼ばれる)	うみへび座17番星 (17 Hya)
V	白	水素に輝線を示す (現在は早期型輝線星を指す)	カシオペア座 γ 星 (γ Cas) こと座ベータ星 (β Lyr)

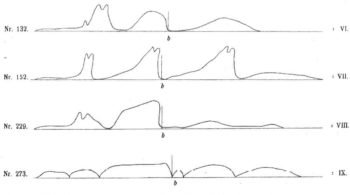

図 1.20 典型的なクラス IV スペクトルに対するセッキのスケッチ

星の番号はシェーレラップ (1866年) の赤色星カタログによる (表1.2)。No. 273 は比較のために示したクラス III。セッキは輝線バンドを赤側 (左側) から黄色帯，緑色帯，青色帯と呼んでいる。図中 b 点は Mg λ5170 Å に当たる。

表 1.2 代表的な IV 型星[1.27]

星の名前	星番号	セッキの分類	HD カタログ	
			HD 番号	分光型
うみへび座 U 星 (U Hya)	No. 132	IV	92055	Nb
りょうけん座 Y 星 (Y CVn)	No. 152	IV	110914	Nb
りゅう座 UX 星 (UX Dra)	No. 229	IV	183556	Nb
うお座 TX 星 (TX Dra)	No. 273	III	223075	Na

註：TX Dra は比較のために示された星で，HD カタログの分光型 Na は Nb より少し高温の星を表わす。

彼は図 1.20 に示したクラス IV の星 No. 152 について次のような記述を与えている。

「No. 152：最も美しい星の 1 つである。そのスペクトルはまさしく IV 型である。スペクトルの明るいバンドはきわめて明白で，バンド間の黒い部分と奇妙なコントラストを示している。まことに特異な星だ。しかも，星の色は生き生きとしたルビーレッドなのだ。」

美しいスペクトルに見入って感嘆しているセッキの姿が思い浮かぶようである。この星は典型的な炭素星で，マッカーシー[1.28]は「アンジェロ・セッキと炭素星の発見」と題するレビュー（1950 年）の中でクラス IV 星の分光観測の歴史的経過を紹介し，「セッキは炭素星の発見者である。しかし，その発見が確認されるまでに 1868 年から 125 年の歳月が必要であった」と述べている。実際，セッキに続く長い時代，クラス IV はむしろ特異な星として注目されていた。

セッキは観測結果を数回にわたって分光カタログとして公刊している。そのため，カタログによって分類種別も 3 ないし 5 クラスと異なっているが，合計すると記載された星の数は 4000 個を超える。こうしてセッキは恒星分光分類のパイオニアの 1 人となっている。

4.5　セッキの晩年と宗教思想

セッキは優れた天文学者として恒星分光に大きく貢献しているが，同時にイエズス教会の司祭として強い宗教的信念を持っていた．彼は自然界のすべての過程は「運動のエネルギー」に起因すると述べて，「運動論的原子論」という，一見，唯物論的な立場をとっているが，彼はそれを霊性や知性にまで拡張し，自然界，人間界の根源には神の創造行為があるとしてキリスト教的立場を擁護している[1.23] d．

1870年に北部イタリア王国の軍隊がローマを占領し，イタリア中部に広がっていた法王領を併合してイタリアを統一するという情勢が生じた．その結果，法王領はローマ市内の一部に限定され，イタリア王国と法王庁とは国交断絶という状態になった．この断絶が解けたのは1929年になってからで，その後1930年代に入ってようやく，ローマの南50 kmほどの火山湖に望むカステルガンドルフォに法王の離宮が認められ，天文台が移転されるようになった．1870年の事件のとき，イタリア国王はセッキを自国に招き入れようとして，大きな天文台を建設してそれを彼に任せることを打診するなど，いろいろ誘惑を試みたことがある．しかし，このときもセッキは法王への忠誠を崩さず，節を守ったので，イタリア王も最後にはあきらめたという．こうしてセッキはその後もバチカン天文台長としての任務を続けたが1878年，病を得て死去した．享年60歳であった．

4.6　フォーゲルと分光分類の発展[1.29]

ヘルマン・フォーゲル (Hermann C. Vogel, 1841～1907) はハギンスとセッキを引き継ぎ，天体分光を2つの点で大きく発展させた．第1に分光分類の改良，第2に恒星の視線速度の測定である．

フォーゲルはライプチッヒで教育家として著名な父カール・フォーゲル (Carl C. Vogel) の末っ子として1841年2月に生まれた．イエーナ大学で天文学を学び1867年に恒星および星雲の位置測定学で学位を得ている．

図 1.21　ヘルマン・フォーゲル肖像

　その後，1871年に北ドイツのキールに近いボスカムプ（Bothkamp）に移り，ビューロウ（C. von Bülow）によって建設された私設ボスカムプ天文台で4年間，台長として観測を続けている。この天文台は口径11インチ（28 cm）の屈折望遠鏡を持ち，分光器も装備している。
　この間に彼は生涯の仕事となる3つの観測課題に取り組んでいる。
　第1は写真技術の改良。乾式写真乾板の感度を高め，太陽の精密な撮影に成功した。
　第2は分光観測による太陽自転速度の測定[1.30]。これは太陽赤道面の両端における視線速度（一端は接近，他端は後退）の測定から導かれる。その結果は黒点の移動から予測されていた自転周期を裏付けた。また，恒星の視線速度についても測定精度を信頼できる値まで高めた。
　第3はセッキによる恒星の分光分類の改良[1.31]。改良された分類型と代表的な星を表1.3に示そう。参考までにHD分類も示す。
　この分類は多少細分化しているが基本的姿勢はセッキと変わらない。IcやIIbのように輝線星を別立てにしたのが目に付く。1895年になってフォーゲルはさらにこの分類を改定しているが，それはノーマン・ロッ

表 1.3　フォーゲル (1874 年) によるセッキ分類の改良[1.31]

| 分類型 | | 星の色 | 代表星 | HD 分類 |
フォーゲル	セッキ			(第2章)
Ia	I	白	シリウス (α CMa), ベガ (α Lyr)	A
Ib	I (オリオン型)	白	リーゲル (β Ori), 三つ星 ($\delta, \varepsilon, \zeta$ Ori)	O, B
Ic	I (後に V)	白	カシオペア座 γ 星 (γ Cas), こと座 β 星 (β Lyr)	輝線星
IIa	II	黄	カペラ (α Aur), アークトゥルス (α Boo), アルデバラン (α Tau)	F5-K5
IIb	—	—	かんむり座 T 星 (T CrB), WR 星, ふたご座 R 星 (R Gem)	輝線星
IIIa	III	赤	ヘルクレス座 α 星 (α Her), ベテルギウス (α Ori), ペガスス座 β 星 (β)	M
IIIb	IV	赤	S78, S152, S273	炭素星

注　IIIb 型の代表星はシェーレラップ星表の S 番号を示す.

キャー (Norman Lockyer) によって 1868 年に太陽彩層に発見されたヘリウム線に基づいている (第 3 章). 彼はオリオンの 3 つ星をはじめとする白色星の中にヘリウム吸収線を同定し, I 型の星を次のように細分化した[1.32].

- Ia 型はヘリウム線を示さない. 水素線が弱まると金属線が強くなるという傾向からこの型は Ia1, Ia2, Ia3 に細分される. (現在の A0 から A9 へ)
- Ib 型はヘリウム線が現われる. その中で He λ 4026 Å, λ 4472 Å, λ 5016 Å, λ 5876 Å が顕著である. (現行の O, B 星)
- Ic 型は Ic1, Ic2 に分けられる. Ic1 は輝線が水素にのみ現われるが (γ Cas), Ic2 では水素のほかヘリウムを輝線として示す (β Lyr).

この改定された分光分類に従ってフォーゲルとウィルシング (J. Wilsing) は 1899 年に 528 星の分類型をカタログにまとめている[1.33].

ボスカンプ天文台で4年を過ごすと1874年にフォーゲルはベルリン王立天文台に移る．この頃，近傍のポツダム天文台ではグスタフ・シュペーラー（Gustav Friedrich Wilhelm Spörer）が太陽観測を行っていた．シュペーラーは太陽黒点の移動から黒点の発生地帯が次第に中緯度から赤道方向に移動することを発見したことで知られている．なお，移動のパターンは太陽の赤道上を飛ぶ蝶に似ているので「バターフライ図」と呼ばれている．この頃，ドイツではプロシャ皇帝フリードリッヒがキルヒホフ顕彰のため，ベルリンとポツダムの両者を統合してポツダムに新しい天文台を建設するという考えを持っていた．その設立計画を任されたのはフォーゲルとシュペーラーであった．2人は協力して太陽と星の物理過程の解明を目指す天文台を構想した．そのためフォーゲルはヨーロッパ各地，とくにイギリス本土を視察して望遠鏡の構想を練った．

　こうして，天文台はポツダム天体物理天文台として1882年に開設され，フォーゲルが初代台長に就任する．主要機器は13インチ（30 cm），8インチ（20 cm）の屈折望遠鏡で，ともに写真装置と分光器が取り付けられ，太陽，月，惑星から星，星雲，彗星など多様な天体の観測に用いられた．天文台は皇帝から十分な財政的支援を受けたのでフォーゲルは次の2つのプロジェクトチームを立ち上げた．

1) 恒星の視線速度の系統的測定に関する作業チーム
2) 口径31.5インチ（80 cm）屈折望遠鏡建設計画の推進チーム

このうち第1については写真分光による解析が進み1892年に51星に対する測定結果がリストにまとめられた[1.34]．測定精度は$2.7\ \mathrm{km\ s^{-1}}$に達し，ハギンスの10倍の精度を持っていた．また，このリストの中には視線速度の変動によって発見された連星（分光連星）も含まれている．第2の80 cm望遠鏡は1890年に建設が始まり，1899年に完成した．これはパリ天文台（ムードン）の80 cm鏡と並んで欧州最大の屈折望遠鏡となった．

　フォーゲルは生涯最後の年まで台長を務めるが，晩年は体調を崩し，オルガン演奏など音楽を楽しむことが多かったという．1907年8月病状が

悪化し，66歳で不帰の人となった．

ポツダム天体物理天文台は1992年に再編成され，現在のポツダム天体物理研究所（Leibniz Institute for Astrophysics Potsdam）へと発展する．

5 ラザファードと分光観測

5.1 ラザファード，弁護士からアマチュア天文家へ[1.35]

1856年の秋，ニューヨーク郊外のラザファード邸では庭先に新しいラザファード天文台が完成した．口径28 cm屈折望遠鏡（フィッツ望遠鏡）のドームと子午儀館を備えた本格的な天文台である．ラザファードはお祝いに訪れた近所の人々に内部を紹介しながら満足していた．

ルイ・モリス・ラザファード（Lowis Morris Rutherfurd, 1816～1892）は1816年11月，ニューヨーク州のモリサニア（現在はニューヨーク市の一部）で生まれ，アメリカ名門の血を引き継いでいる．祖父のジョン・ラザファード（John Rutherfurd）は合衆国上院議員を務めたことがあり，外祖父のルイ・モリス（Lewis Morris）は合衆国の独立宣言（1776年）に署名した1人である．ラザファードは外祖父からその名を貰っている．

1831年15歳でウィリャム・カレッジに入学，法律専攻であったが，物理実験に興味を持ち，物理の授業では実験装置の製作を手伝っていたという話もある．18歳で卒業するとニューヨークの法律事務所で弁護士として働くようになるが，その余暇はもっぱら化学実験と天文観測に費やしていた．

ラザファードはマーガレット・チャンラー（Margaret S. Chanler）と出会い，1841年に結婚する．彼女も名門の出で，2人は生涯のよき伴侶となり，父ゆずりで天文学を目指す息子スツイヴサン（Stuyvesant Rutherfurd）をもうけている．ラザファード自身も結婚後，さらに天文学への志向を強め，1849年，ついに弁護士を廃業して天体観測に専念することになる．

図 1.22　ルイ・モリス・ラザファード肖像

それにはマーガレット夫人の物心両面からの支えが大きな力になっていた．しかし，このころマーガレットの健康が優れず，医師から転地を勧められていたので，2 人は彼女の療養をかねてヨーロッパへと渡る．数年間，フランス，ドイツ，イタリアの保養地を回っているが，イタリア滞在中，彼はフィレンツェに物理学および自然史博物館のジョバンニ・アミーチ (Giovanni Batista Amici) を訪ね，彼のもとで色消しレンズの製作法など光学技術の習得に当たっている．

　帰国後，ラザファードが取り組んだのは望遠鏡と子午儀の制作であった．フィッツ工房との協力で 28 cm 望遠鏡（フィッツ望遠鏡と命名される）と子午儀を製作し，両者は共に 1856 年，ラザファード天文台に収められた．彼が技術力を生かして作り上げた子午儀はアメリカ国内でも比類のない測定精度を示したので，天文台の子午儀館はまもなくアメリカ沿岸調査所の経度測定基地局の 1 つに指定された．この頃，沿岸調査所はヨーロッパとアメリカを初めて無線通信でつないで経度測定精度を飛躍的に向上させたことでも知られていた．こうした協力が契機となってラザファードは調査所経度部長のベンジャミン・グールド (Benjamin A. Gould) と知己になり，生涯の交友が始まる．

ラザファードは経度観測が順調に進むのを確かめた後，観測は基地局の人に任せ，1858年からは次の仕事として天体写真術の改良に取り組んでいる．その年の6月，まだ，感度の低い湿式乾板の時代であったが，フィッツ望遠鏡に取り付けた写真儀によって満月の撮影に成功し，その写真を公開したことで世間の話題になった．

5.2　恒星分光観測

1861年12月，ラザファードは友人で物理学教授のギッブス（W. B. Gibbs）から，「ドイツのフラウンホーファーという人が半世紀近く前に太陽スペクトル中に多数の暗線を発見している．星についてはまだやった人がいないようだ．それをやってみてはどうだろうか」という提案を受けた．

ラザファードはフラウンホーファーについては名前も知らなかったが，この話には大きな興味を持ち，早速，写真用分光器の製作に取り掛かった．分光器はフィッツ望遠鏡の接眼部に取り付けられ，円筒レンズで幅付けされた鮮明なスペクトルが得られた．彼の特色ははじめから写真分光を目指した点で，ハギンスやセッキたちがスケッチに依っていたのとは対照的である．

準備が整って1862年にいよいよ分光観測を開始する．その第1報は1863年1月にアメリカ科学芸術誌に掲載された[1.36]．

この論文はギッブスとの会話からはじまった分光観測への動機と，それに必要なプリズム分光器の製作実験についての記述の後，観測結果をまとめている．観測は太陽，月，木星，火星のほか17個の恒星を含んでいる．このうち，木星スペクトルについては赤色域に数本の未知のバンドを検出したが，これらは1932年になってメタン（CH_4），アンモニア（NH_3）と同定された．このため，ラザファードはいまでも木星分光のパイオニアと呼ばれている．

一方，恒星のスペクトルを初めて見たとき，ラザファードはその多様性

表 1.4　ラザファードの分光分類[1.35] c

グループ	スペクトルと色	代表的な星
1（太陽）	太陽に似た多数の吸収線とバンドを示す。色は赤または黄金色。	カペラ（α Aur），ベテルギウス（α Ori），アークトゥルス（α Boo）
2（シリウス）	太陽と異なった多数の線スペクトルを示す。白色星	シリウス（α CMa）
3（スピカ）	線スペクトルを示さない白色星	スピカ（α Vir），リーゲル（β Ori）

に大きな印象を受けた。

> 「星のスペクトルは大きなバラエティを示すのでそれを分類するのは困難である。いまのところ，私は星を太陽，シリウス，スピカという3つのグループに分けておきたい。」

と述べて表1.4のように3グループに分類した[1.35] c。

ラザファードの分類はセッキに似ているが，十分ではない。それは星の数が少なかったためである。しかし，吸収線の多様性がスペクトルに含まれる元素の多様性に対応することに気づき，次のように述べている。

> 「1つの考えが私を捉えて離さない。これまでは，ある星と他の星との違いは明るさにあるとされてきたが，星々は実はそれぞれの元素組成でも異なっているのだ。しかし，そうなると原始星雲の均一性に基づいた星雲仮説はどうなるだろうか？」[1.35] a

彼はハギンスと同じような疑問を呈した後，これまでの経験を活かして分光器をさらに改良して星の観測に挑み，星のスペクトルと，色，等級，変光，連星などの関連に取り組みたいと意欲を燃やしている。彼はすぐに分光器を改良して観測をすすめ，その結果は4ヶ月後に2つの論文[1.36]として結実している。

このうち第2論文では分光器の操作性を改良し，また，プリズムを通して比較用ランプの光が星と同時に視野に入るようにして波長の測定精度を

上げ，グループ1の代表星アークトゥルスのスペクトル線を解析している。そのスペクトル中にフラウンホーファー線のD，E，b，Gを検出し，その他にも太陽スペクトルと対応する吸収線の存在を認めている。第1論文とあわせ，彼はますます星によって化学組成が異なると考えるようになった。

それ以後もラザファードは望遠鏡製作，分光器と写真技術の改良など，主として機器開発に意欲を注いでいる。1864年には6個のプリズムを持つ分光器を製作した。彼はその高い分解能によって，キルヒホッフの作成した太陽スペクトルのアトラスに比較して3倍もの多数の吸収線を検出したと報告している[1.35] b。ラザファードはヨーロッパ勢に対し，かなり敵愾心を持って技術力を批判しているが，ヨーロッパからは何の反応もなかった。

1865年には新しく口径29 cmの屈折望遠鏡を製作しているが，この望遠鏡は次のような特徴を持っている[1.35] a。

1) 対物レンズは色消しになっているが，従来と異なる点は色消しが眼視用でなく，写真用に調節されたところにある。したがってこの望遠鏡は写真儀であって眼視用としては像がぼやけて使用できない。
2) 望遠鏡は広い視野を持ち，9 cm×12 cmの乾板にほぼ1平方度の視野が撮影された。写真は湿式であったが当時としては最も鮮明な写真像を得ている。プレアデス，プレヤペ星団に対し，4分の露出で8.5等星までの微光星の検出が可能であった。
3) 写真乾板用にマイクロメータを開発して製作した。これは星の位置測定の精度を秒角単位にまで引き上げた画期的な装置であった。これによって星の固有運動や視差の測定精度が大きく改善された。

この乾板の鮮明さに感銘した友人のグールドはプレアデス星団について星の位置測定を行った。彼はその結果を1840年のベッセルの測定位置と

比較し，1866 年までの 26 年間の移動からアルシオーネ星（η Tau）の固有運動として年率赤経 +0.015 秒角，赤緯 -0.048 秒角の結果を得ている。これは 100 年間に 5 秒角ほどの移動を表わしている。プレアデス星団の他のメンバー星についても測定し，それぞれの星がそれぞれ異なった運動を示したことから，グールドは「この星団は単一の系統的運動を示すものでない」と結論している。

5.3　グールドとの交友[1.37]

1871 年，アルゼンチン中央高地のコルドバ市近郊にラテンアメリカとしては最初の天文台として国立コルドバ天文台（Cordoba Observatory）が開設された。アルゼンチン大統領ドミンゴ・サミエントは開所式の祝辞の中で

> 「もし，私が基礎科学の発展を支持しなければ，文明諸国の仲間入りという理念を放棄したことになる。」

と述べて，天文台事業に大きな期待を示し，初代台長にグールドを任命した。

ベンジャミン・グールド（Benjamine Apthorp Gould, 1824～1896）はマサチューセッツ州のボストンで生まれた。地元のハーバード大学を 1844 年に卒業した後，ドイツに留学し，ゲッチンゲン大学でガウスから数学と天文学を学んでいる。この頃，ガウスはフラウンホーファーの制作したヘリオメータで小惑星の観測と軌道計算を行っていたので，グールドも彗星と小惑星の観測を進めていた。

ドイツから帰国すると，1852 年から 1867 年までアメリカ沿岸調査所の経度部長を務めた。ラザファードと知己になったのはこの時期である。

グールドは南天観測の重要性に気づいてアルゼンチンのコルドバに移住し，1870 年に時の大統領に天文台の創設を進言した。彼の計画は大統領の強い支持によって実現し，28 cm 屈折望遠鏡を設備するコルドバ天文台

図1.23　ベンジャミン・A・グールド肖像

が誕生する。この望遠鏡ははるばるニューヨークのラザファードから贈られたものであるが，最初に送られた望遠鏡は輸送の途中でレンズが割れるというハプニングもあった。

　グールドはコルドバで15年を過ごしているが，彼にとっては実り豊かな年月であった。ラザファードから贈られた視野の広い屈折望遠鏡は南天の掃天観測に威力を発揮した。最初は7等級より明るい星について位置観測を進め，その結果は翌年，アルゼンチン天文表 (Uranometria Argentina) として出版された[1.38]。この天文表は天の南極を中心とする角度100度以内の7等星より明るい星の位置と明るさをカタログにしたものである。この表は引き続き，改定が加えられ，赤緯−23度から−80度までの73160星を含めた星表 (1884年)，さらに精密な32448星を含めた一般カタログ (1886年) が相次いで出版された。なお，この掃天観測はグールドがコルドバを去るとともに一時中断されたが，後継者によって1892年に再開され，1932年にコルドバ掃天星表 (Cordoba Durchmusterung) として完成する。グールドは最初の掃天観測の中で白色星 (B型星) が銀河面から20度ほど傾いた大円上に分布することを見出した[1.38]。これはグールドベルトと呼ばれ，銀河面に沿って美しい模様を見せる。このベルトは現在では銀河系

の太陽近傍の渦状腕の一部を見たものと見なされている。

1885年にマサチューセッツの古巣に戻り，コルドバから持ち帰った1400枚の写真乾板の解析に当たる。同時にラザファードの観測したプレアデス星団の写真乾板の測定も進め，星団内の星の固有運動について，2人は研究上でも互いに得がたい協力者となっていた。

5.4　ラザファードの晩年

1880年代になると，ラザファードは次第に健康を害するようになった。また，ニューヨーク市街の拡大に伴う光害のため観測が次第に困難になったこともあって，1883年には29 cm望遠鏡と撮影された写真ネガのすべてをニューヨークのコロンビア大学天文台に寄贈した。このときの写真ネガ枚数は太陽惑星から星まで，また，写真撮影と分光乾板を含めて1456枚に達している[1.35] a。

そのうち天域の写真乾板はコロンビア大学天文台で広範な解析が進められた。中心になったのはヤコビ (H. Jacobi) とデーヴィス (H. S. Davis) である。2人はラザファードの息子スツイヴサン (Stuyvesant) の協力によってカシオペア座，はくちょう座付近の星について視差と固有運動の測定を進めている。

ラザファードはコロンビア大学と深い関わりがあり，1858年から1884年まで大学の評議員を務め，天文測地学教室の設立に寄与している。また，アメリカ科学アカデミーには設立委員会のメンバーとして参加した。しかし，晩年のラザファードは次第に健康を損ねて，しばしばフロリダや南ヨーロッパなどへの転地療養を続けていたが，1892年5月，眠るようにして76歳の生涯を閉じた。グールドはラザファードとの30年の交友を回顧し，彼の人柄を次のように讃えている[1.35] b。

「ラザファードは物柔らかで気前がよく，人には親切で異なった意見にも寛容であった。彼には内気さと遠慮深さが，機器開発における大胆さ，辛抱

強さと同時に備わっており，その気質は研究者仲間で温かく迎えられ，大きな科学的刺激の源泉にもなった。いずれの点から言っても彼は優れた紳士であった。」

グールドもラザファードを見送ってから体調を崩し，1896年に72歳で他界している。

6 ドナーティと彗星

6.1　ドナーティ彗星[1.39]

1858年6月2日夜，フィレンツェ天文台の小型望遠鏡でしし座付近を探索していたドナーティは1つの彗星を発見した。ドナーティ彗星と呼ばれるようになったこの彗星は急速に明るさを増し，8月中旬には肉眼で見えるようになった。10月5日，近日点の5日後，彗星はうしかい座アークトゥルスのすぐ近傍を通過し，このときの彗星核の明るさはほぼ0等級と推定された。尾の長さも60°に達していた。この日にイギリスの画家ウィリャム・ターナーがこの彗星を描いている。それを図1.24に示そう。その後，この彗星は尾を3つに分裂させて世界中の話題をさらった。

なお，1858年のドナーティ彗星は日本でも観測記録がある。安政5年7月29日に「北之方彗星現われ候」（大場氏聞書），8月1日に「是日以降彗星現る」（災害誌，加賀藩資料）から始まって，8月14日の「東之方ほうき星之如き怪星出候」（応響雑記）まで6件の出現記録が加賀藩の資料に見られる[1.40]。彗星は凶兆として恐れられたが，それは古いヨーロッパでも同じである。15世紀ごろのカトリックでは彗星は「怒れる神が投げ出した火球である」として，疫病や戦争や革命などの予兆として恐れられていたし，プロテスタントでも変わりなかった。しかし，19世紀中葉となるとそのような恐怖感はなくなり，ヨーロッパでは珍しい天界のショーとし

図1.24 イギリスの画家ターナーによって1858年10月5日に描かれたドナーティ彗星

て眺められるようになっていた。

6.2 生い立ちからフィレンツェ博物館へ[1.41]

ジョバンニ・バッティスタ・ドナーティ（Giovanni Batista Donati, 1826〜1873）は1826年12月，フィレンツェに近いピサの町で生まれた。幼年の時期についてはあまり知られていないが，ピサの大学を卒業してからフィレンツェに出て，フィレンツェ物理学および自然史博物館の付属天文台に職を得ている。当時，博物館の館長はジョバンニ・バッティスタ・アミーチであった。ドナーティはアミーチの指導で光学技術を学ぶ。

ここでアミーチ（Giovanni Batista Amici, 1786〜1863）についてひとこと触れておこう[1.42]。アミーチはボローニャ大学の建築学科卒業後，近くのモデナ大学で数学や光学の講義を担当していた。彼が1811年に製作した反射望遠鏡はイタリア博覧会に出品されて金賞を得るなど，高い評価を受けている。彼はその後も多くの光学器械（望遠鏡，顕微鏡，レンズなど）の製作に当たっていたが，1831年にフィレンツェ物理学および自然史博物館

図 1.25 ドナーティ肖像

の館長と，同時にピサ大学の併任教授に就任し，家族や職人とともにフィレンツェに移り住んだ．この頃，彼は偏光顕微鏡を発明しているが，併行して 2 台の屈折望遠鏡も製作している．1 号機（1841 年）は口径 28 cm，焦点距離 5.2 m，2 号機（1845 年）は口径 23 cm，焦点距離 3.18 m でともにフィレンツェの博物館で用いられた．アミーチは顕微鏡を製作した折にそれを用いた生物学の研究も行っており，1840 年代から 1850 年代にかけて，ランなどの植物の受精や，植物の病原菌などの顕微鏡的研究の成果を相次いでイタリア科学会議で報告している．1855 年にはパリで開かれた万国博覧会に独自に開発した顕微鏡を出品して注目を集めた．アミーチの光学機器の製作技術は当時，広く知られており，ドナーティ，セッキの望遠鏡を製作しただけでなく，アメリカからもラザファードがアミーチのところで研修を受けている．

ドナーティはアミーチ館長のもとで 1852 年に研修員としてフィレンツェ天文台に勤め，彗星の探索を始める．彼は 1854 年から 1864 年までに 6 個の新しい彗星を発見しているが，そのうちの 1 つが上に述べた 1858 年のドナーティ彗星であった．しかし，彼は単に彗星の発見と軌道追跡に留まらず，その本性を解明するには写真撮影と分光観測が必要と考

えた．写真については，ハーバード大学天文台のボンド (G. P. Bond) に依頼し，1858 年 9 月 28 日に撮影を行った．しかし，当時はまだ湿式写真の時代であったから，乾板に写されたのは天空に尾を引く見事な彗星ではなく，わずかに明るい核部分に過ぎなかった．

1864 年，ドナーティはアミーチの死去に伴い，後任としてフィレンツェ天文台台長になる．彼は早速，新しい天文台の建設に取り掛かった．場所はフィレンツェの南郊外，アルチェトリの丘である．天文台からすぐ近くに，この地に幽閉され 1642 年に没したガリレオ・ガリレイの生家がある．ドナーティの努力が報いられて 1872 年に新天文台は完成し，10 月 27 日に開所式を迎えた．この式での挨拶でドナーティはガリレオを讃え，新しい天文台がガリレオの精神を引き継ぐものであると強調している．しかし，これが最後の仕事となり，まもなくドナーティは悲劇的な最期を遂げる．彼はウイーンで開かれていた国際気象学会に出席している最中にコレラに侵され，苦難の末，ようやくフィレンツェに戻ってきたが，帰宅して，その数時間後，家族や友人に看取られながら亡くなった．1873 年 9 月 10 日で享年 47 歳の若さであった．

ドナーティの天文台は現在イタリア国立天体物理学研究所付属のアルチェトリ天体物理学観測所 (Arcetri Astrophysical Observatory) と呼ばれ，現在も星間物質，星形成域，系外銀河，太陽，理論天文学などの研究が行われている．

6.3　恒星と彗星の分光観測

1860 年頃，ドナーティ彗星が現われてから彗星の分光観測の必要性を感じていたドナーティは，師のアミーチから星のスペクトル線を観測する装置を作ってはどうかという提案を受けた．当時，アミーチはフラウンホーファーの太陽スペクトルに興味を抱き，星のスペクトル観測をドナーティに勧めたのである．それに対し，ドナーティは星の分光は初めての経験であり，最初は集光力や点光源の扱いなどで戸惑っていた．アミーチはドナー

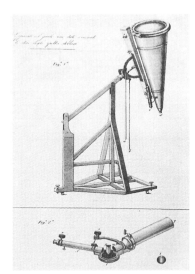

図 1.26 ドナーティの用いた望遠鏡と分光器

ティのために直接眼視プリズム (direct vision prism) と呼ぶ新しいタイプの望遠鏡と分光器のセットを考案した．口径 41 cm，焦点距離 158 cm で焦点付近にコリメータを置いてプリズム分光器に接続するもので，スペクトルの幅付けにはシリンダーレンズを用いている．このとき製作された望遠鏡と分光器を図 1.26 に示そう．

ドナーティはこの望遠鏡を用いて分光観測を行った[1.43]．明るい 15 星のスペクトルをスケッチし，主な吸収線をスペクトルの赤側から α, β, γ, ……と名づけた．しかし，このときは分光器の不具合によって星のスペクトル線がフラウンホーファー線に該当する位置と一致せず，波長の測定には成功していない．そのため，ドナーティは星の分光特性を次のように述べるに留まっている．

(i) 星は色によって白色，黄色，オレンジ色，赤色と分類できる．
(ii) スペクトル線の現われ方は星の色と関係がある．例えば黄色星では 3 星の紫端が揃って赤端が揃わないのに対し，赤色星では反対

に赤色端が揃っている。白色星にはそうした傾向は見られない。

このうち (ii) の特性はいまでは星のエネルギー分布と肉眼の感度特性から容易に理解できるがドナーティはそれを星の特性と考えていた。

しかし，スペクトル線の位置がなぜ一致しないのか。ドナーティはさらに考察を進め，それは地球大気の揺らぎ（シンチレーション）によるのではないかと思いついた。それを解明するために赤緯の異なる15星について地平高度の違いによるスペクトル線の屈折角の変化や，観測地点（英国のケンブリッジ，イタリアのフィレンツェ，南アフリカのケープタウン）の緯度による屈折角の変動などの比較を試みている。これはスペクトル線に対するシンチレーション効果の初めての系統的測定になった。ロンドンの王立天文協会はドナーティへの悼辞（1873年）の中でこの研究に対し

> 「恒星スペクトル観測の経験はドナーティを地球大気のシンチレーションに関する研究へと向かわせた。彼はシンチレーションの概念を明確にするとともに，その発生機構についても明確な説明を与えた。」

と述べて高く評価している[1.41]b。

ドナーティは星の分光観測では芳しい成果が得られなかったため，その後は恒星分光から遠ざかったが，彼自身の分野である彗星については分光観測に成功している。ドナーティは同じ望遠鏡と分光器系で1864年に出現した彗星の観測を行い，そのスペクトルに3本の明るいバンドを検出した。これは明らかに太陽スペクトルとは異なっている。この観測について『19世紀の天文学史』を著わしたアグネス・クラーク（1902年）は次のように評価している[1.41]c。

> 「彗星の分光に最初の成功を収めたのはドナーティ（1864年）である。（中略）彗星の光はそのほとんどが太陽からの反射光であるとこれまで考えられていた。（ドナーティの観測によって）彗星は自分で輝く，大きく広がったガス体であることが判明した。次の段階は輝くガスとはどんなガスなのかを決定することであるが，それは1868年にハギンスによって解明され

た。」

ドナーティの観測は定性的なものであったが，彗星分光の第一歩を踏み出したところに大きな意義があった。

7 グリニジ天文台と新天文学

7.1　グリニジ天文台とジョージ・エアリー[1.44]

　グリニジ天文台はロンドンの東南，グリニジ公園の小高い丘の上にある。いまは地下鉄高架のグリニジ駅から歩けばすぐに公園の入り口にでる。この天文台は1675年に国王チャールス2世によって建設され，海上における経度の決定と保時観測を主目的として設立された。伝統的な位置天文学と太陽系天体の観測を中心とした英国の中枢天文台である。，台長は王室天文官 (Royal Astronomer) として国王を補佐する天文分野では唯一人の官位であった。

　第7代台長ジョージ・エアリーはケンブリッジ大学天文台から35歳の若さで抜擢された。エアリーは持ち前の光学理論，機器製作技術，それに行政的手腕をもってグリニジ天文台を大きく改革し，本来の位置天文学，太陽系天文学のほかに多くの新しい部門を立ち上げ，就任以来46年にわたってイギリスにおける天文学の第一人者としてその発展に大きく貢献した。

　ジョージ・エアリー (George Airy, 1801〜1892) はイングランド東北部のアニック (Alnwick) で1801年7月に生まれた。家は代々の資産家で父ウィリァム・エアリー (William Airy) は郡の集税官にもなっている。ジョージは小学校，中学校時代にすでに語学，文学，数学にその才能を発揮する。力学的装置の模型作りなどにも取り組む科学少年であった。天文学に興味を持つようになったのは，ロンドン土産として父から貰った一対の地球儀

図1.27　ジョージ・エアリー肖像

と天球儀であった。とくに天球儀上にちりばめられた明るい星々が天文知識の原点になったと後に回顧している。中学を卒業し，給費生としてジョージは1819年にケンブリッジ大学に入学する。天文学を学ぶ中で，とくに光学装置の制作や実験などに取り組んでいる。この時期に彼の考案した色消しアイピースと顕微鏡は外部からも注目を受けたという。1823年に優れた成績で卒業すると，王立天文協会の創立者の1人であるジェイムス・サウス卿（Sir James South）に招かれてロンドンに移り，グリニジ天文台において初めて位置天文学の世界に入る。

　1824年のある日，エアリーは1人でダービーへ徒歩旅行に出かけた。広場で休息していると，少女の一団と出会う。その中の1人，リチャルダ・スミス（Richarda Smith）と目が合ったときに2人の間に，「自分の運命が決まった」，「2人は1つにならなければならないという思いに抵抗できなかった」と互いに一目ぼれになった様子を後に自伝の中で述べている。

　リチャルダの父は最初エアリーに資産のないことから結婚を拒んだが，エアリーがケンブリッジ大学に職を得たことでようやく承諾したという。1826年にはケンブリッジ大学の数学教授（Lucassian Professor）となり，1828年に天文学教授（Plumian Professor）に移ってケンブリッジ大学天文台

台長を兼任する．ちなみにケンブリッジでは担当領域ごとに教授の名称が異なる．天文関係では Plumian と Lowndean の 2 つがあり，エアリーと同時期にはウィリャム・ラックス（William Lax）が Lowndean の職にあった．Plumian はのちにアーサー・エディントン，フレッド・ホイルらが就任した職である．なお，Lucassian Professor には 1980 年からステファン・ホーキング（Stephen Hawking）が就任している．

エアリーが天文台長を務めた 7 年間は彼にとっても実り多い時期であった．この間，子午儀による観測を行いながら，光学理論を研究し，なかでもエアリー・ディスクと呼ばれる星像の回折模様の発見はよく知られている[1.45]．

1835 年，王室天文官に就任し，グリニジ天文台長としての 46 年間の勤務が始まる．1837 年にはビクトリア女王が即位し，栄光のビクトリア時代が始まる．これはエアリーにとって追い風であった．エアリーは視野の広い研究者であったばかりでなく，優れた行政的手腕を持っていた．彼はビクトリア時代の繁栄をバックとして天文台の改革に乗り出し，観測体制を拡大，組織化して，多くの観測をルーチン化し，「天文台をファクトリーに変えた」といわれるほど近代化を進めた．観測設備の整備も大きな課題で，主なものに月観測用経緯儀（1847 年）（エアリー設計），大型天頂儀（口径 20.3 cm，f＝3.5 m）（1848 年），33 cm 屈折赤道儀（1859 年）などがある．なお，1893 年にはエアリーの構想したイギリス最大の 71 cm 屈折赤道儀が設置されているが，完成したのは退官後である．

組織の拡大として，彼は伝統的な 3 部門（保時，子午線観測，経緯儀）のほかに，新しい 5 部門「地磁気と気象」，「太陽写真」，「分光」，「天体写真」，および「二重星」を新設している．これらは彼の優れた実行能力によるものであるが，それには強い性格も必要であった．そのため，「ユネミー」も少なくなかったし，それにまつわる逸話も多いが，エアリーは王室天文官としてそれらを乗り切って，天文台の近代化に取り組んだ．最後の数年間は月の運動理論の研究に打ち込んでいたが 1881 年に退官し，グリニジ公園近傍の自宅で静かに余生を送り，1892 年 1 月に他界した．享

年 91 歳であった．

7.2 星と太陽の分光観測

エアリーは職務の位置観測のほかに，ハギンスやラザファードに代表される「新天文学」の動向にも深い注意を払っていた．彼は新しい部門として分光部を置き，観測に必要な分光器の設計を行った．エアリーは 1863 年のロンドン王立協会の会合の席上で分光器の光学系と試験観測の結果について報告している．

試験観測は 33 cm 屈折赤道儀に装着されたプリズム分光器で行われた．スペクトル線の位置はマイクロメータで読み取り，太陽のフラウンホーファー線と比較している．この望遠鏡によるスケッチを図 1.28 に示そう[1.46]．このスケッチについてエアリーの与えたコメントは次のように簡単なものである．

> 「このスケッチはスペクトル線の位置を示すために描かれたもので，それぞれの線の特徴や相対強度などについては触れていない．星のスペクトル線は太陽の H 線に似て輪郭がぼやけている．図の最初の 4 星ではスペクトル線はその赤端とは反対の紫側がよりぼやけているように見える．」

記述はこれで終わっており，スペクトル線の同定や星の分類なども行っていない．エアリーの目的は恒星の分光ではなく，分光器の設計製作にあった．ケンブリッジ天文台長だった頃に培った光学理論に基づけば分光器の製作は難しい問題ではなかったのであろう．

エアリーは 1863 年以後，分光観測には直接携わっていない．エアリーを継いで分光を担当するようになったのはエドワード・マウンダーである．彼は『グリニジ王立天文台，その歴史と仕事』と題した著書（1900 年）[1.44] b の中で次のように述べている．

> 「グリニジ天文台はその（新天文学の）活動には実際上参加していない．エアリーは天文台の本来の目的の遂行に意を注いでおり，……，この新しい

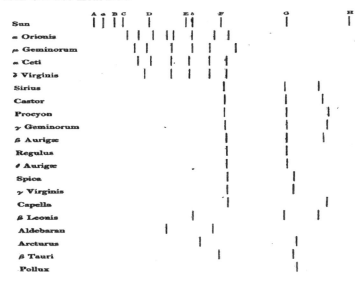

図 1.28 エアリーの観測による恒星スペクトル線のスケッチ。星ごとに主な吸収線の位置を示す。

科学は彼の任務外と考えていた。」

確かに，エアリーは「新天文学」とは直接かかわっていないが，別の面から星の分光の重要性を認識していた。それは分光によって視線速度の測定が可能であるという認識である。

古典天文学の一分野として，恒星の精密な位置と固有運動の測定がある。固有運動は天球上の星の2次元運動であるから，もし，視線方向の速度が測定できれば星の3次元空間運動を知ることができる。これは古典天文学にとっても重要なデータである。しかも，その原理は明快である。ドップラー効果によるスペクトル線の変移を測定すればよい。あとは測定精度の問題である。こうしたエアリーの意向によりグリニジ天文台分光部の第1課題は星の視線速度測定になり，そのための観測作業グループが1875年

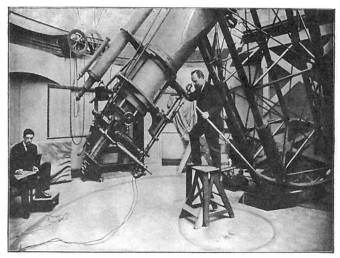

図 1.29 グリニジ天文台 33 cm 屈折赤道儀と分光観測の様子
分光器をのぞきこんでいるのはマウンダーである。

に立ち上がった．グループの中心はマウンダーであった．この時期にエアリーは楽観的な見通しを持っていた．

　しかし，任されたマウンダーにとっては大きな負担になった．最初に用いた望遠鏡は大赤道儀と呼ばれる 33 cm（12.75 インチ）屈折赤道儀であった．しかし，星について有意な視線速度の精度が得られなかったため，1891 年に観測はいったん中止された．その後，望遠鏡を 71 cm（28 インチ）鏡に切り替えたが，それでも予定した精度には達しなかった．望遠鏡，架台，分光器が丹念に検査されたが，問題は依然として残っており，1900 年になってマウンダーはついに

　　「しかしながら，現在（1900 年 8 月）になっても正常な観測は始まっていない．」

と述べてグリニジにおける視線速度観測の現状を嘆いている[1.44] b．ポツダムやパリ天文台ではすでに着実な成果が得られている時代に入っていた

のである。

7.3 マウンダーと分光観測[1.47]

　エドワード・ウォルター・マウンダー（Edward Walter Maunder, 1851～1928）の視線速度測定は成功しなかったが，33 cm 屈折赤道儀による星の分光は継続していた。マウンダーはまた，太陽黒点のマウンダーミニマム（後述）の発見でも知られている。

　マウンダーはロンドン生まれで経済学部卒の銀行員であったが，1873年にグリニジ天文台の助手として採用された。彼がどのようにして天文学に近づいたかは明らかでない。しかし，観測助手として有能さを発揮し，エアリーからグリニジでの分光観測を託されている。

　1895年，マウンダーはアンニー・ラッセル（Annie S. D. Russell, 1868～1947）と結婚する。アンニーは同じ分光部の女性計算助手（lady computer）で，ケンブリッジ大学で数学を学んだという高学歴であった。計算助手は自前の観測プログラムを持つことも可能であり，その成果を王立天文協会に送ることもできるという，専門職として恵まれた環境のように見えたが，女性であるため，身分は臨時職員で，給与も低かった。アンニー・ラッセルは幸いマウンダーとの結婚によってグリニジに留まり，研究観測を継続することができた。アンニーとの結婚後，2人は生涯にわたって太陽観測，恒星分光観測で協力する。

(a) 太陽観測

　マウンダーは1894年頃にマウンダーミニマムと呼ばれる黒点消滅期（1645年～1715年）の存在を初めて指摘した。太陽の黒点数ははば11年周期で増減を繰り返すが，このミニマム期には黒点がほぼ消滅し，ミニ氷河期とも呼ばれる低温期となり世界各地で食糧危機などの災害も発生していた。しかし，マウンダーの報告には当時，社会から何の反響もなかったという。

図 1.30 マウンダーの肖像

　マウンダー夫妻は太陽の黒点，コロナを中心に写真観測を続け，日食観測にも何度か 2 人で参加している．アンニーはコロナの写真撮影を試みており，1898 年のインドと，1901 年のモーリシャスでの皆既日食でコロナの長時間露出 (20〜120 秒) の撮影を行い，視野 40°で，16 cm 角の乾板上に初めて外部コロナの撮影に成功した[1.48]．インドでは太陽半径の 10 倍の距離まで広がった外部コロナの撮影に成功し，モーリシャスでは外部コロナの中に巨大なプロミネンスとともに東西に延びる長い棒状の構造を検出している．こうした太陽の写真観測の成果が認められ，1916 年には女性として初めて王立天文協会の正会員となっている．

　しかし，マウンダーは王立天文協会の閉鎖的な組織には批判的で，1890 年に英国天文協会 (British Astronomical Association = BAA) を設立している．これは女性を含め天文愛好者なら誰でも入会できる開かれた組織で，その運営にはアンニーも長期間参加していた．BAA は現在も国際的にも広まったアマチュア団体となっている．

(b) 星の分光観測

1889年にマウンダーはノーマン・ロッキャー（後述，第3章）の講演会に出席し，ロッキャー特有の分光分類と星の二方向進化説（星は冷たい塵状物質の凝集によって誕生し，温度を高めながら最高温度の星（白色星）となり，その後，次第に赤く，暗い星に進む）の話を聞いて大きい印象を受ける。

マウンダーは中でも輝線を示す星のタイプに注目し，1889年の観測[1.49]ではカシオペア座γ星（γCas），こと座β星（βLyr,），はくちょう座P星（P Cyg），ミラ（o Cet，極大光度期）などが含まれており，マウンダーはP Cyg星の初の分光観測者となっている。この星は白色の輝線星でバルマー線に紫側に吸収線を伴うことから，膨張大気を持つ星のプロトタイプとなった。彼はその後もオリオン星雲，惑星状星雲，新星などの分光を続けているが，1890年代後半からは太陽観測に専念している。しかし，分光部の基礎はマウンダーによって確立し，グリニジ天文台は恒星分光においても大きく寄与することになる。

第2章
星の分光分類とHD星表

アメリカにおける太陽と星の分光観測はラザファードよりずっと前に開幕していた。アマチュア天文家のジョン・ウィリャム・ドレイパーと息子のヘンリー・ドレイパーはキルヒホッフの発見とは関係なく、独自の天体観測を始めていたが、1860年代以降はヨーロッパの「新天文学」と合流する。分光観測はハーバード大学天文台のエドワード・ピッカリングによって発展し、全天の明るい星の分光分類計画が発足する。この計画はフレミング、モーリー、キャノンら女性のパワーによって完成し、36万個の星を含むHD星表が作成される。この章ではこれらの人々を中心にアメリカにおける天体分光学の発展の跡をたどる。

1850年代のハーバード大学天文台

1 ドレイパーとヘイスティングス天文台

1.1 ドレイパー家とアマチュア天文学[2.1]

　ニューヨーク市内を流れるハドソン川は 30 km 北上しても幅広くゆったりと流れている。その左岸のヘイスティングス・オン・ハドソン村 (Hastings-on-Hudson) にはドレイパー家の広大な敷地がある。その一角に粗末な小屋を建て，ヘイスティングス天文台と呼んだのは 20 歳を過ぎたばかりのヘンリー・ドレイパー (Henry Draper, 1837～1882) であった。小屋の中にはまだ小さな屈折望遠鏡が置かれているだけであったが，ヘンリーには大きな計画があった。1858 年当時，アメリカで最大級の口径となる 40 cm (15.5 インチ) の金属反射鏡を磨き上げ，反射望遠鏡に仕上げようというものである。

　ヘンリーに天文観測への目を開かせたのは父ジョン・ウィリャム・ドレイパー (John William Draper, 1811～1882) であった[2.2]。ジョンはニューヨーク大学の医学部教授であったが，化学者であり，アマチュア天文家でもあった。

　ジョン・ドレイパーはニューヨーク市内の自宅の庭に小型望遠鏡を置いて，惑星や星空を楽しんでいたが，1839 年のある日，フランス政府がルイ・ダゲール (L. J. M. Daguerre) の発明した銀板写真の特許を買い上げたというニュースが伝わってきた。ダゲレオ式と呼ばれるカメラは，すでにアメリカにも輸入されており，好事家たちがそれを買い求めて風景やポートレートの写真を楽しむのが流行になろうとしていた。ジョンもその仲間に入り，はじめは肖像写真に凝ったりしていたが，本来アマチュア天文家であった彼は，やがて，望遠鏡にカメラを取り付けて月面写真に挑んだ。乳剤の化学配合を種々試みながら，ダゲレオ式カメラで 1840 年には 20 分露出で直径 2.5 cm の月面を撮影している。

　こうして始まったジョンの天体観測は精力的に継続され，さらには天体

図 2.1 ジョン・ウィリャム・ドレイパー肖像と署名

分光にも取り組んだ．アメリカにおけるパイオニアとしてジョンは当時，次の2つの観測で注目された[2.3]．

第1に望遠鏡の焦点に分光器を取り付けて太陽の分光写真の撮影を行い，スペクトルの赤外域と紫外域に新しいフラウンホーファー線を発見した（1843年）．

第2に回折格子の重要性に着目し，フィラデルフィアのミント工房（U.S. Mint）の製作した回折格子（サイズ 8 mm × 16 mm）によって，初めて太陽スペクトルの回折分光撮影に成功した（1844年）．

これらはヨーロッパのキルヒホッフやハギンスらよりも20年近くも早い先駆的観測であった．ジョンにはアマチュア天文家として将来，自分の天文台を立てたいという夢があった．そのために1847年にヘイスティングス・オン・ハドソン村に4万平米の敷地を購入した．ジョンの夢は息子のヘンリーによって実現することになる．父は息子のために協力を惜しま

図 2.2 ヘンリー・ドレイパー肖像とその署名

なかった。

　ジョン・ウィリャムには妻アントニア（Antonia Pereira Gardner）との間に3人の息子と2人の娘がいる。3人の兄弟はともに優れた才能を発揮し，長男のジョン・クリストファー（John Christopher Draper, 1835～1885）は物理化学者，次男のヘンリーに続いて，三男のダニエル（Daniel Draper, 1841～1931）は気象学者で，1868年にアメリカでは最初の気象台をニューヨークに創設し，長くその台長を務めている。妹のバージニア（Virginia Draper）はミットン・モーリー（Mytton Maury）と結婚してアントニア・モーリー（Antonia Maury）（第4節）の母となる。同じく妹のアントニア（Antonia Draper）はディクソン（Dixon）と結婚し，後に，ヘイスティングス・オン・ハドソン村のドレイパー家の敷地に住み移ってヘイスティングス天文台の跡地で暮らすようになる。

ヘンリー・ドレイパーは1837年3月7日，バージニア州のプリンス・エドワード村（Prince Edward）に生まれた。その頃，父のジョン・ウィリャムはこの村の近傍にあったハンプデン・シドニー・カレッジ（Hampden-Sydney College）の化学と自然哲学の教授を務めていた。ヘンリーが2歳のとき父は化学の教授としてニューヨーク大学医学部に移る。一家とともにニューヨークに引っ越したヘンリーは少年時代から父を手伝ってダゲレオ式カメラの写真術に取り組み，将来のアマチュア天文家への素質を磨いていた。ドレイパー家の中で最も活発で議論好きだったのはヘンリーであった。彼と父との議論が白熱すると母やほかの子供たちはそれに聞き入るばかりであったという。

　ヘンリーは1852年にニューヨーク大学に入学，1856年に医学部卒業資格を得るが，20歳にならないと卒業できないという規定があったため，1年間を兄ジョン・クリストファーとともにヨーロッパ歴訪の旅に出る。アイルランドでは，ダブリンで開かれていた英国科学協会の総会に出席し，その後，パーソンズタウン（Parsonstown，現バー村（Birr））にあるバー・キャッスル（Birr Castle）にウィリャム・パーソンズ（William Parsons，第3代ロス卿，Earl Rosse）を訪ねた。ロス卿は1845年にこの城に，183 cm反射望遠鏡を建設し，星雲の観測で世界をリードしていた（第5章2節）。ヘンリーはこの望遠鏡に強い感銘を受ける。このとき彼の脳裏に，「これほど大きくなくても，アメリカで1番大きい望遠鏡を製作して写真術と天文学を結びつけよう」というインスピレーションが走ったと後になって回顧している。

　1858年にアメリカに戻り，無事に医学部を卒業する。同時にヘイスティングス・オン・ハドソン村にヘイスティングス天文台を建設し，金属反射望遠鏡の製作に取り掛かる。ロス卿から教えられた合金で口径40 cm反射鏡面を研磨していたが，ある朝，戸外に置いた鏡面が半分に割れてしまうというハプニングがあった。これは霜によって支持枠が不正に収縮したためである。

　その頃，父のジョン・ウィリャムはロンドンに滞在しており，この事件

図 2.3 ヘイスティングス天文台のドーム
中央:新ドームで 28 インチ (71 cm) 反射鏡を格納。
右:旧ドームで 15.5 インチ (40 cm) 反射鏡を格納。
左のレンガ建は観測待機室。

図 2.4 ヘイスティングス天文台新ドーム内部
28 インチ (71 cm) 反射鏡 (カセグレン焦点) と 12 インチ屈折鏡, 5 インチガイド鏡が同架されている。

について王立天文協会のジョン・ハーシェル（John Herschel）に相談してみた。ハーシェルは金属鏡よりもガラス鏡の方が良いだろうと勧めた。ガラスの方が軽い（金属鏡の 8 分の 1），加工しやすい，反射率も 93% と高い，というのがその理由である。父からこの報せを受けたヘンリーは早速，ガラス鏡の研磨に取り掛かる。球面，楕円面，双曲面の 3 枚のガラス鏡を試作したが，特に楕円面鏡で二重星に対する優れた解像力を示すという結果を得た。

1862 年 2 月，南北戦争が激しくなり，ヘンリーもニューヨーク州兵の軍医として参戦する。しかし，バージニア州での戦いの折，湿地帯で熱病に罹り後方に送られた。しばらく静養した後 10 月には除隊になって再びニューヨークに戻った。彼は研磨作業を再開し，試行錯誤を繰り返しながら，1863 年になってようやく口径 40 cm，厚さ 2.5 cm の銀メッキガラス鏡を持つ反射望遠鏡を完成させた。テスト観測の結果は上々で，月，太陽，惑星が当時としては最高の画質で撮影された。このときヘンリーは月面像を直径 1.2 m の大きさまで引き伸ばして壁に飾り，その見事さで周囲の人を驚かせたという話もある。また，星についてもこと座イプシロン星（ε Lyr），アンドロメダ座 36 番星などの二重星の分離にも成功している。この頃のヘイスティングス天文台の観測条件についてヘンリーは次のように述べている[2.4]。

> 「ハドソン川に沿う周辺の村々にはなだらかな緑の丘陵が連なり，天文台からは四方の地平線近くまで見渡せる。工場もなく，村の明かりも少なく，美しい夜空が広がっている。」

しかし，その後，1880 年代頃からこの村にもぽつぽつ工場が建てられ，人口も増えて観測は次第に難しくなっていった。

ヘンリーはニューヨーク大学卒業後，しばらくニューヨーク市内の病院に勤務した後，母校に戻り，生涯を医学部教授として勤務することになる。医学部では脾臓機能の研究を進め，当時一般的であった顕微鏡スケッチ法に対し，写真技術を取り入れて写真撮影の有効性を示すなど，この分野で

図 2.5 こと座 α 星（ベガ）の分光写真
ヘンリー・ドレイパーによって撮影された最初のスペクトル写真

もパイオニア精神を発揮している。

　1867 年にアンナ・パルマー（Anna Palmer Draper）と結婚する。赤毛の美人といわれたアンナはニューヨークの富裕な事業家コートランド・パルマー（Courtlandt Palmer）の娘であるが，ヘンリーはすぐにアンナの優れた才能を発見する。結婚まもなく彼はアンナをヘイスティングス天文台に案内した。湿式写真の時代には撮影のつどガラスに乳剤をコーティングする必要があったが，若き妻は手際よくこのコーティング作業をやり遂げヘンリーを驚かせた。それ以来，ヘンリーにとってアンナは不可欠の助手となり，生涯，観測を共にするようになった。

　ヘンリーはこの年，口径 71 cm（28 インチ），焦点距離 3.8 m（12.5 フィート）を持つ大型反射望遠鏡の製作を開始した。それにはまずガラス材を入手する必要がある。ヘンリーはアンナを連れてあちらこちらを訪ねた。恐らくヨーロッパにも行ったのであろう。必要なガラス材を得るとヘンリーはその後の 1 年あまりをガラス鏡面の研磨に打ち込んだ。アンナは後に「私たちの新婚旅行はガラス探しの旅でした」と回顧している。この頃，父のジョンはロンドンに滞在しており，ウィリアム・ハギンズや多くの王立天文協会の会員たちに息子の望遠鏡の自慢をしたり，また，新しい天文情報を仕入れたりしていた。そして，息子のために将来どんな観測が最も重要になるか考えていたが，おそらく，ハギンズとの会話がきっかけとなったのであろう，

　　「いろいろ考えてみたが，星の分光観測にトライするのが最善ではないかと思う。」

と息子に書き送っている。ヘンリーは父の勧告に従って大型望遠鏡の製作を急ぐとともに，分光観測に適合するよう望遠鏡の調整を行った。1872年5月に望遠鏡は完成し，月，木星撮像などテスト観測を行った。さらに8月には望遠鏡の筒先近くのニュートン焦点に分光器を装着し，ベガ（α Lyr）の鮮明なスペクトル写真の撮影にも成功した。このとき撮影されたスペクトルを図2.5に示そう。この図は「これはヘンリーとその妻アンナとの共同観測で得られた世界初の星のスペクトル写真である」と紹介されている[2.1]c。実際，このスペクトルが撮影されたのはロンドンのハギンス夫妻の観測より4年も早い。こうして，ヘンリーは父とともにアメリカにおける天体物理学の基礎を築き上げ，内外に知られるアマチュア天文家へと成長した。

1.2 ヘンリー・ドレイパーの写真撮像と分光観測

　ヘンリー・ドレイパーはニューヨーク市内の自宅に物理実験棟を作り，ガラス研磨や種々の元素の分光実験を繰り返していた。研磨や実験の成果はヘイスティングス天文台に持ち込まれたが，観測中はそこからさらに3 km上流のドッブスフェリー（Dobbs Ferry）の別邸に滞在し，ヘンリーとアンナは天候に応じて天文台と別邸を行き来した。これらの移動はすべて馬車を使ったという。ドレイパーの観測についていくつか話題がある。

(1) 太陽スペクトルの酸素輝線エピソード

　1873年，ニューヨーク在住のラザファード（Lewis M. Rutherfurd）はドレイパーのために当時では最善の回折格子を製作した。ドレイパーはこの回折格子によって太陽スペクトルの撮影を行い，波長3925～4204 Åの間に少なくも293本の暗線を見出した。これは当時の標準アトラスであったオングストローム（Ångstrom, 1868年）のスケッチによる暗線数（118本）を遥かに超える精密なものであった[2.5]。このような経験によって，ドレイパーの分光技術はヨーロッパでも高い評価を受けていた。

ドレイパーはしばしば太陽大気に酸素の存在を発見した人と紹介されるが，それには次のようなエピソードがある．

1876 年，自宅の実験室で酸素スパークの分光実験を行い，4000 Å から 4300 Å の間に数本の輝線を同定した．翌年，ヘイスティングス天文台で得られた太陽スペクトルと比較し，太陽にも同じ輝線が見られることに驚いて次のように述べている[2.5] b．

> 「酸素線と太陽スペクトル中の輝線の一致から，太陽に酸素が存在することは疑いない．しかも，鉄など他の金属が吸収線を示すのに対し，酸素は輝線として現われている．……したがって，太陽スペクトルの理論も書き換える必要がある．太陽大気は連続光に吸収線を作るばかりでなく，酸素に対しては輝線を生じている．」

彼はこの結果を 1879 年にロンドンで開かれた王立天文協会の会議で報告した．この報告に対し，会議では戸惑いが広がった．ある人は賛成し，ある人は疑問を投げかけた．ウィリャム・ハギンスは慎重に再テストが必要であると述べるに留まった．明確な決着は 1887 年にハーバード大学のトロウブリッジ（Trowbridge）とハッチンス（Hutchins）によって与えられた[2.6]．彼らはドレイパーが酸素によるとした太陽スペクトルの波長精度を検証し，酸素とは同定できないことを示した．また，太陽スペクトルになぜ輝線が現われたかについても太陽の縁の彩層による効果という可能性には否定的であった．トロウブリッジらはドレイパーが太陽分光の際，通常の比較スペクトルでなく酸素スパークを焼きこんだためではないかと推測しているが，明確な理由は分かっていなかった．こうした経過から 19 世紀の天文学史を書いたアグネス・クラーク[2.7]は

> 「（太陽の酸素線に）一致したというのは，より高い分散のテストによって幻想に過ぎないことが証明された．また，太陽光の中に明るい酸素輝線が存在する可能性はない．」

とすげなく断定している．しかし，トロウブリッジらは当時の段階での分

光実験の困難さを挙げてドレイパーに同情し，エピソードに括りをつけている．

なお，王立協会での報告を行った後，ドレイパーはロンドンのタルスヒル天文台にハギンス夫妻を訪ねた．ちょうどその頃，夫妻はゼラチン・ブロマイド乾式乾板の改良と分光観測への応用に取り組んでいた．夫妻は乾式写真の有効性を強調し，数枚の乾板をドレイパーに寄贈した．

帰国したドレイパーは早速，30 cm クラーク屈折望遠鏡に乾式乾板用に改良した分光器を取り付け，テスト観測を行った．その結果は満足できるものであった．その後の3年間，月，惑星，明るい星の分光写真観測を行い，アメリカにおける乾式写真観測の基礎を築いた．

(2) 恒星分光

ドレイパーが分光に用いたのは主に自作の28インチ (71 cm) 反射鏡のカセグレン焦点とアルバン・クラーク・アンド・サン (Alvan Clark & Son) 社製の12インチ (30 cm) 屈折鏡の接眼部で，ともにプリズム分光器を装着している．彼は2つの望遠鏡と2つのプリズム分光器との組み合わせを変えてみてはスペクトル像を比較し，最良のスペクトル像の探求に大きな努力を払っている．屈折鏡は全波長域にわたって色消しになっていないために紫外域で焦点がずれてしまうといった欠陥があるので，それを補正してみたが満足できなかった．一方，71 cm 反射鏡では色消し補正が必要なく，また，集光力も数倍大きいので，結局，ドレイパーは反射鏡による写真分光を集中的に行っている[2.8]．スペクトル写真は月，木星，および明るい21個の星であるが，その内ベガ (α Lyr) のスペクトルは図2.5に示してある．観測された恒星について彼はスペクトルを2つのグループに分けた．

太陽型 (セッキII型) 代表星：アークトゥルス (α Boo, K1 III)
カペラ (α Aur, G5 III)

ベガ型 (セッキI型) 代表星：ベガ (α Lyr, A0 V)
アルタイル (α Aql, A7 V)

代表星の括弧内の分光型は現行の MK 型を示す。ベガのスペクトルについて彼は

> 「眼視検査では水素の C (Hα), F (Hβ), G (Hγ), h (Hγ) のほかに, D (NaI), b (MgI) 線も弱いが見えていた。しかし, スペクトル写真上では水素以外にも多くの吸収線が検出できる。その1つは H (CaII) であろうと思われる。」

と書いてスペクトルの精査における写真分光の利点を強調している。一方, セッキの III, IV 型の星については

> 「まだ, 残念ながらスペクトル写真は得られていない。もし, 観測できるようになれば, 星全体について議論できるようになるだろう。」

と述べて将来に希望を託している。彼はスペクトル線の測定までは手が及んでいないが, それは後述するようにピッカリングによって測定出版される。

(3) オリオン星雲の写真撮影と分光観測

　星雲は一般に表面輝度が低いので写真撮影の場合, 高い感度を必要とする。ドレイパーはゼラチン・ブロマイド乾式乾板の高い感度を活かして星雲の写真を撮影しようと思い立った。1880 年 9 月 30 日, クラーク屈折鏡 (30 cm) に写真用補正板を取り付け, 51 分という長時間露出によって, オリオン星雲の明るい領域の写真撮影に成功した。フランスアカデミーに送った報告の中で彼は

> 「トラペジウム付近にきわめて明確な塊状構造が見える。この部分に将来時間変化が見られるかもしれない。」

と述べて今後も観測を続けたいと意欲を示している[2.9]。トラペジウムは星雲中心部の四重星である。このときの写真を図 2.6 に示そう。その後も露出時間を延ばす試みを続け, 101 分から, 1882 年には 137 分露出によって直径 15 分角まで広がる良質な星雲像と, トラペジウム付近に 14.7 等ま

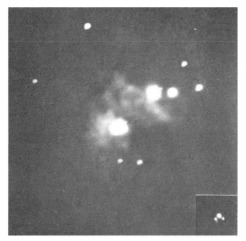

図 2.6 オリオン星雲の写真
ヘンリー・ドレイパーによって 1880 年 9 月 30 日に初めて撮影された露出 51 分の星雲像と，露出 5 分のトラペジウム四重星の像（右下）。トラペジウムは露出 51 分像の中央上部にあるが潰れて見えない。

での微光星の群れを撮影した．歴史家のギンゲリッチはこうした写真撮影の成功を「天文技術の発展における 1 つの偉大なターニングポイントであった」と讃えている[2.10]．

　オリオン星雲に対するドレイパーの関心は 2 つの点にあった．1 つは星雲の光度分布，他は星雲の濃縮された領域における時間変化である．後者については短期間の観測では無理であるから，彼は星雲の場所による物理状態の変化に着目して観測に取り掛かる．観測はクラーク屈折鏡（30 cm）に取り付けた直視型プリズム分光器と，28 インチ（71 cm）反射鏡に装着した 2-プリズム分光器を用いて行われた[2.11]．波長域は 4350 Å から 3740 Å までである．

　オリオン星雲の中でドレイパーが特に注目したのはトラペジウム星の西側に輝く 2 つの濃密領域であった．この領域で彼は輝線とともに連続光の

存在を認めている。

輝線は水素線（Hγ λ4340 Å，Hδ λ4101 Å）が顕著であったが，そのほかに紫外領域に数本の輝線の存在を認めている。しかし，なぜかウィリアム・ハギンスが星雲輝線の特徴であると述べたλ3730 Å（現在の[OII]λ, 3727 Å）が検出されていない。これについて彼は観測領域が異なるためか，分光器の調整に問題があったのかなど，いろいろ頭を悩ませている。[註：λ3727, 30 Å線が現われるのは惑星状星雲のようにガス密度が10^4個/cc以下に限られる。オリオン星雲中心部（10^5個/cc程度）では形成されない（第5章6節参照）]

一方，淡い連続光についてドレイパーは星雲内に液体または固体粒子が存在するためではないかと推論している。当時はまだ電離ガスの存在は知られていなかった。星雲の連続光の起源について固体微粒子による反射光と電離ガスによる連続放射の2つの可能性が指摘されるのは20世紀後半になってからである。ドレイパーはむしろ，眼視観測では難しい連続光の存在を写真観測の有効性として示したのである。

1.3　ドレイパーの晩年とピッカリングとの出会い

ドレイパーは最後までオリオン星雲の撮像と写真分光に意欲を燃やしていた。1882年の冬に，さらに長時間撮影を計画していたが，この計画は実現しなかった。彼はスポーツマンであり，射撃の名手でもあったので，その年の秋，友人とともにロッキー山脈に狩猟旅行に出かけた。激しい雪嵐に見舞われ，高い山の上で防護服なしの夜を過ごさねばならなかった。それが原因となって帰宅後，急性肋膜炎となり，11月20日，45歳で不帰の人となったのである。

その5日前の11月15日，ドレイパー邸では科学アカデミーの月例会と華麗なディナーパーティが開かれ，会員40人ほどが参加していた。パーティはかってない華やかさで天井には当時発明されたばかりのエジソンの白熱灯シャンデリアが輝いていた。自家用の発電装置で電気を送っていた

図2.7　新婚時代のアンナ・ドレイパーの肖像
（ヘンリー・ドレイパー撮影）

が，発電機に不具合が生じシャンデリアが点滅を始めた．そのときドレイパーは直ちに故障を直し，シャンデリアはまた明るい輝きを取り戻した．参加者たちはいっせいに彼の技術力に喝采を送った．このパーティの中にはハーバード天文台長のエドワード・ピッカリング（Edward C. Pickering）の姿もあった．ドレイパーはピッカリングに恒星スペクトルの最近の写真観測について説明し，議論を行った．ピッカリングはドレイパーのスペクトル写真に大きな興味を示し，彼の撮影した写真ネガを検査し，できればハーバード大学天文台で測定したいと申し出た．ドレイパーもその申し出によろこんだが，しかし，その話が進む前に彼は世を去ってしまったのである．パーティのとき，すでにその徴候が現われ，途中から彼は悪寒に悩まされ，食事も十分に取れなかったという．

　それから2ヶ月後，ピッカリングはアンナ・ドレイパー夫人に事情を説明し，写真の測定についてその希望を伝えた．そこでアンナは夫の遺品の中から21枚の星のスペクトルのネガと観測野帳を携え，ニューヨークからはるばるハーバード大学天文台を訪れた．ピッカリングはネガの鮮明さに驚きながら詳細に検討し，スペクトルの波長を同定し，相対強度を測定してその結果を出版したいとアンナに申し出た．彼女にはもちろん異議が

なかったので彼は助手のヤングとともに測定作業を進め，成果は1884年2月に出版された[2.12]。この論文には78本のスペクトルのデータが含まれ，そのうち，21本は測定されて波長も示されている。また，この論文には観測を行ったヘイスティングス天文台の写真や，ヘンリー・ドレイパーの紹介，彼の観測記録の一部なども含まれている。

ヘンリーが他界するその年の初め，1882年1月には父ジョン・ウィリャムも亡くなっていたので，アンナはヘンリーを記念するため，ヘイスティングス天文台の跡地に天体物理学研究所を設立したいとピッカリングに提案した。ピッカリングもそれに同意し，その設立を任せられそうな候補者を何人かアンナに推薦した。しかし，彼女の意にかなう人はなかなか見つからなかった。彼女はピッカリングに書き送った手紙の中でその意向を

「私はドレイパー博士が成し遂げようとした方向を進めることを望んでいます。それは最良の設備を持つ天文台で写真観測を行い，星のカタログ作成や，スペクトル分類を行うことなどです。」

と伝えている[2.13]。

その頃，ピッカリングはハーバード大学天文台において，北天の星の掃天測光観測と長期測光モニターに関するプロジェクトを，科学アカデミーの資金に基づいて立ち上げたところであった。彼はアンナの助力によって写真測光とともに分光観測を進行することができないかと考えてみた。そのアイデアは赤緯−40°以北のすべての明るい星について写真分光観測を行うことであった。その成果をヘンリー・ドレイパー・メモリアル (Henry Draper Memorial) として出版すればアンナの意に沿うのではないかと思って，彼女にその意向を打ち明けてみた。

その案にアンナもよろこんで賛成した。彼女は早速，ハーバード天文台に対し，ヘイスティングス天文台の望遠鏡，分光器とともに数十万ドルの研究資金の寄付を行った。その財政的支援に基づいてピッカリングは写真測光と写真分光という2つの大きな事業を併行して立ち上げることになった。

② ハーバード大学天文台とピッカリング

2.1 ハーバード大学天文台の創設[2.14]

ハーバード大学天文台 (Harvard College Observatory = HCO) はハーバード大学の付属施設として1839年に設立されるが，ハーバード大学 (Harvard College) はそれより200年もさかのぼる長い歴史を持っている。

大学が設立されたのは，イギリスからの移民によって1630年にマサチューセッツ湾植民地が開設されてから6年後である。大学の名はロンドンから移住し，植民地の開発に貢献したイギリス国教司祭のジョン・ハーバード (John Harvard, 1607～1638) に由来する。また，町の名前は母国の偉人アイザック・ニュートンの生地にあやかってケンブリッジと付けられた。大学は若者に開かれた学園であったが，1642年次の講義科目を見ると「神学」のほかに「論理学，自然および道徳哲学，数学，幾何学，天文学」が挙げられており，ヨーロッパの古典的大学にその範をとっている。

天文学は講義題目には挙げられていたが，その研究教育は長い間，関心を呼ばなかった。それから1世紀以上，ときには日食観測 (1694年)，金星の日面通過観測 (1761年) などに観測隊派遣などのイベントも実施されたが一時的な行事に終わっていた。

大学に付属天文台を設置しようという動きは1820年代になって見られるようになったが，なかなか実現しなかった。連邦政府や大学理事などからのトップダウンの計画であったこと，計画を推進する適材がいなかったことなどが原因である。

そのとき，注目されたのは当時ロンドン滞在中のウィリャム・ボンド (William Cranch Bond, 1789～1859) である。ボンドはボストン在住の時計メーカーで，その天文用，航海用時計 (クロノメータ) の高い製作技術によって広く知られていた。また，優れたアマチュア天文家としても知られていた。そこでボンドは大学に招かれて天文台建設計画に加わり，観測装置を

図 2.8　ハーバード大学天文台（HCO）（1899 年撮影）
　　手前の 3 つのドームは左から順に 13 インチ (33 cm) ボイデン屈折鏡，28 インチ (71 cm) ドレイパー反射鏡，11 インチ (28 cm) ドレイパー屈折鏡。画面中央のドームの右上の建物がシアーズ・タワー (Sears Tower) と呼ばれ 15 インチ (38 cm) 屈折鏡を格納する。このタワーの左のレンガ建物は 1892 年に建てられた研究棟である。

中心に天文台の構想を進めるようになる。

　1839 年 10 月，ボンドの構想に従ってハーバード大学天文台（HCO）は開設され，彼は天文台長に任命される。当初の設備は子午儀，クロノメータ，1 台の屈折望遠鏡，2 台の反射望遠鏡，地磁気・気象観測装置などで，この天文台はグリニジ天文台を範とした位置天文学と月惑星観測を主とする古典的天文台であった。

　1844 年，天文台は大学構内から郊外のサマーハウスヒル (Summer-House Hill) に移され，1847 年にミュンヘンのメルツ＆マーラー社 (Merz and Mahler，フラウンホーファーの継承企業) 製の「大屈折鏡」(Great Refractor) と呼ばれる 15 インチ (38 cm) 屈折赤道儀が設置される。最初のテスト観測はアンドロメダ星雲とオリオン星雲であったが，いずれも高い解像度を

示し,結果は満足できるものであった。最初の成果は土星の輪の中にボンドの暗黒リング (Bond's ring) と呼ばれる暗いリングを発見したことであったという。

歴代の台長名と台長就任期間は第5代まで次のようになっている。[ ] 内は在任期間。

 初 代 ウィリャム・ボンド (William Cranch Bond) [1839～1859]
 第2代 ジョージ・ボンド (George Philips Bond) [1859～1865]
 第3代 ウィンロック (Joseph Winlock) [1866～1875]
 第4代 ピッカリング (Edward Charles Pickering) [1876～1919]
 第5代 シャプレー (Harlow Shapley) [1920～1952]

ハーバード大学天文台 (HCO) には初代台長以来,台長は在職中に他界するというジンクスがあって,ピッカリングもその例に漏れなかったが,このジンクスはシャプレー (1885～1972) によって破られた。シャプレー (第6章) は定年退職後の人生を十分に楽しんでいる。第2代,第3代はともに位置天文学,測地学の人であったから,本格的な物理的観測はピッカリングの台長時代に始まる。

なお,アメリカで HCO より前に創立された天文台には海軍天文台 (U.S. Naval Observatory, 1830年設立),エール大学天文台 (Yale University Observatory, 1830年設立),ホプキンス天文台 (Hopkins Observatory, 1838年設立) などがあるが,いずれも19世紀全般を通して太陽系天体,位置天文などの「伝統的」天文観測を行っていた。HCO に匹敵する物理的観測を行うようになったのは1880年台以降に設立されたリック天文台 (Lick Observatory, 1888年開設) とヤーキス天文台 (Yerkes Observatory, 1897年開設) である。ハーバードはアメリカで最も古い先進的大文台であった。

2.2　ピッカリングと観測プロジェクト

(1) 生い立ちからハーバード大学天文台長へ[2.15]

　エドワード・チャールス・ピッカリング（Edward Charles Pickering, 1846～1919）は父エドワード（Edward Pickering）と母シャルロット（Charlotte Hammond）の長男として生まれた。ピッカリング家は17世紀の植民時代にイギリス本土のヨーク州から渡ってきた古い移民の子孫である。一家は代々，ボストンにおいて商人，弁護士，医師などに携わり，地域に溶け込んできた[2.15] b。

　ピッカリングは小学校を卒業後ボストンのラテン学校に入ってラテン語や古典文学などを学ぶが，古典より科学への興味が高まりハーバード大学のローレンス科学校に入学する。ここは事業家・政治家であったアボット・ローレンス（Abott Lowrense）の遺贈によって1855年に開設された理工系学部である。ここで物理学を学び1865年，19歳で卒業する。成績が優秀であったため，すぐに母校の数学講師を委嘱されるが，翌年，マサチューセッツ工科大学（Massachusetts Institute of Technology＝MIT）の助手に採用される。

　MITは自然哲学者ウィリャム・バートン・ロジャース（William B. Rogers）によって1861年に開設され，1865年から学生を受け入れるようになった。MITの学長でもあったロジャースは創立当初から，物理学の講義には学生実験室が必要であると考え，新しいシステムを構想していた。当時の講義は米欧どこでも，実験は実験助手が教壇の脇で行うものと決まっていた。ロジャースは自らの構想について1868年に年若い助手のピッカリングを見込んで次のような内容の手紙を送っている[2.14]。

　　「MITには差し迫ったいくつかの課題があるが，私は（学生実験室の）構想を棄てることができない。それには貴方の指導のもとに幅広く，特徴を持つように進めるのが最も良いと思う。」

　こうしてピッカリングは企画を任される。彼は学生用の実験台と必要器

図2.9 ピッカリング肖像

具を備えた物理実験室システムを発足させて，MITにおける物理学教育に大きな革新をもたらした．学生自らに考えさせ，体験させる実験室の有効性はすぐに認められ，広く全米の大学で採用されるようになって物理学教育に1つの転機をもたらした．

　MITには10年間勤務し，その間，主に光学理論と光学機器の開発に取り組んだが，HCO台長ジョセフ・ウィンロックから実地天文学の指導も受けている．彼はやがて測地学や実地天文学の講義を担当するようになり，また，望遠鏡メーカーのアルバン・クラーク＆サン社（Alvan Clark & Son）のために分光器の設計を行ったりしている．これらはウィンロックの後を継いで天文台長に就任した以降も彼の観測技術の基盤となっている．

　1874年にはリッジー・W・スパークス（Lizzie Wadsworth Sparks）と結婚して家庭を築く．リッジーは良き脇役としてピッカリングを助けたが，1906年に夫に先立って他界する．夫妻は子供に恵まれなかった．

　1875年にウィンロックが急死すると，ピッカリングはハーバード大学長のエリオット（Charles W. Eliot）の推薦によって1876年に第4代台長に就任する．この人事に対し「伝統的」天文学者の間から，なぜ物理学者を

天文台長にするのかといった批判があった。伝統的天文学の分野であれば候補者は多数いたからである。しかし，エリオットは天文台を近代化するという信念のもとに，MITにおけるピッカリングの物理学教育の革新性や優れた研究活動に注目して，あえてピッカリングを台長に選任したのである。

　台長として，彼は子午儀による位置観測を継続し，星表の作成など実地天文学にも取り組んでいるが，彼に与えられた大きな課題は，エリオットの期待に応えて，天文台を伝統的天文学から天体物理学の観測へと衣替えすることであった。彼の基本的考え方は「大量の天体データの集積が将来の天体物理の発展には不可欠」というもので，天体データの基本は写真観測にあった。まだ湿式乾板の時代であったがピッカリングは写真観測の将来に大きな期待を寄せていたのである。

　しかし，天文台の観測設備は限られていた。当時，天文台の主要な設備は8インチ (20 cm) 子午儀のほかは15インチ (38 cm) 屈折赤道儀であったが，写真用に改造の必要があった。大学からの資金は限られていたので設備整備のため募金活動を始める。ピッカリングは「南天を含めた全天の写真観測を行うこと，変動天体の長期的モニターを行うこと」の意義を広く社会にアピールし，多くの個人，企業から1年間で数十万ドルの資金が天文台に寄せられた。その中にはニューヨークのキャサリン・ブルースからの望遠鏡建設基金も含まれている。彼はその資金に基づいて多くの観測設備を整えたが，主なものに

　　15インチ (38 cm) 屈折鏡に装着する機器
　　　　　写真測光装置，対物プリズムなど
　　24インチ (61 cm) ブルース双筒望遠鏡の新設
　　　　　天体観測用と天体追尾用の同じ口径の屈折鏡が同架され，前者には広視野写真儀 (7度平方の視野を持ち，1時間露出で17等級まで撮影) が装備される。

がある。

ピッカリングは星の光度を測定する新しい測光装置を考案し，これらの望遠鏡によって全天の明るい星の眼視的な測光サーベイに取り組んでいた．ピッカリングが乾式写真の有効性に着目したのは1882年のヘンリー・ドレイパーとの会合のときである．アンナ夫人から提供された乾式写真乾板による恒星スペクトルに魅了された彼は，そのとき2つの大きな課題を思い浮べた．第1は恒星の写真測光，第2は恒星の写真分光である．これらの課題はハーバード大学とアンナ夫人の協力で大きく進展することになる．

(2) 恒星の眼視測光と写真測光

　ピッカリングは眼視的測光と写真測光を併用し，種々の測定を比較して高い精度を得ようと試みていた．彼の発明した測定器の中にピッカリング式眼視測光器と呼ばれる装置がある．これは2個の同じ型の子午線望遠鏡を，光軸をわずかだけ東西方向にずらして同架し，子午線通過時に一方を目的星，他を標準星に向ける．2つの望遠鏡から入った光線はニコルプリズムと呼ばれる特殊な偏光板を用いた測光器に入る．ここで光線はニコルプリズム，スリット，ニコルプリズムの順に通過して視野中に2つの星像として結ばれる．2つ目のニコルプリズムを回転させると一方の星の光度が変えられるので，それによって両星の相対光度を測定するという装置である[2.16]．ピッカリングは対物レンズの口径を5 cm，10 cm，20 cmと順次拡大した3種類の測光装置を製作し，天文台の事業として1879年から1906年の間に9000個の星の光度（等級）測定を行い，カタログとして出版している[2.17]．

　一方，写真法は1882年に乾式写真の導入によって新しい時代に入る．写真測光法の開発は主として弟のウィリァム・H・ピッカリンク（W. H. Pickering, 1858～1938）によって進められた[2.18]．そのために1885年には科学アカデミーのバーシェ基金によって天文台に8インチ（20 cm）写真儀（バーシェ望遠鏡，図2.10）が設置されている．ウィリァム・ピッカリングの採用した測光法は露出時間の変化に着目する．露出時間を3倍にすると

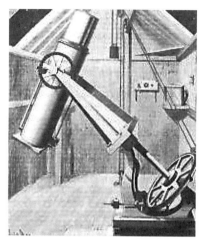

図 2.10 ハーバード大学天文台の 8 インチ（20 cm）屈折写真儀（バーシェ望遠鏡）

1 等級だけ明るい星と同じ星像が得られるという経験則に基づいて，露出時間を 3，9，27，81 倍……と変えた撮影を行い，星像を比較して等級を決定するという方法を用いた．この方法による写真等級は，子午線望遠鏡による眼視等級と比較され，その整合性が確かめられた．しかも，子午線望遠鏡法に対して写真測光法は遥かに多数の星の等級を測定することができる．こうして，北極星周辺の 1007 星，プレアデス星団周辺の 1131 星の測光カタログが作成された[2.19]．

(3) 変光星プロジェクト

ピッカリングの写真測光の主な狙いは時間的に明るさを変える変光星のサーベイとモニターであった．これは全天球から規則的に選び出された選択天域についてモニター観測を行うもので，この仕事はフレミングやリービットらに引き継がれ，多数の変光星や特異星の発見につながった．ピッカリングが観測を始めた 1870 年代には全天で 200 個程度であった変光星数は 1915 年には 4500 星と増加し，そのうちの 4 分の 3 はハーバード大学天文台の写真乾板で発見されている[2.20]．

図 2.11 ハーバード大学天文台で開かれた 1917 年の AAVSO の会合におけるピッカリング (後列ドアの前, 左) とアンニー・J・キャノン (前列に座っている女性の中央), ヘンリエッタ・リービット (向かってキャノンの右側)

　物理学者としてのピッカリングの意図は恒星の物理的本性の解明にあった。1880 年頃, 彼の関心は変光星の変光原因に注がれていた。その頃, 変光の原因については非均一な星表面の自転や, 惑星との潮汐作用によるとする説などが断片的に唱えられていたが, 一般的には全くといって良いほど物理的解釈は試みられていなかった。その中で, ピッカリング (1883 年) は自らの観測に基づいて変光星を次の 5 通りに分類している[2.21]。

- I　一時的な変光星 (新星)
- II　長周期変光星 (周期 100 日程度以上)
- III　微小変動を示す星 (α Ori, α Cas など)
- IV　短周期変光星 (δ Cep, β Lyr など, 周期 100 日程度以下)
- V　アルゴール型変光星

ピッカリングはこれらの変光タイプの違いは変光原因に違いがあるためと

考え，それを解明するにはさらに多くの観測を積み重ねる必要があると考えた。彼は変動の原因は星自体にあるだろうと推測したが物理的理由はまだ不明であった。ただ，タイプVのアルゴール型は周期的に一定時間だけ減光を起こすので変光原因は連星の食作用によるであろうと示唆している。こうした変光星の物理過程を見極めるために彼は大量のデータを必要とし，ハーバード大学天文台で写真測光の観測を展開すると同時に，広くアマチュア観測家にも協力を求めた。

1909年，ピッカリングはアメリカ科学協会の会合で変光星についての講演を行い，変光星の広汎で，また，連続した観測の意義を語り，アマチュア観測家の協力を呼びかけた[2.20]。この講演にはウィリアム・オルコット（William Tyler Olcott）をはじめとする多くのアマチュア天文家や，バサール女子大付属天文台長など各地から呼応があった。こうして1911年6月にピッカリングの提唱によってアメリカ変光星観測者協会（American Association of Variable Star Observer＝AAVSO）が発足した。ハーバード大学天文台は長いあいだ事務局を提供してきたが，AAVSOはその後，天文台を離れて独立し，時の台長ハーロウ・シャプレーによって推薦されたマーガレット・メイヨール（Margaret W. Mayall, 1902～1996）が会長（1949～1973）を務め，アマチュアと研究者の協同による天文学の発展に寄与している[2.22]。

(4) 分光分類プロジェクト

ピッカリングが恒星分光の仕事を始めたころ，標準的な分光分類はセッキによる5分類（I, II, III, IV, V）とフォーゲルによる7分類（Ia, b, c, IIa, b, IIIa, b）であった（第1章4.6項）。

これらの分類は眼視またはスケッチによっているので，波長の同定や相対強度の測定はきわめて不十分であり，そのため，分類の種別も限られたものとなっている。分類精度を上げるためには写真分光が不可欠である。ピッカリングの意図は写真技術を活かして，全天の明るい星の精密な分光分類を行うところにあった。

図 2.12 ハーバード大学天文台の対物プリズムを装着したドレイパー11インチ (28 cm) 屈折望遠鏡。広域写真分光観測に活躍する。

　ピッカリングも最初はセッキの分類法から始めた。初期の分類ではまだ眼視的に，主として赤色の星に対してセッキ型の分類を行っている[2.23]。このときは分光型としてIII，IVの存在を認め，そのほかに新しくバンド型を追加している。これも赤色星の仲間であるが，セッキの標準星と異なったスペクトルを持つ星と考えた。

　しかし，1882年の秋，アンナ夫人から提供されたヘンリー・ドレイパーのスペクトル写真に強い感銘を受ける。早速，波長と相対強度の測定を行い，写真観測の威力を実感したが，同時に，ピッカリングの頭の中に壮大な計画が浮かび上がってきた。最初は変光星の観測計画であったが，アンナ夫人の援助によって，機器が整備され，計算助手を雇う目安がついたので，全天の星の写真測光と分光分類という計画を平行して発足させることになったのである。

　最初に雇われたのはウィラマイナ・フレミング (Williamina Fleming) で，ピッカリングの指導のもとに第1世代のヘンリー・ドレイパー記念星表 (Henry Draper Memorial) を作成する。第2世代はアントニア・モーリー (Antonia Maury) による記念星表の改訂版の作成であるが，これはピッカ

リングの思惑と外れていた。フレミングの分類法を発展させてヘンリー・ドレイパー星表（HD 星表＝Henry Draper Star Catalogue）を完成させたのはアニー・キャノン（Annie J. Cannon）であった。これらの女性科学者と分類法の発展については次項から順に触れていこう。

2.3　ピッカリングと女性科学者

　ピッカリングはハーバード大学天文台での仕事を遂行するのにハーレムと呼ばれるほど多くの女性計算助手(lady computer)を雇いあげた。当時，コンピュータとは器械ではなく人を指していた。彼が他の天文台と違って多くの計算助手を必要とした理由はその観測プロジェクトにある。当時のアメリカでは観測は観測者の関心と興味によって個人的に行われるのが通常であったから，助手の数も少なくて済んだ。ピッカリングは全天の星の写真測光，分光分類という大きなプロジェクトを立ち上げたために，1 つのプロジェクトでも数人の人手が必要であった。限られた予算でそれを実行するには賃金の低い女性を雇うほかはなかった。女性の賃金は男性の半分以下で，モーリーやキャノンの 1900 年代の時間給は 25 セント程度であった。1940 年代になっても状態は変わらず，女性の時間給は 40 セント（男性は 1 ドル）に過ぎなかった。しかし，非常勤職という条件付ではあったがハーバード大学天文台が研究職として女性を雇いあげたのは 1881 年のフレミングが最初であって，ハーバード大学全体としてみても，創立以来 300 年間固執されてきた「研究職は男性に限る」という男性社会の一角が初めて崩されたのであった。

　こうして雇いあげられた計算助手の中にはモーリー，キャノン，リービットら高学歴の人もおり，その人たちは優れた業績をあげていたが，大部分の天文台助手はその日暮らしの単純な作業に追われ，誰もが低賃金に悩んでいた。あるとき，フレミングが賃金についてピッカリングに不満を訴え，ピッカリングも同情して大学当局に賃上げを要請したこともあった。しかし，女性の低賃金という社会的な背景と，大学の財政事情によって要

請は受け入れられなかった.

　ピッカリングは女性たちに同情はしていたが，彼自身がエネルギッシュな研究者であったため仕事に関しては厳格だった．男女を問わず助手たちは彼の前ではだれもぴりぴりしていたようである．

　ピッカリングが1919年に他界した後，気分が次第に緩んだのであろう．天文台にアプトン（Winslow Upton）という若い観測助手がいた．彼は当時，流行していたコミックオペラ「女王艦のピナフォール号」をもじった「天文台のピナフォール号」と題した即興劇を作って，ある大晦日の晩，女性たちと一緒に演じた．オペラの中から歌詞を替えていくつも歌を作り，その晩は仕事とサラリーの悩みを吹き飛ばすように踊ったり歌ったりした．その歌の中に天文助手の嘆きをうたったものがある．

　　天文助手は哀れなものさ
　　その自由さはまるで籠のなかの鳥
　　いつも台長の声にびくびく
　　ドームを開けて，歯車を回す
　　さあ，まじめに観測だ
　　どんなに寒くても仕事はこなそう
　　それでもまともなサラリーなんか望めないのさ

これは女性たちにも大うけし，パロディをなんども唱和したという．愉快ではあるがもの哀しさもあり，当時の天文台の観測助手や計算助手たちの社会的位置を垣間見せる挿話である[2.14]b．

　女性の待遇は1898年にウィラマイナ・フレミングを正職員に採用したことから少しずつ改善される．社会的に女性の活動の場が少ない中で，ハーバード天文台は多くの女性科学者を育成したが，それはピッカリングの指導力によるものであった．ピッカリングを引き継いだ第5代台長のハーロウ・シャプレーも女性の位置の向上に力を尽くしている．この2人の台長によって育て上げられた女性科学者にはHD星表の成立に寄与した3人のほかに，ヘンリエッタ・リービット（第6節），セシリア・ペイン・

ガポシュキン（Cecilia Payne-Gaposchkin, 1900〜1979）などがいる。なかでも，太陽大気の組成は水素とヘリウムが主体であると指摘したペイン・ガポシュキンは1950年代になってハーバード大学天文台における初めての女性教授となり，ついで分光部長に任命される。こうして，ハーバード大学天文台における女性の活躍は男性中心の社会に対する優れた女性進出の範例となった。

❸ フレミングと特異星探査

3.1 生い立ちからハーバード大学天文台へ[2.24]

ウィラマイナ・フレミング（Williamina Paton Fleming, 1857〜1911）はスコットランド東部の港町ダンディーで生まれた。父はロバート・スティーブンス（Robert Stevens），母はマリー（Mary Paton Stevens）である。父は彫刻家と鍍金業を兼ねていた。趣味として始めた写真撮影ではダンディー市内でも知られるようになっていたが，ウィラマイナが7歳のときに亡くなった。1871年，町の小学校で卒業式を迎えたウィラマイナ・スティーブンスは校長室に呼ばれた。

> 「ウィラマイナ，貴女はこの町で最も優れた成績でこの小学校を卒業しました。町の規定によって貴女には小学校の先生になる資格ができたのです。貴女は先生になりますか？」

校長先生の言葉に驚いたが，ウィラマイナは母と相談してその申し出を受けることにした。こうしてウィラマイナは14歳で小学校の教員になり，その後の6年間，優れた教師として子供たちに慕われながら過ごしていた。

20歳のとき，ふとしたことがきっかけでジェイムス・フレミング（James Orr Fleming）と結婚し，ウィラマイナ・パトン・フレミングとなる。2人

図 2.13　フレミングの肖像と署名

は新天地を目指してアメリカに旅立った。どの伝記にも夫フレミングについての記載は見られないが相当の放浪家であったらしい。彼はマサチューセッツのボストンに落ち着いて2年も経たないうちに，身ごもった妻を残してどこかに逐電してしまった。西部へ行ったという話もある。残されたウィラマイナはやむなく職を探し，ハーバード大学天文台長ピッカリングの家にメイドとして雇われることになった。ピッカリング家は身重のウィラマイナを住み込ませ，家事に当たらせた。ウィラマイナはこの処遇に感謝し，生まれた男の子をエドワード（Edward）と名づけている。

　彼女は任された家事を丹念にこなし，その熱意と知的素養によって家族の大きな信頼を得るようになった。その頃，ピッカリングは天文台の男性職員の仕事ぶりに愛想を尽かしていた。彼は「わが家のメイドの方がずっと優れている」と宣言し，1881年，24歳のウィラマイナを計算助手とし

て天文台に雇いあげた。

　最初の仕事は事務と単純な計算であったが，まもなくピッカリングは彼女に科学的才能のあることに気が付く．その頃，天文台で分光作業を行っていたのはピッカリング1人であった．あるとき彼はフレミングを呼び，その作業を手伝わせながら，分類の手法を教えた．フレミングは飲み込みが早く，すぐにスペクトル検査に馴れて自分でも分類ができるようになった．当時，ピッカリングは写真分光の特質を生かして，セッキやボーゲルの分類法を精密化しようと試みていた．そこで彼はフレミングと協力して分類法にA，B，C，などの記法を導入した．それがピッカリング・フレミング分類法の始まりである．やがて，ピッカリングはフレミングを信頼して分類とカタログ化を任せることにした．彼女は期待に応えて，1万個以上の星を分類し，その成果はヘンリー・ドレイパー記念星表として1890年に出版された．

　天文台におけるフレミングの仕事は拡大され，10名ほどの若い女性計算助手たちの指導も任されていた．また，天文台の出版編集も任されるようになり，こうした仕事ぶりから，1898年には天体写真部の責任者に任命される．これはアメリカの天文台で女性に対する正職員としての任命第1号となった[2.24]．

3.2　フレミングの分光分類

　ピッカリングから分光分類とカタログ化を任されたフレミングは，8インチ（20 cm）バーシェ望遠鏡の対物プリズム（頂角13°）を通して撮影された写真乾板の検査に当たった．乾板上ですべての星はスペクトルに分光される．こうしたスペクトル写真では星相互間の吸収線の位置，相対強度の比較がスケッチ観測に比べて遥かに容易であったから，フレミングはピッカリングの指導のもとにセッキの分類型を細分化し，A，B，C，などの記号を導入した．この分類をセッキのType I～IV（第1章4.4項）と比較すると表2.1のようになる．フレミング分光分類の特徴を挙げておこう．

表 2.1 セッキ分類とフレミング分類との比較[2.25]

セッキタイプ	フレミング分光型
I	A, B, C, D
II	E, F, G, H, I, K, L, （J は使われず）
III	M
IV	N
—	O（WR）, P（惑星状星雲中心星）, Q（特異星）

注：下線で示した分光型はフレミング自身によって削除された。

- A 型　水素吸収線（バルマー系列）の強い星で金属線はほとんど見られない。
- B 型　A 型の特徴のほかに中性ヘリウムの吸収線（$\lambda 4026$ Å, $\lambda 4471$ Å）が現われている。
- F 型　水素吸収線および電離カルシウムの H, K 吸収線が顕著。
- G 型　水素吸収線が弱く，カルシウム K 線が非常に強い。
- K 型　G 型に似ているが分子による強い 2 本の吸収バンドを示す。
- M 型　スペクトルの 4760 Å より赤側が著しく強い。Type II との違いはスペクトルにバンドが現われ，写真域（青側）よりも可視域（赤側）で顕著に現われるところにある。
- N 型　炭素星，赤色連続光が最も強い。

そのほかに O 型（輝線のみ示す），P 型（惑星状星雲）が挙げられている。

この分類による分光カタログは北天の 10,351 個の星を含み，ヘンリー・ドレイパー記念星表（Henry Draper Memorial Catalogue）として 1890 年に公刊されるが，著者はピッカリング[2.25] a となっている。その頃，計算助手は論文に名前を出すことなどまだ考えられなかった。しかし，ピッカリングは序文の中で

「この仕事の重要な部分，すなわち，すべての星のスペクトルの測定，分光分類，およびカタログの作成などはフレミング夫人が担当して行った。」

図 2.14　ハーバード大学天文台の計算室におけるフレミング（中央に立っている人）とピッカリング（左に立っている人）。右端にアントニア・モーリーの横顔。1891 年の撮影。

と述べてフレミングの役割を明確にしている。このため，この星表の分類はフレミング・ピッカリング分類，あるいはフレミング分類とも呼ばれている。また，この星表の前文には数値計算やカタログ化の手伝いとしてフレミングに協力した 8 人の女性計算助手の名前も挙げられているが，これも当時としては異例の措置であった。

3.3　変光星と特異星の探索

フレミングはハーバード大学天文台において分光分類とともに，広範囲の測光，分光観測を継続し，多数の変光星や特異星を発見してハーバード回報などに報告している。ここで特異星というのは分光分類にあてはまらない星をさす。その大部分は WR 星，水素輝線星，β Lyr 型星など輝線を示す星（輝線星）である。

フレミングは 1912 年までに発見された変光星[2.26]，特異星[2.27]の種別と星数を詳しいリストに挙げており，それによって発見総数，ハーバード

表 2.2 変光星と特異星の種別，発見総数とフレミングの発見数（1912 年現在[2.27]）

星の種別	星の総数	ハーバード天文台	フレミング
新星	28	17	10
星雲（P 型）	151	89	59
WR 星（タイプ V）（O 型）	107	97	90
水素輝線星	92	84	69
分光連星（A タイプ）	47	7	2
アルゴール型	134	71	4
β Lyr 型	13	3	1
短周期変光星（タイプ IV）	168	76	4
長周期変光星（タイプ III）	629	227	182
N 型星（炭素星）	267	73	63
R 型星（炭素星）	61	59	58
分光特異星	29	21	21
合計	1726	824 (48%)	563 (68%)

大学天文台での発見数，およびフレミング自身による発見数を知ることができる．それをまとめると表 2.2 のようになる．世界の天文台の中でもハーバード大学天文台での発見数は多く，全体の 48% に達しているが，ハーバードの中でもフレミングの発見数は多く，ハーバード全体の 68% にも達している．

ここで，表 2.2 に示された星の種別について簡単な説明を加えておこう．

- 新星（nova）は急速に明るくなり，数ヶ月で見えなくなる変光星でケプラー（Kepler）（1604 年出現），リンダウエル（Lindauer）（1572 年出現）以来の古い新星も含まれている．
- 星雲（P 型）は惑星状星雲が主であるが，新星の周辺に現われた星雲や，三裂星雲など一部の散光星雲も含まれている．
- WR 星（Wolf-Rayet stars）はパリ天文台でオルフ（C. Wolf）とライエ（G. Rayet）によって 1864 年に発見された輝線を示す高温度星の仲間で，輝線がバンドのように広いのが特徴．
- 水素輝線星はセッキ分類の I 型のうちで水素に輝線を含む星を表わ

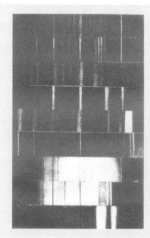

図 2.15 フレミングによる特異星スペクトルの例
　　　最上段の η Car は分光特異星(現在は高輝度早期変光星),次の3星は新星,NGC 星は惑星状星雲,次の2星(μ Cen, ζ Pup)は B 型輝線星,最下段は S 型と呼ばれる赤色の変光星である。バルマー輝線は右寄りの Hβ から左よりの Hζ までの範囲を含んでいる。どのタイプも顕著な輝線を示す。

し,主に B 型星である。

分光連星は A タイプとなっているが,これは主星と伴星のスペクトルが分離できる連星を示す。

変光星はアルゴール型(食連星),こと座ベータ星型(強い輝線を示す連星),短周期変光星,長周期変光星に4分類されてそれぞれ別途にリストされている。短周期はほぼ周期 100 日程度以下である。

炭素星はアンニー・キャノンによって表面温度の高い R 型(早期)と低い N 型(晩期)に分かれる。

分光特異星は他のタイプに見られないスペクトル輝線を示す星である。

3.4 明るい星雲と暗い星雲

　表 2.2 の中で星雲（P 型）とあるのは主に惑星状星雲であるが，ピッカリングは星雲の全般的探査にも関心を向けていた。彼は 1908 年までにハーバード大学天文台で発見された星雲のリストを作成しているが，それらは主に明るい散光星雲であった[2.28]。

　フレミングは明るい星雲でなく，明るい星雲をバックに黒いシルエットを示す暗い星雲にも注意を向けていた。その中には馬頭星雲も含まれている（図 2.16）。彼女は 1888 年，ピッカリングの撮影したオリオン座ζ星周辺の写真乾板を検査し，いくつかの星雲をチェックしているが，その中でフレミングが No. 21 とした星雲が馬頭星雲の最初の記録となっている。この星雲について彼女は

> 「オリオン座ζ星の南ほぼ 60 分角のところに拡がっている星雲で，直径 5 分ほどの半円状に入り込んだ湾状構造を持っている。この星雲は良いネガ乾板だけに見られるので，乾板のテストにも適している。」[2.29]

と述べている。この星雲はドライヤー（J. L. E. Dryer）の非恒星状天体インデックス・カタログ（第 5 章）に IC 434 として登録されたが，「発見はハーバード天文台で行われ，ピッカリングによって報告された」と記述され発見者の名前はない。フレミングは天文台の女性計算助手としてまだ論文に名前が出せなかった時代であった。この星雲は後にピッカリングの星雲リスト（1908 年）に記載され，発見者はフレミングとなっている[2.28]。なお，この時代には馬頭星雲を暗黒星雲とするかどうかには問題が残っていた（第 5 章）。この領域の写真観測を行っていたピッカリングの弟のウィリャム・ピッカリングも 1895 年に馬頭星雲の湾状構造に注目しているが，暗黒部分に微光星が少ないことについて，それが吸収物質の存在によるのか，あるいはその領域で実際に微光星が少ないためか，まだ，結論できないと慎重に結論を控えている[2.18]。

図2.16 オリオン座ζ星（中央やや右上の明るい星）と馬頭星雲（中央やや左下）の写真

3.5 晩年

　フレミングは精力的な観測業務のほかに，日々の生活も堪能しており，故郷を偲んでスコットランド風のバッグや人形の手芸を楽しんだり，また，運動も得意で，なかでもサッカーには自分でもチームに加わったりした。ハーバード大学とエール大学の対抗戦ではスタジオからハーバード大学の応援に熱を入れていたという。1911年5月，肺炎に罹り，半月ほどの入院で他界した。享年54歳という惜しまれる若さであった。一人息子のエドワードは鉱山技師へと成長していった。

　1906年にアメリカ人女性として初めて英国王立天文協会の名誉会員に推薦されている。ちなみに王立天文協会は1824年の創立以来，女性で名誉会員に推薦されたのはキャロライン・ハーシェル（Caroline Herschell, 1835年次）以来6番目である。

モーリーと独自分類

4.1 モーリーの生い立ちとマリア・ミッチェル[2.30]

　ドレイパー一家の住むヘイスティングス・オン・ハドソン村からハドソン川をさらに50 kmほどさかのぼった東岸にコールド・スプリング村 (Cold-Spring-on-Hudson) がある。ここはハドソン山地に囲まれ，ハドソン川に臨む景勝の地で，人口は3000人ほど (2005年) であるが，19世紀の面影を残す建物が多く，歴史的保存地区にも指定されている。

　アントニア・モーリー (Antonia Caetana de Paiva Maury, 1866～1952) は1866年3月21日，この村で生まれた。父ミットン・モーリー (Mytton Maury) はプロテスタントの牧師，母バージニア・ドレイパー・モーリー (Virginia Draper Maury) はヘンリー・ドレイパーの妹であるからアントニアにとってヘンリーは伯父に当たる。当時，この村には適切な学校がなかったのでアントニアは主として父ミットンから教育を受けている。弟妹とともに子どもには厳しい日課が課せられていた。その後，バサール女子大学 (Vassar Women's College) に入学し，マリア・ミッチェル (Maria Mitchell, 1811～1889) のもとで天文学を学び，学問的，思想的に大きな影響を受けている[2.31]。

　マリア・ミッチェルはアメリカでは大学に職を持つ初めての女性天文学者である。航海暦の編集，変光星の観測などで知られている。バサール女子大では数学と天文学を担当し，また，付属天文台長を兼ねていた。マリアは天文教育に強い熱意を持っていたのみでなく，独立心が強く，女性の地位向上，人権問題にも大きい関心を持っていた。しかし，その反面，明るく，心の広い人でもあったので，マリアの生地ナンタケット島では彼女の教え子や地域の人によってマリア・ミッチェル天文台が創設され，地域の天文教育普及に貢献している。

　アントニア・モーリーは1887年にバサール大学を卒業すると翌年から

図 2.17　マリア・ミッチェル像（1851 年，H. Dassell 画）

ハーバード大学天文台の計算助手として勤務する．ハーバード大学天文台では初めての高学歴の計算助手である．モーリーはピッカリングの指導のもとに HD 星表作成のプロジェクトに参加する．モーリーの分担はフレミングの分類法を引き継ぎ，北天の星の分光分類を行うことであったが，モーリーは次第にフレミングの分類に疑問を抱くようになる．彼女の手元にはフレミングより分散の高いスペクトル写真が集まっていた．それを見ると，フレミングが同じタイプと分類している星の仲間でも水素吸収線の幅に大きな違いがある．ある星は幅が広く中心が浅いのに，ある星では幅が狭く，中心が深い．同じタイプと呼んで良いのであろうか．この疑問から出発して彼女は独自にスペクトルの解釈を試み，その観点から分類法をすっかり変えてしまった．こうしたモーリーの態度はピッカリングの意に沿わない．2 人の間のわだかまりは深まるばかりであった．この頃のモーリーについて研究室の同僚であったドリット・ホッフライトは次のように記している[2.32]．

　「彼女はピッカリングに雇われた女性たちの中で最も深い思索家でした．しかし，ピッカリングはスペクトルの独自の解釈を進めようとするアントニ

図 2.18　アントニア・モーリーの 1898 年頃の肖像

アを激励するのではなく，反って，ルーチン業務から離れて独自に進もうとする彼女にいらだちを募らせていました。」

　モーリーはついにピッカリングとは一緒に仕事はできないと感じて，未完成の分類作業を中断して 1892 年に退職してしまった。しかし，モーリーの分光は高分散スペクトルに基づいており，太陽および明るい星について彼女は精密なスペクトル線同定表を作成していた。モーリーと並んで分類作業を進めていたアンニー・キャノン（次節）にとってその同定表は不可欠であった。恐らく，キャノンの進言があったためであろう，ピッカリングはモーリーの分類法には賛成できなかったが，彼女に天文台に復帰するよう手紙を送った。それに対し，モーリーは次のように返事をしている。

　　「私の独自の理論的考察に基づいた分類法を認めて下さい。また，カタログを私以外の名前で公刊するのはフェアではありません。」（それまではフレミングの例のようにカタログは台長ピッカリングの名前で公刊されていた。）

2 人の間にはまだわだかまりがあったが，伯母のアンナ・ドレイパーは

モーリーの意見に賛成しピッカリングの説得に当たった。ピッカリングもついにその条件を了解してモーリーを天文台に復帰させた。モーリーは1895年に復帰して再び分光分類とカタログ化を続けたが，作業はほぼ終わっていたので，分類の成果はハーバード天文台1897年の年報にモーリーの名前で掲載されることになった[2.33]。しかし，実際に出版されたのは1901年になってからで，その年の年報（第28巻）にキャノンと並んで掲載されている。モーリーはそれでもピッカリングとのわだかまりが解けず，出版の見通しが立つと1897年にはやばやと天文台を退職してしまう。再びハーバードに戻ってくるのは1918年になってからである。

4.2　モーリーの分光分類

モーリーの分光分類はドレイパー11インチ（28 cm）屈折鏡に取り付けたプリズム分光器によるスペクトル写真に基づいているが，星のスペクトルは頂角15°のプリズムを最高4個まで適宜組み合わせて得られた，当時の対物分光としては最高の分散度を持つものであった。

スペクトルの中でモーリーは吸収線相対強度のほかに吸収線の幅に特別の注意を払った。また，フレミングがA，B，Cなどと分けたことについても，星から星へのスペクトルの変動は連続的であると考えた。その結果，フレミング分類とは独立にスペクトルをグループ（Group）と線幅特性（Division）に分けるという2本立ての分類を行った[2.33]。グループはIからXXIIまで通し番号で表わされ，吸収線相対強度に対応する。吸収線として着目したのは次の5つである。

　　水素バルマー線（Hβ，Hγ，……，H20）
　　電離カルシウム（H，K線）
　　太陽線（太陽フラウンホーファー線で水素以外の吸収線）
　　金属線（太陽線に含まれない金属線）
　　オリオン線（主として中性ヘリウム吸収線 λ 4144 Å，λ 4481 Å）

表2.3 セッキ型とモーリー分光グループとの比較[2.33]

セッキ型タイプ	モーリー分類の グループ	スペクトル線の特徴
O	I-V	オリオン線が存在，グループIからVへと水素線が強まる。
O-I	VI	タイプOとIとの中間
I	VII-XI	オリオン線見えず，水素線強い。
I-II	XII	タイプIとIIとの中間
II	XIII-XVI	水素線弱まり，太陽線強まる。
III	XVII-XX	太陽線は極大後弱まり，H，K線顕著吸収バンドが目立ってくる。
IV	XXI	金属線弱く，吸収バンド強し（炭素星）
V	XXII	弱い連続光と幅広い輝線（WR星を含む）

グループはフレミングと同様に水素線が弱まり，H，K 線が強まる方向で連続的な系列を作る。モーリーはオリオン線をオリオン座の青い星に見られる特別な線として扱っているが，ヘリウムの存在はすでに1895年にボーゲル (Vogel)[2.34] によって指摘されている（第1章4.6節）。モーリーの分類でヘリウムが取り入れられていないのは前述したように彼女の分類作業に中断があったからである。ハーバード天文台に戻って作業を進めたが，分類はほぼ完成していたため，オリオン線の名前はそのまま残されている。

モーリーは最初，セッキの分光分類を改良して

O, I, II, III, IV, V, C, L

の8タイプに細分する。ここでI～Vはセッキのままであるが，そのほかにO, C, Lを追加した。ここでOタイプはオリオン線の発達した星，Cは複合スペクトルを示す星，LはOタイプの中でスペクトルに輝線を示す星となっている。その上でモーリーは自らの分光グループを22区分（I～XXII）に分けた。セッキタイプと分光グループは表2.3のように対応する。なお，セッキタイプとしたC, Lタイプは表には含まれていない。

スペクトルのグループI～XXIIと併行してモーリーは，線幅特性

(Division) として吸収線を幅によって次の a, b, c, またはその重複によって区別している。

- a 単一吸収線として幅は広いが連続スペクトルから明確に線が識別できる。ただし, 水素と H, K 線を除く。標準的な線幅を示す星で, 観測された 681 星中, 355 星がこの特性を示す。
- b 吸収線が全体として幅広く, 連続スペクトルに対してぼやけて現われる。オリオン線を示す星も含まれる。
- c 水素およびオリオン線が幅狭く明確に定義できる。H, K 線が一般に強く, また, 上記の金属線を示す場合が多い。

吸収線がこれらの特性の中間にあるものを ac, ab などと表わし, a, b のどちらかにはっきり識別できない場合は a, b と示している。

モーリーは全体で 681 星の分類を行い, グループと線幅特性の 2 元的分類を行ってカタログにまとめている[2.33]。分類のタイプ, グループと線幅特性ごとの観測星数を表 2.4 に示そう。

表 2.4 に見られるようにモーリーはフレミングと異なり, スペクトル線の幅に徹底してこだわっている。そのため, 星のスペクトルはグループと線幅特性の 2 次元的配列として示されている。なかでもモーリーが注目したのは c-特性である。表 2.4 には 18 個の c-特性を示す星があり, グループ III から XIII まで広く分布している。吸収線が狭いことは吸収線を形成する星の大気のガス密度が小さいことを表わす (密度が大きいとスペクトル線は幅広くなる効果がある, シュタルク効果) が, モーリーはそこまでは指摘していない。彼女は線幅が星の重要な特性であることを肌で感じ取っていたのである。c-特性は後年, ヘルツシュプルングによって超巨星であると認められ (第 3 章), さらにはウィリャム・モーガン (第 3 章) の 2 次元分類につながるものであった。

なお, 現在の観点から見ると, a-特性は主系列星, b-特性は A 型より早期型の星の特徴を示すタイプである。モーリーの分類はきわめて論理的であったが, 直感的に把握しにくい点もあった。フレミングの分類や, 現

表 2.4 モーリーによる分類と星の数[2.33]

Type はセッキ分類．Group（I～XXII）と Division（線幅特性）はモーリーの分類．D. C. は Draper Catalogue でフレミング分類を表わす．表の数値は分光型ごとに観測された星数である．

Type タイプ	Group グループ	Division 線幅特性と星数							Total 星数計	D. C.
		c	ac	a	a, b	ab	b	不明	特異		
O	I	—	—	—	—	—	7	—	—	7	B
O	II	—	—	4	5	—	5	—	2	16	B
O	III	1	—	5	7	—	5	—	1	19	B
O	IV	—	—	11	22	3	14	—	—	50	B
O	V	3	—	9	8	—	5	—	—	25	AB
OI	VI	6	—	4	9	3	9	—	—	31	AB
I	VII	1	—	13	13	—	17	—	1	45	A
I	VIII	1	1	23	6	3	17	—	7	58	A
I	IX	—	—	?	17	3	9	5	—	34	AF
I	X	—	—	2	12	2	3	—	—	19	AF
I	XI	—	5	?	11	5	—	7	1	29	F
I, II	XII	2	3	29	—	1	—	—	—	35	FG
II	XIII	4	1	22	—	—	—	—	—	27	G
II	XIV	—	7	40	—	—	—	—	3	50	G
II	XV	—	—	117	—	—	—	—	1	118	K
II	XVI	—	—	23	—	—	—	—	—	23	K
III	XVII	—	—	19	—	—	—	—	—	19	Ma
III	XVIII	—	—	20	—	—	—	—	—	20	Mb
III	XIX	—	—	10	—	—	—	—	—	10	Mb
III	XX	—	—	4	—	—	—	—	—	6	Md
IV	XXI	—	—	—	—	—	—	—	—	4	Na
V	XXII	—	—	—	—	—	—	—	—	4	O
C		—	—	—	—	—	—	—	—	18	—
L		—	—	—	—	—	—	—	—	14	—
合計		18	17	355	110	20	91	12	18	681	

行のHD分類のように，電離ヘリウムを主体とする星をO型，中性ヘリウムはB型，水素吸収線はA型などと，特徴を大分けにまとめる方が理解しやすい．そのためモーリー分類法はその後採用されなかった．

4.3　その後の観測とこと座ベータ星

　分光分類の論文が出版された以後，モーリーは1897年に再び天文台を離れ，ケンブリッジやニューヨークなどの大学で教鞭をとっていたが，1918年に，再び，ハーバード大学天文台に正職員（助教授）として戻ってくる．それはピッカリングが他界する前年であった．この頃にはヘルツシュプルング（第3章6節）を通してモーリーの分類法が高く評価され，広く知られていたのでピッカリングも無視できなかったのであろう．

　ピッカリング亡き後，彼女はずっと変光星と特異星の観測的研究を続けている．モーリーの研究態度は相変わらず天文台のほかの人と異なって，掃天観測には興味を示さず，特定の星をより高い分光分散でより深く探究するという態度で一貫している．

　彼女の観測の中でよく知られているのは連星の中で特異な食現象を示すこと座ベータ星（β Lyr）の分光観測である．この星はハギンスの時代から輝線星として知られていたが，そのスペクトル変化には謎が多かった．モーリーはハーバード大学天文台で1886〜1901年，1921〜1931年にわたって観測された分光乾板を測定し，視線速度曲線から軌道要素を推定した[2.35]．それによると主星はB9型超巨星で質量は太陽の0.6倍，伴星はB2e星で質量は太陽の9.48倍で，主星は伴星の周りをほぼ円軌道で回っている．軌道周期は12.92日である．また，食に伴うスペクトル線輪郭の解析から，両星は広がった，希薄で光学的には透明な円盤に取り巻かれており，輝線は伴星の周りを回る円盤で形成されると推測している．モーリーの研究はこの星の特異性を，広がった円盤の存在と，輝線の形成領域にあることを明らかにした点で高く評価されている．ちなみに，オンドリエフ天文台のハルマネック（P. Harmanec）[2.36]によると，この星は主星から

伴星へとガスが流れ出す現象（質量交換）を伴う急速に進化しつつある連星で，質量を流出している主星はB6-8型の超巨星で太陽質量の3倍，質量を受け取る伴星はBe星で太陽の13倍の質量を持つと改定されている。しかし，時間変動に対する特異性は大きく，ハルマネックもこの星を「いつまでも挑戦すべき輝線連星」と呼んでいる。

4.4　ドレイパー公園園長として

モーリーは1935年に天文台を退職するとヘイスティングス・オン・ハドソン村に移って，ドレイパー公園の園長として余生を送る。ここでヘンリー・ドレイパー亡き後のヘイスティングス天文台について少し触れてみよう[2.37]。

1882年の1月，ヘンリー・ドレイパーの父ジョンが他界した後，ヘイスティングスの土地はジョンの姉ドロシー・キャサリン（Dorothy Catharine）に管理を任された。その年の11月にヘンリー・ドレイパーも亡くなると，その妻アンナによって夫の用いた望遠鏡や分光器などの機材はハーバード大学天文台に寄贈され，天文台としての機能は失われた。しかし，ドロシーは天文台の建物をそのまま残し，ドームや写真暗室などには手をつけなかったからこの家は天文台コッテージと呼ばれていた。その後，敷地と建物はアメリカ歴史保存協会に寄付された。この協会はここをドレイパー公園として開放し，建物は博物館または図書館とする計画を持っていたが，計画は進まず，協会はすべてをヘイスティングス・オン・ハドソン村に寄贈した。

この村に移ったアントニア・モーリーは村の委嘱により，ドレイパー公園と「天文台コッテージ」を公共施設として，新しく再生させた。まず，古いドームに新たに6インチ（15 cm）屈折望遠鏡を設置し，地域のアマチュア天文家と村当局の協力によって天文学の普及に乗り出した。彼女は天文台を公開し，無料の天文普及講座を開いたりしている。モーリーはまた，愛鳥家であり，熱心な環境保護主義者でもあった。そこで4万平米の

図 2.19 天文台コッテージの開設に先立って，庭先で購入した望遠鏡に見入るアントニア・モーリー（1932年頃の撮影）

公園は植物園に生まれ変わり，顕微鏡を備えた植物観察室なども設けられた。コッテージには図書室を設け，天文から動植物まで科学普及書をそろえて地域の科学教育に大きく貢献した。

　モーリーは1952年にこの地で没する。その後，1971年に地域の有志によってヘイスティングス歴史協会が設立され，村からの委嘱によって公園と天文台コッテージの維持に当たり，現在も広く普及活動が続いている[2.37]。

5 キャノンとHD星表

5.1 キャノンの生い立ち[2.38]

　デラウエア州はフィラデルフィアの南にあり，アメリカでも最も古い独立州の1つである．アンニー・ジャンプ・キャノン（Annie Jump Cannon, 1863～1941）はデラウエア州の州都ドーバー（Dover）で生まれ育った．州都といってもアンニーの生まれた頃はまだ人口3000人足らずの小さな町であった．父ウィルソン（Wilson Lee Cannon）は造船技師で，デラウエア州議会の議員を務めたこともある．母マリー（Mary Elizabeth Jump）はキリスト教の中でもリベラルな傾向を持つクエーカー教の支持者で高い教養を持っていた．アンニーは16歳でマサチューセッツのウェルスリー女子大学（Wellesley College）に入学する．このとき大学はまだ創立5年目で，創立者のデューラント（Henry Fowle Durant）は当時，親交のあったハーバード大学天文台長ピッカリングの助力を得てMITに似た学生実験室を開設する．その実験室を管理していたのは，サラ・ホワイティング（Sarah Whiting）である．彼女は分光実験に熱心であり，キャノンの指導教官としてキャノンに天体分光を手ほどきし，天文学への目を開いた．しかし，キャノンは1883年に20歳で卒業してからの10年間を，なぜかデラウエアに戻りドーバーの家で過ごしている．

　この時期のことははっきりしないが，自由で快活な生活を送っていたらしい．あるとき，ヨーロッパへ長い旅に出たことがあった．新しい箱型カメラを携え，各地で写真をたくさん撮ってきた．家に戻った後，そのときの写真を小冊子にまとめて近くのカメラ店に寄贈した．カメラ店は1893年にシカゴで開かれた万国博覧会に自店の製品を出品したが，その折にキャノンの小冊子を店の土産用に供して評判を得たというエピソードもある．キャノンはまた1892年にスペインで見られた皆既日食の観測にも出かけている．どういう観測であったか記録にないが，この在宅期間にも天

文学への関心が深かったのであろう。

　1894年に再びウェルスリー大学に戻り，大学院に入学して天文学の研究に復帰する。師のホワイティングの推薦によって1896年 (33歳) からハーバード大学天文台の計算助手として働くことになり，ピッカリングの指導のもとに変光星のカタログ化と恒星分光の仕事を始める。

5.2　キャノンの分光分類

　ピッカリングは最初，フレミングの仕事を引き継いで，北天はアントニア・モーリーに，南天はアンニー・キャノンに分担させるつもりであった[2.39]。しかし，モーリーはその意図に反してフレミングとは別の分類法に進んだので，結局，キャノンが南北合わせた全天の星の分類に取り組むことになった。したがって，キャノンの仕事は南天の星から始まる。キャノンはモーリーの分類法に多くを学び，高分散スペクトルの吸収線同定などを活用しているが，キャノンの手元には大量の低分散分光乾板が集積されたので，分類としてはモーリーに従わず，フレミング分類を改良した独自の分類法を採用している[2.40]。

　南天の観測はペルーのアレキッパ観測所 (図2.20) に設置された13インチ (33 cm) ボイデン屈折望遠鏡に取り付けた対物プリズムによって，1892年から1899年にかけて行われた。この屈折鏡はボイデン (U. A. Boyden) の寄付によって建設されたもので，ピッカリング台長の弟ウィリアム・ピッカリングによって現地に設置された[2.41]。しかし，このウィリアムはなかなか頑固なところがあって兄の指令に従わず，アレキッパではもっぱら火星の写真観測に熱中していた。ピッカリングはやむをえず，弟をハーバードに戻し，代わりにソロン・ベイリー (Solon I. Bailey) を派遣して星の天域撮影と分光観測を行わせた[2.42]。したがって，キャノンの用いた南天星の写真ネガはほぼベイリーの観測によるものである。ベイリーの撮影した対物プリズムによるスペクトル写真の例を図2.21に示そう。この図には多数の星が横長のスペクトルとして写されている。キャノンはこうし

図 2.20 ペルーのハーバード天文台付属アレキッパ観測所
1892 年撮影,後方にエル・ミスティ山が望まれる。

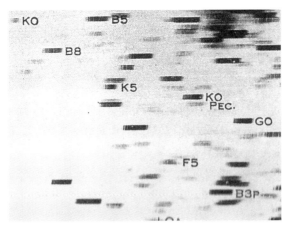

図 2.21 対物プリズムによるスペクトル写真の例
りゅうこつ座付近の星で一部に分光型が示されている。

表 2.5 星の色と分光型の比較

星の色	セッキ	フレミング	キャノン	特徴 (注)
青	V	—	O	O 型 (電離ヘリム星)
白	I	A, B	B	B 型 (ヘリウム星)
			A	A 型 (水素星)
淡黄	I-II	—	F	
黄	II	F, G, K	G	G 型 (太陽型)
橙	II-III	----	K	
赤	III	M	M	
赤	IV	N	N, R	炭素星
—	—	O, P	—	P (惑星状星雲)

た乾板をルーペで検査しながらスペクトルの分類を行った。

キャノンの初期の分類は 5 等級より明るい 1122 星について行われ，1901 年に公表された[2.40]。彼女はセッキとフレミングの分類を参考にし，フレミングと同じ記号を用いているが，独自のものである。3 人の分類型を比較すると表 2.5 のようになる。

表 2.5 の分光分類をさらに精密化するために，キャノンはスペクトル乾板をフィルムに 2 枚コピーし，視野内の 2 つの星を並べて比較できるような視見台を考案し，2 つのスペクトルを順次比較するという手法で多数の星の分類を進め，フレミングの分類を次のように改良した。

1) 分類の細分化。表 2.5 でキャノンは O〜K 型をサブクラス 1〜5 のように 5 分し，M 型は Ma, Mb と 2 分した。
2) 分類の系統化。分光型を星の温度系列に沿うように配列した。O 型にはピッカリング系列と呼ばれる電離ヘリウム線が顕著に現われ，B 型ではヘリウム線は電離から中性へと移り，水素線が強くなる。A 型より先は金属線，電離カルシウム線の強くなる傾向から分光型が表 2.5 に示したような順に配列されるが，これはほぼ星の表面温度の系列に対応する。

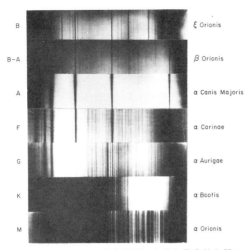

図 2.22 キャノンの分光分類における代表的な星の
スペクトル
左側に分光型,右側に星の名前を示す。

こうして 1901 年にはキャノンの分類法の基礎が築かれた[2.40]。その後,キャノンの分類は北天に拡大された。北天はハーバード大学天文台 11 インチ (28 cm) ドレイパー屈折鏡,南天はアレキッパ観測所 13 インチ (33 cm) ボイデン屈折鏡に取り付けた対物プリズムによる写真乾板を使用している。このときの分類法は 1901 年の基準をそのまま採用しているが,いくつかの点に改良が見られる[2.43]。その 1 つは表 2.5 の分類型が整備され,B 型から K 型までそれぞれが 0 から 9 までのサブクラスに分けられ,B 型に近いほうを早期型,K 型に近いほうを晩期型と呼んだ。こうして北天の 1477 星,南天の 1688 星が新たに分類された。代表的な星のスペクトルを図 2.22 に示そう。

5.3 HD 星表の成立へ

初期の分光分類は 1910 年には区切りがついていた。1911 年から新しい

図 2.23 分類作業中のアンニー・キャノン

分類作業が始まる。この年,キャノンはフレミングの死去（1911 年）に伴って天文台の写真部主任に任命され,彼女の集中的な分類作業が始まる。その後の 5 年間に 20 万個を超す大量の星の分類を進めるが,キャノンの分類作業の的確さと作業速度は眼を見張らせるものがある。キャノンの仕事ぶりを友人のバーバラ・ウェルサーは次のように感嘆している[2.38]c。

> 「1911 年から 1915 年にかけて彼女は毎月,5000 個の星を分類した。乾板上の検査によって分光型を決定すると,すぐにそばに控えたアシスタントに伝え,記録させた。星の比較的少ない領域では 1 分間に 3 個以上を分類したが,星の密なところでは分類速度は半分以下に下がった。記録用紙には丹念に開始時刻と終了時刻が書き込まれ,同時に星の分類タイプは彼女の頭の中にも保存された。数年経っても,乾板上で星の分光型を尋ねられると彼女は即座に分光型のサブクラスまで的確に答えたというほどであった。」

1915 年には 225,300 星に達する星の分類はすでに終わっていた。しかし,星の位置と明るさの測定,他のカタログとの比較同定などの作業が必要で

あったため，ヘンリー・ドレイパー星表（HD星表）は赤経で区分された経度帯ごとに9巻に分けられて1918年から1924年までに順次刊行された[2.44]。また，HD星表の分類法は一般にハーバード分類法と呼ばれるようになった。

1922年にローマで開かれた国際天文学連合（IAU）の総会では，キャノンによる分類が標準的分類法として採択されたが，そのとき，2つの主要な修正があった。

第1は，ウィルソン山天文台のウォルター・アダムス（Walter Adams）によって，S型星が導入され，R，Nの炭素星とともにOからMまでの系列とは別の系列が配置された。S型星はZrO，TiO，YO，LaOなど酸化化合物の吸収バンドの存在を示す。また，星の分光系列から星雲（P，C）は省かれることになり，こうして，現代も採用されている分光系列が次のように誕生した。

$$O - B - A - F - G - K - M \begin{matrix} \nearrow R - N \\ \searrow S \end{matrix}$$

第2はアントニア・モーリーによって指摘されたc-特性で，超巨星の表示としてcA型，cK型のように前添え字として表わすことになった。これ以後，星の特性に応じて種々の添え字が前後に付されるようになる。例えばg（巨星），d（矮星），e（輝線星），m（金属星）などで，gF（F型巨星），dM（M型矮星），Be（B型輝線星），Am（A型金属線星）のように使われる。

キャノンの分光分類への意欲はHD星表の完成後も衰えず，没年の1941年まで続いている。その第1はHDE星表，第2はHDEチャートである。

（1）HDE星表（Henry Draper Extension Catalogue）（1936年）[2.45]

キャノンはHD星表が完成する前から次の計画を練っていた。HD星表は星の明るさがほぼ9等級までに限られ，BD星表（ボン星表，10等級まで

320,000 星）に対応させるにはさらに微光星への分光分類が望まれたこと，アレキッパは北天に比べて天候条件がよく，分類された星の数も南天の方が遥かに多かったことなどから，キャノンはチリのチュキィカマタ (Chuquicamata) に新しく 10 インチ (25 cm) メトカルフ (Metcalf) 望遠鏡を設置し，1922 年に試験観測を行っている．その結果が良かったので本格的な観測を始める．最初に狙ったのは北の銀河帯ではくちょう座付近の微光星であった．写真等級が 11 等級程度まであがったので，BD 星表にない星も含まれ，それらについては新たに位置と明るさの測定を行う必要があった．

こうして始まった分類作業は 1925 年から 1936 年にわたって続けられ，HDE 星表として 1936 年にハーバード大学天文台から出版されている．なお，HDE 星表は星番号 235,301 から 272,150 まで 43,850 星を含んでいる．

(2) HDE チャート (Henry Draper Extension Chart) (1949 年)[2.46]

HD, HDE 星表に続く分光分類をキャノンはカタログ形式でなく，天域写真の対象星の脇に星番号と分類型を記入するという方式をとった．このため，拡張チャート (Extension Charts) と名づけられている．最初は 9 枚 (1937 年)，次いで 275 枚の天域写真 (1949 年) がキャノン没後にマーガレット・メイヨール (Margaret W. Mayall) によってまとめられた．この拡張チャートは全体で 86,933 個の星を分類している．その例を図 2.24 に示そう．大部分の星は 10 と 11 等級の間にある．しかし，天域写真上では星の位置が読みにくく，等級も示されていなかったため，長く研究者から敬遠されていた．この難点は 1995 年にネステロフ (Nesterov) らによって克服され，利用しやすいようにカタログ化された[2.47]．この改定カタログは星番号 272,151 から 359,083 まで 86,933 星を含んでいる．HDE チャートの星番号は HDE に連続しているので，両者を通して HDE 番号で示されることが多い．

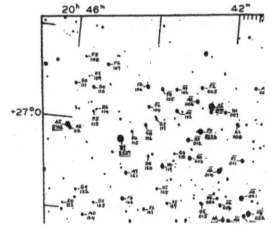

図 2.24 キャノンとメイヨールによる HDE チャートのペルセウス座の一部
分類された星について分光型と HDE 星番号の下 3 桁が示されている。

5.4 変光星と特異星の観測

キャノンは分光分類の仕事と併行して 1890 年代から変光星, 特異星 (輝線星) の観測を継続している. 発見数もフレミングに次ぐほどになっているが, キャノンの関心は変光星より輝線星にあった. 通常の星は高温度のガス体であるから, キルヒホッフの法則によって連続光を放射し, 表面の低温度層 (大気) で吸収線を形成するが, 輝線星は連続光の上に明るいスペクトル線 (輝線) を示すのである. キャノンは輝線星を 6 つのタイプに分けている. 各タイプと, 1916 年までに発見されたそれぞれの星数は表 2.6 のようになっている[2.48]. これらの輝線星のうちにはフレミングを含め, ハーバード大学天文台で発見されたものが数多く含まれている.

輝線の現われ方はそれぞれのタイプによって異なる. P 型 (惑星状星雲) は第 1 章ハギンスの項で見たように連続光が弱く, 鋭い輝線だけが現われている. 早期型のオルフ・ライエ星 (WR) は N, C, O, He などの電離イ

表 2.6 輝線星のタイプと星数 (1916 年現在)[2.48]

輝線星タイプ	星数
P 型 (惑星状星雲)	150
O 型星 (WR 星, HeII 輝線星)	107
P Cyg 型星	10
新星	20
Be 星 (β Lyr 含む)	99
Md 型星 (Mira 型変光星)	364
合計	750

(a) WR 星

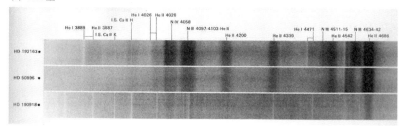

(b) P Cyg 星

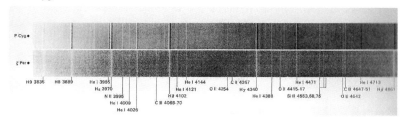

図 2.25 輝線星に見られる輝線輪郭の例
 (a) WR 星, 左端に星名 (HD 番号), 3 番目の星は WR と O 型星の連星。WR 星では幅広い輝線が特徴的。
 (b) P Cyg 星と比較星 (ζ Per, B 型超巨星), 赤側に輝線, 青側に吸収線を示す。
 主なスペクトル線には同定された原子 (イオン) と波長が示されている。

オンに輝線を示し，輝線幅が数千 km/s と格別に大きい．それに対し，P Cyg 型では輝線は主に水素スペクトルに現われ，輝線幅も 300 km/s 程度以下である．岡山天体物理観測所で撮影された WR 星と P Cyg 型星のスペクトル例を図 2.25 に示そう[2.49]．キャノンはその後も特異星の観測を続け，晩年 (1938 年，1940 年) にも 50 個以上の輝線星を発見している．

5.5 人となりと晩年

アンニー・キャノンは天性の社交家で，旅行好き，それに音楽，とくにオペラの愛好家でもあった．HD 星表の出版に目鼻がついた 1922 年にペルーを訪ねたとき，日程の半分は観測，半分は各地への旅行で，チチカカ湖，クスコ，インカ遺跡などを訪ねまわったという．彼女は毎年のようにヨーロッパとアメリカを往復し，世界中に多くの知己を得たが，彼女に会った人は誰もが，優しく温かいその人柄に惹きつけられたという．彼女は社交好きで多くの人を家に招き，誰をもうっとりさせるような雰囲気をかもし出す名人であった．日本からも東京天文台の一戸直蔵 (1905 年頃)，京都大学の山本一清 (1922 年) が招かれている．山本はキャノンとはその後も何回か会っているが，1938 年に出会ったときの印象を

> 「その風貌が往年に比べて，多少老いられたのは止むを得ないが，元気はなかなか壮んで，昔日のごとく，愛嬌もあり，諧謔を交えて話されるようすなど，実に気持ちの良い社交ぶりであった．」

と述べている[2.50]．

キャノンは 1941 年 4 月に他界する．その 1 ヶ月前に友人宛に手紙を送り，「エール天文台で新しい仕事を始めることにしました．私はそれをよろこんでいます．」と書いているが，それは終に果されなかった．バーバラ・ウェルサーはキャノンの思い出を次の文で結んでいる[2.38] c．

> 「彼女は輝かしい，充実した生涯を送った．そして星々を私たちに導き，わ

たしたちを星々に導いた。」

６ リービットとケフェウス型変光星[2.51]

ハーバード大学天文台においてピッカリングが推進したプロジェクトには分光分類とともに測光観測とそれに伴う変光星の観測がある。測光観測計画を中心になって担当したのはヘンリエッタ・リービットであった。

リービット（Henrietta Leavitt, 1868～1921）はマサチューセッツ州のランカスターで教会牧師の娘として生まれた。父はジョージ・ロスウェル・リービット（George Roswell Leavitt），母はヘンリエッタ・スワン・ケンドリック（Henrietta Swan Kendrick）で，両親は娘の教育に力を注いだ。女子への教育は必要ないと見なされていた時代である。両親の勧めでヘンリエッタは1885年にオバーリン・カレッジ（Oberlin College）に入学，その後，ハーバード大学のラドクリフ・カレッジ（Radcliffe College）に移り，その魅力に惹かれて卒業年度に天文学を選択する。1892年に卒業したが，健康を害して，数年間，家で静養していた。1895年には健康を取り戻したのでボランティアの研究助手としてハーバード大学天文台で観測を始める。測光観測に打ち込む仕事ぶりはピッカリングの認めるところとなり，1902年から正規の助手となって写真測光観測を担当する。後には写真測光部主任となって，その生涯を天文台で過ごすことになる。

リービットの仕事は最初から変光星の探査にあった。変光星発見の方法として彼女が採用したのは重ねあわせ法である。これは同じ天域について日を変えて撮影した2枚の乾板を1枚はネガに，1枚はポジに変換してその2枚を重ねあわせる。若し，すべての星に明るさの変化がなければ，ネガとポジとは打ち消しあって星像は消える。変光があるとその星だけ星像が残るので変光星を容易に取り出すことができる。こうして1902年頃から始め，リービットは1904年までにオリオン座，いて座，さそり座などに200個以上の変光星を発見した[2.52]。引き続きいくつかの星座領域に変

図 2.26 リービット肖像

光星探査を行い,1908 年までに銀河系内に 450 個以上の変光星を発見している。

リービットは 1904 年の春にアレキッパの 24 インチ (60 cm) ブルース望遠鏡で撮影された 2 枚の鮮明な小マゼラン星雲の写真を見て以来,マゼラン星雲に興味を持つようになった。そこで彼女はさらにアレキッパから数枚の乾板を取り寄せて検査を始め,すぐに 57 個の新しい変光星を見つけた。その後も観測と探査が続けられ,それらは 1908 年の報告[2.53]にまとめられる。発見数は小マゼラン雲で 969 個,大マゼラン雲で 808 個の,合わせて 1777 個に達している。それに既知の変光星 23 個を加えると 1800 星になるが,リービットは変光星の数はさらに増えるだろうと予測している[2.52]。リービットはまた,小マゼラン雲中の 16 星について変光周期を測定した。周期は 1.25 日から 127 日に及んでいるが,彼女が注目したのは一般に明るい星ほど周期が長いという点である。また,周期が 127 日と最も長周期の変光星の変光曲線が,周期 1〜2 日の短周期の星と似ていることにも注目している。これはケフェウス座に観測されてケフェウス型変光星と呼ばれるタイプの変光である。

1912 年になるとリービットはこうしたケフェウス型変光星に着目し,

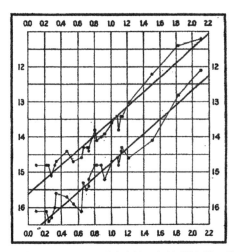

図 2.27 小マゼラン雲中のケフェウス型変光星の変光周期と星の見かけの写真等級との関係（リービット，1912 年）
横軸は周期の対数（単位は日），縦軸は写真等級を表わす。光度極大時と極小時の関係を上と下の観測点に示す。

小マゼラン雲中のケフェウス型 25 星について，周期と明るさ（等級）を測定した[2.54]。両者の関係を図 2.27 に示そう。この図の関係についてリービットは次のように書いている。

> 「これらの変光星は地球からほぼ同じ距離にあると見なせるので，星の周期は星の実際の放射量と結びついており，それは星の質量，表面輝度によって決まるのであろう。」

この言葉の通り，ケフェウス型変光星のこの関係は球状星団，系外銀河などの距離の測定に基本的な役割を果たすようになるが，それについては第 6 章で述べよう。

星の写真等級を決定する測光法は，ハーバード大学天文台のピッカリングによる子午線式眼視測光器と弟のウィリャム・ピッカリングによる露出変化法によって基準化されてきた（2.2 節参照）。露出変化法は露出時間を

3倍化して等級系列を作成するものであるが,リービットもこの方法に基づき,1つの天域について1枚の乾板に多重露出を行った.例えばある乾板では位置を少しずつ変えながら,3,9,27,81,243,729,2187秒と3倍化で露出していく.その結果,この乾板上では7個の星像が小から大に向かって1列に並ぶ.これが等級系列を表わすので,基準星と比較しながら目的の星の等級を定めることができる.こうして彼女は多数の天域について写真等級系列の基準化を行った.その成果はハーバード大学天文台の北極測光系列(north polar sequence)として公表された[2.55].これは北極星周辺の天域で60 cm反射望遠鏡で撮影された96星の写真等級を4等から21等まで精密に定めそれを「北極基準星」と呼んだ.リービットはこの基準星をプレアデスおよびプレセペ星団に応用して基準星系列の全天への拡張を提案した.その系列は1913年に開かれた国際測光委員会で標準写真測光系として採用された.また,リービットの死後,1922年にローマで開かれた第1回国際天文学連合の測光部会でも,リービットの測光系が高く評価されている.

　リービットはピッカリングのもとで働いていたが,彼女とピッカリングとの関係にはモーリーの場合と似たところがある.リービットもケフェウス型変光星の観測以来,変光星に興味を持ち,星の変光原因などの理論的問題の解明を進めようとしたが,それはピッカリングの意に沿わなかった.彼は天文台の基本方針として星の光度基準決定の掃天観測を進めており,誰に対しても「考えるよりも仕事をせよ」という方針を貫いていた.その関係は1919年にピッカリングが急性肺炎で他界するまで続いた.翌年,ハーロウ・シャプレーが後任台長として赴任してくると,新台長の方針で天文台で自由な研究ができるようになった.しかし,リービットはすでに癌に侵されており,1921年に52歳の若さで死去した.天文台での同僚であったベイリー(Solon Bailey)は追悼の中で

> 「リービット嬢は多少抑制されていたが,ピューリタンの厳格さを引き継いでいた.彼女の義務感,正義感,誠実さは強いものがあった.……彼女は

価値ある愛すべきすべてのものを評価する幸せな素質を持っていた。彼女の本性は輝きに満ちたものであり，彼女にとって人生は美しく，また，意義あるものであった。」[2.51]

と述べている。

　しかし，リービットは死の直前まで研究に執念を持っていた。そうした思いが伝わったのであろう，その死後，彼女のいた研究室にゴーストが現われるといううわさが立った。真夜中，人気のない部屋に小さな明かりがともっていたり，研究室の中に人の動く気配が感じられたり，といったうわさである。リービットの研究室を継いだセシリア・ペイン・ガポシュキンは，それは自分のやったことだと釈明したが，うわさはしばらく消えなかった。

第2部
星の構造と進化論

第 2 部扉図　球状星団 M3

　この星団はりょうけん座に見られる明るさ 6.4 等，直径 6 分角ほどの美しい球状星団である。地球からの距離はおよそ 34,000 光年，50 万個の星の集団と推定されている。赤い星が多く進化の進んだ星の集団である。

　1952 年，アラン・サンデージらはパロマー山天文台の 200 インチ望遠鏡でこの星団の色等級図を作成し，星が主系列から巨星へと進化する道筋を初めて観測的に明らかにした（第 4 章）。

第3章
星の進化論とHR図表

太陽と星の内部がガス体であるという新しい視点は技術者，医師，特許調査官，工学者などの先駆者を通して発展した。星はポリトロープと呼ばれるガス球の構造を持ち，その収縮によって熱を生み出しながら進化するという収縮進化論が20世紀はじめに広く認められる。観測的にはヘルツシュプルングとラッセルによって星の分光型と明るさの関係を示すHR図表が成立して進化論の基礎となる。本章では収縮論の完成とその破綻までを先駆者の足取りを中心に探る。

太陽と衝突する彗星（ビュホンの想像図，1778年）

1 忘れられた先駆者ウォータストン

1.1 ウォータストン,インドへ[3.1]

　1839年の春,28歳になったジョン・ジェイムス・ウォータストン(John James Waterston, 1811～1883)はロンドンを出航してインドのボンベイ(現ムンバイ)へと向かった。東インド会社付属海軍兵学校の講師として赴任するためである。インドではどんな生活が待っているのか,彼には分からなかったが,船の中では物理学の本を読みながら,いろいろ構想をめぐらせていた。

　ウォータストンはスコットランドのエディンバラ近郊でローソク工場を経営するジョン・ウォータストン(John Waterston)の第6子として生まれた。家には9人の子供がおり,それぞれに音楽を楽しむという賑やかな一家であった。ウォータストンはエディンバラ大学に入学し,数学,物理学から解剖学まで幅広い分野を学んでいる。19歳で卒業するとき,彼は「重力の起源」という論文を書いているが,これは重力とはニュートンの唱える遠隔作用ではなく,粒子間の衝突による近接作用によるとするものであった。「この説は誤っていたが,気体運動論の背景を研究する1つの機縁になった」と後になって回顧している。

　大学卒業後,しばらく土木会社に勤務し,鉄道路線調査に新しい作図法を取り入れるなど,卓越した才能を示していた。それが海軍水路部のフランシス・ボーフォート(Francis Beaufort)に認められて,水路部に移り,1837年にインドへの派遣が決定したのであった。ボンベイでは自由な時間がたっぷりあったから,その後の20年は彼の生涯において実り多き時期になった。

図3.1 ジョン・ジェイムス・ウォータストンの46歳頃の肖像

1.2 気体運動論の基礎

ボンベイに移住してからウォータストンは独力で気体運動論の基本原理の研究を進めていた。1840年代初期には，気体の温度，圧力，分子の運動エネルギーに関係するいくつかの公式を導いている。現在の記法によって主なものを挙げてみよう[3.1]c。

(a) 気体の圧力 P は，分子密度 N，分子の重さ M，および，分子の平均二乗速度 $\overline{v^2}$ に比例し，次のように表わされる。

$$P \propto NM\overline{v^2} \tag{3.1}$$

(b) 異なった分子からなる複合気体においては各分子の平均速度 $\overline{v^2}$ はその分子の重さ M に反比例する。

$$\overline{v^2} \propto \frac{1}{M} \tag{3.2}$$

これはエネルギーの等分配法則についての最初の記述である。

(c) 個々の気体分子の運動エネルギーは$\frac{1}{2}Mv^2$であるが，気体全体の熱エネルギーは温度に比例する。

したがって，(a)，(c) の性質から次の法則が得られる。

$$P \propto NT \tag{3.3}$$

これは実験的に得られたボイル・シャルルの法則 (1787 年)（$PV/T=$ 一定）を分子運動論から理論的に導いたものである。

ウォータストンの時代には，熱とはまだ，カロリック (caloric) と呼ばれる質量を持たない物質が物体の中に入り込む現象であると考えられていた。熱の本体を分子運動に起因するとした彼の気体運動論は革新的な理論だったのである。

彼はこうした成果を 1843 年に「心的機能に関する考察」と題した小冊子として自費出版した[3.2]。しかし，ウォータストンは科学界での付き合いが少なく，しかも，題名が悪かったので当時はほとんど問題にされなかった。そこで彼はこの書の内容を発展させ，1845 年に「気体の運動理論」（正確には「運動状態にあって，完全な弾性を持つ自由な分子によって構成される媒質の物理学について」）と題した長文の論文[3.3]を書き上げ，それをロンドン王立協会誌に投稿した。それを受け取った閲読者のルボック (Sir J. W. Lubbock) は「この論文はナンセンス以外の何者でもない」と酷評した。論文は受理されず，また，著者の手にも戻らず，協会の保存文庫にしまい込まれてしまった。不幸にも彼は論文のコピーを手元に置かなかった。彼の心に受けた傷は大きかった。

1.3 太陽の熱源と収縮仮説

ウォータストンは気体運動論のほかに物理，化学や生理学など広い分野で思索を深めていたが，なかでも太陽と太陽系天体には深い興味を示していた。太陽について最大の問題はその熱源であった。ウォータストンは太

陽の莫大なエネルギーは通常の化学反応では説明できないことを数値的に示した。その上で，熱源としては，ラプラスによって提唱された収縮説（本書第5章1.6項参照）に基づいて，太陽自体の収縮による力学的エネルギーの熱への変換が最も妥当であると考えた。彼のこの収縮説は王立協会誌に投稿した1845年の論文に含まれていたが，この論文は前述したように受理されなかった。

ウォータストンは1853年に一時帰国した折，ロンドンの文芸協会で「宇宙における力学的過程」という一般講演を行っている[3.4]。これは重力収縮によって変換されたエネルギーが分子に活力 (vis viva) を与えて，太陽の熱と光を支えるという理論で，1845年の論文の一部をなすものであった。この講演の中で彼は次のように述べている。

> 「この活力理論はラプラスによって提唱されている星雲仮説とよく調和するように思われる。太陽を構成するガス分子の強力な活動性は引力による収縮の結果と見なされる。……もし太陽が均質に収縮したとすると，半径3.3マイルの収縮によって，太陽放射熱の約9000年分をまかなうことができる。」

この講演にはたまたま，ドイツの生理学者であり，エネルギー保存則の提唱者としても知られていたヘルマン・フォン・ヘルムホルツ (Hermann von Helmholtz, 1821～1894) が出席していてウォータストンの収縮説に大きな印象を受けた。彼は早速その説をその後の一般講演で紹介した[3.5]。簡単な計算によって，太陽は収縮による熱で輝いているとすると，原始星雲から現在の太陽半径に収縮するまでの時間は2200万年であると示した。ヘルムホルツは収縮説はウォータストンによると断ったにもかかわらず，彼の講演の反響は大きく，その説はヘルムホルツ収縮説（1858年）と呼ばれるようになった。こうしてウォータストンの名前はいつしか消えてしまった。

図3.2　ヘルムホルツ肖像

1.4 失意の晩年

1857年，ウォータストンはボンベイでの勤務を終えてエディンバラに戻ってきた．失意の底にあったが，それでも，気体運動論や天文学への関心は絶えることなく，研究生活を続けていた．この時期に彼は「彗星の尾の形成について」(1858年)[3.6]，「太陽放射の測定法について」(1861年)[3.7]などの論文を公刊しているが，その中で注目されているのは太陽熱量計の設計製作と，それを用いた太陽観測である．この熱量計を用いて太陽放射量と地球大気の吸収量を正当に導いている．こうして彼は生涯の最後まで天文学への関心を保ち続けていた．

1883年，ウォータストンは突然姿を消した．彼の死は謎に包まれている．6月のある日，エディンバラ近郊の水辺に散歩に出たまま，その後の彼を見かけた人はいないという．死因については心臓発作とか，目まい症状などによって水に落ち，溺れたのではないかとも推測されたが，彼の遺体はついに見つからなかった．

ロンドン王立協会の文庫に眠っていたウォータストンの1845年の論文は1891年になってレイリー卿 (Lord Rayleigh) によって「発見」され，翌

年にようやく公刊された[3.8]。この発見についてレイリーは次のように述べている[3.1] b。

> 「(この論文には) 現在広く受け入れられている理論にむけて大きな進展が含まれている。投稿の時点で公刊されなかったのは (熱力学) 理論の進展を10年から15年も遅らせたきわめて残念なことであった。」

 外科医マイヤーとエネルギーの法則

2.1 マイヤー，バタヴィアへの航海[3.9]

1841年，ユリウス・ロバート・フォン・マイヤー (Julius Robert von Mayer, 1814～1878) はオランダの3本柱帆船の船医としてバタヴィア (現ジャカルタ) への航海に出た。船がバタヴィア港に近づいたころ，ヨーロッパ人船員の中に出血した人がいた。マイヤーはその血が著しく赤みをおびていることに気づいた。念のため他のヨーロッパ人船員についても調べたが例外なく強い赤みを示していた。その理由として彼は，血液は酸素を運び，人はその酸素の燃焼によって体温を保つためと考えた。緯度の高いヨーロッパでは人は体温を保つために多くの熱を発生させるが，熱帯ではより少ない熱量ですむ。そのため，酸素を運ぶ赤血球の消費が少なく，赤血球が増えて血液が赤くなるのではないかと考えた。マイヤーは後年この経験を振り返って，それが「自然界の熱現象に興味を抱く契機となった」と述べている[3.10]。

マイヤーは1814年11月，ドイツのハイルブロン (Heilbronn) で薬剤師の息子として生まれた。ハイルブロンはハイデルベルクからネカー河を70 kmほどさかのぼった上流の静かな田舎町である。自然環境にも恵まれていたが，マイヤーは子どものときから物理的な科学実験に興味を持ち，種々の電気装置や空気ポンプの製作を楽しんだりしている。

図3.3 マイヤー肖像

地元の高校を卒業すると，父の勧めによってチュービンゲン大学の医学部に進学する．チュービンゲンはハイルブロンからネカー川をさらに100 kmほどさかのぼったところにある．チュービンゲン大学は1477年創立という長い歴史を誇り，この町は学生が人口 (7万人) の3割を占めるというドイツの古い大学都市である．若者の町であったから，学生の中には羽目をはずすものも多かったのであろう．若き日のマイヤーもその1人であった．大学で禁止されていた派手な色の服装を着用し，徒党を組んでいたのが露見して，仲間とともに一時，警察に拘留され，全員が大学から1年間の停学処分を受けた．

彼はこの期間を利用してスイス，フランスなどの旅行に出かけ，オランダ領東インド (現インドネシア) にまで足を伸ばしている．それでも1838年には無事に卒業して医師となった．インドネシアへの思いが彼をオランダ船の船医として旅立たせたのであろう．

ジャワ島からヨーロッパに帰る船の中で彼は熱の種類や運動との関係，無機自然界における熱の起源やエネルギーの保存などについて思いをめぐらしている．帰国するとハイルブロンに戻って外科医として開業するが，まもなく第1論文 (1842年) として「無機自然界における『力』について」

を書き上げている[3.11]（ここで『力』とは現在のエネルギーである）。この論文はエネルギー保存則を示唆するもので，リービッヒ化学年報1842年版に掲載されたが化学界からの反応はなかった。

熱エネルギーと力学的エネルギーの等価性はヘルムホルツ（Hermann von Helmholz）（1847年）やジュール（James Prescott Joule）（1843年）の発見とされ，エネルギー変換に関するマイヤーの業績は長らく無視されていた。彼の失意は大きく，次第に精神を蝕まれるようになっていった。彼は1842年にウィルヘルミーネ・R・K・クロス（Wilhelmine Regine K. Kross）と結婚し，7人の子供をもうけていたが，1848年には2人の幼い子供が相次いで死亡するという悲運があった。こうしたことが失意と重なって1850年，彼はついに自殺を図って窓から飛び降りた。このときは足の骨折で済んだが，精神の傷は深く，周囲の勧めに従って精神科病院に入院して治療に専念する。幸い，病状は収まり，また，その間に彼の業績に対する科学界からの評価も次第に高まっていて，退院した1860年以降は，彼を取り巻く状況も大きく変化していた。1859年にチュービンゲン大学は物理学における業績を認めて彼に名誉学位を授与している。こうして彼は本来のロバート・マイヤーに戻り，再び，研究生活に入った。ハイルブロンの自宅でブドウを栽培してワイン作りを楽しむなど静かな余生を送り，1878年に結核のため64歳で永眠した。

マイヤーの研究は物理化学現象に対する熱力学的考察が中心であったが，天体現象に対しても大きな関心を持ち，熱源と気体運動という観点から，1848年には「天体の動力学」[3.12]（後述）を公表している。

2.2 熱と運動の等価性，エネルギー保存則

19世紀初頭から1840年頃にかけて，物質の変換過程に関する実験の報告が相次いだ。その結果，熱の発生についても化学変化によるもの，電流，磁気的作用によるもの，落下体の衝突など力学的原因によるものなど，多様な相互変換が知られるようになっていた。それは新しい科学時代の到来

であった．物理学者であり，サイエンスライターであったメアリー・サマーヴィル（Mary F. Somerville）は啓蒙書『物理諸科学の連関について』（1834 年）[3.13]の中で，

> 「現在の科学の進歩は，……，かけ離れた科学分野を結びつけるという傾向において際立っている．……その結果，どの分野においても他分野の知識がなければ熟達を望むことができなくなっている」

と述べている．

　こうした潮流の中でマイヤーは「原因は結果に等しい」という論理の連鎖を重ねて，自然現象の変化を結ぶ連鎖の原因としてあるもの「力」が不滅であり，さまざまな物質変換の中で「力」は一定の割合で現象の中に現われるという結論に達した．彼はすでに述べたように血液中の酸素の発熱量という現象から「力」の普遍性を着想しているが，彼はその普遍性を，無機質を含む，自然界一般の現象に当てはめることができると考えて，その見解を「無機的自然における『力』(force) について」[3.11]の中で展開した．

　その中で彼は「力」の普遍性とともに仕事に変換するときの「熱の仕事等量」を導き出している．ここで「力」を「エネルギー」に読み替えればエネルギー保存の法則になるが，当時のマイヤーの論文は定性的な過程の推論に基づいているので，このときの論文がエネルギー保存則の発見と見なしうるかについては疑問が残っていた．彼自身はこの発見の重要性に気づいていたが，それをアピールする才能が十分でなかった．翌年の 1843 年にはジュールが定量的に熱の仕事等量を示したので，ジュールが発見者であるとされているが，熱と運動の等価性は両者によって発見されたというのがいまでは通説になっている[3.13]．

　なお，マイヤーは当時の熱現象実験の結果に基づいて，落下する物体の仕事量 W と，それによって発生する熱量 Q を比較し，熱の仕事等量 $J = W/Q$ を測定し，理想気体の 1 モルに対する現在の値 4.1855 (KJ/Kcal) に近い値を得ている．また，その際，定圧比熱 C_P は定積比熱 C_V との差は一

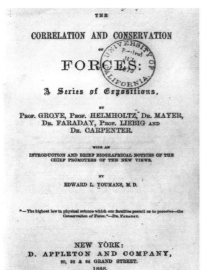

図 3.4 熱力学とエネルギー保存に関する英訳論文集 (E. L. Youmans 編集, 1868 年)[3.10] a の表紙。
ヘルムホルツ, マイヤーを含む 6 人の論集で, マイヤーの 3 つの論文「無機的世界の『力』について」,「天体の動力学」,「熱の力学的等価性」が収められている。

定であることを見出している。式で表わすと

$$C_P - C_V = R \tag{3.4}$$

となる。ここで R は気体定数である。この式はその発見者にちなんでマイヤーの関係式とも呼ばれている。

2.3 太陽の熱源

マイヤーは巨大な発熱体としての太陽にも注目していた。1845 年に「天体の動力学」[3.12] を公刊し, 太陽の熱源, 黒点と光球, さらには地球の潮汐力や地球内部の温度などを論じているが, 1848 年, ハイルブロンの公会堂で開かれた講演会[3.14] では彼の基本的な考え方を次のように披露している。彼はまず,

「どんなに輝く物体でも光と熱の放射によって温度と光度を低下させ，熱源がない限り，やがては冷えて輝きを失う。」

という推論から話を始める。巨大な太陽であっても，熱源がなければその輝きを維持することはできない。それでは太陽の熱源はどのようなものであろうか。熱源として2つの可能性が考えられる。1つは石炭の燃焼のような化学反応である。他は力学的過程で圧縮，振動，摩擦などの仕事から発生する熱である。すでに前節で述べたように熱と仕事は互いに変換可能であり，同等である。太陽の熱源はどちらのタイプであろうか。

マイヤーは太陽を高温の水蒸気で構成されるガス球と仮定し，熱源のない場合の太陽の冷却率は表面温度を毎年1.8度低下させる程度であると見積もった。この放射量を石炭の燃焼で補おうとすると，太陽はわずか5000年で燃え尽きてしまうことになる。人類の歴史から見ても太陽の寿命が5000年程度というのはあまりにも短すぎる。したがって化学反応で太陽光度を維持するのは不可能である。

それでは力学的熱源としてどんなものが可能であろうか。太陽はほとんど真空中を自転しているので，周囲の媒質との摩擦による熱は到底熱源とはならない。最も有望なのは物体の落下である。落下によって得られる活力（エネルギー）は物体の（質量）×（速度）^{2}に比例する。したがって，彗星や小惑星のような小天体でも落下速度が大きいため，発生する熱量は石炭燃焼効率の5000倍から10000倍に達する。

こうしてマイヤーは彗星，小惑星，流星物質などの小天体の絶え間ない落下が太陽の主要な熱源であると考えた。これらの小天体は地球でも絶えず観測されており，太陽系空間には充満しているだろうと考えた。

しかし，太陽の熱源が外部物体の落下によるとすると，太陽質量は増加しなければならない。質量が増加すると惑星の軌道運動を加速する。適当な落下率を仮定すると，地球の恒星年は毎年5000万分の1の割合で短縮することになる。これは長期的な観測によって測定可能な値であるが，地球ではそうした加速は観測されていない。これは太陽の質量が一定に保た

れていることを示している。そこにはなにか自然界の調和が存在するのではないかとマイヤーは考えた。それでは調和とは何であろうか。彼にも具体的なアイデアはなかったが次のように述べている。

> 「ニュートンは，光は微粒子である，と唱えているが，今日では波動説が主流である。しかし，光の放射が何らかの形で質量損失に関係しているのではないか。」

光による未知のプロセスを暗示しているが，全くの推測に過ぎなかったし，彼もそれ以上のことは触れていない。

　一方，外部物体の衝突の証拠としてマイヤーは黒点現象を挙げている。当時，1840年代，太陽の表面現象についてはかなりのことが知られるようになっていた。太陽黒点（暗部，半暗部），粒状斑，白斑などとそれらの多彩な変動である。マイヤーは観測家ではなかったので，主にジョン・ハーシェルの記述に基づいて，これらの現象を考察している。

　黒点について，出現から消滅までの多様な変動の中で彼が注目したのは，太陽面上における黒点現象の大きい移動の速度と，また，太陽面の高い表面温度である。粒状斑や白斑内のガスは高速運動を示し，これらの現象は太陽表面が固体や液体ではありえず，気体でなければならないと結論した。太陽をガス体と考えるのは大きな前進であった。

　しかし，それでは黒点の起源は何であろうか。マイヤーはそれについて太陽系小天体の太陽面への落下現象であると考えた。黒点がしばしばグループを作ることから，何か列を作った小天体の連続的落下ではないかと推論したが，それはあたかも1994年7月に観測された木星表面へのシューメーカー・レビ第9彗星の衝突のようなものであったのかもしれない（図3.5）。その年の8月にオランダで開かれた国際会議ではシューメーカー・レビ第9彗星衝突の特別報告会が開かれ，広い波長域での観測が報告された。可視域撮像の報告を行ったカラーアルト天文台やハッブル宇宙望遠鏡などの観測者たちは揃って「衝突痕は太陽黒点によく似ている」と表現していた。マイヤーの推察も捨てたものではなかった。

図 3.5 木星に衝突したシューメーカー・レビ第 9 彗星の痕跡。(1994 年 7 月 20 日,美星天文台の 101 cm 望遠鏡で撮影された。彗星の核は木星の南緯 43 度付近に次々に衝突した。) マイヤーが黒点現象と考えたのはこのような衝突であった。

小天体はつめたい物質と考えられており,太陽表面を炎の大洋と考えると落下天体は,しばらくは低温領域として暗く見えている。それが黒点である。加熱蒸発したガスは黒点を取り巻く白斑である。こうしてマイヤーは小天体の太陽面落下が太陽の主要な熱源であり,その直接的証拠が太陽黒点や白斑現象であると主張した。

「天体の動力学」ではさらに潮汐作用についても触れている。潮汐を一種の振動と見なすと,それが継続するには何らかのエネルギー源が必要である。こうしたエネルギー保存則から地球,月の軌道運動の変化を考察している。マイヤーは海水の潮汐のみならず地殻の潮汐も考え,また,月と地球の相互作用も考慮した最初の理論的考察を行っている。マイヤーは潮汐理論においてもパイオニアとして知られている[3.15]。

③ レーンとリッターのガス球論

3.1 特許調査官ジョナサン・レーン[3.16]

　ワシントンの特許局では,「最近審査が厳しくなった」といううわさが立ち始めた。ジョナサン・ホーマー・レーン（Jonathan Homer Lane, 1819～1880）が調査官として着任してしばらく経ってからである。当時の特許局では認可件数を稼ぐために審査を甘くする傾向があった。新任のレーンは厳正な審査を要求し，自身もそれを守ったので，周囲からは煙たい存在のように見られたが，信頼も得ていた。彼は大きな灰青色の目を持ち，物静かな人柄で，人と話をするときも，遠くを見つめるようなまなざしで，ゆっくり喋ったという。その人柄から，周囲からの信頼を得ていたのであろう。そうしたレーンにもひそかな楽しみがあった。それは物作りと天文学である。

　レーンは 1819 年 8 月 9 日，ニューヨーク州のゲネシー（Genesee）で生まれた。家は農業を営む，裕福ではなかったが教養ある家庭であった。子供の頃から技術的才能を発揮して，村人のために工具類の製作や時計の修理にまで当たったという。10 歳台後半は小学校の教員を務めながら大学入学資格を獲得し，エール大学に入学する。ここではオルムステッド（Denison Olmsted, 1791～1859）に師事し，数学と自然科学を学ぶ。オルムステッドは地球物理学者で，地球大気の乱流に対する画期的な熱力学的研究を進めていた。レーンは後に太陽研究における熱力学的手法についてオルムステッドから大きな影響を受けたと述べている。

　1846 年にエール大学を卒業，ワシントンの沿岸調査所に臨時のポストを得るが，1848 年に特許局の調査官に就任する。ここに 10 年近く勤めた後，1857 年には独立してワシントン市内に特許事務所を開き，特許関係の顧問や特許弁護士などの業務を始めた。業務の傍ら，余暇は科学研究や，技術開発にあてていたが，なかでも，電気時計や電信機の開発など電

図 3.6 レーンの肖像
レーンの友人シェーファー(E. W. Schaeffer)によって1868年5月に描かれたスケッチ。レーンが太陽構造の問題に取り組んでいた頃の肖像である。

気機器の改良に取り組んでいた。

1860年に南北戦争が勃発すると,特許事務所の経営も不振になってきた。戦争を避け静かな生活を送るために,ペンシルバニア州北部の兄の住む村に移り,極低温装置の開発などに取り組んでいた。また,それと併行して天文学にも興味を持ち,1人で文献にあたりながら太陽内部構造の研究に思いを深めていた。

太陽の進化についてはジョン・ハーシェルやヘルムホルツの収縮説に興味を持っていたが,彼らが内部構造を数学的に扱っていない点にレーンは不満を持った。そこで彼は太陽をガス球と仮定し,重力平衡と熱力学過程を基本にして内部構造に関する基本方程式を書き始めた。

南北戦争は1865年に北軍の勝利で終結し,平和が戻ったので1866年にワシントンに戻る。彼はペンシルバニアで過ごした7年間が「生涯でも最も実り豊かな時代であった」と後になって振り返っている。この間に太陽の研究についても基本的な構想が固まりつつあった。ワシントンでは再

び特許局に勤務するが，同時にペンシルバニア時代の継続として極低温装置の開発と太陽温度の研究を併行して進めている．レーンはすでに40歳台後半になっていたが，この時期に海軍天文台の編暦部に勤務する若きサイモン・ニューカム（Simon Newcomb, 1835〜1909）と知己になる．

ニューカムから天文学の基礎を学び，レーンは太陽研究に打ち込んで，1870年にようやく「太陽の理論的温度」をアメリカの科学芸術誌に公刊する[3.17]．これは重力によって球状に保たれるガス体の全体的平衡状態を数式的に取り扱った初めてのの論文である．彼は太陽内部を完全気体と仮定したが，これも大胆な発想であった．当時はまだ，太陽内部は固体かあるいは液体と考えられていた時代である．

レーンは，太陽は理想気体のガス球で，重力的に安定した静力学平衡にあるとし，さらに，太陽内部は対流平衡にあると仮定した．対流平衡とは内部の加熱されたガス塊が上昇して上層に熱を与え，冷却して下降するという対流が定常的に進行する状態を示し，このときの物理量の変化は断熱的に進行し，ある点における物理量（ガス圧 p，ガス密度 ρ，温度 T）と近傍の点の同じ物理量（p', ρ', T'）とは次の関係で結ばれる．

$$\frac{p}{p'}=\left(\frac{\rho}{\rho'}\right)^{\gamma}, \quad \frac{\rho}{\rho'}=\left(\frac{T}{T'}\right)^{1/(\gamma-1)}, \quad \frac{p}{p'}=\left(\frac{T}{T'}\right)^{\gamma/(\gamma-1)} \tag{3.5}$$

ここで γ は定圧比熱 C_P と定積比熱 C_V との比熱比である．γ は単原子ガスでは 5/3，地球の空気と同じ組成のときは 1.4 の値を持つ．

こうした仮定に立ってレーンは太陽内部における物理量を中心からの距離の関数として導いた．レーンの解の一部を簡明にして図 3.7 に示そう．横軸は太陽中心から表面までの距離，縦軸は温度，密度の相対量である．基本方程式を解くには境界条件を与える必要があるが，レーンの時代には太陽の中心密度や表面温度など，全く知られていなかった．レーンは地球内部との類推から太陽中心密度を 28 g/cm^3（$\gamma=5/3$ の場合），7.11 g/cm^3（$\gamma=1.4$）の場合と仮定している（太陽中心密度の現在値は 150 g/cm^3 であるから，レーンの見積もりは過小評価であった）．また，表面温度については当時知られていた太陽定数から 30,000℃ と見積もった．

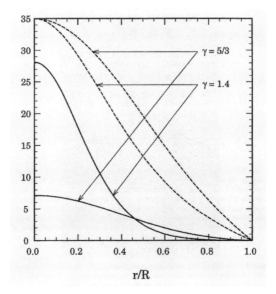

図3.7 レーンによる太陽の内部構造
実線は密度 (g/cm³) の分布,破線はガス温度の相対的分布を,太陽内部が単原子ガス ($\gamma = 5/3$) と,地球大気と同じ組成ガス ($\gamma = 1.4$) との2つの場合に示す。横軸の左端が太陽中心,右端が太陽表面を表わす。

図3.7から中心温度は表面温度の35倍として105万℃になる。こうしてレーンは誤った境界条件ではあったが,太陽中心が100万℃を超す高温であることを推定した最初の人となった。1905年になってジャクソン・シー (Jackson See) は基本方程式をより精密に解いてレーンの計算が基本的に正しいことを認め,中心温度を570万℃と見積もっている[3.18]。ガス球の考察から中心温度が100万℃を超えると一般に認められるのは20世紀になってからであるから,その意味でも図3.7は大きな歴史的意義を持っている。

レーンは太陽の熱源としてウォータストンと同じように準静的な収縮を考えたが,彼は収縮によって発生した熱は放射エネルギーを補うだけでなく,中心温度を上げ,したがって,星の表面温度を上昇させる可能性を指

摘した.当時,収縮によって開放されたエネルギーはすべて表面からの放射に費やされるという考え方が支配的であったから,これも新しい指摘であった.彼は星が一様に(任意の2点間の距離が星の半径に比例して)収縮または膨張する場合に次の法則が成り立つことを示した.いま,星の半径が R_0 から R_1 に変化した場合の星の平均の密度,圧力,温度を(ρ_0, p_0, T_0)と(ρ_1, p_1, T_1)で表わすと,両者には次の関係がある.

$$\frac{\rho_1}{\rho_0}=\frac{V_0}{V_1}=\left(\frac{R_0}{R_1}\right)^3, \quad \frac{p_1}{p_0}=\left(\frac{R_0}{R_1}\right)^4, \quad \frac{T_1}{T_0}=\frac{R_0}{R_1} \tag{3.6}$$

この式はリッターによっても独立に導かれているが,チャンドラセカールはこれをレーンの法則(Lane's law)と名づけている[3.19].

レーンはその後も特許局に勤務していたが,生涯の最後の数年は病との闘いであった.1880年5月に死去する間際まで明晰な頭脳を持ち,死の数日前には友人と将来の計画やキリスト者として超自然の神について語り合っていたという.享年61歳であった.

3.2 工学者リッターと星の進化

ドイツの西部国境に近いアーヘン工業大学には構造力学を担当する名物教授がいた.アウグスト・リッター(August Ritter, 1826〜1908)[3.16]である.学部では構造力学と一般力学を担当し,とくに橋梁工学では広く知られていた.学生たちに人気があったのは講義の合間に出てくる天文学の話である.それも,星座や惑星などの話ではなく,星の内部や太陽の熱源など難しい話題であったが,学生たちは新しい分野の話に惹きつけられていた.

リッターは1826年にドイツのハンブルグの南,リューネブルグ(Lüneburg)で生まれ,1853年にゲッチンゲン大学を卒業している.1856年にハノーバーの高等工業学校講師として力学,機械工学の講義を担当し,1870年にアーヘン工業大学が開設されると,構造力学の担当教授として招かれた.

彼の天文学への興味は少年時代にさかのぼる.中学生の頃,「星はなぜ

図3.8 アウグスト・リッターの肖像

輝くのか」という疑問が彼を捉えていた。そのためもあって，大学で工学部の講義を担当する傍ら，数学と熱力学の観点から星の内部構造の研究を進めていた。その成果は1878年から1883年の6年間に集中して公刊される[3.20]。その成果に満足したのであろうか，その後は本来の構造力学に戻り1899年まで在職する。退職後は故郷のリューネブルグに戻り，静かな余生を送っていたが1908年2月に享年82歳で没した。

リッターが6年間に著わした論文は「大気の高さに関する考察とガス状天体の内部構造について」と題した18編の長編シリーズである[3.20]。その中で彼はガス球の平衡，振動，安定性の問題に取り組んでいた。

彼は太陽と星の進化を原始星が緩やかに収縮するプロセスとして数値的に考察した[3.21]。太陽ははじめに地球軌道の半径を持った原始星として誕生し，収縮進化を始めたとする。軌道半径は太陽半径の215倍であるから太陽は誕生時から$\frac{1}{215}$に収縮したことになる。ある星が半径rから$r' = \frac{r}{n}$に収縮し，それに伴って表面温度がTからT'になったとする。表面からの放射量は温度の4乗に比例するというステファンの法則に従うと仮定すると，星表面の単位面積からの放射はqからq'へ，全表面積か

らの放射量は L から L' へと変わる。ここで q', L' は q, L と次の関係で結ばれる。

$$\frac{q'}{q}=\frac{T'^4}{T^4}=n^{\left(\frac{8-4\gamma}{\gamma}\right)}, \quad \frac{L'}{L}=\frac{1}{n^2}\frac{q'}{q}=n^{\left(\frac{8-6\gamma}{\gamma}\right)} \tag{3.7}$$

したがって、比熱比 $\gamma=4/3$ のとき $L'=L$, $\gamma>4/3$ のとき $L'<L$ となる。ここで L は星の明るさ（全光度）を表わす。

　星の半径が10分の1（$n=10$），100分の1（$n=100$）に収縮した場合，単原子ガス（$\gamma=5/3$）を考えると，上の物理量は次のようになる。

n	10	100	
T'/T	1.58	2.54	表面温度上昇
q'/q	6.3	39.8	単位表面積あたりの放射量増大
L'/L	0.063	0.004	表面積縮小のため全放射量減少

この推算では収縮に伴って星の明るさは常に減少する。太陽はこのような状態を保ちながら地球軌道半径から現在の半径までに準静的に収縮したと考え，彼は太陽の現在の放射量から逆算して収縮に要する時間は約560万年と見積もった。

　しかし，星はいつまでも表面温度上昇で収縮を続けられるわけではない。希薄なガス体として誕生した星は全体として光学的に透明であるが，収縮とともに次第に不透明になり，物理状態も変化し，(3.7) 式の γ の値も変化するので星は上記の収縮法則から次第に離れ，ある点で光度最大，次いで表面温度最高になる。その後は加熱より放射が優先されるようになって星は緩やかな収縮を続けながら次第に暗く，また，赤くなっていく。太陽はいまの明るさよりあまり変わらない過去に順次，最高温度期，最大光度期を迎え，現在はすでに温度下降期に入っていると見なされる。最大光度での明るさは星の質量に依存するので，リッターはフォーゲルの分類におけるI型星（高温度星）は太陽よりずっと大質量の星であると正当に推論している。

　リッターはまた，フォーゲルによる星の分類（表1.3）との関係について次のように述べている[3.21]。

「星を表面温度に従って3つのグループに分けるとすれば、高温の白色星はフォーゲルのクラスI、黄色星はクラスII、赤色星はクラスIIIに対応するが、赤色星については2つのグループに分けるべきである。第1は星がまだ最高温度に到達していない段階の星で、平均密度も低く、星の光度も大きい。それに対し、第2のグループはすでに最高温度を過ぎ、温度の低下段階にある星で密度も高く、光度も小さい。」

リッターは、クラスI、IIの星についても、クラスIIIの赤色星と同様に、最高温度に達する以前と以後の星を区別できるのではないかと示唆しており、星の分光型は表面温度のみならず、表面密度にも依存すると述べている。リッター以前の収縮説では、星はすべて高温度星として誕生し、収縮しながら、一方的に温度を低下させ、暗く赤い星へと進むとされていた(一方向進化説)。星には温度上昇期と下降期の二方向があると理論的に指摘したのはリッターが最初である。観測的に二方向進化を提唱したのはノーマン・ロッキャー(第5節)である。

リッターのガス球論と進化論は当時としては最も高いレベルに達していた。『恒星構造論序論』(1939年)を書いたチャンドラセカールはレーンとリッターについて多くの紙面を割いて高く評価している[3.19]。

4 エムデンのガス球論とカール・シュヴァルツシルト

4.1 エムデンとシュヴァルツシルトの生涯[3.22], [3.23]

1907年はヤコブ・ロベルト・エムデン(Jacob Robert Emden, 1862～1940)にとって生涯の記念すべき年となった。第1はこの年、ミュンヘン工科大学の助教授に就任したこと、第2はフランクフルト在住のユダヤ系家族のクララ・シュヴァルツシルト(Klara Schwarzschild)と結婚したこと。クララはゲッチンゲン大学付属天文台長のカール・シュヴァルツシルト(Karl Schwarzschild, 1873～1916)の姉で、カールとエムデンとはストラスブール

図 3.9　ミュンヘン工科大におけるエムデン（左）と友人

大学の同窓生であり，共にミュンヘン大学で教鞭をとったことあるなどで，親密な友人同士であった．第3は星の内部構造論『ガス球論』が出版されたことである．『ガス球論』はエムデンにとって天体物理学における最大の仕事となっている．

エムデンはスイスのチューリッヒの東，ドイツとの国境に近いザンクト・ガーレン（St. Gallen）で，父モリス・フィリップ（Moris Philipp Emden），母エンマ（Emma Emden）との長男として生まれた．父は裕福な生地問屋で両親ともユダヤ系であった．

地元の高校を卒業した後，フランスのストラスブール大学で数学，物理学を専攻し，数学モデルと実験とを比較した物性論の論文「塩溶液の蒸気圧について」で1887年に学位を得ている．翌年，スイスに戻り連邦ポリテクニクにおいて物性物理の研究を続けるが，1890年代初期にミュンヘンに移りミュンヘン工科大学に勤務する．ここでも物性物理学が主要テーマであったが，1892年頃から飛行船航行や気球操作などに興味を持ち，実際に飛行船に搭乗したりしている．エムデンはスポーツマンで学生時代はアルピニストとして知られていた．彼が飛行術に惹かれたのもスポーツ

マンとしての背景がある．彼は飛行船や気球の操作法だけではなく，理論的な空気力学にも優れていた．こうして物性論とともに彼は気象学や地球物理学にも大きな関心を持つようになった．

エムデンが天体物理学に関心を持つようになったのは，彼が大気力学におけるケルビン・ヘルムホルツ不安定性の研究をしていたときであった．これは密度の異なる層状流体が互いに異なる速度で運動するときに，互いの界面に発生する不安定性で，乱流や渦動を生じる．彼はその研究の途次，ふと，地球の大気力学が太陽大気にも応用できるのではないかと思いついたという．

エムデンは早速この問題に取り組み，その結果は『太陽理論への寄与』と題した著書として 1901 年に公刊された[3.24]．その前半は気象現象における熱力学を取り扱い，海面と貿易風，対流圏と成層圏などの界面の熱力学に基づいて，地球大気の一般循環論を論じた．それに基づいて，後半は太陽の大気運動の考察にすすむ．彼は黒点の生成は大気中の渦動運動に起因し，黒点の出現と運動は太陽大気中に循環流が存在するためであろうと推測した．これは太陽大気を熱力学と流体力学の応用として考察した先駆的な研究であった．

こうして太陽に興味を持ったエムデンはシュヴァルツシルトに誘われて 1905 年 8 月 29 日に北アフリカの皆既日食の観測に参加した．太陽が三日月状に細く欠けたとき太陽縁とコロナに対し対物プリズムによる分光観測を行った．しかし，思わしい成果が得られなかったようで，エムデンはその後太陽観測には興味を示していない．

エムデンはその間にも精力的に太陽と星の内部構造の研究を進め，その成果は『ガス球論』(1907 年) (正式には『ガス球論，熱力学理論の宇宙論的および気象学的諸問題への応用』[3.25]) として出版された．これは 450 ページを超す大著で，その内容は 2 つの部分からできている．第 1 部は基礎理論で 13 の章からなり，完全気体の熱力学から始まってポリトロープガス球論を丹念に構成する．その手法は見事な建築物を見る感じである．その中にはレーンやリッターによって導かれた公式も整備された形で現われてく

る．第2部は「諸現象への応用」と題して，5章からなり，その中には「地球とその大気」および「太陽」の章が含まれている．ここでは太陽の内部構造と大気構造の考察が中心であり，太陽や星の進化については直接触れていない．

彼は生涯をミュンヘンで暮らしたいと思っていたが，ユダヤ系であったため，ドイツへの国籍申請はなかなか認められなかった．1930年代にナチス政権になると迫害が強くなり財産没収の危機が迫ってきた．エムデンはついに1933年にスイスに戻り，チューリッヒで晩年を送る．チューリッヒに移った1933年以降も太陽研究を続けていたが1940年に病を得て78歳で他界した．

次にカール・シュヴァルツシルトについて触れておこう[3.23]．エムデンより11歳若く，1873年にドイツのフランクフルトでユダヤ系事業家の息子として生まれた．天文学への興味は少年時代に始まり，高校時代にすでに連星の軌道に関する論文を発表したという．1891年にストラスブール大学に入学，2年間を過ごした後，ミュンヘン大学で1896年に学位を得ている．

1901年にゲッチンゲン大学の教授に就任，付属天文台長を兼ねる．1909年にはポツダム天体物理観測所の所長に任命される．シュヴァルツシルトはユダヤ人であったが，熱烈なドイツ愛国者であり，1914年に第1次世界大戦が勃発するとドイツ軍の砲兵隊中尉として参戦している．1915年に東部戦線で悪質な天疱瘡に罹り，病院に送られる．療養中も彼は研究を止めなかったが，翌年に他界する．享年42歳であった．なお，京都大学からゲッチンゲン大学に留学した新城新蔵（第8章）は1906年頃であろうか，シュヴァルツシルトの講義を聴いて天体物理学に開眼したというエピソード（本書第8章参照）もある．

シュヴァルツシルトは観測と理論の両面で大きな仕事を成し遂げている．観測面では写真測光法の開発である．1880年代にハーバード大学天文台のウィリャム・ピッカリングが写真測光として露出変化法を考案しているが（第2章6節），これは1枚の乾板に7，8回にわたる露出を繰り返

図 3.10　カール・シュヴァルツシルト家の家族写真
　　　　左から 2 人目がカール，その他の人は同定されていないが中央に座った人がエムデンで向かって彼の右側がクララ夫人である。

図 3.11　カール・シュヴァルツシルト肖像

すもので効率性に問題があった。シュヴァルツシルトは化学光量計（アクチノメータ）と呼ぶ化学反応を利用した光量測定器を考案し，乾板に投射された光量と黒みとの関係を定量的に定めて星の測光に応用した。彼はこの方法によって3500星の等級を決定し，また，眼視的等級と写真等級との系統的な差（色指数）の測定も行っている[3.23]c。一方，理論面の業績としては連星軌道力学，太陽大気論などのほか，最もよく知られているのは1916年にアインシュタインによって提唱されたばかりの一般相対性理論の解法に取り組み，質点周辺の重力場の厳密解を導いたことであろう[3.23]d。この論文は他界する年に病院の中で書かれたものである。彼の厳密解はいまでもブラックホールのシュヴァルツシルト半径としてその名を留めている。

4.2　エムデンのポリトロープ球

ロベルト・エムデンによって1907年に著わされた『ガス球論』[3.25]について，その要旨をまとめておこう。

熱力学でポリトロープと呼ぶのはガス圧 p と密度 ρ の間に

$$p = K\rho^{(n+1)/n} \tag{3.8}$$

の関係を満たしながら準静的に変化するガス過程を指している。K は温度 T に依存する定数である。ポリトロープはまた比容積 $V = 1/\rho$ を用いて

$$pV^n = K \tag{3.9}$$

と表わすこともある。どちらも n をポリトロープ指数と呼んでいる。n は任意の値を取ることができるが特別な場合として次の変化が含まれる。(3.9)式の指数 n を用いると

$n = 0$　　$p = $ 一定となるから等圧変化
$n = 1$　　$pV = K = RT = $ 一定となるから等温変化

図3.12 『ガス球論』[3.25]の表紙

$$n = \gamma \quad pV^\gamma = K = 一定となるから断熱変化$$
$$n = \infty \quad Vが変化しないので定積変化$$

をそれぞれ表わす。

　星の内部が (3.8) または (3.9) 式の関係を満たしながら静力学的に安定し，準静的に変動(進化)するのがポリトロープガス球論の骨子である。ポリトロープ球の内部構造を表わす基本方程式は次のように導かれる。

　ガス球の中心からの距離を r とし，半径 r までに含まれる質量を $M(r)$，ガス密度を $\rho(r)$ とすると連続の方程式は

$$\frac{dM(r)}{dr} = 4\pi r^2 \rho(r), \tag{3.10}$$

静力学平衡式は

$$\frac{dP}{dr} = -GM(r)\frac{\rho(r)}{r^2}, \tag{3.11}$$

と表わされる。ガス圧 P をポリトロープ関係によって $K\rho^\gamma \left(\gamma = \dfrac{n+1}{n}\right)$ で置き換え，(3.10)，(3.11) 式から $M(r)$ を消去すると次式が得られる。

$$\frac{1}{r^2}\frac{d}{dr}\left(\frac{r^2 K}{\rho}\gamma\rho^{\gamma-1}\frac{d\rho}{dr}\right) = -4\pi G\rho \tag{3.12}$$

この式を無次元化すると次のように書かれる。

$$\frac{1}{\zeta^2}\frac{d}{d\zeta}\left(\zeta^2\frac{d\theta}{d\zeta}\right) = -\theta^n \tag{3.13}$$

ξ は半径，θ は密度を無次元化した変数である。この式はポリトロープ球内ではガス密度が n をパラメータとして一意的に決められることを示している。この式はレーン・エムデンの方程式と呼ばれ，$n=0$, 1, 5 のときは数式的な解が得られる。$n=0$, 1 ではガス球は有限半径，$n=5$ で無限大になる。それ以外の n に対しては数値計算が必要である。エムデンは種々の場合に数値計算を行っているので，半径に対するガス温度の分布の例を図 3.13 に示そう。

エムデンは太陽の内部構造について $n=1.5$ と $n=5$ の場合を詳しく解析し，$n=1.5$ の場合に太陽中心の状態を次のように推定している。

中心密度　　$\rho_c = 8.27$ g/cm^3
中心圧　　　$p_c = 81.69$ 億気圧
中心温度　　$T_c = 1200$ 万度（K）

太陽の中心温度として 1000 万度（K）を超す高い温度が導かれたのはこれが最初である。

エムデンの基本的な考え方はレーンやリッターと変わっていないが，理論が整備され，応用例が多いことから，エムデンの『ガス球論』は星の内部構造の基本的テキストとして広く知られるようになった。

アーサー・エディントンは 1926 年刊の「内部構造論」の中で $n=3$ が太陽の内部構造を表わすのに良い近似であることから，これを標準的なモデルと考えている（第 4 章 1.2 項参照）。ポリトロープ球は指数によって種々

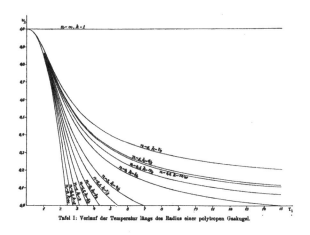

図 3.13 エムデンの無限の広がりを持つポリトロープ球内の相対的温度分布の計算例。

パラメータの n はポリトロープ指数, k は比熱比 γ を表わす。$n=5$ のときポリトロープ球は半径無限大, それ以下では有限の半径となる。図の上端の $n=\infty$ は等温度ガス球を表わす。

の密度勾配の星の構造を近似的に示す。現在では主な星について次のような対応が考えられている。

$n = 0.5 \sim 1$ 　中性子星
$n = 1.5$ 　赤色巨星, 白色矮星, 木星型惑星
$n = 3$ 　太陽, 主系列星
$n = 5$ 　半径が無限大になる。(星雲状原始星に対応する)

ポリトロープ関係を満たすガスの変化過程は, 天文学だけでなく, 熱力学的な工業技術の中で今日でも使用されているとのことである。

5 ロッキャーと星の2元的進化論

5.1 ロッキャー,陸軍省書記から天文台長へ[3.26]

　ラグビー発祥の地として知られるウォリック州ラグビーはロンドンからバーミンガムに向かう街道沿いにある。1840年に鉄道が開通すると小さな町であったラグビーも急速に賑やかになる。19世紀末頃から工業都市として発展し,セメント工業や蒸気機関製造などで知られるようになった。ノーマン・ロッキャー (Norman Lockyer, 1836〜1920) は1836年5月,鉄道開通前の静かなラグビーの町で生まれた。父ヨーゼフ・ロッキャーは最新の技術を誇った通信技師で,ロッキャーは父から科学,技術の薫陶を受けている。地元の高校を終えると大陸に渡り,自由な雰囲気のあるフランス,スイスの大学で法律を学ぶ。帰国後,21歳で陸軍省の書記官に任官してロンドンに移った。翌年の1858年に最初の妻ウィニフレッド (Whinifred) と結婚し,この頃からアマチュア天文家として天体観測に取り組むようになる。彼が関心を持ったのは当時話題になっていた太陽黒点であった。1850年代,黒点とは固体の太陽に浮かぶ雲のようなものと一般に考えられていたが,ロッキャーは黒点の正体を分光観測によって解明しようと考えた。そのため自宅の庭に6.25インチ (16 cm) 屈折望遠鏡を設置し,分光器を取り付けて分光観測を始めた。また,それと並行して,屋内に光学実験室を設け,種々の元素ガスに対するスペクトル線の測定を始めた。

　1860年,スペインで日食があった際,ロンドン在住のウォーレン・ド・ラ・ルー (Warren De la Rue) は写真撮影によって光球の縁に「赤い炎」と呼ぶ炎状構造 (プロミネンス) を発見した。ロッキャーは陸軍省で陸軍法規集の編集委員を担当するなど,多忙な日程の中にあったが,観測は続けていた。彼は「赤い炎」の分光を行うため,1868年に16 cm望遠鏡の分光器のスリットを太陽の縁に平行になるように設置して観測を行った。こう

図 3.14　ノーマン・ロッキャー肖像

すると光球とその外側との境界が鮮明になるからである．彼はこの観測によって太陽の縁付近のスペクトルに奇妙な黄色いスペクトル線を見つけた[3.27]．このとき彼の撮影したスペクトルを図 3.15 に示そう．図は左から a) C 線（Hα），b) D_1，D_2 線（Na），c) F 線（Hβ）の波長領域を示している．中央より下部は光球のフラウンホーファー線，上部は「赤い炎」のスペクトルである．「赤い炎」は連続光を示さず，輝線だけ見えている．図 b) の D_1，D_2 線（波長 5896 Å，5890 Å，中央よりやや左の 2 本の吸収線）より短波長側に鋭い輝線（波長 5876 Å）が現われているが，これがフラウンホーファー線に存在しない未知のスペクトル線であった．ロッキャーはその線は太陽に存在する新しい元素によると考え，太陽神（ヘリオス）に因んで「ヘリウム」(helium) と名づけた．

　この 1868 年はちょうどインドで皆既日食があり，パリ天文台のピエール・J・ジャンセン (Pierre Joule Janssen) が同じ黄色の線を発見していた[3.28]．2 人の新元素発見はほとんど同時に公刊されたので「ヘリウム」の発見は 2 人に帰せられている．ロッキャーはまた，「ド・ラ・ルーの発見した「赤い炎」は太陽の縁を取り巻く「赤い海」から飛び出した波頭のようであった」と述べ，「赤い海」を「彩層」(chromosphere) と名づけ

図 3.15 ロッキャーによって撮影された「赤い炎」のスペクトル
横軸は波長（左が長波長），縦軸は光球（下部）と彩層輝線（上部）。

た[3.27]。彼はこうして太陽の光球，彩層，コロナの層状構造を明らかにし，赤い海も赤い炎もどちらも水素の輝線を示す高温のガス体であることを示した。

　こうした業績によってロッキャーは1882年に科学文化省から招かれて王立サイエンス・カレッジの天体物理学の教授兼，付属太陽物理天文台長に就任する。これでロッキャーのアマチュア歴は終了する。天文台では彼は太陽観測と併行して星の分光観測にも取り組み始め，1889年にはドーバー海峡に面したウェストゲート・オン・シー村（Westgate-on-See）に新しい家を建て，76 cm 反射望遠鏡を設置した。これは恒星分光を目的とするものであった。

5.2　ロッキャーの元素解析と星の化学分類

　星の分光観測にロッキャーは2台の望遠鏡を用いた。1台は太陽物理天文台に設置されたケンジントン望遠鏡と呼ばれる赤道儀で9インチ（23 cm）と10インチ（25 cm）の屈折鏡が同架されている（図3.16）。9インチ鏡には頂角30°の対物プリズムが装着されており，低分散の分光に用いられた。これは多数の星の観測を行うためである。2台目はウェストゲート・オン・シー村に新設した30インチ（76 cm）反射鏡で，2個のプリズムを持つスリット分光器が装備され，波長，相対強度など精密な測定に使

図 3.16　太陽物理天文台に設置されたケンジントン望遠鏡

用されている。

　ロッキャーは観測と同時に室内における分光実験に取り組み，アーク灯，スパーク灯などを用い，温度，ガス圧を変化させながら約20種の元素についてスペクトル線の同定とスペクトル全体の特性を調べた。その結果，ある元素，例えば鉄ガスの温度を増加させながらそのスペクトルを見ると，ある温度で突然，スペクトル線の現われ方が変化する。彼は変化後のガスをプロト鉄と呼び，高温の状態を示すと考えた。いまでいえば低温のスペクトルは中性鉄ガス (FeI) であり，高温のスペクトルは1回電離鉄 (FeII) によるものである。ヘリウムや他の元素についても同様であった。1つの元素がプロト元素という別の形態をとることは当時の化学者から大きな反発を招いた。彼らは，原子は単一構造を持ち，別の状態に移ることはありえないと考えていたからである。しかし，ロッキャーは自説を貫き，実験室のスペクトルを星のスペクトルと比較した。代表的な星のスペクトルとスペクトル線同定図を図3.17に示そう。上段に元素およびプロト元素名，下端に波長，両脇に星の名前が記されている。星は上から下へと表面温度が低下するように配列されている。こうした配列において，彼が最も注目したのは星のスペクトルの化学組成による相違である。この観点か

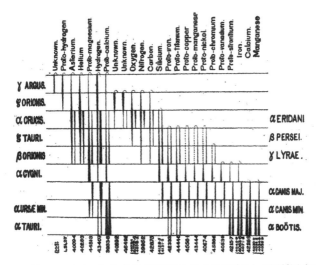

図 3.17 星のスペクトルにおける元素同定と星の温度系列との関係図（1899年）
上辺の左半分に通常の元素，右寄りにプロト元素が示され，下辺にそれぞれの波長を示している。

ら星の分類を行い，これを「星の化学分類」と名づけた[3.29]。

彼の分類法は一風変わっていて，星のタイプは代表的な星の名前から名づけられている。例えば α Tau 型の星は Taurian，アンターレス型の星はAntarian などである。温度系列を最高温度から最低温度まで 10 段階に分け，各系列を上昇，下降の 2 つのグループに分けている。合計 16 種に分類し，それを図 3.18 のように配列した。最高温度の Argonian（ζ Pup, O5Ia）や Alnitamian（Alnitam = ε Ori, B0Ia）はグループに分かれていない。同じ温度段階の星をグループに分ける基準は，目安として，プロト金属線が水素線より強い場合は上昇期，その反対は下降期の星と呼んでいる。こうしてロッキャーは 470 個の星の分類を行い，カタログを公刊している[3.30]。

彼の分類を表わす図 3.18 は 1915 年になって書き改めたもので，ロッキャーのアーチと呼ばれている[3.31]。アーチの両側に分類型，内側に主な

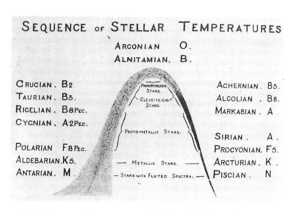

図 3.18　ロッキャーのアーチと星の進化 (1915 年)

特徴が示されている。1910 年代にはすでにハーバード大学天文台での分光分類が広く知られていたが，ロッキャーは自らの「化学分類法」による命名法にこだわっていた。しかし図 3.18 では彼の分類法と並んでハーバード分類も併記されているのでわれわれには分かりやすい。

5.3　星の二方向進化説

　1887 年はビクトリア女王在位 50 周年の年で，ロンドン王立協会でもさまざまな記念行事が行われた。その中に女王記念講演会があり，ノーマン・ロッキャーも 2 回にわたって講演を行っている。その表題は「隕石スペクトルの研究」というものであったが，内容は隕石を加熱蒸気化したガスに対する分光分析に留まらず，彗星，星雲，恒星のスペクトルなどを比較し，また，各種元素や岩石，鉱物などの蒸気を温度，密度を変えた状態で得られたスペクトルとも比較している[3.32]。その中でロッキャーが注目したのは隕石の蒸気化した炎光のスペクトルが種々の天体に見られる点であった。その結果から，隕石物質は宇宙に普遍的に存在し，その重力的凝集によって星や星雲が生まれたのではないかと推論し，次のように述べている。

> 「天空上で自ら輝く物体は，もともとは冷たい隕石または流星物質の集合からできている。それらが重力によって流星雨のように凝集し，落下の熱によって輝き始めたものである。」

また，彼はさらに進んで誕生した低温の星は収縮とともに次第に表面温度を上昇させ，高温度の白色星まで達した後，次第に赤色の低温度星に向かうという二方向進化説を，この時期からすでに考えていた。彼は1887年に行った講演の中では図3.18に示したアーチ型進化説のプリミティブな形を示している。

この講演が行われた1880年代，星の進化について一般に受け入れられていたのは，星は高温度星として誕生し，収縮によって次第に低温度星へと一方的に進化するという過程であった。ロッキャーの説は異端の説として長く認められなかったが，彼はその後も絶えず改良を加えながら自説の進化論を発展させていった。理論的な星の内部構造の観点からは第3節で見たように，アウグスト・リッターはすでに1880年代初期に二方向進化論を唱えていたが，これも無視されてきたし，ロッキャーもそれを知らなかったようである。2人の説が認められるようになるのは20世紀に入ってからであった（第6，7節）。

5.4 晩年とノーマン・ロッキャー天文台

1901年に65歳で大学と天文台を退職したが，天文台と自宅での分光観測は続けていた。最初の妻ウィニフレッドはすでに亡くなっていたので，1903年に未亡人マリー・ブロードハースト（Mary Broadhurst）と結婚した。マリーはデボン州の出身で，海岸に広い土地を持っていたので，夫に天気が良く，天体観測にも適したデボン州で余生を送りましょうと提案した。ロッキャーも環境のよさに満足し，1910年にシドマス郊外に家を建て，隣接するサルコンベの丘に天文台を建てた。ここをヒル天文台と呼び，ロンドンにあった自分の望遠鏡を順次ここに移設した。1920年にロッキャー

が没すると天文台は息子と娘によって引き継がれ，名もノーマン・ロッキャー天文台と改められた．2 人が他界すると天文台は近くのエクセター大学の管理に任されたが，天文台敷地は地磁気の観測が主体となり，天文台としての機能が一時失われたこともあった．1984 年にデボン州が土地を買い上げ，州の公共天文台として復活，整備を始めた．現在はノーマン・ロッキャー天文台の名のもとに開かれた普及教育のセンターとなっている[3.33]．

❻ ヘルツシュプルングと色等級図の着想

6.1 ウラニア天文台と巨星，矮星の発見[3.34]

エイナー・ヘルツシュプルングは自作の分光器をウラニア天文台に持ち込んで星の分光観測を始めた．この天文台は 1897 年にビクトール・ニールセン（Victor Neilsen）によってコペンハーゲン近郊に設立された私設天文台である．ドーム内には 27 cm 屈折望遠鏡に 16 cm 屈折写真儀と 20 cm シュミット・ニュートン反射鏡が同架して装備されていた（図 3.19）．若きヘルツシュプルングはここでアマチュア天文家として成長していった．

ヘルツシュプルング（Ejnar Hertzsprung, 1873〜1967）は 1873 年 10 月，コペンハーゲン近郊の静かな住宅街で生まれた．その頃，近くには小高い丘や森も広がり，少年時代の彼を星空へと誘っていた．

父のセベリン・ヘルツシュプルング（Severin Hertzsprung）は大学では天文学を学んだが，経済的な理由でデンマーク財務省の官吏となり，保険庁長官にまで昇任している．息子のエイナーに天文の手ほどきをするが，天文学で職を得ることの難しさから，息子にはアマチュア天文を楽しむように勧めた．エイナーは父の勧告に従って，技術者の道に進む．1898 年にコペンハーゲンのポリテクニク・インスティテュートを卒業すると，ロシアにわたり，サンクトペテルブルグでアセチレン燈工場の技師として働い

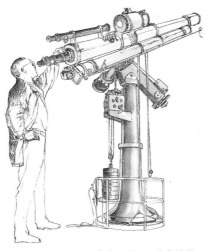

図 3.19　ウラニア天文台の 27 cm 主望遠鏡と同架望遠鏡

建築家アルツロ・ハモ（Arturo Hamo）によるスケッチ。

図 3.20　ヘルツシュプルング肖像

た。

　3年後コペンハーゲンに戻るが，その帰途，数ヶ月間，ライプチッヒに留まり，ウィルヘルム・オストワルド（Wilhelm Ostwald）のもとで写真化学を学んでいる。これは後に天体写真分光観測を進める上で大きな力になった。コペンハーゲンでは父の遺産が十分あったので定職に就かず，母，妹と暮らしながらウラニア天文台を拠点にしてアマチュア天文家としての道を歩み始めた。

　ヘルツシュプルングの最初の関心は星の固有運動であった。統計的に見て固有運動の小さい星は遠方にあると推定することができる。彼はハーバード大学天文台のアントニア・モーリーによって指摘された，幅狭い吸収線を持つc-特性の星がどれもきわめて小さい固有運動を示すことに注目した（第2章第4節）。

　それらの星が遠方にあれば，星本体は大きな光度を持たなければならない。星にはそれぞれ固有の光度があると考えたヘルツシュプルングは，その光度を表わすために絶対等級を新しく定義した。これは星をある基準距離から見たときの明るさである。基準の距離として彼は視差1秒角（距離1パーセク）を採用したが，この値は後に現行のように視差0.1秒角（距離10パーセク）に改定された。ヘルツシュプルングは星の絶対光度とスペクトル型との間に何らかの関係があるのではないかと想定し，これまでに公刊された視差，固有運動，分光型のカタログを用いてその関係を調べた。「星の放射について」と題された最初の論文（1905年）[3.35] a の中で結果を次のようにまとめている。

i) 晩期型星（G, K, M）は視差や固有運動の異なる，したがって，光度の異なる2つのグループに分けられる。
ii) 光度の高い赤色星は巨大な星でなければならない。
iii) 見かけの等級が5等級より明るい星の中で，最も目立つのはc-特性を持つ赤い星である。それ以外の星ではM型星は少なく，黄色星が大部分を占めている。

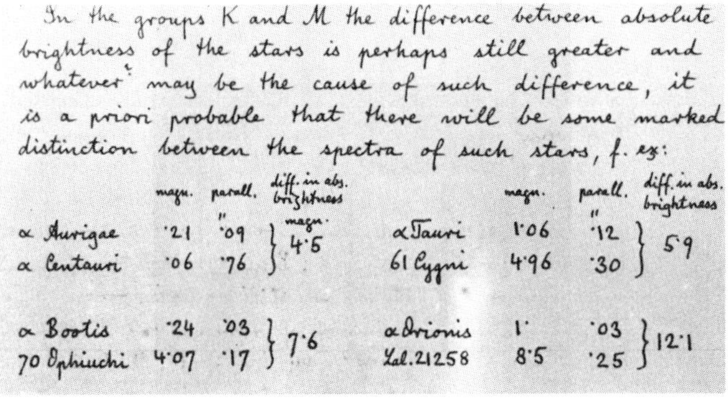

In the groups K and M the difference between absolute brightness of the stars is perhaps still greater and whatever may be the cause of such difference, it is a priori probable that there will be some marked distinction between the spectra of such stars, f. ex:

	magu.	parall.	diff. in abs. brightness		magu.	parall.	diff. in abs. brightness
α Aurigae	·21	·09	magu. 4·5	α Tauri	1·06	·12	5·9
α Centauri	·06	·76		61 Cygni	4·96	·30	
α Bootis	·24	·03	7·6	α Orionis	1·	·03	12·1
70 Ophiuchi	4·07	·17		Lal.21258	8·5	·25	

図 3.21　ヘルツシュプルングからピッカリング宛 1906 年 3 月 15 日付の手紙の一部

各星で magu とあるのは見かけの等級，parall は視差，3 行目は絶対等級の差を示す。

表 3.1　図 3.21 に示された星の現行の分光型

名前	絶対等級	分光型	名前	絶対等級	分光型
α Aur	0.09	G8 III	α Tau	− 0.6	K5 III
α Cen	4.35	G2 V	61 Cyg A	7.58	K5 V
α Boo	0.24	K2 III	α Ori	− 5.6	M1 Iab
70 Oph	5.67	K0 V	Lal.21258A	10.4	M2

彼はさらに光度の高い赤色星は光度の低い星に比べて空間密度がきわめて小さいことを指摘し，その理由として，光度の高い赤色星は星として存在する時間が短いためではないかとも示唆している。

赤い星（晩期型星）に絶対等級の異なった 2 つのグループが存在することについて，ハーバード天文台長のピッカリングの意見を聞きたいと思い，彼は台長宛に 1905 年の論文を添えて手紙を送った。その要旨は「K 型と M 型の星には絶対等級に大きな差が見られるが，理由は何であれ，（絶対等級の異なる）星ではスペクトルの現われ方には明確な差があるであろ

う。」(それがc-特性である)というもので，1906年3月15日付の手書きの手紙の一部を図3.21に示そう[3.36]。

参考までに図3.21に列挙された星について現行の絶対等級と分光型を表3.1に示しておこう。この手紙に対するピッカリングの返答は「c-特性を特別視すべきではない」といったすげないものであった。ピッカリングはa, b, c-特性が分光学的にまだ確立されていないと思っていたからである。その返事はヘルツシュプルングを落胆させたが，しかし，それにもめげずに，彼はさらにc, acについて踏み込んだ考察を進めている[3.37]。

彼の分光器はハーバード大学天文台のモーリーやキャノンの対物プリズムと違って望遠鏡の焦点に装備するスリット分光器であったから，スペクトルの分散度も高く，モーリーの指摘したc-特性は疑いもなかった。

モーリーのカタログ(681星)ではc-特性の星が18星，ac-特性が17星含まれている(表2.4)。ヘルツシュプルングはc-星(c, acの両者)とb-星(b, abの両者)との統計的な性質を視差と固有運動の2つの面から比較した。その結果，同じ分光型に属する星であっても固有運動はb-星が年間5"から30"程度を示すのに対し，c-星では0".3から1".5程度と小さい。また，視差カタログの星についても同じようにc-星がはるかに小さい視差を示す。こうした統計的考察からヘルツシュプルングは結論として[3.38]

「こうして，われわれは次のように結論せざるを得ない。すなわち，c-星は天空の中でも最も明るい星に属することが多い。これらははるか遠方にあって，異常なほど大きな絶対光度を持つ星である。」

と述べ，また，この見解とともにピッカリングへの手紙に対する返事について次のように述べている。

「ハーバード大学天文台のピッカリング教授から簡単な返事を戴いたが，それはc, ac-特性を特別視すべきでない，なぜなら，スペクトル線の幅などの特性は不確実で観測条件によって異なって見えることがあるから，というものであった。私はそれには賛成できない。c, ac-特性はモーリーによって明白に示されており，それを無視するのは鯨と魚類を同一視するのと同

じではないか。将来のスペクトル解析は物理的に大きな意味を持つ c-特性の検討を避けるべきではない。」

これを見ると，アメリカ大御所のピッカリングもデンマークに住む無名のアマチュア天文家に一本取られたというところである。また，こうした一連の研究はゲッチンゲン大学天文台長のカール・シュヴァルツシルトに評価され，アマチュアから研究者への転換の糸口になった。

6.2 ポツダム天文台からライデン天文台へ

赤色星の光度に関するヘルツシュプルングの 1905 年の論文[3.35]は『写真科学』という雑誌に掲載されたため天文学界では全く注意されなかった。しかし，ヘルツシュプルングから送られたこの論文を読んだゲッチンゲン大学天文台のカール・シュヴァルツシルト (3.1 項) はその内容を高く評価した。

1909 年，第 2 論文 (1907 年)[3.37]を携えてゲッチンゲンにシュヴァルツシルトを訪ねた。ヘルツシュプルングは思いがけず天文台客員教授就任の申し出を受けた。彼は喜んで受諾したが，その年の暮れにシュヴァルツシルトがポツダム天文台長として赴任したため，ヘルツシュプルングも招かれてポツダムに移り，天文台のシニア・アストロノーマーの職に就く。36 歳であった。

こうしてアマチュア歴は終わるが，ポツダム天文台での最初の仕事はシュヴァルツシルトと共同で行った星の空間分布の研究と，星団の星について等級と色指数との関係の研究であった。星団としてはプレアデスとヒアデスの 2 つが観測されたが，そのうちヒアデス星団の色等級図を図 3.22 に示そう。図の横軸は見かけの等級で左側の星ほど明るい。縦軸は星の色で上方ほど赤く低温の星である。この図では 4 個の赤い星が高い光度を示している (点線で囲まれた部分)。それに対し，プレアデス星団では高光度の星は青い星に限られていた[3.38]。こうして彼はヒアデス星団中の赤い星

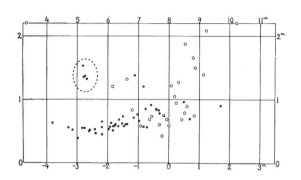

図3.22 ヘルツシュプルングによるヒアデス星団の色等級図
上側の横軸は見かけの等級,縦軸は星の色を表わす指数で上ほど赤い。黒丸は星団星,白丸は星団星と推定される星。(4星を囲む破線のマークは筆者挿入)

が実際に高光度の星であることを見出し,明るい星を巨星(Gigant = giant),暗い星を矮星(Zwerg = dwarf)と名づけた。

1911年,シュヴァルツシルトはアメリカに旅行した折,アメリカ天文学会に出席してヘンリー・ノリス・ラッセル(Henry Norris Russell,次節)の報告を聞いた。それはヘルツシュプルングがすでに得た結論と同じものであった。彼はラッセルにヘルツシュプルングと連絡をとることを勧めた。ラッセルはその勧めを快く受け入れ,ヘルツシュプルングとの交信を始め,それがヘルツシュプルング・ラッセル図(HR図)の誕生する契機となった。

1912年頃,ヘルツシュプルングは変光星,特にケフェウス型変光星の銀河系内の分布に興味を持っていた。彼は13個のケフェウス型変光星を選び,それらの固有運動や視線速度などから星の絶対等級を推定し,その結果,周期6.6日で変動する星の絶対写真等級を−7等級と推算した。この同じ時期にハーバード大学天文台のヘンリエッタ・リービットは小マゼラン雲のケフェウス型変光星の観測を続け,周期光度関係を見出していた(第2章)。ヘルツシュプルングはこの関係がマゼラン雲までの距離の測定に利用できることを直感した。小マゼラン雲中の周期6.6日のケフェウス

型変光星の絶対等級も $M=-7$ であるとすれば，その星の見かけの写真等級 $m=13$ 等級と比較して，小マゼラン雲までの距離を推定することができる．その結果は 3 万光年であった[3.39]（現在値は 20 万光年）．ヘルツシュプルングの絶対等級の測定は誤差も大きかったが，銀河系以外の天体に対する初めての距離測定となった．

6.3　ライデン天文台と晩年

　シュヴァルツシルトの帰国後，第 1 次世界大戦が勃発し，第 5 節に述べたようにシュヴァルツシルトは参戦し，1916 年に他界してしまった．ポツダムにおいてヘルツシュプルングはシュヴァルツシルトと共同で統計的に星の空間分布の研究を進めようとしていたが，これはついに果たされなかった．

　ヘルツシュプルングは 1919 年，招聘されてライデン天文台に移る．その後，推されて台長となり 1944 年の退職まで台長職に留まった．ライデンでは主に連星と変光星の観測に当たったが，彼が最も意を注いだのは観測精度の向上であった．そのため，測定機器の開発や測定法の改良が進み，二重星の位置測定の平均誤差は 1000 分の数秒角までに達していたという．

　ヘルツシュプルングを継いでライデン天文台長となったヤン・オールト（Jan Hendrick Oort）は送別の言葉の中で次のように述べている[3.40]．

> 「あなたは母国の偉人（ティコ・ブラーエ）と同じように天文学の発展には何をおいても精密な観測が必要とされると信じていました．この信条からあなたの研究プログラムは進められたのです．あなたは研究に対しティコと同じような忍耐力と情熱で生活のすべてを捧げました．」

> 「あなたは生涯の重要な部分をわが国のために，また，わが天文台のために尽くしてくれました．ライデン天文台が現在のように実り多く生産的になったのはひとえにあなたのおかげなのです．」

　1944 年に定年を迎えるとその後はデンマークに戻ってコペンハーゲン

近郷のテーレーズ (Töllöse) で余生を送った. それでも自宅の庭に望遠鏡を設置して二重星の観測を続けていた. 1963 年, 90 歳の誕生祝には多くの人が集まって賑やかであったという. しかし, その後は次第に体調を崩し, 1967 年に死去した, 享年 94 歳であった.

7 ラッセルと HR 図の成立

7.1 生い立ちと天文学[3,41]

　ニューヨークの東, ロングアイランド半島の入り江の町オイスター・ベイ (Oyster Bay) はニューヨークに近いが静かな町である. ヘンリー・ノリス・ラッセル (Henry Norris Russell, 1877〜1957) はこの町で生まれた. 父アレクサンダー・G・ラッセル (Alexander G. Russell) はルイジアナ州生まれの長老派教会の牧師, 母エリザ・ノリス (Eliza Norris) は駐ブラジル総領事の娘としてブラジルで生まれた. ヘンリーの母方には祖母をはじめ数学に秀でた人が多かったため, ヘンリーは 12 歳のときプリンストンの母方の親戚のノリス家に預けられ, その後, 生涯のほとんどをこの地で過ごすことになる. こうした事情のためか, ラッセルはミドルネームのノリスにこだわり, 彼の署名はいつもフルネームであった (図 3.23).

　プリンストンで高校, 大学に進学し, 1896 年 (19 歳) にプリンストン大学を優れた成績で卒業する. さらに大学院ではヤング (A. C. Young) のもとで二重星の軌道決定法, 小惑星エロスに対する火星の摂動作用などの研究を進め, 1902 年に英国のケンブリッジ (キングス・カレッジ) に留学する. その翌年, カーネギー研究所 (Carnegie Institute of Washington) の研究助手となり, ヒンクス (A. R. Hinks) とともに恒星の視差の写真測定を進めるが, この時期, 体調を崩し, しばらく研究を中断していた.

　1905 年にプリンストン大学に戻り, 天文学教室の助手となる. ラッセルは天文学の広い範囲で研究を進めるようになるが, この頃から星の進化

図3.23 ラッセル肖像と署名

の問題に取り組み始め，それは彼のライフワークとなる。

1911年に教授，1912年からさらにプリンストン大学付属の天文台長を兼ねる。1908年にルーシー・メイ・コール（Lucy May Cole）と結婚し，4人の子供を得ている。

1947年からは大学を離れて台長に専念する。プリンストンにおける50年間，彼は天文学と天体物理学の広い分野でアメリカの天文学を主導していた。彼の研究分野は量子分光学から，太陽系，太陽，恒星の物理学まで広い範囲にわたっている。よく知られているのは太陽と恒星の分光解析から元素存在比が宇宙において普遍的であると提唱したことであろう。その存在比は長くラッセル・ミックスチュアと呼ばれ，宇宙組成の標準的な値として広く利用された[3.42]。ここでは星の進化論の観点からHR図の作成とHR図上における進化過程について考察する。

7.2 HR図の成立

　星の進化に関するラッセルの関心は三角視差の統計的な性質から始まる。1905年頃に恒星視差の観測とカタログデータの収集を行っていた。彼が注目していたのは「明るい星はすべての分光型に現われるのに対し，暗い星は晩期型の星に多く，星が晩期になるほど暗くなる傾向にある。」という見かけの分布の違いであった。ラッセルはこの観点から統計的研究を進め，1910年の8月，ハーバード大学天文台で開かれたアメリカ天文学会の会場で星の固有運動と光度との関係について次のような報告を行った[3.43] b。

> 「G型より赤い星では2つのグループが存在する。1つは固有運動が小さく，光度の明るい星である。他はわれわれに近く，大きな固有運動と低い光度を持つグループである。光度の大きい星は，おそらく，星の進化の初期の段階にあると考えられ，この統計的性質はノーマン・ロッキャーの進化説に近い。」

　前述したように，この会場に出席していたカール・シュヴァルツシルトは「ポツダムではエイナー・ヘルツシュプルングがすでに同様の結論を得ている」と紹介した。ラッセルもヘルツシュプルングの仕事を知らなかったし，会場のだれもヘルツシュプルングの名前を知らなかった。ヘルツシュプルングの論文が天文に関係のない写真科学の雑誌に掲載されていたからでもある（第6.1項）。

　シュヴァルツシルトは早速，ヘルツシュプルングに論文コピーをラッセルへ送るように連絡した。論文を受け取ったラッセルは次のような礼状（1910年9月27日付）をヘルツシュプルングに送った。

> 「貴方の興味深い，きわめて重要な論文コピーを受け取りました。……私も貴方より少しおくれて，赤い星は2つのグループに分かれるという同じことを考えておりました。……そのテーマについてアメリカ天文学会の席上で報告しましたが，近く論文としてまとめる予定です。その中で貴方の早

期の成果について触れたいと思っております。……シュヴァルツシルト教授によろしくお伝えください。……」[3.43] b

ラッセルはフェアな人柄でヘルツシュプルングの業績をよく理解していた．

この手紙で約束した論文は 1913 年，1914 年に続けて公表されている[3.44]．その中に分光型と絶対等級との関係図（ラッセル図）があるので，それを図 3.24 に示そう．図の中で黒と白のドットはいくつかの視差カタログから絶対等級に換算したもの，黒いドットはいくつかの観測値の平均，白いドットは，1 個のカタログ値によるもの，ドットの大きさは測定誤差の違いで，大きいドットは絶対等級が ±1 等以内の星である．また，大きい白丸は視差の小さい明るい星で絶対等級は統計的処理によって求めた星である．観測される星の大部分は平行した直線に挟まれた領域に存在するので，これらの星は主系列の星と呼ばれる．また，F 型から M 型にかけて次第に明るくなる星々は赤色巨星列の星と名づけられた．

図 3.24 についてラッセルはいくつかの点に注目している．

a) すべての白色星（B，A 型）は太陽（G2 V 型）よりはるかに明るい星である．逆に太陽の明るさの 50 分の 1 以下の暗い星はほとんど赤い星（K，M 型）である．それぞれの分光型ではヘルツシュプルングも述べているように，明るさに下限がある．その下限は分光型とともに急速に下がっている．これについて 1 つだけ例外がある，エリダヌス座 σ 星の伴星である（A 型，11 等級）．この星は太陽の近傍にあるので絶対等級の誤差は小さい．しかし，主星が明るいためスペクトルの観測が困難で，分光型 A は推定によっている．（現在は白色矮星として知られている）

b) 赤色星には光度の大きい星が多く，A 型星に匹敵するが，B 型星より若干暗いかもしれない．各分光型について明るい星と暗い星の光度差は赤い星ほど大きくなる．

c) 赤色星で注目されるのはヘルツシュプルングがいみじくも名づけ

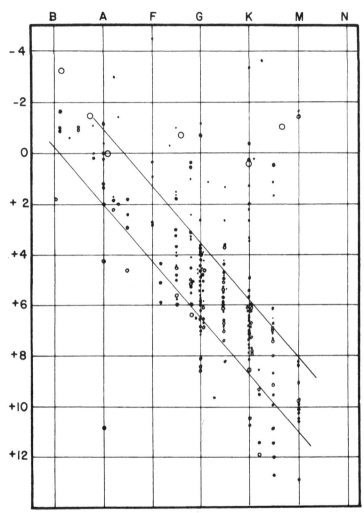

図 3.24 ラッセルによって 1914 年に描かれた最初のラッセル図
横軸は分光型,縦軸は絶対等級を示す。

たように巨星（giant）と矮星（dwarf）がはっきり分かれることである。その中間の星がきわめて少ない。

図 3.24 はアメリカでは長くラッセル図と呼ばれ，ヘルツシュプルングの（色指数—等級）図は無視されていたが，それを掘り起こして「ヘルツシュプルング・ラッセル図」（HR 図）と名づけたのはデンマークのベンクト・ストレームグレン（Bengt Strömgren）（第 5 章）である[3.45]。彼はそれを 1933 年にゲッチンゲンで開かれた天文学会の席上で披露した。同じデンマーク人として先輩への思いがあったのであろうか。いずれにしても，それ以来，HR 図の名前が定着する。ヘルツシュプルング自身は感想を訊ねられたとき，「なぜ色等級図といわないのかね，その方が誰にでも何を表わすか分かりやすいのではないかな」と述べるに留まっていたという。

7.3　収縮進化論

ラッセルは連星系データから得られた星の質量分布について，1914 年に次のように指摘している[3.46]。

a) 分光型や巨星，矮星における光度の差は星の質量によるものではない。
b) 星の表面輝度（単位表面積あたりの放射量）は赤い星ほど急速に低下する。
c) 星の平均ガス密度は青い星から赤色矮星にかけて次第に増加し，巨星では A 型から M 型にかけて減少する。赤色の巨星では太陽平均密度の 2 万分の 1 程度に過ぎない。

ラッセルは上述したような星の統計的性質（視差，固有運動，光度，質量）に基づいて星の進化経路を次のように推論し，ロッキャーの二方向進化説を支持している[3.47]。

a) 赤色巨星の存在は一方向収縮説では説明できない。

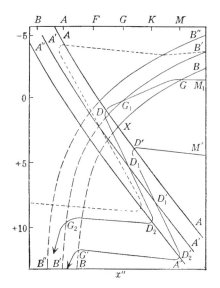

図 3.25 ラッセルの活性物質に基づく進化論（1927年）

b) B型星は低温度ガスの凝集によって誕生したはずである。しかし，これまで誕生からB型星に達するまでの過程は明らかでなかった。誕生からB型星まで観測されないほど短時間で進化したとは考えられない。誕生星の有力な候補は色等級図における赤色巨星である。

c) B，A型星がすでに十分進化した星であることは，それらの星が中期，晩期型星と連星を作ることから明らかである。

d) 質量分布を見るとB型星は晩期の矮星よりも大きい。レーンとリッターによって指摘されたように（第3節），質量の大きい星ほど高い温度に到達することができる。

こうして星は赤色巨星として誕生し，質量に応じて早期型の星へと進化し，引き続いて収縮によって赤色矮星へと進む。これが1910年代におけるラッセルの進化論であった。

1919年になるとラッセルも収縮エネルギーだけでは星の熱源として不十分であることに気が付いた[3.48]。星の内部には何か「未知の熱源」が存在しなければならないとして，その熱源の存在条件をいくつか挙げている。第1にその熱源は収縮エネルギーに比較して単位質量あたり莫大な熱量を発生しなければならない。恐らく実験室では得られない極限的な状態，例えば星の中心部の高温度が原因であろう。第2に熱の発生量と星表面からの放射量とはほぼ均衡しているので，星の進化はきわめてゆっくりとしたものである。第3に，この熱源はやがて枯渇し，星は収縮しながら最後の冷たい固体へ進化する。しかし，彼にとって「未知の熱源」は相変わらず謎であった。

　1927年にラッセルはジューガン，スチュワートと共著で大部の『天文学』[3.49]を著わしているが，その中でラッセルは「未知の熱源」を「活性物質」と呼び，巨星と矮星では異なった活性物質が熱を生み出すと考えた。活性物質の内在する星の存在域はHR図上で図3.25のようになっている。ここでAA，A'A'，A"A"は主系列星で内部温度の高い領域での活性物質の存在域を示し，BB，B'B'，B"B"は巨星列の星で内部温度の低い領域での活性物質の存在域を示している。巨星域の活性物質はエネルギー生産による質量の減少が著しく，AA'線と交わる点でほぼ枯渇する。星は冷たいガスの凝集によって赤色星として誕生し，活性物質と重力収縮をエネルギー源として進化する。ラッセルはこの図の上で誕生時の明るさの異なる3個の星の進化経路を示している。そのうち中央の星はM_1から始まり，M_1–G–G_1–D–D_2–G_2を経て白色矮星に向かう。GからDまでは活性化物質が主熱源であるが，D点で枯渇し，矮星の活性物質によって収縮しながらD_2へと向かう。D_2で活性化物質が枯渇し，その後は重力収縮によってG_2"–B"へと向かう。

　これがラッセルの到達点で，未知の熱源を加えているが，収縮を基盤とした進化論としては最後のものとなった。

7.4　晩年と追悼

　1955 年頃からラッセルは体調を崩していたが，それでも彼はマゼラン雲中の食連星の問題に取り組んでいた．闘病の中でその仕事を終えると，1957 年 2 月，ルーシー夫人に看取られて他界した．享年 80 歳であった．

　ラッセルの最初の弟子であったハーロウ・シャプレー（Harlow Shapley）は弔辞の中で次のように述べている[3.41] b．

> 「アメリカ天文学者の長老として，星の物理学や原子の構造について長期間，研究を続け，天文学の広い分野で，また，宇宙進化や，宇宙における人間の地位についての哲学においてわれわれに深い理解を示したのである．」

　また，同じ弟子であり，共同研究者でもあったシャルロッテ・ムーア（Charlotte Moor）はラッセルについて次のように述べている[3.41] a．

> 「彼の頭脳はあまりにも活動的なので，普通の人ではなかなか付いて行けないことがある．科学者でさえそうであった．……私の印象では，彼は非常に優れた，しかも，頭の回転の速い思索家であった．」

8　モーガンと 2 次元分光分類

8.1　モーガンとヤーキス天文台[3.50]

　ウィリャム・ウィルソン・モーガン（William Wilson Morgan, 1906〜1994）は 1906 年 1 月，テネシー州の小さな村バテスダ（Bethesda）で生まれた．父ウィリャム・トマス・モーガン（William Thomas Morgan）と，母マリー・ウィルソン・モーガン（Mary Wilson Morgan）は，その頃，ともにケンタッキー州とテネシー州を区域とする在家宣教師で域内の町々を布教に回って

図3.26 モーガン

いた。そのため転居することも多く，モーガンもフロリダやミズーリなどで中学高校の教育を受けた。

　1924年にバージニア州のワシントン大学に入ったが，専攻は両親の希望に沿って古典言語学であった。しかし，科学に興味を持っていたモーガンは数学，物理学の講義にもよく出席していた。彼に転機をもたらしたのは2年生のときに受講したウーテン（Benjamin A. Wooten）による物理学と天文学の講義であった。ウーテンは大学構内にあった小型屈折望遠鏡を整備して太陽の写真測光を始めようとし，受講生の中に助手となれそうな学生を探していた。その中で目に留まったのがモーガンである。モーガンも科学実験には興味があったのでウーテンの誘いに応じ，助手として観測に取り組むようになった。その学年の終わり頃，1926年の夏にウーテンはヤーキス天文台に滞在していた。ここでウーテンは台長のフロスト（Edwin B. Frost）からヤーキス天文台で緊急に助手を1人探しているという話を聞いた。30年来継続している太陽分光写真観測のルーチン観測の継続者がいなくて困っているとのことであった。ウーテンは即座にモーガンを推薦し，それを聞いてモーガンもその気になった。しかし，モーガンの父は反対であった。自分の教会活動の後を継いで欲しいと願っていたし，学部を

表 3.2 化学特異星（Ap 星）の分類（モーガン，1933 年）[3.51]

星の種別	分光型の範囲	星の例
マンガン星（MnII stars）	B8–A0	α And, μ Leo
未同定波長 4200 星（4200 stars）	B9–A0	θ Aur
ユーロピウム星（Eu II stars）	A0–A3	α CVn
クロム星（CrII stars）	A0–F0	73 Dra
ストロンチウム星（Sr II star）	A2–F0	γ Equ

卒業もしないで他分野に就職してしまうことに危惧があったからである。

モーガンはそれでも父の反対を押し切って，ヤーキス天文台の助手となった。幸い，天文台の計らいでモーガンはシカゴ大学で教育を受け，無事に学部卒業資格を得た。さらに，在職のまま大学院に進み，40 インチ屈折望遠鏡による分光観測をテーマとして取り組んだ。

1928 年，22 歳になったモーガンは同じヤーキス天文台スタッフの娘ヘレン・バレット（Helen Barrett）と結婚する。翌年にはアカデミックイヤーとして 2 年間の自由な時間を与えられ，その間にシカゴ大学で物理学，数学，天体力学を学ぶことができた。

1930 年にヤーキス天文台に戻ると，着任して間もない台長のオットー・シュトルーヴェ（Otto Struve, 1897〜1963）から，A 型特異星（Ap 星）の分光学的研究を勧められた。そこで彼は 40 インチ屈折望遠鏡での分光観測を進めると同時に，天文台に保管された過去の A 型星の分光乾板を検査して，Ap 星の分類法に取り組んだ。

Ap 星は化学特異星とも呼ばれ，特殊な金属元素の吸収線を正常星より強く現わす星で B 型の晩期から A 型の星に現われる。こうしてモーガンは 1933 年に特異星を表 3.2 のように 5 種に分類した[3.51]。

これは上から下へとほぼ星の電離温度が低くなるように並べてある。なお，2 番目の星の波長 4200 Å 線は 1963 年になってシリコン線 2 本の交じり合ったものであることが判明した。また，Ap 星は強い磁場を持ち，自転の遅い星であることも後になって解明される。

8.2 モーガンの分光分類

モーガンは1935年頃から2次元分類に取り組むようになる。キャノンによるドレイパー分類では星は一列に並べられるが、その系列は星の表面温度の高い星から低い星への順であることはすでに知られていた。それでは2つ目の次元はどんな物理量であろうか。アントニア・モーリーは吸収線の幅から2次元的な分類を試みたが、線幅と星の物理量との関係は明らかでなかった。

それに対し、モーガンが注目したのは星の表面重力である[3.52]。地球表面での重力加速度は $g_⊕ = 980$ cm/s^2、太陽表面では $g_☉ = 27400$ cm/s^2 である。星によって表面重力加速度 g が大きく変わるのではないかと考え、モーガンはそれを観測的に導く方法を考えた。半径 R、質量 M の星に対する表面重力は次の式で定義される。

$$g = \frac{GM}{R^2} \tag{3.14}$$

ここで G は万有引力定数である。星の質量は単独の星では求められないが、連星では軌道運動から推定できる。多数の連星についての資料から星の光度(絶対等級)と質量との関係はすでに1926年にエディントンによって導かれていた(第4章参照)。一方、星の半径は星の表面全体からの放射量(光度)と表面の単位面積当たりの放射量(星の温度に対応する)とから経験的に導かれる。モーガンはヤーキス天文台で観測された星についてこれらの量を求め、表面温度 T と表面重力 g との関係を導いた。図3.27がその関係である。この図の $\log g$ とあるのは太陽に相対的な値であるから、星の表面重力を g^* とすると図の縦軸は $\log g = \log(g^*/g_☉)$ を表わしている。

図3.27を見ると星はいくつかのグループに分かれる。表面重力が小さく、低温度に向かって次第に減少するグループ、表面重力が大きく、緩やかに増加するグループ、その中間のグループである。なお、図の左下には1つだけ極端に表面重力の大きい星がある。これは白色矮星である。この

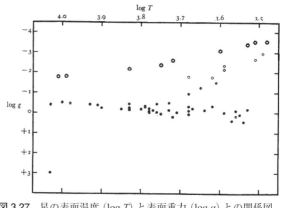

図 3.27　星の表面温度（log T）と表面重力（log g）との関係図
（1937 年）

　図で低温度星では表面重力に 3 桁以上の差がある。星の質量の違いは 2 桁以下であるから，表面重力の小さい星は半径の大きい巨大星であることを表わしている。一方，表面重力の大きい星は反対に半径が小さく，密度の高い星である。表面温度が同じであれば表面の単位面積からの放射量が同じである。星の光度は全表面からの放射であるから，巨大な星はそれだけ光度も高い。モーガンはこうした考察から 2 つ目の次元として表面重力を取り入れると，それは星の光度の段階を表わす指標となることを見出し，それに基づいて新しく「光度階級」という分類基準を表 3.3 に示すように設けた[3.52]。ただし，光度階級の記号 I，II，……が現われるのは次節の MK アトラスになってからである。
　光度階級 I の星は最も明るい星であるが，それはさらに光度によって a，ab，b の 3 段階に分かれる。アントニア・モーリーが c-星とした超巨星は光度階級 I に対応し，モーリーはスペクトル線の幅の狭さから推定したが，光度階級は分光的には光度の違いに敏感な吸収線の相対強度などによっても判別できる。多くの場合，中性元素と電離イオンの強度比が用いられる。例えば F5〜F9 型の星の光度階級は中性鉄の吸収線（FeI 4045）と電離スト

表 3.3 モーガンの光度階級

光度階級	星のタイプ	
I	超巨星 (Ia, Iab, Ib)	(supergiant)
II	明るい巨星	(bright giant)
III	巨星	(giant)
IV	準巨星	(subgiant)
V	矮星	(dwarf)

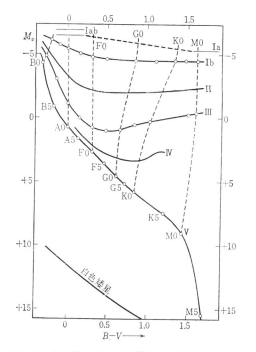

図 3.28 色指数 B−V と絶対等級 M_V に対する HR 図で MK 分類法のスペクトル型と光度階級との関係が示されている。

ロンチウム線（SrII 4077）の相対強度で判別される。

HR 図上における光度階級の配置は図 3.28 のように示される[3.53]。光度階級 V が主系列星，III が赤色巨星列星で，その他はモーガンによって新たに提起された系列である。なお，この図は現行の HR 図でモーガンによる光度階級に準巨星（IV）と白色矮星が加えられている。

8.3 MKK スペクトルアトラス

モーガンは 1940 年頃に 2 次元分類に基づいた分光アトラスの作成を構想していた。その頃，2 歳年下のフィリップ・キーナン（Philip C. Keenan 1908～2000）は同じヤーキス天文台で晩期型星の分光観測を始めたところであった。

モーガンは主として高温度の早期型星の分類を得意としていたから，晩期型星を中心とするキーナンは得がたい協力者になる。モーガンは共同でアトラスを作成しようと提案し，キーナンもそれに賛成したので，2 人による共同作業が始まった。

まず，分光型の基準星の選定から始める。2 人は基準星の均一性を保つために分光乾板は 40 インチ屈折望遠鏡で観測したものに限ることにした。次に基準となるスペクトル線の選定である。2 次元の系列と整合する適切なスペクトル線を選ぶ必要があるが，2 人の共同作業は順調に進み，1942 年にアトラスが出来上がった。この分光分類は 2 人の名前から MK 分類と呼ばれる。一方アトラスは出版作業に協力したエディス・ケルマン（Edith Kellman）を加え 1943 年にシカゴ大学から出版され MKK アトラス（Morgan-Keenan-Kellman Atlas）と呼ばれている[3.54]。このアトラスは約 200 個の標準星のスペクトルについて，写真版の各ページは手書きの説明文がそのまま印刷されているという，いかにも写真時代の歴史を物語るアトラスとなっている。

モーガンとキーナンはその後も 1980 年頃まで早期型，晩期型星，超巨星など各種の星についてアトラスの改良と拡張を行い，その成果は現代に

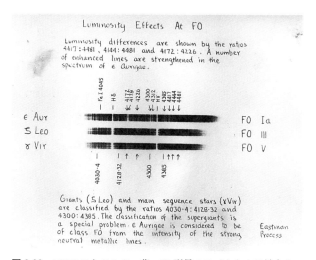

図 3.29 MKK アトラスの一葉. F0 型星のスペクトルに対する光度効果の例

超巨星 (Ia) はモーリーが指摘したようにバルマー線 (Hγ, Hδ) の幅が狭いが, この図では吸収線の相対的強度によって分類されている。

引き継がれている。

8.4 晩年

モーガンは1950年代には巨星の空間分布の研究を進め, 1953年には銀河系に渦状構造を発見している。続いて系外銀河の観測にも当たっている。

1960年にヤーキス天文台長, 1963年からシカゴ大学の天文学教室主任を経て1966年 (60歳) で定年を迎える。大学では彼は教育熱心で, ヤーキス天文台において行った天体測光と分光分類の講義には定評があり, 各地の大学の学生まで聴講に来るなど, 学生の間で彼はカリスマ的存在であったという。

定年後の晩年はウィリャム・ベイの小さな村に住み, 村の中に溶け込んだ生活を楽しんだ。ボーイスカウトの育成や, 村の行政への協力, 教会活

動への参加などに忙しい日々であった。ときには教会で宇宙に関する講演を行ったりしている。彼は写真愛好家でもあり，自然の風景，特に花や花畑の写真に凝っていた。人々を誘い，アマチュア写真クラブを設立して初代会長に収まった。1963年に最初の妻ヘレンを失ったが，1966年，60歳で地元の女性ジーン・ドイル・エリオット（Jean Doyle Eliot）と再婚する。ジーンは村の学校教師であったが後にシカゴ大学の講師に招かれている。モーガンは1994年に心臓発作を起こし，ジーンに看取られながら享年89歳で他界した。

第4章
熱核反応と星の進化論

星の進化論にとって1920年代から1930年代は苦悩の時代であった。収縮進化論はすでに破綻しており，それに代わる熱源はサブアトミックと見られるだけであった。エディントン，チャンドラセカールの時代である。1939年のベーテとワイツゼッカーによる核融合サイクルの発見によって，ようやく新しい進化論が発展する。主系列星から赤色巨星への進化とともに，散開星団，球状星団の進化過程も解明が進む。本章ではこれらの課題に取り組んだ人々を中心に1920年代から1950年頃までの進化論の発展を考察する。

散光星雲 M16（わし星雲）

❶ エディントンと内部構造論

1.1 その生涯[4.1]

　アーサー・スタンリー・エディントン（Arthur Stanley Eddington, 1882～1944）はイングランド北西部の湖水地方に近い，市場の町，ウェストモーランド州ケンダル（Kendal）で1882年12月に生まれた．父アーサー・ヘンリー・エディントンは学校経営者で，校長でもあったが，スタンリーが2歳のときに他界した．母サラ・アン・スタウトはスタンリーと4歳年上の姉ウィニフレッドを伴ってブリストル水道に面したウェストン・スーパー・メア（Weston-super Mare）に住む義母の近くに移る．一家は収入が少なく切り詰めた生活を送っていた．しかし，スタンリーは明るい少年として育ち，幼少の頃から多才振りを発揮した．数学，科学への興味と同時にスポーツ（クリケット，フットボール），ゲーム（特にチェス）にも積極的に参加していた．また，サイクリングにも熱心でこれは生涯の趣味となった．一日に100 km以上走行した記録が晩年までに10回もあったという．スタンリーが天体観測に興味を持ったのは10歳のときに小学校の校長から8 cm望遠鏡を借用したときからであるという．

　地元の高校を卒業の時，優秀な成績によってサマーセット郡の奨学金60ポンドが与えられた．スタンリーはそれを資金にマンチェスター大学のオーウェンズ・カレッジに入学した．物理学を専攻し，流体力学で著名なホーレイス・ラム（Horace Lamb, 1877～1957）の指導を受ける．ここでも抜群の成績によって1903年にケンブリッジ大学のトリニティ・カレッジに入学するための奨学金を得た．

　1904年（22歳）にトリニティ・カレッジを卒業し，同校の特別研究員として天文学の研究に入るが，2年後，ロンドンのグリニジ天文台に助手として採用される．天文台では星の位置観測の平常業務と並行して，独自に統計星学の研究を進めた．当時，問題となっていたのは恒星の統計的な空

図 4.1　姉の見守る中で母とチェスを楽しむ若き日のエディントン
ウェストン・スーパー・メアの自宅にて。

図 4.2　ケンブリッジ天文学教授時代 (1931 年頃) のエディントン

間運動の解釈で，カプタインの提唱する二星流説と，カール・シュヴァルツシルトの提唱する楕円体説との間に論戦があった。前者は太陽近傍の恒星には2つの系統的運動があるという説，後者は恒星の空間速度ベクトルの分布は1つの楕円体で近似できるという説である。エディントンは二星流説を支持し，カプタインとの親交を深めながら1914年に『恒星の運動

と宇宙の構造』と題した最初の著書を公刊している[4.2]。

それより少し早く，1912年にエディントンはジョージ・ダーウィンの後任としてケンブリッジ大学の天文学教授（Plumian Professor）に就任している。1914年からはケンブリッジ天文台長を兼任し，亡くなるまでの30年をこの職に留まった。

1.2　内部構造と質量光度関係

エディントンは1926年に『星の内部構造論』[4.3]を公刊し，その翌年にはその内容を一般向きに解説した『星と原子』[4.4]を出版している。この節ではこれらの著作に基づいてエディントンの内部構造論を考察する。

(1) 星の内部と放射圧

恒星のように巨大な質量を持つガス球では，自らの重力を支えるために内部密度が高く，温度も高くなる必要がある。星の内部で働く圧力には原子の熱運動によって生じるガス圧と，光の圧力によって生じる放射圧の2種類がある。どちらもガスの温度が高いほど大きな力となるが，星内部でどちらが優勢になるかは星の重力の大きさに依存し，それは星の全質量によって決まる。

星の内部構造に放射圧の効果を取り入れたのはエディントンが最初であるが，彼はそのヒントをカール・シュヴァルツシルト（1906年）[4.5]から得ている。シュヴァルツシルトは高温度星の大気では放射圧の効果が重要であると指摘していたが，エディントンはそれを星の内部にも当てはまるのではないかと考えた。そこで彼はガス圧と放射圧との比率が星の内部では一定であると見なし，星によって異なる両者の比率を導いた。その結果，両者の比率は星の質量に大きく依存することを見出した。エディントンははじめ星内部のガスの平均分子量として$\mu=54$を仮定したが，これは星の内部は鉄のような重いガスで構成されるとの考えによったものである。後に星内部では原子はほとんど電離していることを知り，$\mu=2\sim2.5$と改

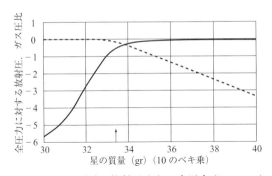

図 4.3 ガス圧 (p_g),放射圧 (p_r) の全圧力 ($P = p_g + p_r$) に対する割合の対数を星の質量の関数として表わす.実線は放射圧 ($\log p_r/P$),破線はガス圧 ($\log p_g/P$) を表わす.星の質量は 10^n gr の指数 n で示す.$n = 33.30$ の矢印は太陽質量を表わす.
(エディントン『星の内部構造論』(1926 年) をもとに作図)

め,あらためて放射圧の比率を導いた.その結果を図 4.3 に示す.これは分子量 $\mu = 2$ の場合を示している.星の中で放射圧とガス圧が拮抗するのは図の曲線の交わりから見て太陽質量の前後の 1 桁くらいの星である.質量の大きい星では圧倒的に放射圧が卓越し,小質量星はガス圧によって支えられる.

エディントンは続いて,星の定常的平衡における放射と対流の効果を考察する.星の中心部で生成されたエネルギーは,伝導,対流,放射によって外層部へと運ばれる.伝導は粒子同士の衝突によって熱を運ぶ過程であるが,星の内部では対流,放射に比較して無視できる.対流は温度の高い領域が上昇し,周囲を加熱してから冷えて下降するという対流を通してエネルギーを運ぶ過程で,対流によって星の平衡が保たれる場合を対流平衡と呼んでいる.一方,放射は電磁波(光子)の形でエネルギーを運ぶ過程で,光子を吸収した粒子は新しい光子を放射してさらに外層へとエネルギーを運ぶ.この過程による平衡は放射平衡と呼ばれる.エディントンは対流平衡では星内部に熱の揺らぎを生じるために大きな力学的エネルギー

を必要とする点を指摘し，その困難さから星は対流ではなく放射平衡によって定常的形状が保たれているであろうと推論した。

(2) ポリトロープ球と巨星カペラの内部構造

エディントンもエムデンにならって星の内部構造をポリトロープ球で解析している。第3章で述べたようにポリトロープ球では圧力 P は

$$P = K\rho^{(n+1)/n} \tag{4.1}$$

で表わされる。n はポリトロープ指数である。

エムデンのガス球論と異なり，エディントンは圧力 P をガス圧 p_g と放射圧 p_r の和として表わした。圧力を分離しない限り，ポリトロープ球はエムデンと同じように解かれ，指数が $n=0$，1，5 のとき解は数式で表わされる。それ以外の n でもエムデンの数値解を利用することができる。

星の内部が完全気体と見なせるかどうかについては当時疑問視する人が多かった。完全気体では状態方程式は

$$P = \frac{R\rho T}{\mu} \tag{4.2}$$

で表わされる。ここで R は気体定数，μ は平均分子量である。完全気体とは分子間の相互作用がない状態を表わし，そのためには気体は十分に希薄であることが必要である。エディントンは半径が大きくガス密度の低い巨星ならば完全気体と見なせるであろうと考えて巨星について内部構造の解析を進めた。

彼は巨星の例としておうし座のカペラ（α Aur, G5III）を取り上げた。この星は連星なので質量が推定できる。カペラが完全気体のポリトロープ球であると仮定すると，その内部構造は $n=3$ のガス球として表わされ，内部における温度と質量の分布は図4.4のようになる。左の温度分布は中心温度の 0.9, 0.8, 0.7, ……0 倍まで，右の質量分布は全体の質量に対し，中心から 0, 0.1, 0.2, 0.3, ……1.0 倍に取った円で示してある。（表面温度は中心温度に比較してゼロと見なせる。）この図から温度分布に比べて質量

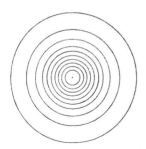 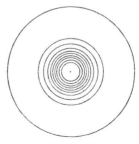

図 4.4 巨星カペラの内部構造をポリトロープ球として近似して導いた内部温度（左）と質量（右）の相対的分布（エディントン，1926年）。中心から表面までの変化がそれぞれ10段階に分けて示されている。

の中心集中度の高いことが読み取れる。なお，この計算では，カペラの中心温度は1200万度（K），中心の密度は $0.123 \, \text{g/cm}^3$ としてある。

(3) 質量光度関係

エディントンは1924年にすでにポリトロープ球論に基づいて星の質量と光度との関係を考察している[4.6]。星の有効温度と質量をパラメータとすると，ポリトロープ球（$n=3$）の光度が計算できる。エディントンは星の有効温度が一定である場合について星の質量と光度との関係を導いた。有効温度として巨星カペラの5200度（K）を採用すると，その関係は図4.5のような理論的曲線となる。これはエディントンの質量光度関係と呼ばれている。エディントンは比較のため，カペラと同じ有効温度を持つ星の観測値をプロットしてみた。それが図4.5の観測点であるが，観測星の質量は通常の連星系のほか，ケフェウス型変光星，食変光星から得られた値も加えられている。観測星の中にはカペラと有効温度の異なる星も存在しそれを補正しているので，観測点は多少ばらついている。

この図を作成してエディントンが感銘を受けたのは，太陽質量の数分の1から30倍の星まで，見事に理論曲線に沿って分布している点であった。当時は完全気体として近似できるのは巨星に限られ，矮星は密度が高いた

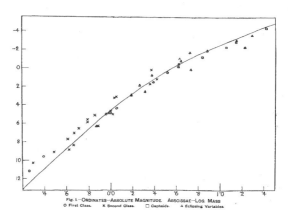

図 4.5 質量光度関係（エディントン，1924 年）
横軸は太陽単位の質量の対数，縦軸は絶対等級。

め完全気体とは外れているであろうという推論が一般的であった．この図を見て彼は太陽を含む矮星も完全気体として近似できることを確信した．彼はさらに，完全気体から外れるのは分子が有限のサイズを持つためであるとして考察を行い，星が完全気体から外れるのは太陽よりはるかに圧縮された白色矮星のような星であることを示した．したがって白色矮星は質量光度関係の考察から省かれる．

この質量光度関係は次項で見るように，これまでの星の収縮進化論に大きな影響を与えることになる．

1.3　エネルギー源と星の進化

ヘンリー・ノリス・ラッセルは重力収縮と「活性物質」を用いて星の進化経路を推論しているが（第 3 章，図 3.22），これも基本的には赤色巨星として誕生し主系列を赤色矮星へと進む，2 元的な収縮進化論である．

エディントンはこうした"古典的収縮論"に対する批判を 2 つの機会に述べている．

第1は1920年に西海岸のカーディフで開かれた英国天文協会における「星の内部構造」と題する講演である[4.7]。この中で彼はまず内部構造における放射圧の効果を述べ，放射平衡に基づく構造論を述べた。その上で星の進化について次のように述べている。

> 「従来の収縮論によると太陽の年齢は2000万年程度であるが，誕生直後では収縮速度が大きいため，赤色巨星として輝く期間はそれよりはるかに短く，10万年程度と見積もられるであろう。このように短期間であれば進化による星の変動が観測可能になるはずである。例えば，われわれから2万，5万，20万光年の距離にある球状星団中の赤色巨星を比べると，年齢の差による星の温度や半径による変化が見られるはずである。しかし，観測される星団の巨星はどれもよく似ており，変化の様子を示さない。これは進化時間がはるかに長いことを物語っている。また，ケフェウス型変光星の脈動周期の変化率の問題も巨星の年齢が古いことの証拠の1つとなる。巨星の年齢が数十万年程度であると平均密度の増加率も大きく，変動周期の変化率も大きくなる。例えば δ Cep星では年間40秒の減少になるはずであるが，観測では年間20分の1秒程度である。」

こうして，彼は主として赤色巨星の年齢から古典的収縮説を批判しているが，この時期の彼は進化経路としては収縮論による，誕生—赤色巨星—高温度星—赤色矮星のプロセスを暗黙に認めていた。

　第2は1924年に見出した質量光度関係に基づく推論である[4.6]。進化の途上で星の質量が大きく変化することはないとすると，進化の初期に当たるM型の赤色巨星と進化の後期に当たる赤色矮星とはほぼ同じ質量を持つはずである。しかし，質量光度関係によれば同じ分光型に属する巨星と矮星との光度の大きな相違の原因はその質量にある。したがって両者には質量に大きな差があり，同一進化経路の星とは考えられない。さらにまた，矮星も完全気体であると認めると，太陽程度の星は仮に収縮のみによって輝くとしても，進化の方向はほぼ同じ光度で高温度側に進むはずである。これも収縮説では説明できない。

　このようにしてエディントンは従来の収縮説の破綻を明確に示した。し

かし，熱源の問題に入ると彼の思考は混乱し，再び後戻りする。

　星の収縮による熱源が破綻した後，1920年代には新しい熱源としてサブアトミックという原子内部のプロセスが期待されていた。しかし，サブアトミックとは何であろうか。一般的に言えば原子内部でのアインシュタインの質量エネルギー関係 $E=mc^2$ によってエネルギーを生じる過程であるが，当時，3つのサブアトミックな過程が考えられていた。第1は元素変換である。例えば4個の水素原子が融合してヘリウム原子を合成する変換によってエネルギーが生み出される。第2は質量消滅である。これは元素変換と異なり，陽子と電子など陰陽粒子の衝突によって重い粒子も直接エネルギーに変換する。第3は星の温度や密度に関係しない放射性元素の放射能である。

　エディントンは1920年のカーディフで行った講演の中でサブアトミックな反応として4個の水素原子が融合してヘリウム原子を合成する変換を述べている[4.7]。この変換によってヘリウム原子は120分の1の質量減少を生じ，それが熱エネルギーを発生する。もし，誕生した星の5％が水素で構成され，次第に融合反応によってエネルギーを供給するとすれば，熱源としては十分である。このときエディントンはこの熱源によって赤色巨星—高温度星—赤色矮星という収縮論と同じ進化過程が説明できるのではないかと予想した。しかし，この予想は1924年に自ら発見した質量光度関係によって破綻する。主系列に沿って質量が減少することが説明できないからである。しかし，その後，考えを改め，巨星から高温度星までは星は元素変換による熱源で輝くが，主系列に入ると，熱源が第2の質量消滅に移るのではないかと想定した。重い元素の粒子が消滅し，星の質量も次第に減少するというプロセスである。しかし，重い粒子が消滅すると多量の熱を発生するので，星が赤くなり光度が下がることと矛盾する。

　エディントンとは異なって，ジーンズ（J. H. Jeans, 1877～1946）はエネルギー源は第3の放射性元素であると主張した[4.8]。彼は同じケンブリッジ大学の数学教授でエディントンの5年先輩である。数学，量子論などの広い分野で研究を進めているが，1929年に『天文学と宇宙創造論』[4.9]を著

図 4.6　ジーンズの肖像

わして，その中で星の構造，エネルギー源などを広範に考察している。その中で「ジーンズ波長」と呼ばれる星間媒質において重力収縮を引き起こす限界サイズを導いたことでもよく知られている（第7章5節参照）。

　星の熱源として彼が仮定したのは超放射性元素による強力な放射である。この熱源は星内部の温度や密度には関係しないが，星の進化過程と関係する。ウラニウムを超えた重い原子では原子核を取り巻く電子の基底状態は原子核に接近した軌道運動で表わされる。この場合，電子が基底状態1から状態0へ転移，つまり，電子が核内に飛び込んで陽子と質量消滅を生じる確率が高い。星が赤色巨星として誕生したときにはこうした超放射性物質が多量に含まれており，星の高い光度を保つが，半減期は短く，次第に消耗しながら光度を下げ，それが枯渇した時点でHR図上の主系列と交差する。その後は不活性物質からなる密度の高い星となり，内部が液体となった液体星として主系列を赤色矮星へと向かう。

　エディントンはジーンズの見解に強く反論したが[4.10]，両者の議論は平行したままであった。どちらにせよ，主系列上の進化を赤色矮星へと向かうと考える限り，収縮論を認めても認めなくても，主系列星の質量が系列に沿って減少するという観測事実を説明するのは困難だったのである。エ

ディントンはついに

「これまでの理論はすべて暗礁に乗り上げている。これを逃れる有効的方法も見出されていない。どのような理論もいまのところ疑問符を付けておかざるを得ない。」

と告白している[4.3]。こうして1920年代は収縮論の破綻から，熱核反応による進化論へと移行する苦悩の時代として，ラッセルを引き継いだエディントン，ジーンズらにも悩みは尽きなかったのである。

1.4 エディントンの神秘主義と晩年

エディントンはクエーカー教徒であり，クエーカー教徒としての信念は生涯変わることはなかった。それは神秘主義として霊的な存在にかかわるものである。科学と神秘主義の調和を心の中でどのようにして図ったのであろうか。彼が1929年に「科学と目に見えない世界」と題して行った講演の中には宗教と神秘主義について次のような表現がある[4.11]。

「(科学的なものの考え方と，宗教的な考え方の間に，)何らかの形で十分な共感をもたらすための大きな障害となっているのは，宗教の信条であります。……私たちを活気付けている探究の精神は，いかなる信条であれ，それを目的とすることを拒否します。……」

「信条を放棄するということは，生きた信念を抱くことと矛盾するものではありません。科学には信条は存在しませんが，私たちは信念を抱くことにためらいはしません。……この世には一人合点の自信とは全く異なる別の種類の確信が存在するのです。」

ここでは科学と宗教をはっきり区別しているが，一方で彼は神秘主義（ミステシズム）に傾倒した心情を持っていた。

「クエーカー教徒として神秘主義の深い側面はひとごとではありません。……神秘主義には物理世界を超えた経験に関するものがありますが，世界

は（物理的世界に）閉じたものでなく，それを超えて開かれたものです．物理的世界はそれを説明しようと試みるべきではありません．……」，

そして，また，科学の中で神秘主義的経験に当たるものとしては「直観」（intuition）の不思議さを挙げている．

「科学研究の中で……われわれは時折，直観的に正しい解を確信する場合があります．それは霊的なものであって説明することはできません……」

こうしてみると，エディントンの心の中には科学的思考と神秘主義的心情が複雑に入り混じっているが，霊的経験については踏み込むべきでないと割りきっていたように思われる．

エディントンの最後の年，1944年は病との闘いの日々であった．彼は痛みを堪えながら『基本理論』（Fundamental Theory）の執筆に専念していた．これは量子論と相対論と重力理論を統一しようとする壮大な試みであった．9月，医師は彼に手術を勧めたが，すでに手遅れの状態にあった．11月2日最後の筆を絶ち，22日に姉のウィニフレッドに看取られながら死を迎えた．生涯独身であった．享年61歳11ヶ月は惜しまれる最後であった．『基本理論』は友人によって1946年に出版された[4.12]．

❷ チャンドラセカールと白色矮星

2.1 インドからケンブリッジへ[4.13]

サブラマニアン・チャンドラセカール（Subramanyan Chandrasekhar, 1910～1995）はインドから流出した偉大な頭脳の1人に数えられている[4.14]．インド政府はいくたびか，彼にインドへの帰国を誘い，ガンジー首相まで一役買ったが，彼はアメリカから離れることはなかった．当時のインドには彼が十分に活躍できる場がなかったのであろう．

チャンドラセカールは1910年9月，父がパンジャップ州ラホール（Lahore）に赴任中に生まれたが，一家はまもなくマドラス（現チェンナイ）に戻り，そこで成長する。父のイーヤル（C. Subrahmanyan Ayyar）は鉄道会社の役員，母のシタラクシミ（Sitalakshmi Balakrishnan）は文学者でイブセンの『人形の家』のヒンズー語訳者でもある。両親はともに敬虔なヒンズー教徒で，家系はインドのカースト制では最上級にあった。チャンドラセカールは長男で2人の姉，3人の弟，4人の妹を持つ大家族の一員であった。チャンドラセカールとはヒンズー語で「月の保持者」を表わすという。当時，インドでは長男は祖父の名前を名乗る習慣があったのでその名を父と組み合わせてサブラマニアン・チャンドラセカールとなる。

チャンドラセカールは高校卒業後マドラス大学プレジデンシャル・カレッジに入学し物理学を専攻する。彼は学部在学中に量子統計学に関する1つの論文を書き，それをケンブリッジ大学のファウラー教授（R. H. Fowler）に送った。ファウラーの高い評価と推薦により，チャンドラセカールはインド政府からケンブリッジ大学留学の奨学金を得た。マドラス大学に在学中，同じ物理学科で1年下のクラスに優れた女子学生がいた。どちらが先に見初めたかは不明であるが2人は恋仲になり，チャンドラセカールがケンブリッジに向けてマドラスを離れるときに2人は婚約する。それが未来の妻ラリサであった。

ここでラリサ（Lalitha, Doraiswamy, 1911～1985?）についてひとこと触れておこう。ラリサは教養ある家庭の4人姉妹の3女として生まれ，幼少から優れた資質を示していた。マドラス大学のプレジデンシャル・カレッジではチャンドラセカールと同じ講義を受ける機会も多かったが，彼女はいつも最前列，チャンドラセカールは2列目であったという。チャンドラセカールがケンブリッジに留学した後，それに続いてケンブリッジに留学したいと願ったが，母は未婚女性を1人で送り出すことに反対し，ラリサは仕方なくマドラスに残った。卒業後，マドラスで物理学を教えていたが，その後バンガロールに移り，結婚の頃には高等学校長にまで昇任していた。結婚後も研究を続けたいと思っていたが，夫の研究が第一と考え，サ

図 4.7 新婚時代のチャンドラセカールとラリサ
（1936 年撮影）

ポートに専念することを決意した。チャンドラセカールは不満もあったが2人で協力して彼の研究生活を推進することで互いに納得した。後に自伝の中で彼はラリサについて次のように語っている。

> 「彼女は私にとって動機の源泉であり，生命の力であった。彼女のサポートは定常的で揺れることなく，殊に，ストレスの大きいときや意気消沈したときに大きな力になってくれた。彼女は私の生涯の一部になっている。」[4.13] a

1930 年，マドラス大学を卒業したチャンドラセカールはボンベイからイギリスに向けて出帆する。長い船旅であったが，船中で彼は研究に専念し，白色矮星の質量に上限のあることを着想したという。

ケンブリッジではファウラーの指導のもとに，量子論と相対論の研究に打ち込む。同じケンブリッジ大学のディラック（P. A. M. Dirac）の紹介で，1931 年の夏から 1 年間をコペンハーゲンの理論物理学研究所に滞在し，ニールス・ボーア（Niels Bohr）の指導を受けた。ケンブリッジではエディントンや同じく天文学教授のミルン（E. A. Milne）からも指導を受け，1933 年に学位を得る。学位論文は高く評価され，トリニティ・カレッジの特別

研究員（1933～1937）に選ばれて生活は安定する。

1936年に一時帰国してラリサと結婚し，ケンブリッジに戻るが，落ちつく暇もなく，翌年1月には，招聘されてシカゴ大学に移る。大学ではオットー・シュトルーヴェ（Otto Struve）のもとで助教授として理論的研究を始める。1952年には理論物理学の教授となり，生涯をシカゴで過ごすことになる。

2.2 梯子を登る人

チャンドラセカールは「梯子を登る人」といわれている[4.13] a。それは彼が年代ごとに著わした書名をたどるだけでもはっきりする。彼はほぼ10年ごとに新しいテーマに取り組み，その分野を体系化して著書にまとめているからである。主なテーマを順に挙げてみると，星の内部構造論，星の空間分布と運動を扱う恒星系力学，星の内部から表面にかけての放射の輸送理論，プラズマの理論，そして最後にはブラックホールの数学理論にまで及んでいる。主な著書と出版年数を挙げてみよう。

1939年『星の内部構造序論』（An Introduction to the Study of Stellar Structure）
1942年『恒星系力学原論』（Principles of Stellar Dynamics）
1950年『輻射輸達論』（Radiative Transfer）
1960年『プラズマ物理学』（Plasma Physics）
1961年『流体および磁気流体安定性』（Hydrodynamic and Hydromagnetic Stability）
1983年『ブラックホールの数学理論』（Mathematical Theory of Black Holes）

などである。これを見ると彼が広い天体物理学の分野にわたって一つ一つ梯子を登っていく様子が眼に見えてくる。本書ではこれらのうち星の内部構造と進化の問題を取り上げる。

2.3 白色矮星の内部構造論

　白色矮星は通常の星に比べて極端に光度が小さい。シリウスの伴星は太陽と同程度の質量を持つにもかかわらず，その光度は太陽の 0.003 倍に過ぎない。これは星の表面積が小さいためである。したがって，白色矮星は高い平均密度を持ち，星によっては密度が $10^6 \sim 10^8$ g/cm^3 に達する。

　チャンドラセカールはケンブリッジ留学の頃から白色矮星の内部構造を量子統計という立場から解明しようと考えていた。

　通常の巨星や矮星ではエディントンも指摘したように，星の内部は完全気体と見なされ，原子や電子は自由に飛び回っている。しかし，白色矮星のような高密度の星では電子はすべて原子内に取り込まれて量子化されたエネルギー状態を持つことになる。電子はエネルギーの低い順に配列し，電子軌道は電子によって満たされる。これらの電子軌道はそれ以上圧縮することはできない。それはパウリの排他原理によって1つのエネルギー状態には1つの電子しか存在できないからである。パウリの排他原理が主要な役割を果たすガスを縮退ガスと呼んでいる。白色矮星は縮退ガスの星である。

　1939年，チャンドラセカールは『星の内部構造序論』の中で電子が縮退状態にあるときのガスの状態方程式を量子統計学に基づいて導いている[4.15] a。それによると完全に縮退したガスでは，ガス圧は温度によらず密度だけの関数となり，ガスの状態方程式は粒子の運動に相対論的効果を入れない場合と，入れた場合についてそれぞれ次のように表わされる。

　　非相対論的　　　$P = K_1 \rho^{\frac{5}{3}}$ 　　　　　　　　　　　　(4.3)

　　相対論的　　　　$P = K_2 \rho^{\frac{4}{3}}$ 　　　　　　　　　　　　(4.4)

ここで，K_1, K_2 は平均分子量と物質組成によって決まる定数である。ρ が比較的小さいときは非相対論的，大きいときは相対論的になり，白色矮星は後者に当たる。どちらの場合も星の質量が増加すると内部圧も増加し，

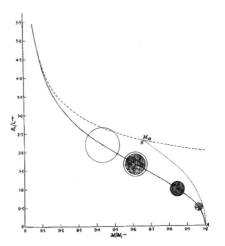

図 4.8 チャンドラセカールによる無次元化された質量半径図（1939 年）
横軸は質量，縦軸は半径に対応する。

星の半径は質量とともに減少する。チャンドラセカールによると星の質量と半径との関係は図 4.8 のようになる[4.15] a, b。

図 4.8 は x, y 軸ともに無次元化してあるが横軸が質量（M/M_3），縦軸が半径（R_1/l_1）である。星が崩壊すると強大な重力が星内部のガスに加えられる。それに対抗するのがパウリの排他原理に基づく縮退ガス圧である。この図は重力と縮退圧との平衡状態を表わしている。星の質量が大きくなると重力も大きくなり，それに対抗してガス密度も増加し，したがって，星の半径も小さくなる。

図の実線は相対論的状態方程式に基づいた関係で線上の円は質量の大きい星ほど小さな半径を持つことを表わしている。この図で星の半径は $M/M_3 = 1$ において無限小になる。M_3 が白色矮星の限界質量で，数値的には

$$M_3 = \frac{5.75}{\mu_e^2} M_\odot \tag{4.5}$$

で表わされる。$M_\odot$は太陽質量である。μ_eは平均分子量で，縮退ガスで$\mu_e = 2$とおくと$M_3 = 1.44\ M_\odot$が得られる。これより重い星では平衡解は存在しないので，M_3はチャンドラセカール限界と呼ばれる。なお，図の破線は非相対論的状態方程式による関係で，ここでは限界質量は現われず限りなく収縮が続く。一方，質量の小さい領域では相対論の効果が小さいため2つの曲線は合一する。(なお，チャンドラセカールが1931年に初めて限界質量を見積もったときは$M_3 = 0.91\ M_\odot$であった[4.16]。その後，1939年に1.44倍に改められている[4.15]a。)

それでは1.44倍より重い星がつぶれるとどうなるであろうか。それは後の話になるが，崩壊の重力が大きいので電子の縮退圧はそれに抵抗できず，電子は原子核内に取り込まれ，核内の陽子と合体して中性子となる。こうして星は中性子のみで構成される中性子星となる。しかし，これにも限界質量があり，その限界は1.5倍から3倍の太陽質量程度と見積もられている。それを超えるとさらに圧縮が進み，最終的にはブラックホールとなる。

チャンドラセカールにとって不幸だったのは，ケンブリッジ大学で彼の師ファウラーと同じ教授職にあったエディントンによって彼の理論が認められなかったところにあった。エディントンは相対論的な状態方程式(4.4)式を受け入れず，したがって白色矮星には質量の上限は存在しないと信じていた。ファウラーやディラックらはチャンドラセカールの状態方程式を認めて彼を支持してくれたが，チャンドラセカールの心に受けた傷は大きく，それがケンブリッジを離れてアメリカに移住することの1つの契機にもなったという。しかし，彼はエディントンに個人的な反感を持っていたわけではない。それどころか，彼は著書の『真理と美』[4.17]の中でエディントンを「同時代の最も偉大な天体物理学者」として，彼のために2つの章を設け，エディントンの業績を称えている。しかし，彼との見解

の相違に関したところでは，両者の間で激しい論争があったことを示している．『真理と美』には次のように述べた箇所がある．

> 「エディントン教授にはっきり申し上げておきたいことがあります．もし彼が，今後自分で確かめられないからといって私の仕事に猛烈な攻撃を加えることを慎み，私の以前の仕事が役に立った場合には通常通り謝意を表することによって，私たちの宿念の不和の原因を取り除いてくださるならば，私の喜びはこれに過ぎるものはないだろうということです．」

ここには当時のチャンドラセカールの屈曲した感情が感じられる．論争は長く続いたが最後にはエディントンも自分の誤りに気づいて，チャンドラセカールの功績を称えている．しかし，それには10年という長い年月が必要であった．

2.4 内部構造論とHR図

『星の内部構造論序説』(1939年)[4.15]はこの分野におけるチャンドラセカールの研究を系統だってまとめた著作である．前半は第3章でも紹介したレーン，リッター，エムデンらの古典的内部構造論の概要をまとめ，ポリトロープ球理論に新しい物理的意味づけを与えている．彼はポリトロープガス球を観測と比較するために，星を深内部と外層部とに分け，星の半径と密度分布について次のような計算を行っている (1935年[4.18])．

星の深内部 (deep interior) とは星の質量の90%を占める領域を指し，外層部 (stellar envelope) はそれを取り巻く質量10%の領域と定義する．

いま星の半径を R_*，深内部と外層部の境界の半径を R_1 とする．R_1 が星の半径 R_* の0.1倍となる星は"高度に中心集中を持つ星"となり R_1/R が0.5程度の星は $n=3$ に近いポリトロープ球で与えられる密度分布を持つ．

外層部に対してチャンドラセカールは次の仮定を置いた．

表 4.1 主な星の質量と,質量の 90% を占める半径比[4.18]

星	質量(太陽単位) $M/M_\odot$	平均分子量 μ	水素存在比 X	半径比 R_1/R_*	分光型 (MK)
Capella A	4.1	1.01	0.30	0.48	G5III
Sirius	2.45	0.90	0.40	0.415	A1 V
α Cen A	1.10	0.96	0.37	0.411	G2 V
Sun	1	0.98	0.37	0.405	G2 V
V Pup 主+伴星	18.5	0.6	0.8	0.55	B2 II/III
α Aql 主星	6.2	0.86	0.42	0.44	A7 IV/V
β Per 主星	4.7	0.75	0.53	0.43	B8 V

注:この表で質量,平均分子量 μ,水素存在比 X はストレームグレン(1933 年)[4.19]による。分光型は現行の MK 分類による。

(1) 外層部にエネルギー源はない。
(2) 外層部の質量は星全体の質量に対して無視できる。

この条件のもとで,外層部においては,重力平衡式および放射圧勾配は次のようになる。

$$\frac{d(p+p_r)}{dr} = -\frac{GM}{r^2}\rho \tag{4.6}$$

$$\frac{dp_r}{dr} = -\frac{\kappa L}{4\pi c r^2}\rho \tag{4.7}$$

ここで p, p_r はガス圧,放射圧,L は全光度(一定)を表わす。また,吸収係数 κ はガスの密度,温度,組成に依存するから,(4.6),(4.7)式は複雑な方程式になる。しかし,星の大気に対する方程式の解はすでに 1933 年にデンマークのストレームグレンによって得られており[4.19],HR 図の説明に応用されていたので,チャンドラセカールはその数値解を利用して,主な星に対する境界の半径 R_1 の値を求めた。その結果のうちいくつかの例を表 4.1 に示そう。表にはストレームグレンの値とともに現行の分光型も示してある。

表 4.1 に示したのはサンプルであるが，こうした事例からチャンドラセカールは HR 図上の星についていくつかの結論を導いている．

(a) 主系列星では B8 付近から晩期で R_1 はほぼ一定値 $0.43 \sim 0.41\, R_*$ をとる．これはポリトロープの $n=3$ よりやや中心集中度が高い星に対応する．
(b) 主系列で B 型より早期では高温度星ほど大きな R_1 を示し，星は早期型ほど集中度の低い均質的な星に近づく．
(c) 巨星は同じ光度の主系列に比較して大きな R_1 を示す傾向がある．
(d) この表には示されていないが，当時，トランプラーの星と呼ばれた超巨星は R_1 が $0.7 \sim 0.8$ という大きな値を示し，星の中では最も緩やかな密度勾配を示す星である．

HR 図上の星の分布についてストレームグレンは 1933 年にすでにそれが星の質量と水素存在量で決定することを示していたが，チャンドラセカールはそれを発展させ，HR 図上における星の分布を内部構造（密度分布）の面から理論的に解明した．これによってポリトロープガス球がかなりの精度で通常星の構造と一致することが示された．

2.5 星のエネルギー源

チャンドラセカールは『星の内部構造論序説』の中で「星のエネルギー」について一章を設けている．序文を見るとこの章は 1937 年の秋に書かれ，ベーテやワイツゼッカーの熱核理論には触れていないと断っているが，彼らの研究にも触発されており，この段階で彼は星の熱源は核融合であることをはっきりと示している．彼の基礎となったのは彼が「ワイツゼッカーの仮説」（第 4 節）と呼んだ次の過程である．

「星を構成するすべての元素の存在は元素変換にそのすべてを由来している．すべての元素は星内部での連続的な元素合成によって生成されるが，

最初は水素のみの星から始まり、次第に重い元素を合成していくと仮定することができる。これが星の熱源である。」

この原理により軽い元素は陽子捕獲によって次第に重い原子を合成していく。合成することによって合成前に比較して質量の一部が失われ、それがガンマ線放射となって熱源となる。その例として、チャンドラセカールはヘリウムからベリリウムに至る合成の連鎖を描き出している。一方、重い星では中性子捕獲が元素合成の主役となる。彼は鉛（原子番号82）より重い元素について合成過程を考察している。部分的には自動的触媒連鎖作用によってエネルギー生成のサイクル反応も考察しているが、1937年の段階では熱源サイクル機構の説明には成功していない。まとめにおいて彼は「核反応については非常に多くの仕事が残されている」と述べるに留まっている。

2.6 科学者と美意識

チャンドラセカールは研究を進める傍ら科学者とは何か、また、科学者にとって美意識の重要性は何かなどにも深い思いを寄せていた。それは彼の講演集『真理と美：科学における美意識と動機』（1987年）[4.17]の中に示されている。講演の中からいくつか彼の言葉を挙げてみよう。

(1)「科学者」について

研究の動機は何かという自らの設問に対し、彼は次のように述べている。

> それは単なる実利的なものでもなく、自然の神秘を解明しようという好奇心でもありません。……，実際に科学者の努力の実質をなし、これを動かしているのは、自分の能力の及ぶ限り自分の選んだ科学の進歩に積極的に参加したいという欲望であります。だから、科学者の活動の基礎にある主要な動機をひとことで述べてみよと求められたとしますと、私は「体系化」

であると答えたいと思います。」

また，科学者としての人生の意義はどこにあるのかという自問に対して彼は述べる。

「（科学者が意義を感じるのは）知識に何事かを付け加え，もっと他人が付け加えるのを助けたいというところです。そしてここにいう何事かの価値は，……偉大な科学者たちの，あるいは……他の芸術家たちの，創造物の価値と程度の違いこそあれ，種類において違いはないのであります。」

(2)「美，ならびに科学における美の探究」について（講演集第4話）

最初に彼が投げかけた設問は「美の探究がどの程度まで科学研究の目的になっているか」というものであった。それに対してはポアンカレ（Jules Henri Poincaré）の次の言葉に賛同している。

「科学者が自然を探究するのは，それが有用であるからではない。……自然の中に喜びを見出すからである。……単純さと壮大さとはどちらも楽しいからこそ，われわれは好んで単純な事実や壮大な事実を探索するのである。……星々の雄大な軌道を追跡したり，……，さまざまな地質時代のなかに過去の痕跡を探したりすることに喜びを感じるのも，そのためである。」

それでは「美しいものは真理であるか」という設問に対し，チャンドラセカールは数学者ヘルマン・ワイル（Hermann K. H. Weyl）の体験を引用している。ワイルは美のために真を犠牲にしたという話である。ワイルは彼の導いた重力のゲージ理論が重力理論としては正しくないと確信するようになったが，それが非常に美しいものであったから捨ててしまうのは惜しくなり，美しさを理由にしてこの理論を残しておいたのであった。後になってゲージ不変性の原理が量子電気力学に取り入れられたとき，ワイルの直観が正しかったことが明らかになった。科学者が美と感じるものはやはり真であるという良い例であった。

チャンドラセカールはそのほか，この講演の中で相対性理論と量子力学

の歴史に現われた数多くの美と真理との体験や心情の例を挙げているが，それらをまとめて自らの心情をジョン・キーツの詩句に託している．

> 美は真理だ
> 美という真理こそ
> きみがこの世で知るすべて
> そして知る必要のあるのはこれのみ

ここでは講演集からいくつかの言葉を挙げてみたが，真理の探究と美の探究とが一体であるという信条はチャンドラセカールの生涯を通して変わらないものであった．

チャンドラセカールは1980年の定年退職後もシカゴに留まっていたが，1995年に心臓発作のために死去した．ラリサとの間に子供は授からなかった．

1983年にノーベル賞を受賞しているが，それは多面的な彼の仕事の中で特に星の内部構造と進化論に対する業績であった．チャンドラセカール限界は，中性子質量限界からブラックホール研究への端緒を開いた研究成果であった．

3 ベーテと熱核反応

3.1 生い立ちからアメリカへ [4.20]

ハンス・アルブレヒト・ベーテ（Hans Albrecht Bethe, 1906〜2005）は1906年7月，当時ドイツ領だったストラスブールで生まれた．父アルブレヒト・ユリウス・ベーテ（Albrecht Julius Bethe）はストラスブール大学の生理学教授である．母のアンナ・クーン（Anna Kuhn）は音楽家であり，童話作家でもあった．アンナがドイツ系ユダヤ人であったため，一家はナチスの迫害を受けることになる．ハンスは少年時代から数学に興味を持ち，代数

図 4.9　ベーテの肖像と署名

や数論などの問題に取り組んだが，これは親譲りであったらしい．父とよく議論し，父から贈られた計算尺は生涯愛用したという．ハンスは高校卒業後，1924年から2年間フランクフルトのヨハン・オルフガング・ゲーテ（Johann Wolfgang Goethe）大学（フランクフルト JWG 大学）で物理学を学び，その後の2年半をミュンヘン大学でアルノルト・ゾンマーフェルト（Arnold Sommerfeld）の指導のもとで学ぶ．ここで「結晶体による X 線の回折」というテーマで 1928 年に学位を得ている．その年からしばらくシュトットガルト大学においてエワルド（P. P. Eward）のもとで結晶物理学を学ぶ．その後ミュンヘンに戻り 1933 年まで固体および結晶物理学の理論研究を進めていた．

　ベーテ家はナチスが政権を握った 1933 年に迫害を逃れるために英国に移り，1935 年，アメリカに亡命する．ニューヨーク州中部の町イサカ市にあるコーネル大学の物理学教授に就任し，1975 年の定年まで勤めるが，退職後もこの大学で没年の 2005 年まで研究を続けていた．コーネルに移っ

た1935年から1938年にかけてはもっぱら核反応の研究を進めていた。

　1937年，講義のためにノースカロライナ州ダーラムにデューク大学を訪れた際，物理学教授のエワルドと再会する。そのとき教授の娘ローズ・エワルド（Rose Ewald）と親しくなり，1939年に結婚する。2人は生涯をイサカ市のコーネル大学近くに住み，2人の子供をもうけている。

3.2　熱核反応と星のエネルギー

　1938年4月，ジョージ・ガモフ（第5節）はワシントンで星のエネルギー源に関する会議の開催を内外の天体物理学，核物理学分野の研究者に呼びかけた。この会議には両分野から10名ほどの参加者があったが，その中にハンス・ベーテも加わっていた。彼はそれまで星のエネルギーについてはほとんど無関心であったが，この会議で大いに触発されたという。彼は直ちに天体物理学の習得に入り，半年後にはエネルギー問題の検討に入った。

　ここでひとこと，星の内部における核反応について触れておこう。

- (1) 熱核反応：実験室で核反応を起こすためには何らかの加速装置が必要である。通常の熱運動では粒子の速度が小さく，粒子間の衝突によって核反応は生じない。温度が1000万度（K）を超すと熱運動による粒子速度が核反応を起こすのに十分になる。このような高温度のガス体で進行する核反応は熱核反応と呼ばれる。星の中心部ではガスの温度が通常1000万度（K）を超しているので，星のエネルギー源となる反応はすべて熱核反応である。
- (2) 核反応サイクル：ある原子が熱核反応によってエネルギーを発生したとする。元の原子が再生されない限り，その原子は枯渇してやがて熱源が失われる。星が長期間にわたって安定した熱源を得るためには元の原子は触媒などによって再生される必要がある。これが核反応サイクルと呼ばれる反応過程である。

こうして，星の熱源として可能な核反応サイクルの検討を始めたハンス・ベーテは 1939 年に可能なサイクル反応として次の 2 つを提唱した[4.21]。

第 1 は陽子―陽子反応である。基本的な過程は

$$H^1 + H^1 = H^2 + e^+ + \gamma \tag{4.8}$$

と表わされる。右肩の数字は原子数を表わし，H^1 は陽子（プロトン），e^+ は陽電子，γ はガンマ線である。この反応は標準的な星中心状態（温度 2000 万度（K），密度 80 g/cc，水素存在比 35％）で γ 線として毎秒，単位質量あたり 2.2 erg のエネルギーを発生する。しかし，(4.8) 式で得られた重水素 H^2 から He^4 を合成するには重水素は Li^5 への変換を通して陽子を捕獲する必要があるが，ベーテはこのときは Li^5 が不安定であると見積もり，リチウムより重い元素合成はできないとして，陽子―陽子反応はとりあえず放置された。

第 2 は炭素・窒素サイクル（CN または CNO サイクル）である。He^4 は次のサイクルによって H^1 から合成される。

$$\begin{aligned}
&C^{12} + H^1 = N^{13} + \gamma , N^{13} = C^{13} + e^+ \\
&C^{13} + H^1 = N^{14} + \gamma , \\
&N^{14} + H^1 = O^{15} + \gamma , O^{15} = N^{15} + e^+ \\
&N^{15} + H^1 = C^{12} + He^4
\end{aligned} \tag{4.9}$$

このサイクルが一巡すると 4 個の H^1（プロトン）から He^4（ヘリウム核 = α 粒子）が合成される。ここで C^{12} は触媒として働き，サイクルは繰り返される。ベーテはこのサイクルで生成される γ 線が星のエネルギー源として有効に働くと考え，サイクルを定常的に保つために必要な中心温度を計算して，その結果を代表的な星の観測値と比較した。それを表 4.2 に示そう。この表で観測値の光度，中心密度，および水素存在率はストレームグレンのモデル[4.22]を採用し，中心温度はエディントンのモデル[4.3]による値を用いている。

表 4.2 炭素・窒素サイクルによる中心温度と観測との比較[4.21]

星名	観測モデルから得られた推定値 (ストレームグレン)		(エディントン)		CN サイクル (ベーテ)
単位	熱生産率 erg/g/s	中心密度 g/cm^3	水素存在率 %（質量比）	中心温度 100万度 (K)	理論的中心温度 100万度 (K)
太陽	2.0	76	35	19	18.5
シリウス A	30	41	35	26	22
カペラ	50	0.16	35	6	32
U Oph A	180	12	50	25	26
Y Cyg A	1200	6.5	80	32	30

表 4.2 の結果について彼は「きわめて満足できるものである」と述べている。ただし，この反応過程は主系列星に対してのみ適用できる。その理由は表 4.2 のカペラの中心温度の不一致である。カペラは巨星であって，エディントンモデルによると巨星の中心温度は 600 万度 (K)，中心密度は 0.16 g cm^{-3} であるから，温度が低すぎて CN サイクルでは説明できない。このような低い温度で可能な熱源としては

$$Li^7 + H^1 = 2\, He^4 \tag{4.10}$$

が考えられるが，Li^7 がなぜ巨星に存在できるのかは未解明であった。ベーテは巨星については熱源が見つからず，ついには重力収縮が主な熱源かもしれないとまで考えたりしている。

当時の核反応理論では水素からリチウムより重い元素の合成は困難であった。そのため，ベーテは重い元素はすべて星の誕生以前に合成され，ラッセル・ミックスチュアと呼ばれる宇宙の元素組成はすでにそのときから成立していたと仮定した。したがって，星が誕生した後の進化で核反応として進行するのはただ H から He への合成のみとなる。

こうしてベーテは CN 反応を発見したが，巨星の熱源に適用できないことと，重い元素の存在を前提にせざるを得ないことなどに問題が残り，また，陽子—陽子反応についても課題が残っていた。

このうち，陽子一陽子反応についてはガモフの弟子であるクリッチフィールド (C. Critchfield) との協力によって基本的な解がすでに 1938 年に得られている[4.23]。それは (4.8) 式で与えられる陽子一陽子反応に続いて He^4 を合成する次の反応サイクルが見出されたからである．

$$H^2 + H^1 = He^3 + \gamma$$
$$He^4 + He^3 = Be^7 + \gamma$$
$$Be^7 = Li^7 + e^+ + \nu \quad (4.11)$$
$$Li^7 + H^1 = 2\,He^4$$

このサイクルは 1500 万度 (K) 程度のときに有効に働く．ベーテは最初，太陽中心温度としてエディントンの導いた 4000 万度 (K) を信用したため，熱源としてのこのサイクルの可能性を疑っていたのであった．太陽の中心温度が 2000 万度 (K) 以下であるとすれば，陽子一陽子反応が主な熱源となる．その場合，(4.11) の第 3 式に現われるニュートリノ ν は太陽中心から放射されるが，これは後に太陽ニュートリノとして観測されるようになる[4.20]．

ベーテは 1967 年にノーベル物理学賞を受賞しているが，受賞理由は多くの研究業績の中で「原子核反応理論への貢献，特に星の内部におけるエネルギー生成に関する発見」であった．

3.3 『ロスアラモスからの道』

第 2 次世界大戦が勃発するとベーテは戦争に協力する立場をとった．ロバート・オッペンハイマー (J.Robert Oppenheimer, 1904〜1967) が 1942 年にニューメキシコ州のロスアラモスに秘密兵器研究所を開設し，原爆製造のためのマンハッタン計画を立ち上げたとき，ベーテは理論部門の部長に任命された．彼はここでウランの爆発的連鎖反応を起こすのに必要な臨界質量の計算などに当たっていた．

戦後はアメリカ連邦政府の科学技術関係の政府委員として，政策の実施

図 4.10　ロバート・オッペンハイマー肖像

にも参加しているが，水素爆弾の危険性を表明するなど，平和への志向を表明している。

　ベーテの戦後の活動は 1991 年に出版された『ロスアラモスからの道』[4.24] でたどることができる。これは『原子科学者通報』，『サイエンティフィック・アメリカン』，『アトランティック月報』などの雑誌や，ニューヨークタイムス，ワシントンポストなどの新聞に掲載された記事を事項ごとに編集したものである。事項としては「核爆弾」，「兵器管理」，「勧告と異議」，「核力」などがあり，そのほかに 5 人の物理学者の紹介や，天体物理学の解説なども含まれている。

　アメリカは戦後，「鉄のカーテン」と呼ばれる激しい東西対決のもとでの核兵器開発競争という時代に入る。平和への願いと核戦争への恐れとが交じり合っていたからベーテの対応は苦渋に満ちたものであった。例えば，『サイエンティフィック・アメリカン』誌に書かれた「水素爆弾」という記事 (1950 年) がある。ビキニで水爆実験の行われる 4 年前である。彼もソ連邦で秘密裏に進んでいる水爆計画に強い危惧を抱いており，アメリカでの推進計画が当時のトルーマン大統領の決断で進められることになったときも，その決断に従った。しかし，彼は水爆に威力を十分に知っ

ており，それを次のように世論に訴えていた．

> 「計画中の水爆は広島型原爆の 1000 倍の威力を持っており，その爆発波と熱波は瞬時に半径 50 km の人畜を殺傷し，放射能はさらに広い範囲で瞬間的かつ永続的な被害を与えるであろう．人類にとって道徳的にも多大な害となる．……戦後アメリカ国内においても日本への原爆投下は誤っていたという感情が広がっており，私もそう考えている．……」

水爆実験後も冷戦は深まるばかりであった．オッペンハイマーやハイゼンベルクらとも親しかったドイツ生まれのサイエンスライター，ロベルト・ユンク（Robert Jungk）はその著書『千の太陽よりも明るく』（1956 年）[4.25] の中で原子科学者の社会的責任を厳しく批判している．ベーテも著書の中でユンクの書評を行い，彼の論調に同感しつつも，アメリカの当事者としてオッペンハイマーやテラーらの核兵器推進者の責任を擁護する姿勢もにじませている．なお，オッペンハイマーは高等研究所所長として核兵器の国際的管理を呼びかけたが，水素爆弾などの核兵器に対しては反対の立場をとるようになった．オッペンハイマーは物理学の面では中性子星がさらに圧縮される可能性を示唆したことで知られている．ベーテはオッペンハイマーを偲んで伝記を捧げ，その平和的志向への共感を表わしている[4.26]．

また，『ロスアラモスへの道』に集録されている「科学と道徳」（1962 年）の記事はコーネル大学の民主主義研究所のマクドナルド（D. McDonald）によるインタビューに答えたものであるが，その中でもベーテは科学者の責任について率直な意見を述べている．例えば，「（核兵器の開発について），アメリカの核物理学者の間に統一した反応は見られないのですか？」というマクドナルドの問いには「科学者の意見は両極端にまたがっている．クエーカー教徒を中心とする人々は原子兵器に関与しない科学に限りたいというし，他方では最も恐るべき兵器でも，その結果を考えることなく開発を進めるべきだといっている．……（科学者はそれぞれ社会に対して影響力を持っているが，軍当局や議会に向けた意見の影響力が大きい．……）私に言えることは軍事に関した事項について政府や各委員会はそれが平和維持の

視点から望ましいものであるか，将来前進できるものかどうか，良心的な判断を下すべきであると信じているということである。」このインタビューの最後にベーテは次のように述べている。

> 「(これまで述べてきたことは科学ではなく主に技術の問題であった。) 技術はわれわれの生活に巨大な影響力を持ってきた。残念ながら軍事技術が特に際立っている。軍事技術は人々を大きく混乱させてきた。いまでもそうである。われわれはまだ正しい対応を見出していない。それを見出すのは科学ではなく，人間性の価値の見直しから由来すべきである。」

この書は厳しい冷戦時代における良心的なアメリカ人の1人としての貴重な発言であった。

晩年のベーテはコーネル大学での研究を楽しみながら，静かな余生を送っていたが，2005年3月に心臓発作によりイサカで没した。享年98歳の天寿であった。

ワイツゼッカーと思索的物理学

4.1 その生涯と人柄[4.27]

カール・フリードリッヒ・フォン・ワイツゼッカー (Carl Friedrich von Weizsäcker, 1912～2007) は外交官エルンスト・フォン・ワイツゼッカーの息子としてドイツ北部のキールで生まれた。叔父のリチャード・フォン・ワイツゼッカーは元ドイツ大統領，祖父はビュルテンベルク王国の首相カール・ヒューゴー・フォン・ワイツゼッカーという名門の家系である。父が外交官として各地に転勤したため，カール・フリードリッヒもそれに伴って移動し，シュトットガルト，バーゼル，コペンハーゲンなどで成長した。1929年 (17歳) からベルリン大学でハイゼンベルクの指導で物理学を学び，その後，コペンハーゲンでニールス・ボーアから原子物理学の薫

図 4.11 ワイツゼッカーの肖像

陶を受けている。

ワイツゼッカーはその著『人間的なるものの庭』(1977 年)[4.27] a の最後に「自己紹介」という章を置き生涯の思い出を語っているが，これは生活や仕事の伝記ではなく，自らの精神史ともいえるものである。その中で若き日のエピソードを 2 つ語っている。

1 つは父がスイスのバーゼルでドイツ領事をしていた頃の話でカール・フリードリッヒは 12 歳であった。祭りの踊りの列から離れて「すばらしい星空の夜の中に逃れ出た。」「星空の素晴らしさの中には，何らかの仕方で神が現在していた。……同時に私はあの星々が物理学の諸法則を充足している原子から成り立つガス球であることも知っていた。」「(星と神の) 2 つの真理の間の緊張は，解明できないものであるはずがない。」という体験である。

他の 1 つはそれより 1 年ほど前に新約聖書の拾い読みを始めていた頃の話である。あるとき，「山上の説教の真理は私の心を打ち，私をひどく狼狽させた。もし，ここにあることが真であるなら，私の生活は間違っていたのだ。」，「深い宗教的感動に浸っていたある夜のことであったが，私は神への奉仕に自分の生涯を捧げる約束をした。」，「(そのためには) 牧師となることしか考えられなかったが，私はやはりむしろ天文学者になりた

かったのである。」

　このような体験や宗教的精神はワイツゼッカーの生涯を貫いた大きな幹となっている。しかし，それにもかかわらず彼は第2次世界大戦中，原爆製造という任務を遂行しなければならなかった。

　彼の「自己紹介」によると，1939年のクリスマスの晩，ベルリンにいた彼に先輩のハイゼンベルク（Werner Karl Heisenberg, 1901〜1976）から原爆製造の可能性について打診があった。それを受けて翌年，彼はハイゼンベルクとともにカイザー・ウィルヘルム研究所の物理学と化学研究部門を統合して「ウラン・プロジェクト」を立ち上げた。しかし，1年余りたった頃，彼は「原爆製造ということはわれわれの可能性をはるかに超えることを認識した。そしてわれわれは（核）反応炉模型についての仕事に集中したのである。」

　しかし，アメリカではワイツゼッカーが核兵器開発に取り組んでいることに大きな脅威を感じていた。アインシュタインは1939年と1940年の2回にわたってルーズベルト大統領に手紙を送り，ワイツゼッカーを責任者とするドイツの開発能力の高さを指摘していた。その手紙がアメリカにおける核兵器開発の原動力になり，マンハッタン計画の発端になったことはよく知られている。ワイツゼッカーは戦後，ステフェニア・モウリッツイ（Stefania Maurizi）のインタビュー[4.27] b の中で「われわれは原爆を作らなかったが，世界初の原子炉を製造したことを誇りに思う。」と述べている。

　戦争終結後，1年間，英国に拘束されていたが（このときに日本への原爆投下の事実を知らされたという），1946年に許されて帰国し，ゲッチンゲンのマックス・プランク研究所の物理学部門の部長として復帰する。1957年から69年まではハンブルク大学の哲学教授を務め，1970年から80年まで，彼のために設けられたマックス・プランク研究所の「現代世界における生存条件」部門の部長に就任し，核戦争の危険と脅威からの脱却を目指す軍縮，平和問題と取り組んだ。また，このころ，インドの宗教家ゴピ・クリシュナ（Gopi Krishna）と協力して「西洋科学と東洋の知恵」財団を設立して，哲学の幅を東洋思想にまで広げている。1980年に定年を迎

えたが，その後も物理学をはじめ，哲学，社会学，宗教の分野で多くの業績を残している．

ワイツゼッカーは 2007 年，病を得て永眠した．享年 94 歳であった．その一生を振り返るとその姿は巨大な一本の樹木のようである．物理学という太い幹の周りには哲学，宗教など広い分野での活躍が緑の葉を広げている．モウリッツイが彼に「世紀の巨人」という献辞を捧げているのもそれを表わしている．

4.2 熱核反応と星の進化

ワイツゼッカーもベーテと同じように星の熱源としての CNO サイクルを 1938 年に発見しているが，発見を伝える論文[4.28],[4.29]はベーテの論理的，数量的な扱いに比べて，思索的，探求的である．彼は星の内部で進行する熱核反応を吟味し，それらが観測されている水素量とどのような関係を持つかについて考察を始めた．彼はまず陽子—陽子反応で重水素と陽電子を生じ，ガンマ線を放出する熱核反応 (4.8) 式を考え，水素相対量の大きい星ではこの過程で説明できると考えた．しかし，この熱源は温度の依存性が低く，主系列星の早期から晩期までの大きな光度差を説明するのが難しい．

そこで，ベーテと同じように，重い元素は星が現在の姿に生まれる以前にすでに形成されていたと仮定し，水素からヘリウムへの合成にこだわらない核反応の連鎖を探し求め，その結果，(4.9) 式と同じ形の CNO サイクルを見出した．このサイクルの発見は 1938 年でベーテより 1 年早いが，CNO サイクルの発見はベーテとワイツゼッカーの 2 人に帰せられている．

こうした熱核反応の理論に基づいて，星の進化を次のように考察している．彼はまず，星のエネルギー生産機構として 4 つの可能性を挙げた[4.29]．

1. 単純な重力収縮（星の化学組成の変化は伴わない）．
2. 元素合成．水素から始まって重い元素を合成しながら核エネルギー

を生産する。
3. 星内部の物質の一部が濃密な中性子へと変換することに由来する重力収縮。解放されるエネルギーは重力エネルギーとともに核反応エネルギーを伴っている。このエネルギー源は高密度の星に適用される。
4. 質量の完全な放射への転換。物質消滅によってエネルギーを生産する。

このうち，第2のエネルギー源はチャンドラセカールが「ワイツゼッカーの仮説」と呼んだものである（第2節）。ワイツゼッカーも第2過程を採用しているが，元素合成には広い意味と狭い意味がある。

狭い意味では星内部の核反応はエネルギー生産に寄与するだけとするのに対し，広い意味はエネルギー生産だけでなく，星の元素組成も変化させる，というものである。水素からヘリウムへの合成は知られていたが，重い元素の合成過程は単純ではない。ベーテの場合と同じようにCNOサイクルによってHeが合成されるが，なぜ，星の内部にC，Nのような重い元素が存在するかは明らかでない。したがって，広い意味での元素合成はワイツゼッカーの時代にはまだ未解明の過程であった。そのため，重い元素の合成は星形成以前の始原的過程で形成されたとして，その存在を仮定し，その上でCNOサイクルの発見に到達したのである。

上記の4つのエネルギー源のうち第4については，核物理学では「絶望的な低い生起確率しかない」として自ら否定している。1から3までの過程について，ワイツゼッカーは星の進化との関連を次のように考えた。

1) 星の形成は冷たいガスの収縮から始まるので，最初は熱源1で輝くであろう。
2) 中心温度が十分に高まると熱核反応による熱源2に移る。ここで星は安定になり，生涯の多くの時間をこの熱源で過ごす。
3) 安定期の最後に近づくと，中心温度と中心密度の上昇からエネルギー開放が急激に進み，星は直接爆発するか，あるいは不安定な

脈動期を経た後に爆発する。
4) この爆発によって中心に中性子を含んだコアが残り，ある時期に熱源3で輝くようになる。

この進化経路によると主系列星と赤色巨星との関係はどうなるのであろうか。巨星についてワイツゼッカーは，赤色巨星には水素の重い同位元素が多数存在しており，その崩壊が熱源になっているとした。しかし，その過程は明確でなく，赤色巨星の熱源はベーテとともに両者にとって未解決の問題として残されていた。

4.3　太陽系生成論

天文学の分野でワイツゼッカーが最も活躍した分野の1つに惑星系形成論がある。それについて概要をまとめてみよう。

太陽系形成論について1930年代に議論になっていたのは原始星雲の収縮によるという星雲説と，太陽と恒星との近接遭遇によって太陽から放出されたガスの凝縮によるという遭遇説であった。しかし，どちらも星雲状ガスは散逸してしまい，惑星の誕生が説明できないという困難を抱えていた。

その中でワイツゼッカーが1943年に提唱した惑星系形成論[4.30]はきわめて有望な説として注目を浴びた。その理論の特色をまとめてみよう。

1. 基本的に星雲説の立場を取る。古典的な星雲説，遭遇説はともにガスが散逸して惑星系を形成しない。散逸を避ける過程として原始ガス星雲の中の乱流に注目する。
2. 銀河系内の星間媒質には乱流が存在し，乱流要素 (eddy) として種々のサイズで分布する。原始太陽星雲はそうした乱流要素の1つとして生まれた。乱流要素が重力作用によって収縮すると，内部のガスは中心の周りを周転円的 (epicyclic) に回転する渦動の集まりへと成長する (図4.12)。

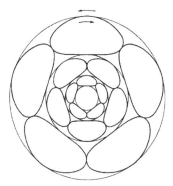

図 4.12　原始太陽星雲における渦動構造（ワイツゼッカー，1943 年）

上の矢印は星雲（円盤状）の全体的回転方向，下の矢印は渦動内のガスの運動方向を示す．隣接する渦動は異なった向きに運動する面で接する．

各渦動は回転運動をしながら全体として同一方向に回転する（周転円運動）

3. 原始太陽系星雲は渦動の集まりであるが，これらの渦動は図 4.12 のように 5 個の渦動帯として段階的に分布する．5 個という数は太陽系の惑星の軌道半径の比率を表わすボーデの法則と調和するように仮定された．惑星が誕生するのは渦動からではなく，渦動に囲まれた静かな空間からである．
4. 原始星雲はガスと少量の固体微粒子からなり，惑星は微粒子間の衝突，合体によって成長した．
5. 原始星雲の構成は大部分が水素とヘリウムであったが，その多くは角運動量とともに太陽系外に散逸した．

この乱流に基づく生成理論は 1945 年にガモフとハイネク[4.31]によって英語圏の研究者に紹介され大きなインパクトを与えた．これはテル・ハール (ter Haar) によって拡張され[4.32]，現在の惑星形成論の源流となっている[4.33]．

4.4　哲学的考察

　ワイツゼッカーは 1950 年代以降も量子理論や時空論など，物理学の分野で研究を続けているが，活動の軸足は哲学的考察に移った．考察の範囲

は哲学,宗教,自然科学など多岐にわたっているが,基本にあるのは人間論である。ここで代表的な著作として冷戦時代に書かれた『人間的なるものの庭』(1977年)[4.27]a と,晩年に書かれた『人間とは何か —— 過去,現在,未来の省察』(1991年)[4.34] について紹介してみよう。

『人間的なるものの庭』は邦訳で830ページに達する大著である。「庭」とはいくつもの小道があるという意味である。この書は人間を歴史的存在として理解しようとする試みである。歴史的とは人間界,自然界を問わず,彼の言葉によれば「平原と危機」の連鎖である。「平原」とは進化が長期的,安定的に進行する時期であり,「危機」とは短期間に急激な変動を示す時期で,歴史はこれを交互に繰り返す。人間の歴史でいえば,危機は戦争であったり,文化面では「科学革命」であったりする。自然界では例えば星の進化に現われる急激な変化がある。

こうした人間論から彼は現在(冷戦時代)の科学技術の時代について4つの「憂慮」を表明している。第1は「資本主義社会において階級格差は消滅しない」こと,第2は「共産主義社会においては市民的自由が実現されない」こと,第3は「近代文化において世界はますます統治できなくなっている」こと,そして第4は「近代意識においては無意味という感じがますます強くなっていくように見える」こと。彼はこうした憂慮を「世界国家という調整機関が存在しないこと」,それから派生する「環境破壊の危機」,「世界の統治不可能性」にまとめている。平和問題についても「兵器の超強大さに頼った戦争抑止は信頼のおけるものではない。」,「平和を作ることのできるのは,自らが平和的である人のみである。」と述べて平和教育の意義を強調している。

次の『人間とは何か』も大著である。前著に続いてここでも歴史的人間論が中心であるが,ワイツゼッカー哲学と呼ぶべき彼の心情で満たされている。それは自然科学者によるカント流の思索といってよいかもしれない。自然科学者とくに物理学者として,彼の文化社会批判には絶えず量子論の蓋然性と相対論の相対性が姿を見せる。その一方では根底にキリスト者としての宗教的精神が流れている。彼は自らを「キリスト信仰に生きる実存」

と呼んでおり，生涯ドイツ・ルター派から離れることはなかったが，カトリックや他の宗派に対して開かれた理解を持っていた．こうした基盤に立って最後の章「人間はどこへ行くのか」では再び平和論に戻り，最後に彼の決意を表明している．その言葉を再現しておこう．

> 「私は地球規模の破局の危機について今日まで自分の生涯を通して語ってきたつもりです．これからも語り続けていかなければと痛感しています．……しかし，私は歴史の究極的終焉の到来を一度として考えたことはありません．いまもそうです．今日まで力説してきたことは，行動への勇気です．どんなことがあっても，決してたじろがないことでした．」

この2つの書を読むことによって，われわれはワイツゼッカーの深い泉のような人柄に触れることができる．

5 ガモフと星の均質的進化論

5.1 ガモフ，ロシアからアメリカへ[4.35]

ジョージ・ガモフ（George Gamov, 1904～1968）（ロシア名：ゲオルギイ・アントノヴィチ・ガモフ）はロシアのオデッサ（現ウクライナ）で生まれた．父アントンは軍人家系の出であったが，オデッサの町の実業学校で文学を教えていた．母のアレクサンドラは牧師の家系で女子の実業学校で歴史と地理を教えていた．子供の頃から自然に親しみ，6歳のときハレー彗星を眺めて興奮したという．13歳の誕生日に父からプレゼントされた小型望遠鏡で星空に憧れ，このときから科学者への道を志したという．しかし，この年母が死亡し，ロシア革命と内戦で政治不安と食糧不足が4年続いた．そうした困難の中でもガモフは数学や物理学の学習を進めていた．

ようやく1922年にオデッサのノボロシヤ大学に入学し，翌年レニングラード大学（現サンクトペテルブルク大学）に転学して理論物理学を専攻す

図 4.13 ガモフの肖像と署名

る。講義の中で興味を持ったのはアレクサンドル・フリードマン（第 7 章）の相対論と宇宙論であった。ガモフは卒業後フリードマンについて宇宙論の研究に入りたいと思ったが，それは 1925 年のフリードマンの不慮の死によって果たされなかった（第 7 章）。そこで彼は原子核理論の道に入ることになる。彼の学友には同じ物理学者のレフ・ランダウ（Lev Landau）とマトヴェイ・ブロンシュタイン（Matvey Bronstein）がいる。ブロンシュタインは量子重力論で知られていたが人権主義を主張したためにソビエト連邦政府によって拘束され 1938 年に銃殺されている。1920 年代から 30 年代にかけてソ連では粛清の波がうねり，科学者の中にも犠牲になった人が多数いた。ソ連の暗い時代であった。

　ガモフはレニングラード大学卒業後も核物理学の研究を進め，とくに放射性元素からの α 粒子放出の機構について初めてトンネル効果の考察を行っている。1929 年に，西ヨーロッパに留学して，コペンハーゲンの理論物理学研究所，ケンブリッジのキャベンディシ研究所などで核物理学の研究に打ち込み，太陽，星内部の熱核反応の研究も進めている。帰国した

ガモフはレニングラードのラジウム研究所に勤務し，1932年にはヨーロッパ初のサイクロトロンの建設にも加わっている．
　このころ，同じ理論物理学者の仲間の1人，リューボフ・ヴォクミンゼバ (Lyubov Vokhminzeva) と知り合いになり，1931年に結婚した．2人は次第に自由主義的志向を強め，政治的圧迫を受けるようになった．1932年，2人は闇にまぎれて黒海沿岸からトルコへの出国を試みたが，このときは悪天候のため成功しなかった．1934年にベルギーのブリュッセルで開かれたソルベー会議（エルネスト・ソルベーの提唱によって1911年から始められた主要な物理学者による研究集会，数年に1度開かれていた）の折，彼らにはなかなか旅券が交付されなかった．ガモフには「原子核の構造と基本性質」と題する招待講演があったので交付されたが，リューボフはガモフの必要不可欠な秘書ということでようやく旅券が下りた．それにはガモフがクレムリンで首相のモロトフと直接交渉したというエピソードもある．こうして2人はその年の10月列車に乗ってヘルシンキへと向かい，ソ連とのお別れとなった．
　しかし，ソルベー会議の後，ガモフの職探しが始まる．はじめ，パリ，ケンブリッジ，コペンハーゲンなどでそれぞれ数週間の給費は得られたが，定職を得るのは困難であった．そこでその年の内にアメリカに渡り，ようやく学長マーヴィン (C. H. Marvin) からの招聘によってジョージ・ワシントン大学の理論物理学教授に就任する．こうしてアメリカでの生活が始まり，1954年までこの大学に留まる．1956年からコロラド大学で1968年まで教鞭をとるが，この年，ガモフは病を得てコロラド州のボルダーで死去した．享年64歳であった．

5.2　熱核反応と星の進化論

　ガモフは1927年から1931年頃にかけて放射性元素の崩壊を中心に核物理学の理論的研究を進めていた[4.36],[4.37]．原子核は陽子と中性子が核力によって結合している．全体としては強い陽電体であるから，陽子が核内

から放出されるためには原子核を取り囲む強い陽電気のポテンシャルの壁を通過しなければならない．同じように陽子が原子核に捕獲されるためにも陽子はポテンシャルの壁を通過しなければならない．陽子のエネルギーが高くなるとある確率でこの壁を通過することができる．このプロセスは量子力学的にトンネル効果と呼ばれ，ガモフによってその確率が計算された．

ガモフのトンネル効果の理論は早速，グリニジ天文台のアトキンソン（R. Atkinson）と，ゲッチンゲン大学のフーターマンス（F. G. Houtermans）によって，星内部における核反応に採用された[4.38], [4.39]．アトキンソンは1931年にガモフのトンネル効果とガス分子速度のマックスウェル分布を組み合わせ，星の中心核では原子は陽電子を捕獲して次第に重い元素を合成していくという理論を検討している．彼は陽子捕獲過程によって星のエネルギー源と元素組成を説明しようと試みた．陽子捕獲だけですべての元素組成を説明することには成功しなかったが，トンネル効果とマックスウェル分布の組み合わせはその後の核融合反応の基本的過程となっている．

ガモフはアトキンソン，フーターマンスの理論に基づいて，1938年頃から星の進化の研究に取り組み，熱源として2つのモデルを考えた．熱源が星の中心に集中する点源モデルと，熱源が中心からある距離の殻状に集中するという殻源モデルである[4.40], [4.41]．そのうち，点源モデルは採用できないとして放棄しているが，その理由として，核反応率は温度に対し指数関数的に増大するので，核反応の進行とともに，中心温度，したがって星の光度と表面温度が急激に増大し，観測的な質量光度関係に違反すること，および，このモデルによるとカペラの中心温度と密度は太陽より小さくなり，カペラの明るさが説明できないことなどを挙げている．

一方，殻源モデルは，熱核反応には選択的温度効果が存在し，ある温度で核反応率が最大になるとの考えに基づいて導入された．このモデルでは星の中心からある半径で最大効率の熱源となり，殻内部は不活性な等温核になる．核反応によって水素量が減少すると熱源の殻半径も緩やかに変動

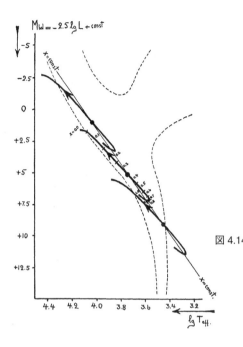

図 4.14 殻源モデルと HR 図上での星の進化経路（ガモフ，1938 年）

星の質量が太陽の 2，1，0.5 倍の 3 例を示し，太陽質量の星の現在点が太陽で，黒丸で示されている。進化の向きはどれも主系列に沿って高温へと向かうものである。

するので，星の進化は質量光度関係に違反しない。また，カペラは太陽より半径が 10 倍も大きいので熱源の殻の半径も太陽より大きく全体的な熱量も大きいであろう。したがってカペラが太陽より明るいことと矛盾しない。こうして星の内部のエネルギー生成は殻源モデルによって説明できるというのがガモフの基本的アイデアであった。

　ガモフはそれ以後，個別の核反応の評価よりも，殻源モデルに基づく星の進化論に重点を置いて議論を進めている。彼の殻源モデルによる進化経路を図 4.14 に示そう。それによると，すべての主系列星は主系列に沿って高温高光度の星へと進化し，新星または超新星としてその生涯を閉じる。彼の進化論は 1941 年にポピュラー・アストロノミー誌に掲載された記事「われわれの太陽は爆発に向かう」[4.42] に見られるので簡単にまとめてみよう。

彼は「星の爆発にはどんなものがあるだろうか？」という問いから始める。

「歴史的に顕著な星爆発としてベツレヘムの星，かに星雲，ティコの超新星，そのほかに毎年のように発見される新星がある。超新星になるのは大質量の星であり，中小質量の星は通常の新星になるのであろう。シリウスは太陽よりずっと重い星なので，それが爆発するとベツレヘムの星と同じように輝くに違いない。それに比べると太陽は普通の新星程度であろう。」

次いで「太陽の爆発とはどのようなものであろうか？」という問いに対して次のように答える。

「それには太陽の熱源を知る必要があるが，今日ではそれが熱核反応であることに疑いはない。それは星の中心部での高温高圧のもとで元素を変換する錬金術なのである。温度 2000 万度 (K) という太陽中心では水素をヘリウムに変えるという錬金術が働き，太陽を輝かせるに十分なエネルギーを生み出す。太陽の熱源として水素の重要性が認識されるようになったが，最初の頃は水素が消費されて熱源が枯渇すると星は収縮して冷たくなっていくのではないかと考えられていた。しかし，筆者（ガモフ）は反対の道筋を指摘した。水素が減少すると星は反って輝きを増し，最後には爆発してしまうのである。太陽も同じ道をたどるが，太陽はいまより 100 倍も明るくなってから爆発する。」

「それでは太陽はいつ爆発するのであろうか。突然爆発して人類に襲い掛かる心配はないのか。人類は『ダモクレスの剣』の喩えのように，つるされた剣の下で絶えずおびえながら暮らさなければならないのであろうか。幸い，太陽の錬金術反応は大変バランスよくゆっくり進むので，突然爆発することはない。しかも，爆発が起こるのは数十億年後であるから，心配は不要である。」

こうしてガモフは読者を安心させてくれる。なお，ガモフは HR 図を従来のように分光型と絶対等級との関係ではなく，進化論の立場から横軸を有効温度，縦軸を光度の，それぞれ対数で表わすという手法を導入した最

図4.15 トムキンス氏夫妻(ガモフ画)
『トムキンスの冒険』第9話「マクスウェルの魔」より。教授の娘さんと結婚したばかりのトムキンス氏。新刊雑誌の賭博必勝法を読んで夫妻は勢いづいたが，この後，訪ねてきた教授から必勝法の確率はゼロに近いと教えられてがっかりする。楽しいストーリーと絵で科学を普及しようとするガモフの思いがよく表れた挿絵である。

初の人である[4.40]。

5.3 トムキンス氏の冒険

ガモフはサイエンスライターとして多くの人から愛されてきた。『不思議の国のトムキンス』(1940年)，『原子探検のトムキンス』(1942年)などのトムキンスシリーズ[4.43]をはじめとして物理学，宇宙論を中心に一般読者向けに多数の普及書を著わしてきた。科学普及の功績によって1956年にUNESCOからカリンガ賞が贈られている。

トムキンスシリーズは銀行員のトムキンス氏が大学の講演会に出席したものの難しい話に眠くなり，うとうとしているうちに奇妙な夢を見るという筋立てである。夢は相対論世界のゆがんだ世界であったり，原子内部の輪郭のはっきりしない世界であったり，さまざまである。愉快な挿絵も多いがそれらはガモフ本人によって描かれたものである。また，1940年に著わされた『太陽の誕生と死』[4.44]は前述の「われわれの太陽は爆発に向かう」と同じ論旨であるが，軽快な文章はいつまでも人を惹きつける。ガモフの解説はいまではもう時代遅れになっているが邦訳書も多く，1950

年代に青春を送った筆者には懐かしい思い出が多い。

6 エピックと星の非均質モデル

6.1 生い立ちからタルト天文台へ[4,45]

エストニアの首都，タリンはバルト海からフィンランド湾に入り込んだ海辺の港町で，昔から交易で栄えていた。エルンスト・ユリウス・エピック（Ernst Julius Öpik, 1893～1985）はこの町に近いポートタウンで 1893 年 10 月に生まれた。父カール・ハインリッヒ・エピック（Karl Heinrich Öpik）はロシア海軍の将校，母アンナ・エピック（Anna Öpik）は文献学者であった。地元のタリン高校を卒業後，1912 年（18 歳）から父の縁で 4 年間，モスクワ大学で天文学を学ぶ。研究課題は太陽系小天体であったが，学生時代のエピソードとして高密度星の発見にまつわる話がある。彼は 1916 年頃に連星の主星，伴星の軌道解析から星の平均密度を測定していた。10 個ほどの星の測定を行い，それらの星が太陽と同程度の平均質量を持つことを見出したが，1 個だけが異常に高い密度を示した。それは o^2 Eri（エリダニ座オミクロン伴星）で，平均密度は $\rho = 25000$ g/cm^3 という高い値を示していた。彼はそれほど高い密度の物質の存在を受け入れることができなかったので，これは「物理的に不可能」と考えてこの値を捨ててしまった。しかし，同じ時期にアメリカのアダムス（Walter Adams）はシリウス伴星に高密度星を発見し，それを白色矮星と呼んで高密度星研究の開幕を告げていたのである。こうしてエピックは重要な発見を見逃してしまった。

1919 年に大学を卒業するとソ連政府のタシケント大学設立の調査団に加わり，天文台建設の任に当たった。彼の提案した計画案に従って建設は順調に進み，翌年からエピックは大学付属のタシケント天文台長として観測に取り組む。ここで 4 年間を過ごし，流星や小惑星の観測などに当たるほかに，星や銀河の観測にも興味を持ちいくつかの論文を書いている。し

図 4.16　エルンスト・エピックの肖像と署名

かし,エピックにとってタシケントの風土は健康に適さなかった.このため,1923 年に故郷のエストニア大学に戻る.その年にタシケントでの観測をまとめた「流星の統計的研究」によって学位を得る[4.45]a.この研究は流星の統計的性質(放射点,地平高度,落下速度,明るさの分布)から流星物質の太陽系内の運動を解析するもので,彼は流星観測の先駆者として知られている.

　流星などの研究が認められて,エピックはタルト大学の助教授に採用され,やがて教授兼天文台長に就任して,1944 年 (51 歳) までここに留まる.その間にベラ・オレシキナ (Vera Oreschkina) と結婚し 3 人の娘を持つがベラが早世したため,研究助手であったアリーデ・ピーリ (Alide Piiri) と再婚し,さらに 3 人の子供をもうけている.

　1930 年代,エストニアはまだソ連に併合されておらず,自由があったので,エピックは 1930 年から 34 年にかけてハーバード大学と付属天文台に客員研究員として滞在する.この時期は彼にとって研究上において

も，交友を広げる意味でも，生涯の節目となる機会であった．研究面では主として太陽系天体の研究を行っているが，星の構造や熱源，進化について多くの刺激を受けている．そのため，エストニアに帰国後の数年間は星の研究に集中している．また，ハーバード滞在中には講義や研究指導なども担当しており，このときの友人や学生たちが後年，彼に戦火が迫ったとき，エストニアを逃れ，北アイルランドのアーマー天文台への道を開いたのであった．

アーマー天文台におけるエピックの太陽系天体の研究の中で注目されるのは，彗星の軌道分布から彗星の多くは太陽系外周部から飛来してくるものであろうとの予測を行った点である[4.46]．太陽系外延部の彗星物質のベルトは後にオールト (J. Oort) によって発見され，オールトの雲と呼ばれるがエストニアではオールト・エピックのベルトと呼ばれている．

6.2　星の非均質モデルと進化過程

エピックはタシケントに滞在していた 1922 年にすでに星の進化についても考察を行っている[4.47]．これは星の熱源として当時主流であった重力収縮と放射性物質に基づいて星の光度分布を統計的に解析したもので，観測される光度分布を説明するには星がある時期に増光する必要があるとして増光の原因を放射性物質の何らかの活動性によるのではないかと示唆している．しかし，星の進化に関するエピックの研究が本格化するのは 1930 年代に入ってからである．

なかでもタルト天文台において 1938 年に行ったエピックの恒星の熱源と進化の研究[4.48]はベーテとワイツゼッカーの核反応サイクル発見に先立つ先駆的なものであった．彼が最も注目したのは星の非均質内部構造と矮星から巨星への進化である．その要旨をたどってみよう．

(1) 星の熱源として重力収縮では全く不十分であることは知られていたが，1930 年代初期にはエディントンによって示唆された「質量消滅」機構が主流であった．単一粒子からの質量消滅としては放射性元素の崩

壊が考えられるが，太陽の熱を支えるほど多量の放射性元素が存在するとは考えられない。もし，存在比がそれほど高く，普遍的であるなら地球も灼熱になっているはずである。また，質量消滅を粒子間の衝突，例えば陽子と電子の衝突と考えると，衝突の確率はガスの密度と温度に依存する。密度が高いほど確率が高いから，密度の高い矮星のほうが巨星よりもエネルギー発生率が高く，矮星のほうが明るくなってしまい，観測と矛盾する。こうして，エピックは「質量消滅」起源説は破綻するので，可能な熱源は熱核反応による元素合成のみであることを示した。

(2) 太陽の場合に，熱核反応による熱源としてはアトキンソン(R. D'E. Atkinson)とフーターマンス(F. G. Houtermans)は 1930 年頃にすでに重い元素は水素からの融合核反応によって合成されると示唆していた。エピックは彼らの計算した核反応確率[4.49]をもとに，太陽エネルギー源としては陽子—陽子反応および，$C^{12} + H^1$ から He^4 を合成する反応で十分であると指摘している。ただし，エピックは反応サイクルの存在までは踏み込んでいなかった。

(3) 星の内部で熱核反応が進むと原子量の大きい元素が合成される。ベーテやワイツゼッカーらは合成された重い元素は対流によって外延部まで運ばれ，星の内部の元素組成は常に均質であると考えた。しかし，中心核では質量の大きいヘリウムが合成されるため対流は十分に進まず，生成されたヘリウムは中心部に蓄積してヘリウム核を形成する。熱源を失ったヘリウム核は重力によって崩壊しながら，中心温度を上昇させ，収縮エネルギーを生産する。主な熱源は中心核に接する層に移り，星の内部には複雑な層構造が生じる。また，中心温度の上昇によって強い放射圧が生じ，それによって星は膨張する。これが巨星である。

(4) こうして内部構造の変化によって矮星から巨星への進化が自然に説明される。エピックの描いた巨星の内部構造を図 4.17 に示そう[4.48]。図の中で中心核 C (半径 r) は陽子—陽子反応で生成されたヘリウムの核である。すでに核反応は終了しているが重力的に収縮しつつあり，重力エネルギー L_1 を生産している。C を取り巻く層 A は陽子—陽子反応が進行

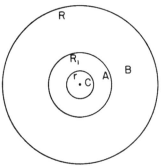

図 4.17 巨星の内部構造の例（エピック，1938年）
中心のヘリウム核 C（半径 r）は収縮しつつあり重力エネルギーL_1 を生産する。それを囲む A 層（半径 R_1）は核反応によってエネルギーL_2 を生産する。外層部 B はエネルギーを生産せず，放射輸送によってエネルギーを表面に運ぶ。表面（半径 R）から星の全光度 $L = L_1 + L_2$ が放射される。

中の対流平衡帯でその外半径 R_1 の面からエネルギーL_2 を生産している。外層部 B は温度が低いため核反応は起こらず，放射平衡の状態にある。星の表面（半径 R）からは星全体の光度 $L = L_1 + L_2$ が放射される。こうして主系列から巨星へと進化した星は内部に非均質な構造を持つことになる。

エピックは主系列から巨星への進化過程については直接触れていないが，星の進化を中心密度 ρ_c と平均密度 ρ_m との比（ρ_c/ρ_m）の変化という観点から考察している。彼の計算によると，主系列星ではこの比は 6〜265 程度であるが，赤色巨星へと進化すると，中心温度が高まり，中心部が凝縮して ρ_c が増加し，星の大気は膨張して ρ_m は低くなる。そのため，密度比は主系列を離れる時点での 5×10^5 から最終的には赤色巨星の 4×10^{21} へと増大する。ベーテやワイツゼッカーらが赤色巨星の熱源に困惑していた 1938 年に，エピックはすでに赤色巨星への進化を中心核の凝縮と外層部の膨張として正しく理解していたのである。

6.3 アーマー天文台と晩年

第 2 次世界大戦が勃発し，1944 年になるとソ連軍のエストニアへの侵攻が目前に迫ってきた。ソ連邦に反対するエピックは危機を逃れるため，

家族とともに馬車に家財を積み込んでドイツのハンブルグへと向かった。長い旅を采配したのはアリーデ夫人であった。ようやくハンブルグに到着し，バルチック天文台の台長オットー・ヘックマン（Otto Heckman）に迎えられた。ヘックマンはエピックがハーバード滞在中に知り合った旧来の友人である。エピックは特別研究員として天文台で研究を始めた。しかし，ドイツは翌年壊滅し，ハンブルグも天文台も安定ではなかった。

エピック一家の生活も困難になってきた。その危機を救ったのはハーバード時代にエピックの指導を受けた教え子のエリック・リンゼイ（Eric Lindsay）であった。エリックは北アイルランドのアーマー天文台長である。彼はエピックの優れた資質を天文台の活性化に活かそうとして，彼をシニア研究員として迎えた。このときエピックは54歳，人生の半ばを過ぎたところであった。

エピックはリンゼイの期待にそむかなかった。太陽系天体，星から宇宙論にいたるまで幅広い研究でアーマー天文台の研究を推進した。天文台の現代化を図るために彼が力を入れたのはアメリカの天文台や大学との交流であった。アメリカにはハーバード時代に築かれた多くの友人，知己がおり，彼自身もメリーランド大学の客員教授として講義を受け持つため毎年のようにアメリカに渡っている。こうしたエピックの活動によってアーマー天文台は次第に国際的な研究機関へと成長していく。

また，彼はアーマー天文台を中心とする北アイルランドにおける天文学の普及と教育にも寄与しており，1968年には台長のリンゼイと協力して敷地の一部にプラネタリウムを設立し，また，広い敷地をアストロパークとして市民に公開している。このプラネタリウムは座席数100人の中規模のものであったが，常に改良を加え，時代の最先端を行くような運営が図られている。また公園には野外の太陽系モデルや，宇宙の広がりを10倍ずつ増大する距離の規模を敷石で示す「無限の丘」などが設置されている。初代園長は英国の天文作家パトリック・ムーア（Patrick Moore）であった。

エピックは1981年までをアーマー天文台で過ごし，その後，余生を楽

図 4.18　アーマー天文台（1983 年撮影）

しんでいたが，彼は生涯を通して音楽の愛好家であった．特にピアノに優れ，演奏から作曲まで，趣味の域を超えるものであったという．彼はピアノと声楽のためのいくつかの小曲も作曲している．1974 年に彼がハーバード大学に滞在中，天文学者 3 名の作曲によるリサイタルというものが開かれた．3 人のうちの 1 人，ウィリャム・ハーシェル（第 5 章）は本来プロの音楽家であったが，他の 2 人はエピックと，スプルール天文台長のピーター・ファン・デ・カンプ（Peter van de Kamp）のアマチュア音楽家であった．

その後，エピックは癌に侵され，1985 年に妻のアリーデに看取られながら亡くなった．享年 92 歳であった．

7　トランプラーと散開星団の進化

7.1　トランプラー，スイスからアメリカへ[4.50]

ロバート・ユリウス・トランプラー（Robert Julius Trumpler, 1886〜1956）はスイスのチューリッヒで生まれた．10 人の子供の 3 番目という大家族

であった。家は 14 世紀から続く事業家の家系で，子供たちは早くから事業家をめざす教育を受けていた。17 歳で堅信式を受けた頃から，教会の日曜学校に通って宗教教育を受けているが，ロバートは教会の教えと日常の経験との矛盾に悩んでいた。

19 歳でギムナジウムを卒業したとき，彼は少年時代の思い出と興味の移り変わり，悩みなどを丹念に書きつづっている。その中で彼は「神は存在するか」という自問に対しては「宇宙を支配する物理法則のすべて」が神であるとして納得した。しかし，「人間は不滅の魂を持つか」，また「人間には自由意志があるか」などの自問には明確に答えられず，悩みは続いていた。多感な少年であった。

両親は彼を他の兄弟とともに実業家に成長させたいと願っていたが，彼の内省的な性向はそれを好まず，次第に科学的研究に傾倒していった。彼はついにチューリッヒ大学の物理学科に入学する。さらにゲッチンゲン大学の大学院に進んで天文学を専攻し，星団の統計的研究に取り組む。このテーマで 1910 年に学位をとると，その翌年にはスイス測地調査所に職を得て，引き続き天文学の研究を進めることができた。彼が最初に取り組んだのは日本でもすばるとして親しまれている美しいプレアデス星団である。この星団は星々が不規則に散在する散開星団の仲間で，星々が球状に集中する球状星団とは対照的である。

1913 年，ハンブルグでドイツ天文学会の研究会が開かれた折，彼は「プレアデス星団の星の固有運動について」と題する報告を行った。この報告は出席していたピッツバーグ大学付属アレゲニー天文台長のフランク・シュレージンガー (Frank Schlesinger) の興味を引き，これが彼のアメリカ移住へのきっかけになった。

第 1 次世界大戦が始まるとスイス軍に徴兵されて軍務に就いたが，折よく，シュレージンガーからアレゲニー天文台への招聘状が届いた。彼は早速，除隊を申請し，軍もアレゲニー天文台の受け入れを条件に軍務を解いた。こうして 1915 年にアメリカに渡り，そこで生涯の残りを過ごすことになる。

図 4.19　トランプラーの肖像と署名

　トランプラーは 1919 年にリック天文台に移り，1938 年に天文台が付属するカリフォルニア大学バークレー校の天文学教授に就任し，定年の 1951 年までその職に留まる。リックでは散開星団の観測を継続していたが，それと平行して太陽系天体の観測も行っている。1924 年の火星接近の折には 1700 枚あまりの写真観測を行い，ローウェル天文台のローウェルが人工の運河と見なしていた表面模様が自然構造であることを指摘して話題になったこともある。

　晩年の彼は家族とともにサンフランシスコの南，太平洋を望むサンタクルーズ近郷の丘に住んでいたが，白血病に侵され，70 歳で生涯を閉じた。太平洋天文学会は彼の天文教育への功績を記念してトランプラー賞を設け，1974 年から毎年度の優れた学位論文に対して贈っている。

7.2　散開星団の HR 図

　トランプラーはゲッチンゲン時代から散開星団に注目していたが，渡米

後，リック天文台において星団の本格的な観測的研究を始める。散開星団を選んだ理由は，球状星団がどれも遠方に分布するのに対し，散開星団の多くは銀河系内で太陽の近傍にあり，測光，分光観測が比較的容易であること，星団内の星々はほぼ同じ距離にあると見なされるので，HR図の研究には最適の天体であることなどである。星団は起源を同じくする星の集団と見なせるが，1つの星団の中に種々の分光型の星が存在する理由について彼は進化の観点から2つの可能性を考えた。第1は同じ場所に誕生したが誕生の時期は星によって異なる，第2は同時期に誕生したが，その後の進化の速度が星の質量によって異なるというものである。彼は第2の可能性を採用すべきではないかと考え，その観点から観測を進めた。

彼の星団の観測は主に2つの望遠鏡で行われた。1つはクロスリー36インチ(91 cm)反射望遠鏡で，焦点面にスリットレス分光器を置き乾板上に多数の星のスペクトルを撮影するもので，原理は対物プリズムと同じである。露出時間を変えて星の明るさに対応させ，7時間の露出で限界の14等級まで達した。2つ目はリック36インチ(91 cm)屈折望遠鏡で，単一プリズム分光器を装備し，明るい星に対する精密な分光分類と視線速度の測定を行うものである。

星団の観測で問題になるのは星団メンバーの同定である。星団の視野に紛れ込む星をどう識別するかであるが，それらの星はほとんどが微光の赤色矮星であり，星団のHR図と星団内の星密度分布の比較からある程度の除去は可能である。こうしてトランプラーは52個の散開星団に対してHR図の作成を行った[4.51]。

その結果，トランプラーは星団のHR図上の星の分布に特定の傾向があることに気が付いた。大きく分けると星の分布には

クラス1　星が主系列上にだけ分布する
クラス2　星が主系列星と巨星を含む

の2種類がある。さらに，これらのクラスは，星団内で最も早期の分光型を示す星によってサブクラスb, a, f (それぞれB型，A型，F型) に分け

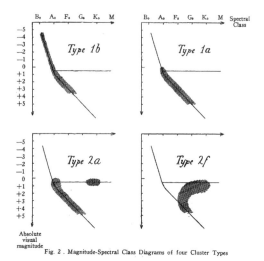

図 4.20 散開星団の HR 図における星の分布のタイプ

られる（b クラスには O 型星を含むこともある）。クラスとサブクラスを組み合わせると数多くのタイプが可能であるが，トランプラーの観測した 52 個の星団ではそのうち，1b，1a，2a，2f の 4 つのタイプのみ現われた。これらのタイプにおける星の分布の特徴を図 4.20 に示そう。

また，観測された 52 個の散開星団の分類タイプと星団数および各タイプの主な星団例を表 4.3 に示そう。ただし，星団でないと判定された 1 個の星集団は省いてある。

トランプラーはこの星団のタイプが星の進化と関係があると考え，それを説明するために次の仮定を置いた。

1) 星団の星は同時期に誕生した。
2) 星はその質量によって進化の速度が異なる。
3) B 型に達するのは大質量の星のみである。大質量星は進化が遅い。
4) 主系列では重い星は一旦高温度へ向かい，次いで低温度へと向か

表 4.3 星団の HR 図上の分布タイプの頻度[4.51]

タイプ	星団数	主な星団
1b	24	プレアデス, h + χ Per, M35, M36
1a	6	M34, M39, NGC 1647
2a	20	プレセペ, M11, M37,
2f	1	NGC 752

う．中小質量星は低温度へと向かう．

　この仮定に立つと星々が誕生するのは HR 図上のどこであろうか．トランプラーは誕生期の星々の分布を未知のタイプ 3 と呼んだ．そこから質量によって異なった進化を示し，星団のタイプとしては次のように進むと考えた．

$$3 \rightarrow 2f \rightarrow 2a \rightarrow 1b \rightarrow 1a \rightarrow 1f \rightarrow$$

こうして星団はその後 1g, 1k, 1m のように主系列で次第に赤色矮星へと向かう．トランプラーは述べていないが，タイプ 3 はこの経路系列から想像すると明るい赤色巨星付近であろう．上に挙げたトランプラーの仮定の中で 1), 2) は正しいが 3) の後半と 4) は誤っている．しかし，トランプラーの論文 (1925 年)[4.51] はエディントンの内部構造論の書かれる以前で，サブアトミックな熱源がようやく問題になり始めた頃であった．星団の HR 図を進化と結びつけたのはトランプラーが初めてである．1940 年代に入って，カフィー (James Cuffey)[4.52] が散開星団 M46, M50 および NGC 2324 の HR 図を作成したのをはじめとして，それ以後，観測は急速に進展して多数の色等級図が描かれるようになる．しかし，星と星団の進化については第 9 節であらためて考察しよう．1920 年代のトランプラーの星団進化論は時代を先駆けた知見であった．

7.3 散開星団と星間吸収

　トランプラーはその後も散開星団の観測的研究を進め，星団の分類，星

間吸収の発見，カタログの作成などで足跡を残している．1930年頃の彼の仕事をたどってみよう．

(1) 散開星団の距離[4.53], [4.54]

　散開星団までの距離は，従来，星団の直径がほぼ同じと仮定したり，あるいは星団の明るい星の分光型から絶対等級と見かけの等級との差などから推定されたりしていた．それによると大部分の散開星団は40〜3000 pcにある．しかし，トランプラーは星団の距離の測定にはさらに星間吸収の補正が必要であることを示した．

　いま，星間空間は透明であると仮定すると，星の絶対等級Mと見かけの等級mとの間には星までの距離をrとして次の関係がある．

$$m - M = 5\log r - 5 \tag{4.13}$$

$m - M$は距離指数と呼ばれ，星の距離を示す量である．

　星団の距離も(4.13)式から推定される．当時，星の絶対等級はすでに分光型ごとに基準化されていたので，星団の明るい星について分光型から絶対等級を決めれば距離が求められる．

　トランプラーは(4.13)式を用いて300個の星団の距離を測定した結果，遠方の星団の直径は近傍の星団に比べて2倍も大きくなることに気づいた．彼はこれを遠方の星団の距離が過大に見積もられているためと考え，その原因として星間空間に吸収物質が存在するためと考えた．星間吸収量は星までの距離に比例すると仮定して彼は(4.13)式に吸収項を加えて次のように改定した．

$$m - M = 5\log r + kr - 5 \tag{4.14}$$

これを星団の大きさから推定された距離と比較し，星間吸収率として

$$k = 0.79 \text{等級/kpc} \tag{4.15}$$

を導いている．現在，星間吸収は星間ダストの量に依存することが知られ

ており,ダスト量は銀河の方向によって異なるが,平均的な星間媒質の吸収量はほぼ1等級/kpc と見積もられているから,トランプラーの値はそれに近い。

こうして,トランプラーは星間吸収量 (4.14) 式に基づいて 334 個の散開星団の距離と分類型を導き,カタログにまとめている[4.54]。また,それによると大部分の散開星団は太陽から 50〜5000 pc の距離にある。

(2) 散開星団の分類

トランプラーは散開星団をその見かけの構造から分類している[4.53]。分類の基準は次の3項目である。

A:中心集中度で4段階に分ける。
  I   集中度大
  II   集中度小
  III ほぼ集中度なし
  IV   低い星密度で直径大
  (I〜III は直径 $D \leq 10$ pc,IV は $D \sim 20$ pc)

B:星の光度分布で3段階に分ける。
  1:星の明るさはほぼ同程度
  2:明るさの分布が中程度
  3:暗い星の中で明るい星が際立つ

C:星団の星数 (N) で3段階に分ける。
  p (poor) $N < 50$
  m (moderate) $N \sim 50-100$
  r (rich) $N > 100$

星団はこの基準によって中心集中度,光度分布,星数の順に分類記号が示される。いくつかの例を表 4.4 に挙げてみよう。

この分類法は分かりやすいので長い間標準的に使用されていた。1966年になってラプレヒト (J. Ruprecht) はトランプラーの分類法に従って全天

表 4.4　散開星団の分類例

散開星団	集中度	光度分布	星数	分類記号
プレアデス	小	3	多い	II 3r
ペルセウス（IC1805）	直径大	3	中程度	IV 3m
M36（ぎょしゃ座）	大	3	中程度	I 3m
S Mon（いっかくじゅう座）	小	3	少ない	II 3p

の散開星団の分類を行っている[4.55]．その中には確実な星団 852 個と不確実な星団 116 個が含まれている．

(3) 散開星団の銀河系内の分布

トランプラーは自ら作成したカタログに基づいて，さらに銀河系内における散開星団の分布図を作成している[4.53]．それを図 4.21 に示そう．これは太陽（+）を中心に ± 5 kpc 以内に存在する星団の位置を銀河面に投影した分布図である．右端にわし座銀経 0° とあり，左側にいっかくじゅう座銀経 180° とあるのは古い銀河座標系（銀河面と赤道面との交差点を銀経 0° として北に向かう）による．また，星団は星座ごとに集団を示すので，主な集団 6 個が丸で囲まれて示されている．そのうち中央上部は上から「カシオペア星団群」，「ペルセウス座星団群」，「おうし座星団群」，中央下部は「りゅうこつ座星団群」である．太陽の右は「たて座星団群」その右下は「いて座星団群」と呼ばれる．太陽の右やや上に「わし座吸収帯」，左下に「帆座吸収帯」がある．太陽のすぐ下の小さい記号は NGC 3534 である．なお，目立った渦状構造も細い曲線で示されている．この図は銀河系の渦状構造と散開星団との密接な関係を示した最初の図として知られている．

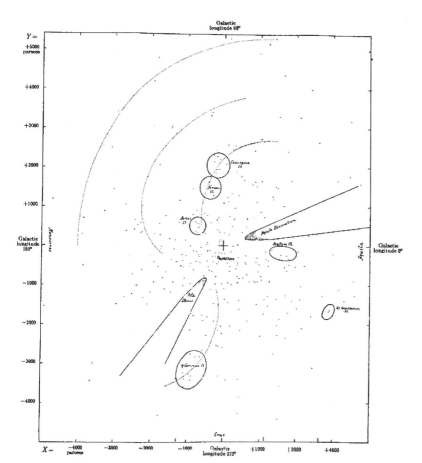

図 4.21　トランプラーによる散開星団の分布（1930 年）
　　　太陽（＋）を中心に散開星団の群れの分布を示す。1 つの円内に数個の散開星団が群れている。図の右は，わし座（旧銀経 0°），上ははくちょう座，左はいっかくじゅう座，下は南十字座の方向を示す。

8 サンデージと球状星団の進化

8.1 生い立ちからパロマー天文台へ[4,56]

アラン・サンデージ (Allan Rex Sandage, 1926〜2010) は 1926 年，アイオワ市で一人息子として誕生した．父，チャールス・サンデージ (Charles Harold Sandage) はマイアミ大学の経営学教授，母ドロシー (Dorothy Briggs Sandage) は音楽家で一時，音楽講師として父と同じ大学に勤めていたこともある．両親とも科学に関心はなかったが，幸い，アランは小学校時代に，望遠鏡を持つ友人と一緒にスカイウォッチングを楽しむ機会が多かった．14 歳のときウィルソン山天文台の歴史を書いた本が出版され，それを読んで大きな刺激を受けたという．また，それが機縁となって父から望遠鏡を買ってもらい太陽活動の継続的観測を始めたりしている．

地元の高校からマイアミ大学に入学し，物理学はエドワーズ (Ray Edwards)，数学はアンダーソン (Anderson) から薫陶を受ける．しかし，2 年後，1944 年に海軍に入隊し，第 2 次世界大戦中はエレクトロニクススペシャリストとして勤務していた．戦後はイリノイ大学物理学科に入学し，1948 年に卒業すると，カリフォルニア工科大学の大学院に進み天文学を専攻する．ここはウィルソン山天文台と提携して天文学プログラムを始めたばかりのところであった．

彼の指導教官はウォルター・バーデ (Walter Baade) であったが，翌年にはエドウィン・ハッブル (Edwin Hubble) の助手としてパロマー山天文台での観測実習を始める．「パロマーでは巨大望遠鏡の観測法をボルトとナッツのこなし方の体験から始めた」と彼は後で回顧している．この頃，ハッブルは 100 インチ望遠鏡で行っていた系外銀河の後退速度の観測を再び 200 インチ鏡で行い，宇宙膨張速度の測定を精密化する計画を持っていた．しかし，1953 年に心臓発作のために急逝し，その計画は中断する．サンデージはハッブルの志を継いで系外銀河の観測を続けるが，同時に，1948 年

図 4.22 サンデージの肖像，パロマー天文台にて1991年に撮影

以来，バーデの指導で始めた球状星団の観測を発展させる．

8.2 球状星団の HR 図

球状星団の色等級図の観測は1917年から1920年にかけてハーロウ・シャプレーによって行われたのが最初である[4.57]．シャプレーは1917年にウィルソン山天文台に新設された100インチ（254 cm）望遠鏡を用いて球状星団 M3, M13 の写真色測光を行った．しかし，当時はまだ写真乾板の感度が低く，限界等級も15等程度であったから，色等級図も赤色巨星の明るい部分に限られていた．そのため，「球状星団は赤い星が卓越し，色指数が減少すると（青くなると），暗くなる傾向を示す」と指摘するに留まっていた．その後，1940年代に入っていくつかの星団の色等級図が観測されているが，すべて明るい赤色巨星域に限られ，主系列との関係は不明であった．

1948年に大きなブレークスルーがあった．パロマー山天文台に200インチ（5.08 m）の反射望遠鏡が完成し，翌年から研究者に開放されたのである．最初の観測者の栄誉はウォルター・バーデに与えられた．サンデージはバウム，アープとともに3人組として観測時間を獲得し，球状星団の

観測に取り組むようになった。ここでひとこと，3人組について触れてみよう。3人は年長順にウィリャム・バウム（William Baum, 1924年生），サンデージ（1926年生）そして，ハルトン・アープ（Halton Arp, 1927年生）である。バウムはオハイオ州の田舎で生まれた。ローチェスター大学の物理学科で光学を学び，光学機器開発を通して天文学に寄与する。3人組では機器開発担当である。アープはニューヨーク市生まれ，ハーバード大学に学び，1949年に天文学の学位を得ている。3人組の観測はアープにとってはポスドク時代であった。1953年からカーネギー研究所の研修員，1955年から研究助手となり，ウィルソン・パローマ天文台（Mt. Wilson & Mt. Palomer Observatory）に勤務するようになる。3人組はそのままパロマー山天文台で研究を続け，バウムは観測機器開発（Baum, 1964年[4.58]），アープとサンデージは観測的宇宙論へと進む。ただし，宇宙論の2人は互いに異なった研究スタイルを持っていた。サンデージは『銀河のハッブルアトラス』(The Hubble Atlas of Galaxies, 1961年)[4.59]を著わし，ハッブル定数の決定，クエーサーの発見など，いわば，正統派の観測家として実績をあげた。それに対し，アープは特異な形態を持つ活動的な銀河に興味を持って，『特異銀河のアトラス』(Atlas of Peculiar Galaxies, 1966年)[4.60]を出版し，その後は，ハッブルの形態分類に乗らない特異な活動銀河の観測に進んだ。彼はクエーサーのスペクトル線の大きな赤方変移を膨張宇宙における遠方の銀河ではなく，比較的近傍の銀河から放出された特異な銀河であると主張するなど，主張の多くは認められなかったが独自の道を貫いている。

　話を球状星団に戻そう。200インチ反射望遠鏡は大口径で集光力が大きいが，3人組は観測に当たってさらに2つの武器を手に入れていた。1つはバウムによって開発された，主焦点に装着する高感度の光電測光器で，青色波長域で限界等級は21.2等に達していた。他の1つは当時開発されたばかりの黄色に大きな感度を持つ写真乾板である。こうして3人組は球状星団に対し，青色の写真等級（m_pg）と黄色の眼視等級（m_v）を組み合わせ，m_pg，m_vの2色による色等級図の観測に取り掛かった。

　観測目標は望遠鏡で美しい姿を見せる球状星団M3とM92である。M3

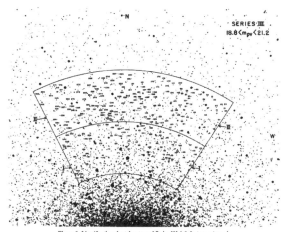

図 4.23 M3 の選択域を扇形で示す。この領域から写真等級 18.8〜21.2 間にある星の測定を行った。(サンデージ, 1953 年)

はりょうけん座にあって視直径 6 分角, M92 はヘルクレス座にあって視直径 10 分角で, どちらも星は中心付近に密集している。

サンデージが主に担当したのは M3 であった[4.61]。彼は写真実視等級 m_{pg} で 21.2 等級より明るい星について選択された星の色測光を行って色等級図を作成した。星団の選択域を図 4.23 に, また, 星団の色等級図を図 4.24 に示そう。

M92 についても図 4.24 と同様の色等級図がバウムとアープによって得られている[4.62]。こうした 3 人組の観測によって球状星団の色等級図の状況が明らかになってきた。とくに注目されるのは次の点である。

(1) 主系列星と赤色巨星とのつながり
(2) 赤色超巨星へ延びる系列の存在 (現在は漸近巨星分枝と呼ばれる)
(3) 赤色巨星から青色に向かう, 水平分枝と呼ばれる系列の存在

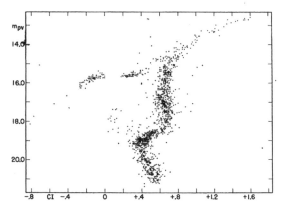

図4.24 球状星団 M3 の色等級図。横軸は色指数 $m_{pg} \sim m_v$ でその値が大きいほど星は赤い。縦軸は写真等級で上方が明るい。(サンデージ, 1953年)

(4) 水平分枝の途中に存在する欠けた領域の存在。

この欠けた領域には星団型と呼ばれる変光星が存在する。星団型変光星はRR Lyr 型星とも呼ばれ,平均の絶対等級がほぼ0等級なので星団の距離測定などに重要な役割を発揮する。

次の問題は,球状星団の色等級図における分布特性は星の進化とどのように結びつくかである。主系列から巨星への進化はエピックの非均質モデルによって示唆されたが,まだ,十分ではなかった。この筋道を解明したのはマーティン・シュヴァルツシルト(次節)であるが,その理論考察の中ではサンデージも大きな役割を担っている。

8.3 サンデージの晩年

サンデージは1960年代以降,ハッブル定数の改定,宇宙減速パラメータの決定など観測的宇宙論の分野で生涯活動を続ける。彼はライトマンとブラウアー (Lightman and Brawer) によるインタビュー[4.56]b の中で自らの

宇宙論観測の仕事について詳しく述べているが，ここではサンデージの心情に迫る最後の質問にだけ触れておこう。

> ライトマン：「(最後に) 1つだけ哲学的な質問をさせてください。もしあなたが (宇宙を創造した神のように) 宇宙をデザインできる立場にあったとしたら，あなたはそれをどのようにされますか？」

サンデージはそれに対し，次のように答えている。

> 「もし私が創造の立場にいたとしたら，私は創造主に良いアドバイスを与えたい。それは，私はどんなミステリーも打ち壊したくないということです。最大のミステリーは無以外の何者かが存在すること，そして，最大の『何者か』とはわれわれが生命と呼んでいる存在です。」

> 「あなたは私が別の世界を創造しようと思っておられるかもしれません。それではあなたに伺いますが，あなたは科学の分野でどんなことを知りたいと思っておられるのでしょうか。私にとって最も知りたいのは生命の意味です。私の見る限りでは，現在の宇宙は生命の存在を可能にする唯一の形態です。別の宇宙を創造することは生命の絶滅につながります。それは人間論的宇宙論かもしれませんが，私は，現在の宇宙はこの上なく微妙にすべてが調整されている，と思うのです。……，ですから，あなたの質問への私の回答は『現在の宇宙を少しも変えたくない。』ということです。それが私の創造主へのアドバイスです。」

サンデージはわれわれの生命を愛し，宇宙の存在に畏敬の念を抱いていた。このインタビューの主題は宇宙論的観測の成果と貢献であったが，彼の人柄も如実に示すものとなった。

　サンデージは1997年に定年になってからも妻のマリー・ロイーズ (Mary Louis) とパサデナに暮らし，最後の年まで論文を書き続けていた。2010年春にケフェウス型変光星の論文を書いてから体調を崩し，その年の11月に膵臓癌で亡くなった。享年84歳であった。

9 マーティン・シュヴァルツシルトと星の進化論

9.1 ドイツからアメリカへの亡命[4.63]

　マーティン・シュヴァルツシルト（Martin Schwarzschild, 1912～1997）はポツダム天文台長カール・シュヴァルツシルト（第3章第4節）の息子である。母がユダヤ系であったため，ナチスに追われるが，父は熱心なプロシャの愛国者で，第1次世界大戦で戦病死している。それはマーティンが4歳のときであった。父なき後，家族はゲッチンゲンに戻り，そこで成長する。彼は幼いときから父の志を継いで天文学者になりたいと決心していたといい，人によく「私には父と異なった職業につく選択の余地などなかった」などと語っている。

　ゲッチンゲン大学で天文学を学び，1935年に学位を取得した後，オスローの天体物理学研究所のリサーチフェローとして研究を続ける。この間にドイツ国内のユダヤ系市民に対する抑圧が高まり，彼はついに家族とともにアメリカに亡命する。

　アメリカでは最初にハーバード大学天文台の講師の職を得る。その後，1940年代にコロンビア大学に移り，1950年にはプリンストン大学教授に就任して終身ここに留まる。彼の仕事は脈動星，星の内部構造，自転，乱流，化学組成など恒星天文学の広い分野にまたがっているが，彼がプリンストンで研究を始めたころの理論的課題は赤色巨星の内部構造と主系列から赤色巨星への進化の問題であった。

　第2次世界大戦が始まったとき，彼はアメリカに協力し，空軍中尉として欧州戦線に参加して対空攻撃の計算システムの開発などに携わっていた。後年，ウィールト（Weart）のインタビュー[4.63]bを受けたとき，彼は「イタリアの戦線からの帰還の途次に，広島に原爆が落とされたことを知りました。私にとってそれは大きな衝撃でした」と述べている。彼は先輩でもあり，共同研究者でもあったライマン・スピッツァー（Lyman Spitzer）が

図4.25　マーティン・シュヴァルツシルトの肖像と署名

オッペンハイマー（J. R. Oppenheimer）やテラー（E. Teller）たちの推進するマンハッタン計画についても参画していたので，スピッツァーを通して原爆製造の話は聞いていた．

「私もその計画には十分注意していました．しかし，私は空軍に参加しヨーロッパの空を飛びまわっていたので，（その計画に）参加することは実際上困難でした．」

「機会があれば参加することも可能と考えていました．計算技術の方で寄与できるのではないかとも考えていました．」

「しかし，広島爆撃を聞いた後では，私は一切の原爆兵器の仕事には決して携わらないと決心したのです．」

こうして戦後，シュヴァルツシルトは軍務を離れ，星の内部構造と進化論の研究に専念する．その成果は1958年にモノグラフ『星の構造と進化』[4.64]として出版され，進化論の基本的なテキストとなった．1979年に定年退官すると妻のバーバラ・チェリー（Barbara Cherry）とパサデナに住

んで，恒星系の理論的研究に没頭し，没年の前年まで，縦長のオブレート楕円銀河や横長のプロレート楕円銀河の構造，銀河ハロー内の星の軌道計算など，銀河問題に取り組んでいる．1997年に85歳で死去した．

9.2 非均質モデルの提唱

　星の中心部で水素からヘリウム合成が進むと，当然，中心部では水素欠乏になるが，対流が星内部で十分に進んでいれば，中心部には絶えず新鮮な水素が供給されて化学組成の一様性は保たれる．しかし，実際には対流の存在は限られているので，内部で化学組成の変動が生じる．これが非均質モデルである．

　非均質モデルにはエルンスト・エピックによる先駆的な研究があるが（第6節），それを発展させたのはマーティン・シュヴァルツシルトの主導のもとにオーク，サンデージらの加わったグループであった．

　1952年に「非均質な星のモデル I，II」と題した2つの論文が公表された．第1は「対流核と化学的不連続面を持つ星のモデル」(Oke, and Schwarzschild)[4.65]，第2は「重力的に収縮しつつある枯渇した核構造を持つ星のモデル」(Sandage and Schwarzschild)[4.66]である．

　第1論文では星は水素リッチな外層部と水素欠乏の内部に分かれ，内部はさらに核反応の進行する対流核とその周りの放射平衡転移層に分かれる．水素欠乏といっても水素は十分に残されており，主要熱源としての役割をまだ担っている．このモデルに基づいて星の進化経路を計算すると，対流核は次第に成長して，その質量は全質量の50％以上に達する．同時に星の半径も増大し，主系列星から赤色巨星に向かう進化が導かれる．対流核の質量比はある極大点に達すると，それ以後，星は反転して再び主系列への道をたどる．このため計算では球状星団の星の分布，とくに巨星分枝と呼ばれる高光度の赤色超巨星の存在が説明できない．

　それに対し第2論文では，星は水素リッチな外層部と水素の枯渇した内部に分かれ，両者の境界に殻状の熱源が存在すると仮定する．この殻内は

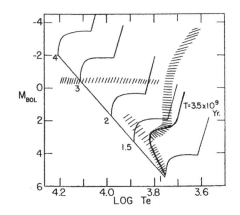

図4.26 HR図上における星の進化図 (1952年)
ヘリウム燃焼を加えた進化経路を実線で示す。主系列上の数字は星の質量，ヘリウム燃焼の開始する温度を1.1億度 (K) と仮定してある。球状星団の模式的な星の分布を斜線で示してある。進化時間としては主系列から35億年までの計算が示されている。

温度約3000万度 (K) の水素の枯渇した等温ヘリウム核になる。ここで注目されたのは星の高い中心温度であった。ヘリウム核が重力的に収縮していくと中心温度は1億度 (K) を越し，1.8億度 (K) に達すると推測された。当時，ヘリウムが核反応を起こして重い元素に変換するのは約2億度 (K) と見積もられていたので，ヘリウム燃焼の可能性が開かれてきたのである。これを取り入れた論文2による進化経路を図4.26に示そう。この図は主系列上で太陽質量の1倍から4倍までの星について主系列を出発してから35億年間の進化経路を示す。これによって巨星分枝に向かう経路が得られた。図4.26には球状星団のHR図も示されているが，まだ，進化速度が小さいことや水平分枝の存在が得られていないなど，多くの未解決の問題も残されていた。しかし，赤色巨星への進化や巨星分枝の説明など，シュヴァルツシルトグループによるこの2つの論文によって新しい星の進化論の幕が開かれたのである。

9.3 星と星団の進化

サンデージは太平洋天文学会の広報リーフレットの中で星団の進化論を次のようにまとめている（1955年）[4.67]。その中には1955年までに得られた成果と，理論の限界とが示されている．

(1) 星団の年齢

散開星団と球状星団を含めた星団の色等級図を図4.27に示そう．星団の年齢は主系列上に並ぶ星の中で最も早期型の星の年齢から推定する．この年齢は折れ曲がり点年齢（turn-off age）と呼ばれ，現在でも使われている．最も若い星団はO型星を含むペルセウス座のh+χ星団で1000万年以下と見積もられる．ヒアデスやプレセペ星団は数億年の年齢を示し，最も古い星団はM67で約50億年と推定された．この頃，宇宙膨張から推定された宇宙の年齢は50億年であったから，M67星団は宇宙初期に誕生したと考えられたのである．

(2) 主系列から赤色巨星への進化

星は絶えず重力とガス圧＋放射圧とのバランスをとりながら進化する．中心核で水素が消費され，ヘリウムが蓄積されてくると，熱源を持たない中心核は重力的に圧縮され中心温度も上昇する．その結果，星は膨張する．星の膨張に伴い表面温度は低下し赤色星へと向かうが，表面積が増加するため，星の光度は次第に高くなる．これが赤色巨星への進化である．

こうして，サンデージは最後に

「星の進化に関するわれわれの知識は完成からは程遠い．しかし，上に述べた，進化論のいくつかの示唆はこの問題の解決への第一歩となるであろう．」

と述べて，非均質モデルによる進化論への自信と，将来への期待を表明している．これが1955年頃の到達点であった．

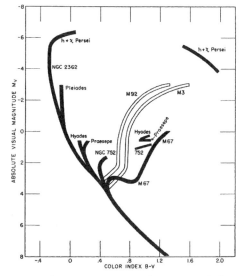

図 4.27 散開星団と球状星団を含めた星団の色等級図 (1955 年)

黒い帯は散開星団,白抜きの帯は球状星団を表わす.

第3部
銀河天文学と宇宙論

第 3 部扉図　渦状星雲 M101

　おおぐま座の北斗七星の近くに見られる渦状星雲。直径 10 分角ほどの大きさを持ち，1150 万光年の彼方にあって，われわれの銀河系に匹敵する大型の銀河である。1916 年にウィルソン山天文台のファン・マーネンはこの星雲に星の固有運動を測定し，星雲の自転と回転方向を示した。もし固有運動が有意に観測されるなら，この星雲は疑いもなくわが銀河系に近い銀河系の付属天体になる。1920 年には，自転を支持して大銀河系説を唱えるシャプレーと，それを否定するカーティスの島宇宙説との間に世紀の大論争が繰り広げられた（第 6 章）。

第5章
銀河と星雲の世界

　天空に広がる星団と星雲の探査に乗り出したのは音楽家出身のウィリャム・ハーシェルである。その事業は息子のジョン・ハーシェルに引き継がれ，ドライヤーによって NGC (New Genaral Catalogue) が作成される。星空には「天空の穴」と呼ばれる暗い領域がありバーナードとオルフはそれを暗黒星雲と判別する。また，明るい星雲では「星雲線」と呼ばれた輝線が長い間謎であったが，ボーエンはそれらが酸素や窒素からの禁制線であることを解明した。明るい星雲の電離機構もザンストラ，ストレームグレンらが理論的な解明に当たる。本章では天空の探索に始まる，星雲の謎に迫る人々の足跡をたどる。

リック天文台

1 ハーシェルと天空の探索

1.1 バース時代のハーシェル[5.1]

　ロンドンのパディントン駅から発車した列車は西へ80分ほどでバース駅（Bath）に到着する。バースはローマ時代に街中に温泉が発見され，浴場（バス）の語源にもなっている古い町である。バース市の一角ニューキング通19番地にウィリャム・ハーシェル（William Herschel, Friedrich Wilhelm Herschel, 1738〜1822）の長年住んだ家があり，いまは博物館になっている。ウィリャム・ハーシェルは音楽家として28歳から44歳までバースに住み，アマチュア天文家として反射望遠鏡の製作と天空探査に当たっていた。

　ハーシェルはドイツのハノーバーで生まれた。父イザーク（Isaac）はオーボエ奏者であり軍楽隊指揮者でもあった。彼には妻アンナ・イルゼ（Anna Ilse Moritzen）との間に6人の子供がいた。男子4人，女子2人で，ウィリャム・ハーシェルは次男で，12歳年下のキャロライン（Caroline Lucretia）は末娘であった。家族の誰もが音楽を愛していた。ウィリャムの得意としたのはオーボエとバイオリンで，15歳の時にはすでに父の軍楽隊にも参加している。18世紀のプロシャは政治的に不安定でフランスやロシアとの戦争も絶えず，1757年にはハノーバーが一時フランス軍に占領されたこともあった。そうした状況の中でウィリャムは安定した職を求めて兄のヤコブ（Heinrich Anton Jacob）とともに英国に渡り，音楽で身を立てようとしていた。ヤコブは早い時期にハノーバーの王室オーケストラに職を得て帰国したが，ウィリャムは音楽教師，演奏家などとして，英国本土を放浪していた。ようやく28歳（1766年）になってバースのオクタゴン・チャペルのオルガン奏者，合唱指揮者の職につき，バースに定住することになった。

　バースでは最初，ボーフォート広場の家に住み始めた。1772年には一

図 5.1　ハーシェル博物館の入り口

旦ハノーバーに戻り，母の反対を押し切って妹のキャロラインをバースに連れてきた。母は，女子は家事だけに専念すればよい，との信念でキャロラインには十分な教育を受けさせなかった。ハーシェルはキャロラインにバースでの家庭の切り盛りとともに音楽，特に声楽を教えこんだ。実際，兄の指導でキャロラインは声楽に優れた才能を発揮するようになり，兄の合唱団でも美声の歌手として知られるようになった。

　バースに移ってから，ハーシェルは天文観測に興味を持ち始め，望遠鏡の自作を試みるようになる。ハーシェルの天文趣味は実は親譲りである。キャロラインの思い出によると，少年時代のウィリャムは父から星座や天球座標などについて学び，地球儀の模型を制作したことがあるという。子供たちの中で天体に興味を持ったのはウィリャムとキャロラインの2人だけだった。そんなわけで兄はキャロラインに望遠鏡の製作も手伝わせることになったが，これが兄妹の天体観測歴の始まりであった。

　弟のアレクサンダー（Johann Alexander）も移り住んできて，チェロ奏者として市内の楽団で働きながら望遠鏡製作に加わった。ハーシェルは最

初，主鏡を購入しようとしてロンドンのメーカーに見積もりを取ったところ，高額すぎたため自作を目指すことにした．指針となったのはスミス著『光学』(A Complete System of Optics, Robert Smith, 1738 年) である．スミスはアマチュア天文家でもあり，彼の『光学』はアマチュアにとって得がたい手引書であった．ハーシェルもこの書から望遠鏡製作法を学び取り，早速，金属反射鏡の製作を始めた．そのためには溶融炉や研磨機が必要である．彼はバース市内の友人から機材を譲り受け，「狭い家の中がすっかり工場のようになった」とキャロラインを嘆かせるほどになった．1773 年には口径 10 cm，焦点距離 178 cm のニュートン式反射鏡が出来上がり，40 倍の視野で土星の輪やオリオン星雲の観測を行っている．家族が増え，家が手狭になったため，1777 年にニューキング通り 19 番地の家に移る．ここが現在のハーシェル博物館である．

博物館には当時を偲ばせる音楽室にハープシコードやオーボエ，楽譜などが展示されている．ウィリアムは楽器の奏者だけでなく，作曲家としても優れていた．音楽室では BGM として彼の作曲した交響曲が軽快な調べで流されている．

地下室はワークショップとなり，小型の溶融炉や研磨機などが雑然と置かれている．彼はここで主鏡素材の合金実験や研磨法の改善などに取り組み，その成果は 1779 年になって 16 cm ニュートン式反射望遠鏡（図 5.2）の完成として表われた．

ハーシェルはこの反射鏡に倍率 227 倍のアイピースを取り付け，二重星の探索に乗り出した．彼はこの望遠鏡を人々の観望にも提供したので，市民やロンドンなどから見学に来る人が多くなってきた．その中にはグリニジ天文台長のネビル・マスケリン（Nevil Maskelin）もいた．マスケリンも望遠鏡の精度に感心している．しかし，それでもハーシェルは科学界とは無縁であった．

そうした彼に 1 つの転機が訪れた．英国王立協会の会員で医学者のウィリャム・ワトソン（William Watson）との偶然の出会いである．伝記を書いたベルコラはそのときの情景を次のように描き出している[5.1] b．

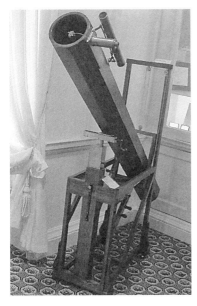

図 5.2 口径 6.2 インチ (16 cm) ニュートン式反射鏡
ハーシェル博物館展示の複製

図 5.3 バース時代のハーシェルとキャロラインの石像

「1779年の12月，ワトソンは帰宅の途中，通りの一隅で見慣れない光景に足を止めた．1人の男性が矩形の枠に八角形の筒を置き，その先端をのぞきこんでいるのである．その筒が望遠鏡らしいと分かったので，ワトソンは男性がアイピースから目を離すのを待って，アイピースをのぞかせてもらった．そこはまばゆい月の世界で，ワトソンの見たことのない光景であった．」

翌日，改めてハーシェルの家を訪ね，自己紹介とともにハーシェルから天体観測や望遠鏡製作などについて話を聞いた．その中で彼が驚いたのはハーシェルが優れた観測者であるにもかかわらず科学界と無縁であることだった．ワトソンは早速，バース哲学協会への参加を勧め，また，科学的成果はぜひロンドンの王立協会へ報告するようにと勧めた．これが機縁となってその後，ハーシェルはバース哲学協会で最も活動的な会員の1人となり，また，王立協会にはワトソンの紹介によって多くの成果を送ることになる．ハーシェルの論文は1780年から1818年まで，ほとんどが王立協会誌（RSPT＝フィロソフィカル・トランザクション）に掲載されている．

1.2　天王星の発見から宮廷天文官へ

ハーシェルのバース時代の最後を飾ったのは天王星の発見であった．1781年3月14日，二重星探査[5.2]のため天空を探索中，ふたご座に「星雲状」の星を発見した．恒星としては大きすぎて円盤状に見える．はじめ彗星ではないかと思い，追跡を始めた．数日後にこの天体が黄道に沿って移動することに気が付いた．この発見はグリニジ天文台に報告され，台長のネビル・マスケリンもそれを確認した．一連の観測から軌道が計算され，数ヶ月後に新しい惑星であることが確認された．ハーシェルはこの星を国王に因んでジョージの星と呼んだが，後には天王星（Uranus）の呼称が一般的になった．新惑星の発見は大きく報道され，ハーシェルは時の人となった．

1782年，王立協会は彼を会員に推薦し，コープリー・メダル（Copely

medal)を贈った．この賞はダーウィン，ファラデー，アインシュタインらも受賞し，近年ではホーキングが受賞している伝統的な賞である．また，ハーシェルは 16 cm 反射望遠鏡を携えて英国王ジョージ 3 世（George III）に拝謁し，国王一家に望遠鏡による星空案内も行ったりしていた．科学に興味を持っていた王はハーシェルに宮廷天文官（Court Astronomer）の称号を与えるとともに，年俸 200 ポンドを支給することになった．これは十分とはいえなかったがバースを離れ，天体観測に専念することのできる金額であった．

なお，キャロラインは 1786 年に最初の彗星を発見した功績が認められ，ハーシェルの助手として年俸 50 ポンドが与えられることになった．この 1786 年はハーシェルがたまたまドイツに長期出張をしていた年で，キャロラインには珍しく十分な観測時間があった．いつもは兄の観測助手として忙しかったのである．兄から譲られたスイーパーと呼ばれた望遠鏡（口径 10 cm，焦点距離 60 cm，視野 2°12'）で彗星の探査に乗り出し，思いがけなく新しい彗星を発見したのであった．兄もこの発見以後は彼女の彗星探査に協力し，キャロラインは 1797 年までに 8 個の彗星を発見している．彼女は女性ハンターとして広く知られるようになった．

ハーシェル一家は 1782 年にウィンザー城に近いダチェット（Datchet）に移住する．ここでバースで製作を始めていた 30 cm 反射鏡を完成させた．しかし，天体観測には十分なスペースがあったが，古い家は狭く，家族で暮らすには不便であった．そのため，1785 年には広い敷地と生活の改善を求めてスラウ（Slough）に移住する．今度は家も広く，敷地は 122 cm 反射望遠鏡を設置するのに十分な広さを持っていた．

1788 年，50 歳になったハーシェルは未亡人のマリー・ピット（Mary Pitt）と結婚する．彼女は富豪でもあり，望遠鏡建設には大きな協力者でもあった．結婚によってハーシェル家の生活に潤いがおとずれ，自宅で音楽サロンを開いたり，家族でバカンスを楽しんだりというゆとりも生まれた．

その一方でキャロラインにとって兄の結婚は苦渋に満ちたものになる．彼女はすでに 38 歳，兄ウィリアムとの声楽の生活は過去のものとなり，

図 5.4 ハーシェル肖像

天体観測が彼女の生き甲斐となっていた．彼女は兄夫婦と別居して近くのアパートに移り，ハーシェルの家に通う生活を送ることになった．兄嫁のマリーとの間には長い間わだかまりがあった．しかし，1792 年に兄嫁に息子のジョン・ハーシェルが誕生するとわだかまりも消え，キャロラインはマリーと協力してジョンの教育に熱中するようになる．

ウィリャム・ハーシェルは晩年をスラウで暮らし，キャロラインを助手として観測を続けていたが 1822 年 8 月に自宅（天文台ハウス）で死去した．ハーシェルの死後，キャロラインは故郷のハノーバーに戻り，天文台ハウスは毀されて残っていないが，家の前はハーシェル通と名づけられ，記念碑が建っている．また，彼の葬られたセント・ローレンス教会には偉大な天文学者に捧げられた墓碑銘があり，ステンドグラスには望遠鏡とハーシェルの姿が描かれている．

1.3 反射望遠鏡の製作

ハーシェルの天文学は天体探査が主体であったから，望遠鏡は大きいほど良い．彼はバース時代に口径 10 cm（1773 年），16 cm（1778 年）の望遠

鏡を製作しているが,本格的な大型望遠鏡製作に乗り出すのはダチェット,スラウに移住してからである。

望遠鏡製作の裏には妹のキャロラインと弟のアレクサンダーの大きな協力がある。当時の反射望遠鏡は金属鏡であった。主鏡素材はスペキュラムと呼ぶ銅とスズの合金であるが,両者の配合比率は製作者の苦心するところであった。ハーシェルも最良の反射率を求めて種々の実験を繰り返している。ときには炉の調整のために10時間も両手を離すことができず,その間食事をキャロラインから口に運んでもらったこともあったという。

ダチェット移住以後,彼は順次口径を大きくしながら次の3つの大型望遠鏡を製作している[5.3]。

(1) 30 cm (12インチ) 反射鏡 (小型20フィート望遠鏡と呼ばれる) (1782年)

ハーシェルの移り住んだのはダチェットのテームズ川に近い荒れた古家であったが,それでも庭は広く視界も十分あった。ここではバースで始めていた焦点距離20フィート望遠鏡を完成させ,庭にすえつけた。この頃のハーシェルについてキャロラインは書いている。

> 「(兄は)天王星や惑星の角直径,二重星の計測などなどに精力的に取り組み,その成果は多数の論文として,王立協会に送られています。その仕事ぶりは驚くほどです。同時に彼は架台や駆動方法について絶えず気を配っており,また,最適のアイピースを求めて試作を繰り返しています。……」

この頃,ハーシェルは望遠鏡製作の資金が不足するようになり,それを打開するために小型望遠鏡の製作販売に乗り出した。焦点距離2mから3m程度の望遠鏡で約60台を製作したという。

(2) 48 cm (18.8インチ) 反射鏡 (大型20フィート望遠鏡と呼ばれる) (1783年)

これは当初,ニュートン焦点の反射鏡として製作された。三角形の架台

が回転台上を回転し,鏡筒は観測台とともに三角の枠に沿って上下する支持方式である.この望遠鏡は比較的操作しやすく,ハーシェルが最も愛用した望遠鏡であった.

彼は次の 122 cm 反射鏡の製作に乗り出して設計を始めたとき,この 48 cm 鏡で 1 つの実験を試みた.この反射鏡はもともと主鏡で反射された光を筒先で直角に反射させ,筒の先端付近に焦点を結ぶニュートン式であったが,彼は主鏡面をずらして焦点を鏡筒の縁に結ばせる新しい焦点方式に変えてみたのである.この焦点によって,架台からの観測が容易になり,また,反射面がない分だけニュートン焦点より明るさを増して暗い天体が見やすくなった.この実験に成功したので,ハーシェルは次の望遠鏡にはハーシェル焦点と呼ばれるこの方式を取り入れることにした.

(3) 122 cm (48 インチ) 反射鏡 (40 フィート望遠鏡と呼ばれる) (1789 年)

スラウに移り住んでハーシェルは早速,40 フィート望遠鏡の製作に乗り出す.主鏡の金属鏡を収めた鏡筒は長さが 12 m,直径が 1.5 m に達する.焦点には新しいハーシェル方式を採用している.この製作には国王から 2000 ポンド,グリニジ天文台から 2000 ポンドの支援があり,完成間際には国王からさらに 2000 ポンドの供与があった.こうした支援によって望遠鏡は 1789 年の秋に完成し,スラウの家の庭にそそり立った.その年末から観測を開始しているが,望遠鏡の視野には球状星団が明るく広がり,多くの星に分解できた.一方,星雲状天体については,新しい星雲が多数見えてきたが,これまでの星雲については相変わらず星には分解できず,内部の微細構造も明白にはならなかった.

この望遠鏡は高さが 15 m もあり,巨大で異様な建造物として,当時,ロンドンからバースに向かう旅人はその大きさに驚いたという.スラウの家が天文台ハウスと呼ばれるようになったのはこの頃からである.

金属鏡は曇るのが早いので,絶えず研磨の必要がある.また,金属鏡は重量が大きいので据付や駆動などにも多くの人手を必要とする.こうした

図 5.5　122 cm 反射望遠鏡

ことから，特別な場合を除いて，彼の主力望遠鏡は 48 cm 鏡であった．

1.4　星団と星雲の探査

　バース時代の初期，1773 年に彼は自作した 10 cm 反射鏡で早速，星雲のスケッチを始めている．そのころ彼は星雲とはすべて遠方の星の集団ではないかと考えていた．それを望遠鏡で実証したいと考え，その例として明るいオリオン星雲を選び，1773 年，1776 年，1778 年と続けてスケッチした．彼はそのとき，星雲の形に変化があるように見えたという．もし，変化があるなら，オリオン星雲は星の集団ではなく，ガス状の星雲ではないかと疑ってみた．しかし，変化に確信が持てなかったので考えは元に戻る．星雲についての彼の結論はより大きな望遠鏡が必要であるということであった．これがその後の大型望遠鏡製作への原動力となった．彼はまたオリオンのほかにも数多くの星雲や星団のスケッチを続けており，1778 年に完成した 16 cm 反射鏡は天空探査の意欲はさらに加速させることになった．

1781年にウィリャム・ワトソンは「参考までに」といってフランスの彗星探索家シャルル・メシエ (Charles Messier) の作成した1871年版の星団星雲カタログをハーシェルに手渡した。そこには68個の天体が記載されていた。ハーシェルは早速，完成したばかりの30 cm反射鏡でメシエ天体の観測を始めた。メシエの口径10 cmの望遠鏡で得られたカタログに比べて彼の30 cmでははるかに多くの天体が観測され，その多くを星に分解することもできた。大型望遠鏡の威力に自信を持った彼は1784年に次のように書いている。

> 「(メシエの) 天体に私の30 cm望遠鏡を向けてみた。私が大きな喜びを感じたのは星雲と呼ばれる多くの天体が星に分解できたことである。また，多くの場合，メシエは星雲の明るい部分しか見ていなかったのである。」

> 「例えばメシエ5番 (M5) をメシエは星雲と呼んだが，私の望遠鏡では星に分解され，球状星団の1つであることが分かった。」

彼はまだ「すべての星雲は星に分解できる」と考えていたが，それにはこだわらず星団と星雲の観測を精力的に続けていた。観測には主として48 cm反射鏡が用いられた。彼のスケッチした星雲の例を図5.6に示そう[5.4]。

ハーシェルは観測結果をカタログとして王立協会誌 (RSPT) に送っている[5.5]。

第1カタログ：1786年　天体概数　1000
第2カタログ：1789年　天体概数　1000
第3カタログ：1802年　天体概数　500

ハーシェルはこれらの観測された天体 (合計2509個) を星雲，星団別に見かけの形状から次のように分類した。(カッコ内は天体の概数。)

星雲　I　　明るい星雲 (288)
　　　II　　微光星雲 (909)

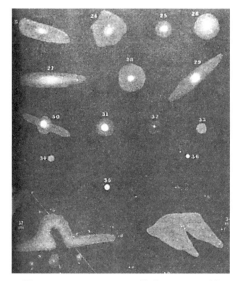

図 5.6　ハーシェルによる星雲のスケッチ例

  III 極微光星雲 (984)
  IV 惑星状星雲 (79)
  V きわめて大型の星雲 (52)
星団 VI 中心集中度が高く，多数の星を持つ星団 (42)
  VII 明るい星と暗い星を含む集中した星団 (67)
  VIII 星のまばらな星団 (88)

キャロラインは助手として丹念に記録をとっていたが，時には独立して彗星探査を行うとともにスイーパー望遠鏡を用いて星団星雲の探査にも当たっていた。ハーシェルのカタログにはキャロラインの発見した天体が二十数個含まれており，発見者の記号 CH (Caroline 天体) で区別されている。

1.5　銀河系の構造

スラウに移ってから取り組んだ大きな仕事に銀河系の構造の研究がある。もともと，ハーシェルの意図は天界の 3 次元構造の解明にあった。彼が二重星による年周視差の測定にこだわっていたのはそのためであった。しかし，視差は当面，測定の見通しが立たなかったため，彼は方法を変えて統計的手法で 3 次元構造に挑むことにした。

第 1 の方法は彼が星計測法（star gage）と呼んだもので，星密度の高い天域ほど遠方まで広がっていると見なす手法である（1785 年）。彼はそのために 48 cm 反射鏡を用い，天域の一定面積（望遠鏡視野の直径 15 分角）の星数を数えた[5.6]。星計測法の基礎にあるのは次の仮定である。

1) 48 cm 望遠鏡は宇宙の果てまで見通している。
2) 星の明るさはほぼ一様である。
3) 星の光をさえぎる物質は存在しない。

彼は 48 cm 反射鏡で 675 個の天域の星数を計測し，星の数から天空の広がりの限界を推定した。限界までの距離は恒星の中で最も明るいシリウスを基準として相対的距離で表わされる。その結果から描き出された銀河系モデルが図 5.7 である。

この図は銀極を通り，銀河面と直角で天の川が二股に分かれる点で銀河面と交わる大円に沿う断面図である。一見すると，この図はわれわれの銀河系を銀河面から見たときの断面を思い起こさせる。しかし，それは偶然に過ぎない。上に挙げた 3 つの仮定はどれも適合しないからである。

図 5.7 は銀河系を示すハーシェル宇宙として長い間認められてきたが，ハーシェル自身は後になってこの宇宙体系を否定している。それは 48 cm 望遠鏡では宇宙の果てまでは見通せないことが分かったからである。また，星の明るさはほぼ一定であるという仮定にも疑問を抱いたからである。

1817 年，78 歳になったハーシェルはついに二重星による年周視差の測定をあきらめた。彼は，星までの距離は年周視差 1 秒角以下であると結論

図 5.7 ハーシェルの銀河系モデル
中央左よりに太陽,周縁で最遠方の星が星印で示されている。

している。しかし,相対距離の測定にはなお意欲を持っていた。彼はそのために「等光度法」(equalization method)と呼ぶ第 2 の方法を編み出した[5.7]。これは同じ口径の 2 つの望遠鏡を並べて,1 つは基準星に向け,他は探査する星に向ける。彼は基準星として牛飼い座のアークトゥルスを選び,その明るさが 4 分の 1 になるように口径を絞る。この減光した明るさと等しい明るさを持つ星を探し,アンドロメダ座 α 星がそれに該当することを見出した。星が同じタイプであるとすればアンドロメダ座 α 星の距離はアークトゥルスの 2 倍になる。次にアンドロメダ座 α 星を第 2 次の基準星にして再び口径を同じように絞り,それと等しい明るさの星を探す。それを第 3 次基準星とし,この方法を第 4 次,第 5 次と繰り返して,暗い星の相対距離を推定しようとするのが『等光度法』である。この方法を天域の各方向について行い,銀河面と直角方向では銀河宇宙の果てまで見通したと思った。しかし,ペルセウス座のような銀河面内の天域では 12 次から 24 次まで高める必要があり,それでも背後に微光の空が広がっていて,望遠鏡が限界に達していないことを認めざるを得なかった。その観測結果から彼は,銀河系は銀河面の方向には望遠鏡の能力を超えた遥かな遠方まで広がっていると考え,われわれの宇宙を「深遠な銀河系」(Unfathomed Milky Way)と呼んだ。それを図 5.8 に示す。

ハーシェルの銀河系構造の研究について,伝記を書いたベルコラは次のように述べている[5.1] b。

「彼の銀河図はどれも試験的なもので,しかも正確ではなかったが,天界の

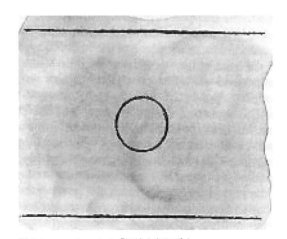

図 5.8 ハーシェルの「深遠な銀河系」
中央の円は肉眼で見える限界を示し，上下の横線は銀河系の限界幅，左右は未知の距離まで延びる銀河系の広がりを表わす。

構造に関する彼の生涯にわたる観測の集積に基づいている。彼は長年，望遠鏡の大型化に取り組み，「星計測法」で星を数え，「等光度法」で星の相対距離を測ったりして，銀河系の構造図を完成させたいと苦心していた。しかし，彼にとって満足できる図は得られなかった。それについて，彼は恐らく，失望を禁じえなかったのに違いない。しかし，それでも，銀河系の構造の解明を夢見て，彼は生涯の終わりまで若々しい熱情を失わなかったのである。」

1.6 星雲とその進化

スラウに移住してからもハーシェルは星雲とは遠方の星の集団であると考えていた。明白なのは球状星団や散開星団であるが，それ以外の星雲が多様な形態を持つことにも注目していた。帯状のもの，彗星状のもの，扇状のものなどである。1789 年に次のように書いている[5.5] b。

図 5.9 惑星状星雲 NGC 1514

「種々の形状を持つ星雲，球状，彗星状や，扇状などの星雲サンプルを適当に並べれば基本的な形成原理を示す系列が得られるであろう。拡がった不規則な星雲は初期の状態にあり，中心集中を示す球状星団は長い期間の引力作用によって星形成の後期の状態にある。」

　しかし，この論文を提出した翌年，1790年の秋，おうし座にこれまでの考え方を覆す奇妙な天体と巡りあった。それは惑星状星雲（現在，NGC 1514）の1つであるが，一個の星が円状に広がる微光星雲に取り巻かれている。「これはまったく奇妙な現象だ。約8等級の星の回りを微光の大気が取り巻いているように見える」と観測日誌に記している。「周りの星雲が星であるとして，それが星に分解できないほど遠方にあるためだとすると，その中心の明るい星は，近傍星との偶然の一致でないとすれば，あまりにも明るすぎる星になってしまう。」このとき，彼の心に浮かんだのは星を取り巻くのは遠方の星ではなく，「輝く流体」ではないかという，「より自然な」解釈であった。彼は地球で喩えればそれはオーロラのような物質ではないかとも考えている。

ハーシェルはそれまでも「惑星状星雲」と名づけた星雲をどのように分類して良いか迷っていた。この NGC 1514 に出会って，ようやく彼は星の進化との関連を推測するようになり，惑星状の星雲は重力によって星が誕生する過程を表わすのではないかと考えた。この解釈は星雲仮説として 1791 年に王立協会誌に報告された[5.8]。

　その頃，ピエール-シモン・ラプラス（Pierre-Simon Laplace, 1749～1827）はハーシェルの星雲仮説より数年遅れて，ハーシェルとは独立に太陽系の起源として星雲仮説を提唱していた。彼は自著『世界体系』の初版（1796 年）[5.9] の中でその説を展開している。その骨子は，太陽系は巨大な原始星雲から誕生したというものである。原始星雲は緩やかに回転しており，重力による収縮とともに回転速度を上げて，扁平になり，円盤状になって収縮を続ける。その過程で，円盤の縁からいくつかのリング状の星雲物質が分離して行った。それぞれのリングから惑星が形成され，太陽は最後に残った円盤から誕生した。ラプラスは原始太陽系の姿がハーシェルによって観測された惑星状星雲に当たるのではないかと推論している。

　ハーシェルは 1802 年にパリを訪ねた折にラプラスと会っている。2 人はその後，親しくなり，ラプラスは『世界体系』1835 年版の中でハーシェルに謝辞を述べ，次のように書いている。

> 「ハーシェルは種々の凝集の段階にある星雲の観測から『下降』して，星雲説にたどり着き，私（ラプラス）は太陽系の進化の考察から『上昇』して星形成の星雲説にたどり着いた。」

　その後，ラプラスの星雲説は 19 世紀を通して大きな影響を与え，基本的な理論になっていたが，その背後にはハーシェルの影響も大きかったのである。

　ハーシェルのモットーに「天空に輝くものはすべて観測されるべきである」という一句がある。これはバース時代から始まった彼の天体捜索者としての本領を表わしている。このモットーは 19 世紀に活躍した 5 人の女性科学者の生涯を語るマッケンナ-ローラーの著書の題名にもなっている[5.10]。

1.7 キャロラインの晩年[5.1] a

　キャロラインは兄ウィリアムが亡くなった1822年に，はやばやと故郷のハノーバーに戻っている。彼女は，天文学の仕事はやめて静かな余生を送りたい，親戚や知人の多い故郷で暮らしたいと思っていたのである。しかし，彼女を待っていたのは失望と孤独であった。50年も離れていた故郷は冷たかった。

　英国の王室からは年俸の50ポンドが支給されていたが生活には不足した。弟デートリッヒの援助でようやく生活する日々となり，家に引きこもることも多くなった。そんなある日，ソファに座っていた彼女に隣室の書棚が眼に入ってきた。そこには兄ウィリアムが残した観測記録がぎっしり詰まっている。そのとき彼女は初めて眼が覚め，兄の観測記録の整理を始めた。天体はほぼ発見順に並べられていたのでそれを赤緯ゾーンごとに再編集し，カタログとしてまとめて，1825年にジョン・ハーシェルのもとに送った。これは天体を比較し，検索を容易にする貴重なものであった。キャロラインのカタログに基づいてジョンは自らの観測も含めて「作業リスト」の制作をすすめ，「星団星雲の一般カタログ」としてまとめている（第3.1節）。ジョンと親交のあったエディンバラ大学のデーヴィッド・ブリュースター卿（Sir D. Brewster）は「彼女の"ゾーンカタログ"は75歳の婦人の情熱によって生み出された偉大なモニュメントである」と称えている。この業績によってキャロラインは1828年にロンドン王立天文協会からゴールドメダルを授与されている。カタログ化の仕事が始まってからキャロラインは元気を取り戻した。その後はジョンの後ろ盾となって研究を進めるが表立つことはなかった。それでもヘルムホルツやガウスなど多くの研究者がハノーバーを訪れるようになりキャロラインの家は活気を取戻した。彼女は晩年まで元気であった。音楽をこよなく愛し，死去する前年に皇太子夫妻に招かれたときも，ウィリアムの作曲した歌を披露したという話もある。そして1848年に98歳の天寿を全うした。

② 第3代ロス卿と渦状星雲の発見

2.1 バー・キャッスルと「巨大海獣」[5,11]

アイルランドのバー村は，首都ダブリンから西に 135 km，車で 2 時間ほどの距離にある．村の人口は 3600 人（2002 年），17～18 世紀の建物をよく保存した静かな村である．

バー・キャッスルはロス伯爵代々の住居用建物で非公開であるが，広大な敷地は現在，公園として公開されている．広い散策路の真ん中に南を向いて口径 183 cm を誇る大望遠鏡が復元されて大きな姿を見せている．これがバー村の「巨大海獣」(Leviathan) と呼ばれる第3代ロス卿（ウィリャム・パーソンズ）の望遠鏡である．

パーソンズ家がオファリー郡バー村に邸宅（キャッスル）を構えたのは 17 世紀のはじめである．以来，この地方の貴族として代々引き継がれ，村の名前もパーソンズ・タウンと変えていたが，いまはバー村となっている．

この家系に生まれたウィリャム・パーソンズ (William Parsons, 1800～1867) はオクシマンタウン卿として 1800 年 6 月 17 日に誕生した．幼少の頃は家庭教師による教育を受け，16 歳でダブリンのトリニティ・カレッジに入学する．引き続きオックスフォード大学に入学，1822 年に数学科を優れた成績で卒業する．パーソンズ・タウンに戻ったウィリャムは翌年からオファリー郡の上院議員となるが，趣味として始めた天文に次第に傾斜して行き，1824 年には王立天文協会のメンバーとなっている．工学技術に優れていた彼は 1827 年頃から望遠鏡の制作に取り組み始め，1828 年にはすでに望遠鏡主鏡の研磨法に関する最初の論文をエディンバラ科学誌に掲載している．その後，彼は工作法の考察結果をすべて公表することにした．これは当時の望遠鏡メーカーの秘伝的方法と異なった近代的手法である．彼は望遠鏡と工学技術に専念するため，ついに 1834 年（33 歳）に公務から離れる．

図 5.10 テラスから見たバー・キャッスル

図 5.11 バー・キャッスル内に復元された 183 cm 反射望遠鏡（巨大海獣）

図5.12　第3代ロス卿（ウィリャム・パーソンズ）肖像画

　1836年にヨーク州生まれのマリー・ウィルマー・フィールド（Mary Wilmer Field）と結婚する。彼女は富裕な財産の相続人であったから，ウィリャムはマリーの財政的支援を得て，いよいよ大型望遠鏡という夢の実現に向かう。

　最初に取り組んだのは36インチ（91 cm）金属反射鏡の製作である。高い反射率を持つ合金のテストと製造，蒸気駆動の研磨機の製作など多くの準備を重ねた上，金属鏡の研磨を始める。望遠鏡は1839年に完成し，円形のトラックの上でフレームを回転させるウィリャム・ハーシェル型の架台に設置された。回転台であったから空の大部分に望遠鏡を向けることができた。パーソンズはさっそく月，星雲の観測を始めたが，900倍まで拡大された天体スケッチは当時としては最高の解像力を示していた。その中には超新星残骸として有名な「かに星雲」も含まれている。パーソンズによって命名されたその名はいまも使われている。

　1841年，父の第2代ロス卿の死去に伴って第3代ロス卿（Third Earl of Rosse）となり，広い土地と財産を受け継いだ。この年から，次の望遠鏡として72インチ（183 cm）反射望遠鏡の製作に取り掛かる。これまでに類を見ない大型望遠鏡であったから，多くの困難があった。まず，金属鏡製作

のため，新たに村に泥炭炉を持つ鋳造場を建設した．ここで鋳造された主鏡は1842年に完成し，彼の指導のもとに研磨が行われたが，完成した主鏡の重量は3.5トンにも達していた．また，金属鏡は絶えず磨きなおす必要があるので彼は主鏡を2枚製作して常備し，6ヶ月ごとに交代するようにした．次の大きな問題は鏡筒である．口径比10の鏡筒の長さは18 mになる．その枠組みの重量も相当な大きさであったから，望遠鏡の支持にはハーシェルの回転台方式は無理であった．その代わりに採用されたのは図5.11に見るように，両側からがっちり支える方式である．観測はニュートン焦点に限られ，目的の天体を観測する時間は天体が子午線を通過する前後の1時間ずつ，合計2時間であった．1845年2月15日にファーストライトを迎えている．

ロス卿のスケッチした多数の星雲像は多くの新聞や雑誌で紹介され，世界の多くの地域から見学者が訪れるようになった．この望遠鏡の能力はジュール・ベルヌの小説『月世界へ行く』にも紹介されている．

> 「実際，パーソンズ・タウンにジョン・ロスが装置した6500倍の倍率の望遠鏡は月を64キロの近くにまで引き寄せている．」

（江口清訳，創元社SF文庫より）

当時の人にとって，ロス卿の望遠鏡はまさに巨大海獣（Leviathan）に他ならなかった．

2.2 渦状星雲の発見[5.12]

90 cmと183 cmの2つの望遠鏡でロス卿が挑んだのは星雲の正体の解明であった．星雲は星に分解できるのか，それともガス状物質の集団なのかという問題である．彼はアーマー天文台長のトマス・ロビンソン（Thomas R. Robinson）と，二重星観測家のジェイムス・サウス（Sir James South）を招いて共同で観測を進めた．

その背景にはウィリャム・ハーシェルとその息子のジョン・ハーシェル

の観測と，親子の星雲に対する見解がある．ウィリャム・ハーシェルは1783年に口径48 cm反射鏡を建設し，翌年から星雲の探索を始めた．彼は当初こうした星雲は倍率を上げればすべて星に分解できるのではないかと考えていた．しかし，1789年に口径124 cm反射鏡による観測が始まると，彼は，星雲の中には明るいガス状の天体もあるのではないかと考えるようになった．特に惑星状星雲を見て，カントの星雲説のようにガス状星雲から星が生まれるのではないかと考えた．彼の息子のジョン・ハーシェルも喜望峰天文台で1834年から1838年にかけて46 cm反射鏡による観測を行い，父と同じように星雲には星の集団とガス状星雲の2種類があることを認めていた．

　ロス卿たちはバー・キャッスルの望遠鏡によってこの問題に決着をつけようとしていた．ロビンソンら3人は最初に90 cm反射鏡でオリオン星雲とアンドロメダ星雲を狙い，眼視観測とロス卿によるスケッチに基づいて星への分解が可能であるかどうかの検討を進めた．これらの星雲が星に分解できると主張したのはロビンソン，懐疑的だったのはサウス卿である．ロス卿はまだ慎重だったので問題は次の大型望遠鏡に持ち越された．

　1845年2月15日に巨大海獣はファーストライトを迎え，ロス卿はロビンソン，サウス卿とともに観測に乗り出す．2月から4月にかけて天候状態が安定せず，なかなかオリオン星雲の観測機会が得られなかった．その代わりに彼らはりょうけん座に奇妙な星雲を見つけた．最初に見つけたのは3月とも4月ともいわれているが，ロス卿のスケッチによってそれが渦を巻く星雲であることが分かってきた．それが渦状星雲M51である．6月になってロス卿は王立天文協会の会合でM51をかみのけ座のM99などとともに新しいタイプの渦状星雲として紹介している（図5.13）．また，1850年までに彼の発見した渦状星雲は14個に達し，その中には真横から見たと見なされる星雲も含まれている．

　肝心のオリオン星雲はどうであったか．ロビンソンは1845年の記録の中で「私の観測した43個の星雲はオリオンを含めすべて星に分解された」と述べているが，サウス卿は依然として懐疑的であった．翌年2月，ロス

図5.13 ロス卿によってスケッチされた渦状星雲 M51（上）と M99（下）。

卿は「オリオン星雲が星に分解できるかどうか迷っている」と述べていたが，3月にはグラスゴー大学のニコル（J. P. Nichol）に宛てた手紙の中で

> 「オリオン座のトラペジウムは星の集団である。その周辺の星雲も星に分解できる兆候が見られる。」

と書いて分解可能性に一歩踏み込んでいる。

ニコルはこの手紙をみて「星雲説」は破綻したと考え，また，ロンドンのジョン・ハーシェルも最後には「183 cm 鏡の観測能力から見て，星雲の分解可能性は明らかになった。」と述べて分解説への理解に転じている。

現在の視点で見ると四重星のトラペジウムは微光星の密集した星団で 17 等級位は容易に識別できる。ロス卿の 183 cm 鏡の限界等級が 16 等級に達していたことから，ロス卿が，多数の微光星に分解していたことは確かであろう。ガス星雲の存在は 1864 年に惑星状星雲に対するウィリャム・ハギンスの分光観測（第1章3.2項）によって確認されるが，それまでは星雲とは星の集団であるという考え方が主流となっていた。それも

183 cm という巨大海獣の存在の重みが当時の研究者たちにのしかかっていたためである。

アイルランドは天候が悪く，観測日数は限られていたが，ロス卿は数人の観測助手とともに観測を続けていた．主要な観測テーマは相変わらず星雲の構造にあった．彼はジョン・ハーシェル（次節）が1847年に作成した2500個の星雲，星団のカタログの中の星雲について，ニュートン焦点に倍率2000倍のアイピースを用い，マイクロメータで星雲のサイズや星との角距離などを測定している．バー・キャッスルで観測された星雲，星団はおよそ1000個に達しており，1861年の英国王立協会への報告ではそれらについての記述に加え一部の星雲にはスケッチも添えられている[5.13]．

また，バー・キャッスルには外部からの訪問者や観測所も多く，観測成果は新聞，雑誌に紹介され，バー村は長らく天文観測センターの1つになっていた．

③ 星団と星雲のカタログ，GC，NGC の成立

3.1　ジョン・ハーシェルと一般カタログ (GC) [5.1] a, [5.14]

ジョン・フレデリック・ウィリアム・ハーシェル（John Frederick William Herschel, 1792～1871）は父のウィリアム・ハーシェルが40インチ反射望遠鏡の制作に取り組んでいた頃，スラウで生まれた一人っ子である．両親や叔母のキャロラインとともに音楽を愛する家族であった．しかし，ジョンは内向的なところがあり，7歳で小学校に入学した頃，いじめを受けていたという．そのため，数ヶ月で学校を辞め，その後は家庭教育で育てられた．

1808年（17歳）でケンブリッジのセント・ジョーンズ・カレッジに入学する．幼少の頃から数学に優れていたので，カレッジでは数学を専攻する．当時，英国では大陸に比べて解析学に遅れがあったため，ジョンは友

図5.14　ジョン・ハーシェル肖像

人のチャールス・バベジ（Charles Babbage）と協力してラクロア著『初等微積分学』（仏文）の英訳を行っている。この訳書はその後テキストとしてケンブリッジ大学内外で広く採用されたという。

　1813年にセント・ジョーンズを卒業すると，引き続き研修員となり，数学の研究を進めていたが，1816年に父ウィリャムの後を継いで天文学に進むことを決意した。最初に取り組んだのは，ケンブリッジでの学友でシドニー近郊のパラマッタに在住するジェイムス・ダンロップ（James Dunlop）から送られてきたデータの解析で，それに基づいて南天における星雲と星団のカタログを出版している[5.15]。これによって父ウィリャムの仕事を引き継ぎ，また，南天の観測にも興味を持ち始めたのであろう。1816年にバベジへの手紙で次のように書いている。

　　「私は父が製作した強力な望遠鏡を使って，父がやり残した観測課題に取り組もうと思っています。」

父の残した仕事には二重星の観測と星雲星団の観測があった。二重星についてジョンは父のデータの整理とともにスラウで行った自らの観測を加えて1824年から1833年にかけて3347星を含むカタログを出版してい

図 5.15　ケープ天文台とハーシェル望遠鏡

る[5.16]。一方，星雲星団については 1825 年に叔母のキャロラインから父の残した 2500 個あまりの天体を含む星団星雲のカタログが送られてきたので，それを基礎に観測に取り組む（第 1.7 項）。ジョンはその解析にスラウにおける観測を加えてスラウカタログとして 1833 年に公刊している[5.17]。

その頃，王立天文協会は南天の観測に着目し，1828 年に南アフリカの喜望峰に王立天文台（ケープ天文台）を建設していた。ジョン・ハーシェルも南天の観測に意欲を持っていたが，身辺の事情があった。1829 年にはマーガレット（Margaret Brodie Stewart）と結婚し，母マリーの看護があるため決心が鈍っていた。1832 年に母が死去すると，身軽になり，ジョン・ハーシェルは 40 cm 屈折望遠鏡を携え，家族とともに 1833 年に喜望峰に向かう。

喜望峰での観測は 1838 年までの 5 年間であったが，実りは大きかった。この間に彼は 1200 個の二重星と 1700 個の星雲星団を観測してデータを取得している。また，大小マゼラン雲の美しさと多様性に魅せられ，特に大マゼラン雲中には 1163 個の星，星雲，星団を同定している。こうして，彼は大量の観測データを携えて英国に戻る。

1840 年にスラウからロンドンの東南，ケント州のコリングウッド

(Collingwood) に移住する．王立天文協会長，大学学長などの多忙な業務の間にもデータ解析に取り組み，1847 年にようやく南アフリカでの南天の天体捜索をまとめたケープカタログ[5.18]を公表している．出版に当たり，彼はカタログの 1 部を叔母のキャロライン・ハーシェル 98 歳の誕生祝として送り，次のように述べている[5.1] a．

> 「叔母様，あなたは私が父の仕事を引き継いで星雲状天体の捜索を完成させたことを喜んでくださるでしょう．」

しかし，ハーシェルはその後もデータ解析を続け，父のハーシェルカタログ，自らのスラウカタログおよびケープカタログをまとめ，さらに他の天文台におけるデータも集積した総合カタログを王立協会誌に投稿している．それは「星団，星雲の一般カタログ」(General Catalogue, GC) として合計 5079 天体を含み，1864 年に公刊された[5.19]．

ジョン・ハーシェルには 8 人の娘と 3 人の息子がおり，長男は男爵位を継ぎ，下の 2 人は天文学者として，次男は流星の研究，3 男は南天の星雲の分光観測などで知られている．ハーシェルは晩年をコリングウッドで過ごし，音楽とガーデニングを楽しんでいたが，1871 年 5 月に死去した．彼の遺骸は偉大な科学者としてウェストミンスター寺院のニュートンの脇に葬られた．

3.2 ドライヤーと新一般カタログ（NGC）[5.20]

ジョン・ルイ・エミール・ドライヤー (John Louis Emil Dryer, 1852〜1926) はコペンハーゲンで生まれたデンマーク人である．父のジョン・クリストファー・ドライヤー (John Christopher Dryer) は生粋の軍人で 1864 年のデンマーク・プロシャ戦争で功績を挙げ，後にデンマーク陸軍大臣にまでなっている．しかし，息子のドライヤーは軍人になることより天文学と歴史に深い関心を寄せていた．彼を天文学に引き込んだのはデンマークの偉人ティコ・ブラーエ (Ticho Brahe, 1546〜1601) への畏敬であった．ティ

図 5.16　ドライヤー肖像

コは望遠鏡発明以前の最も優れた観測者として知られており，ティコの星として知られている超新星の発見とその連続的観測など，膨大な観測資料を残している．ドライヤーの歴史への興味もティコを中心にした科学史であった．晩年のドライヤーはティコの残した観測資料の収集に当たっている．

コペンハーゲン大学に入学したドライヤーは彗星と星雲の探査法をダレスト（H. d'Arest）から，赤色星の探査法をシェーレラップ（H. K. F. K. Schjellerup）からそれぞれ指導を受ける．1872 年に卒業し，バー・キャッスルの観測助手としてアイルランドに渡る．1875 年にバー村のキャサリン・タットヒル（Katherin Tuthill）と結婚して，生涯をアイルランドで過ごすことになる．

1870 年代には第 3 代ロス卿はすでに亡くなっていたが，バー・キャッスルの巨大海獣は依然として世界最大の反射望遠鏡として，内外から多くの観測者を集めていた．ドライヤーはロス卿の後を継いで，この望遠鏡で眼視スケッチによる星団，星雲の観測を続けていた．

1878 年にダブリン近郊のダンシンク天文台に移り恒星の位置観測を行っていたが，1882 年に北アイルランドのアーマー天文台（Armagh

図 5.17　アーマー天文台とその前に立つドライヤー（1890 年の撮影）

Observatory）に台長として迎えられる．ドライヤーは 25 cm 屈折望遠鏡を設置し，星団星雲の観測を始めたが，微光天体の観測には口径が不足であった．ドライヤーは何度か大型望遠鏡計画を政府に申請したが，1880 年代の北アイルランドは深刻な財政危機にあり，大型望遠鏡の新設は到底，無理であった．そのため，ドライヤーはジョン・ハーシェルの一般カタログ GC（1864 年）を拡張してカタログの改定に専念することにした．GC は出版からすでに 20 年を経ており，各地での観測が進んでいた．彼はこの計画をすでにバー・キャッスルの時代から始めており，1876 年に次のような「天文学者への協力要請」をドイツのアストロノミッシェ・ナハリヒテン誌に掲載している．

> 「私は現在，ジョン・ハーシェル氏の一般カタログ（GC）の増補版の出版を準備しております．どなたでも未公刊の新しい星雲や，GC カタログ中のエラーなどの情報がありましたら，それを年末までにお送り下されば幸甚

です.パーソンズ・タウン天文台,アイルランドにて,1876年11月8日 ジョン・ドライヤー」

この呼びかけにはコペンハーゲン天文台やハーバード大学天文台など,世界の各地からのデータの提供があった.このデータに基づいて1877年に一般カタログ (GC) の増補版をアイルランド王立科学アカデミーの紀要に掲載した.これにはGCの天体に1172個が追加されていた.彼はさらに第2の増補版の公刊を準備していたが科学アカデミーからの勧めによって,これまでの3つのカタログをまとめることとし,1888年に新一般カタログ (New General Catalogue = NGC) として公刊した[5.21].このカタログは7840天体を含み,カタログ番号の順にGC番号,観測者名,赤経,年周歳差,北極距離,天体諸性質の記述が示されている.ドライヤーはさらに1895年にその増補版としてIC-1 (Index Catalogue 1)[5.22],1910年にはIC-2 (Index Catalogue 2)[5.23]を公刊している.インデックス・カタログ (IC) は1,2を通して5356天体を含んでいる.これらが現在,広く用いられているNGCの成立であるが,その背景には皮肉にも北アイルランドの財政危機という状況が隠されていたのであった.

ドライヤーは1916年にアーマー天文台を退職,ケンブリッジに移り住んでオックスフォード大学図書館でティコ・ブラーエの観測記録,手記,書簡などを収集し,15巻に及ぶ資料集を公刊している.その後平穏な生活を楽しみ,1926年,74歳で静かに余生を終えた.

❹ 天空の穴とエドワード・バーナード

4.1 ウィリャム・ハーシェルと「天空の穴」[5.24]

1833年の夏,ジョン・ハーシェルは南アフリカの喜望峰への旅の準備を進めていた.父のウィリャム・ハーシェルが北天で行った星団,星雲の

探索を南天に拡張するためである．そのとき，ジョンのもとに叔母のキャロラインから手紙が届いた．

　「喜望峰に落ち着いたら，さそり座の南部の奇妙な天体に注意してください．あなたの父はその付近に星の見えない領域があるのを不審に思っていました．」

　ジョンは南天の観測を始めても，叔母の手紙をあまり気にしていなかった．ようやく翌年の6月に

　「さそり座付近に別に変わった天体は見当たりません．球状星団がたくさん見えています．」

と返事を書いた．キャロラインはそれに満足せず，次のように注意をうながした．

　「私が期待したのは星団ではありません．あなたの父が『ここには実際に"天空にあけられた穴"がある』といっておられた領域です．」

　ウィリアム・ハーシェルは1783年頃，48 cm反射鏡で星団，星雲の探査とともに「星計測」を並行させていた．望遠鏡の視野（15分角）に入る星の総数を数える仕事である．あるとき彼はさそり座のアンタレス付近を西から東へと銀河面に近づくように星計測を行っていた．銀河面に近づくと確かに星の数が増えてくる．ところが突然のように星数が減少しほとんど暗い星の見えない領域に入った．4度角ほど進んでようやく星も増え，銀河面に向かって星数も増大していった．球状星団M80やM4の付近でも類似の暗黒領域が顕著であった．

　キャロラインはウィリアムが50年前に経験したこの「天空の穴」についてよく記憶していた．それでジョンに注意を促したのであった．ジョンもようやくそれに気づき，「天空の穴」についてアフリカ滞在中に約50個の星の少ない領域を発見している[5.18]．そのうちの半数はへびつかい座 ρ 星の近傍にあった．特にM80付近では明るい星さえ見えなくなり，「夜空

は壮大な暗黒さを示した」と書いている。

スコットランドの神父トマス・ディック（Thomas Dick）はハーシェルの「天空の穴」に関心を持ち，『恒星界と天文学に結びついた諸現象』（1840年）[5.25] を著わしているが，その中でオリオン星雲などの明るい星雲と，周辺の暗い星雲を比較して，明るい星雲は星々が生まれたところではないかと当時としては卓越した推測を行っている。

ハーシェル一家が観測していたのは明らかに暗黒星雲であるが，暗黒星雲の観測が本格化するのは乾式写真乾板が実用化され始めた1880年代以降である。ジョン・ハーシェルやトマス・ディックの時代からさらに40年も経っていた。天域の写真観測はエドワード・バーナードとマックス・オルフによって進められたが，ハーシェルの「天空の穴」は2人に大きな影響を与え，「天空の穴」を「暗黒星雲」と理解するまでには長い道のりが必要であった。

4.2 バーナードと天空の穴

(1) バーナードの生い立ち[5.26]

アメリカテネシー州のナッシュヴィル（Nashville）はアラバマからシカゴへ抜ける南北交通の要衝である。また，ミシシッピー河へと注ぐカンバーランド川にも面した水辺の町でもある。エドワード・エマーソン・バーナード（通称エド）（Edward Emerson Barnard, 1857～1923）は1857年，12月16日にこの町で生まれた。父リュービン（Reuben）はエドの生まれる2ヶ月前に他界し，母のエリザベス・ジェーン（Elizabeth Jane）は，造花作りの内職などで貧しい家計を支え，2人の息子を養っていた。エドが3歳のときに南北戦争が勃発し，ナッシュヴィルも要衝として主要な戦場になったこともあった。彼は戦争のこともかすかに記憶にあるという。

母は教養を持った女性で文学や芸術への関心も深かった。貧困との戦いの中でも子供たちの教育や躾に気を配った。エドは少年時代にわずか2ヶ月しか小学校に通うことができず，基礎的な知識はすべて母からの教育に

図5.18 5インチ望遠鏡を前にした若き日のバーナード
この望遠鏡で1881年に最初の彗星を発見した。

よるものであった。9歳で市内の写真スタジオに働きに出る。このスタジオには屋上に巨大なカメラが設置されてあり，レンズの1つを常に太陽に向けておく装置が付いていた。エドの当初の仕事はレンズが太陽に向くように歯車で調整することであった。単調ではあったが，スタジオでの仕事を通して写真術を学び，また，余暇には天文への興味を深めていた。

このスタジオでエドは17年間働くが，生活にもゆとりが出てきたので，19歳（1876年）のとき，思い切って5インチ（12 cm）望遠鏡を購入する。400ドルという価格はサラリー年額の3分の2に達するものであった。彼は庭の一隅に小屋を建て，コメットハウスと称して，この望遠鏡で彗星の探査に乗り出した。

1881年，24歳になった彼は英国から移り住んで同じスタジオで働くようになったローダ・カルバート（Rhoda Calvert）と結婚する。ローダは献身的に彼に協力し，彼の天文学研究者への道を支えた。この頃，彗星探査を続けていたバーナードはこの年の5月に最初の彗星を発見する。発見はニューヨークの私設ローチェスター天文台長スイフトに報告された。この

天文台の創始者ウォーナー（H. H. Warner）は彗星を発見したアメリカ人に賞金を贈る慣例を始めていた．彼の彗星は Comet 1881 VI と名づけられ，その発見によって 200 ドルのウォーナー賞金が与えられた．

その後も彗星の探索に力を入れ，翌年に 2 つ目の彗星を発見する．こうして数年間に 5 回もウォーナー賞金を獲得している．

1883 年，ナッシュヴィルのバンダービルト大学（Vanderbilt）から，宿舎付年俸 300 ドルで付属天文台の観測員にならないかとの申し出を受けた．これは写真スタジオでの俸給を下回り，家族を支える上でも危険な選択であった．しかし，妻のローダは彼を励まし，「ぜひ，この仕事を引き受けなさい．生活は何とかなるでしょう．」と勧めた．それでバーナードの決心がついた．幸い，天文台の配慮と援助で特別学生として大学への入学が許され，数学，物理学，化学，いくつかの外国語を学ぶことができた．また，学生身分の傍ら，天文台の実地天文学の教育助手として学生の指導にも当たった．

1884 年にフィラデルフィアで開かれたアメリカ天文学会の年会はバーナードにとって初めての学会出席であった．その機会に彼はアレゲニー，ワシントン，ハーバード，アルバーニなどの天文台を訪ね，多くの知己を得て将来の大きな基盤を築いた．1887 年，30 歳になってようやく学部卒業の資格を得る．その年までにさらに 7 個もの彗星を発見していた．その頃，カリフォルニアではサンフランシスコ市の東南，ハミルトン山に建設中のリック天文台が完成に近づいていた．台長予定のカリフォルニア大学のホールデン（E. S. Holden）はバーナードに白羽の矢を立て，観測助手のポストを用意した．バーナードも喜んでそれを受け入れ，こうしてリック天文台での生活が始まる．

(2) リック天文台時代

リック天文台にジュニアスタッフとして着任したのは天文台完成の翌年，1888 年であった．ここでバーナードに割り当てられた仕事は 30 cm（12 インチ）屈折望遠鏡とコメットシーカーと呼ぶ彗星探査用望遠鏡の管理と

観測であった．

　彼は相変わらず彗星探査を続けていたが，ホールデンが注目したのは彼の優れた写真技術であった．1889 年，バーナードは 30 cm 鏡にガイド望遠鏡として取り付けられた 16 cm 鏡 (6.5 インチ) に広角写真レンズを取り付け，銀河の長時間撮影を始めた．その画像は天文台では誰も見たことのないすばらしい光景であった．星団，星雲や多数の模様が織り成す光景にスタッフの誰もが興奮したという．

　バーナードはジュニアスタッフであったから，最初は 91 cm (36 インチ) 屈折望遠鏡での観測の機会はなかったが，1892 年に先輩のバーナム (S. W. Burnham) が転出するとようやく定期的な観測ができるようになった．彼がこの望遠鏡の観測で得た最初の成果は木星の第 5 衛星の発見であった．

　バーナードの本領は写真観測による天体の捜査であったから，その後も相変わらず，彗星探査や太陽系天体の観測を続けていた．主な対象は彗星であった．長時間撮影によって，彗星が眼視観測に比較して長い尾を持つことを示し，1892 年にはスイフト彗星の尾の変化を追跡して形状の著しい変化を観測している．しかし，16 cm 写真儀では観測対象も限られ，彼の心の中には次第に不満が残るようになっていた．

(3) ヤーキス天文台時代

　1890 年代にシカゴ大学のジョージ・E・ヘール (G. E. Hale) は天文台建設の計画を進めていた．チャールス・T・ヤーキス氏の資金に基づいて 40 インチ (102 cm) 屈折望遠鏡を備えた近代的な天文台をシカゴの北方，ウィリャムス・ベイのジュネーブ湖をのぞむ高台 (海抜 330 m) に建設するという構想である．

　1895 年，建設中のヤーキス天文台から招聘があり，バーナード (39 歳) は喜んでそれに応じた．身分はシカゴ大学教授兼ヤーキス天文台先任研究員であるが，大学での義務は学生に夏期講習を行うくらいでほぼ観測に専念できる職務であった．

　しかし，天文台の完成が遅れたため，1 年間をシカゴ市内の宿舎で過ご

図 5.19 ヤーキス天文台の航空写真
大きいドームは 40 インチ鏡を収納する。

すことになった．それはバーナードにとって幸いであった．リック天文台での仕事をまとめるのによい時期だったからである．この年，多くの論文をまとめているが，その中に銀河のいくつかの領域の写真撮影がある．その年（1895 年）のうちに，M11，χ Cyg，15 Mon，ε Cygなどの領域，NGC1499，χ Per 付近などの美しい写真が相次いでアストロフィジカルジャーナル誌を飾った．

翌年，ヤーキス天文台に移ったバーナードの仕事は 40 インチ（102 cm）屈折望遠鏡の立ち上げであった．あるとき作業中に支持ケーブルの欠陥によって昇降台が落下するという事故が発生した．幸い，彼がドームを離れた直後だったので怪我はなく，また，望遠鏡も損傷を免れたが，悪くすれば人身事故につながるところであった．このため，工事が遅れ，1897 年の 10 月にようやく開所式が行われた．

完成した 40 インチ鏡で早速テスト観測が始まり，星団，変光星，惑星などの精密な位置と大きさの測定が行われた．レンズの解像力は申し分ないものだった．こうしてリック天文台の 36 インチ望遠鏡と並んでアメリカにおける大屈折望遠鏡の時代が到来したのである．

バーナードは星雲，星団の観測のために広い視野の望遠鏡を必要として

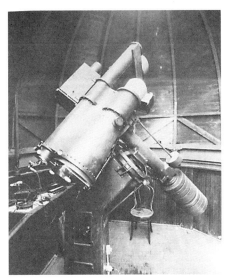

図 5.20 ヤーキス天文台のブルース望遠鏡

いた。幸い，1897年にニューヨーク在住のキャサリン・ブルース (Catherine W. W. Bruce, 1826～1900) から写真儀製作のためにヤーキス天文台に7000ドルの寄付があった。これは新しい望遠鏡とドームを製作するのに十分な金額であった。

　ここでひとこと，ブルースについて触れておこう。彼女は新しい印刷技術を開発し，印刷業で全米屈指の富豪となったジョージ・ブルースの娘である。若いときから天文愛好家であり，特にサイモン・ニューカム (Simon Newcomb, 1835～1909，天体力学，航海暦編纂) の著わした多くの啓蒙書を読んで天体の写真観測に興味を抱くようになった。晩年になってから天文学発展のために多くの資金を寄贈する。彼女は天体写真撮影を目的とする広視野の写真儀を1889年から1899年にかけて，ハーバード大学天文台，リック天文台，ヤーキス天文台（バーナード），それに後述するハイデルベルクのケーニッヒスツール天文台（マックス・オルフ）に寄贈している。ブルースはまた，太平洋天文学会にも多額の資金を寄贈している。学会はこ

れを基金としてブルースメダルを創設し,毎年顕著な功績を挙げた天文学者に賞金を贈与している。この賞は現在まで続いている。ちなみに第1回はサイモン・ニューカム(1898年度)で,その後バーナード(1917年度),マックス・オルフ(1930年度)も受賞している。

　バーナードに戻ろう。ブルースの資金によって製作されたツイン写真儀はブルース望遠鏡と呼ばれ,レンズの選定などに手間がかかったが,1904年に完成した(図5.20)。ブルース望遠鏡は10インチ(25 cm, F/5)と6.25インチ(16 cm, F/5)のツイン鏡で12 cmのガイド望遠鏡が付いている。乾板のサイズは,前者は30 cm×30 cm(乾板上で1°=2.2 cm),後者は20 cm×25 cmで,視野の広さはともに7°程度であった。

　バーナードは早速,ブルース望遠鏡で観測を始めた。対象の大半は彗星と太陽系天体であった。彼はナッシュヴィル時代の1880年頃から没年の1923年まで670編あまりの論文を書いているが,そのうち,彗星と太陽系天体は400編以上,変光星が130編,それに写真技術の開発関係が30編ほどある。星団と星雲の論文は88編であるがその中には星雲の形態や暗黒星雲の正体などが含まれ,観測者としての本領が発揮されている。

(4) 晩年

　彼は生涯の最後までヤーキス天文台で観測を行っていた。

　1921年にローダ夫人に先立たれて大きな衝撃を受ける。夫妻は子供には恵まれなかった。京都大学の山本一清(第8章)は1922年にヤーキス天文台滞在中にバーナードの歓迎を受けている[5.27]。山本は夫妻で彼の家を訪ねたときのことを

> 「(バーナード)先生は私どもの訪問を非常に喜ばれ,気の毒なような弱弱しい体を働かせて,椅子をすすめ,炉の火を燃やし,サイダーをすすめ,絵本や写真を見せ,日本のものを見せ,蓄音機をきかせ,それはそれはご自身で目の回るような接待ぶりで,こちらは全く恐縮しました。」

と書いている。また,山本はバーナードの観測ぶりについても次のように

図 5.21 バーナード肖像

述べている.

「(先生は) 40 インチの順番でない夜は，ブルース写真望遠鏡室で，銀河の長時間撮影をせられるのです．これも人の知るとおり，ずいぶん退屈な仕事ですが，先生は一向おかまいなく，大きな声で歌など歌いながら，終夜，望遠鏡を操っていられます.」

バーナードはこの直後，1922 年の暮れから体調を崩し，わずか 6 週間の入院で翌年 2 月 6 日の夜に亡くなった．天文台の掲示板には「昇天」(Ad Astra) という黒枠の知らせが張り出された．享年 67 歳．山本は天文台で行われた葬儀にも出席している．

バーナードは生涯故郷のナッシュヴィルの町を愛し，町には天文教育や普及のためにしばしば訪れている．ナッシュヴィルではバーナードと同じく同市の出身者であるセイファート (Carl K. Seyfert, 1911～1960, セイファート銀河の発見者) を記念してバーナード・セイファート天文協会が設立され，この協会はいまでも天文の教育普及活動を続けている．

4.3 バーナードと暗黒星雲

バーナードはナッシュヴィルのバンダービルト大学に在籍していた頃から暗黒星雲の写真撮影を行っている（1884年）[5.28]。最初の観測はカシオペア，さそり，やぎ座など7個の「暗黒星雲」に関するもので，彼はそれらを「銀河における小型のブラックホール」と呼んでいる。また「星欠乏域」（star vacant region）とも呼んでいた。当時はまだ，星の少ない領域は「天空の穴」と考えられていた。

彼の観測は主に銀河面近傍に向けられていた。明暗さまざまの模様の織り成す美しさに魅せられていたからである。1894年〜1895年頃の観測では明るい散光星雲と星欠乏域との共存について次のような記述が見られる。

(1) オリオン座の大ループと呼ばれる淡い散光星雲の内側には明るい星雲と混じって星欠乏域が分布している。
(2) さそり座のアンタレス付近には顕著な星欠乏域が存在する。
(3) プレアデス星団の北側数度の領域に微光星の少ない，淡い星雲が見られる。星のセミ欠乏域と見なされる。
(4) M11付近と χ Cyg 付近には星の欠乏域とセミ欠乏域が複雑に入り混じっている

1906年にバーナードは，欠乏域は「天空の穴」なのか，あるいは何らかの遮光物質の存在によるのか，2つの可能性を示唆している[5.29]が，それでもまだ星欠乏域にこだわっていた。欠乏域の存在は星が泡状に分布すれば説明できると考えたからである。泡の壁に沿って星が分布すればその内部は欠乏域として観測できるはずである。この考えは面白いことに現在の宇宙大構造に見られるボイド構造を思い起こさせる。

1910年代になってバーナードは星欠乏域には何らかの吸収物質が存在するのではないかという推測を強めてきたが，ようやく，1916年になって彼は，暗黒星雲とは「星が生涯の最後に輝きを失うように，明るい星雲

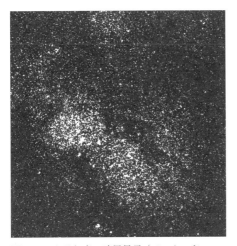

図 5.22 さそり座の暗黒星雲（バーナード，1906 年）
バーナードが1906年に「ブラックホール」と呼んだ暗黒部が明るい小型星団の中ほどに見えている（図のほぼ中央で斜めに延びる模様）。

も最後には光を失って暗黒になったもの」であろうと述べている[5.30]。その例としてハインドの変光星雲（Hind's variable nebula）を挙げて，「この星雲は50年前には小型望遠鏡でも明るく見えた星雲であったのに，いまでは大きな望遠鏡でようやく観測できる程度になっている。」と述べている。(注：この星雲はT Tau星によって照らされていて，ジョン・ハーシェルによって1852年に発見されてから減光を続けており，1880年にバーナードによって再び観測された。1930年代以降は明るさを増している。)

1919年には182天体のカタログを作成し，暗黒域（dark markings）の大部分は遮光物質の雲（暗黒星雲，dark nebula）であろうと次のように述べている[5.31]。

「私は最初から長い間，（星の欠乏域を）遮光物質と信じることができなかっ

た。しかし，写真観測で多くの資料が集まると，これらの欠乏域の大部分は遠方の星に対し近傍に遮光物質が存在するためであると考えるようになった。」

また，1920 年には「銀河の明るい星々の雲を背景として暗黒の物質が暗いレリーフをつくり，その背後にある天体を隠している。」とも述べている[5.32]。

こうして，天空の穴の存在を完全に否定したわけではないが，バーナードは長い時間をかけ，ようやく暗黒星雲の存在を認めるようになった。

彼は撮影した銀河のアトラスをまとめたいとかなり早い時期から計画していた。1907 年にはカーネギー財団の資金でアトラスを作成したが，このときは画質に満足できず，未完成に終わっている。その後，シカゴの写真会社コープラン＆サンと提携し，35000 枚のネガを検査したという。その結果をまとめた原稿は 1923 年に出来上がったが，その後もさらに検討を重ねていた。

アトラスが完成したのは彼の死後である。夫人ローダ・カルバートの姪で，長年，彼の秘書を務めていたマリー・R・カルバート（Mary R. Calvert）によって編集され，1927 年にカーネギー研究所から写真アトラスとして出版された。最初は 2 巻に分かれていたが，2011 年に合本として再刊された[5.33]。合本は暗黒星雲 359 個（カタログ番号 B1～B359）と 51 枚の写真図版とその同定図から構成されている。そのほか，ブルース望遠鏡の説明および，バーナードの伝記も含まれている。写真図版と同定図の例としてへびつかい座付近の天域を図 5.23 に示そう。アトラスの天域は銀河面のいくつかに限られているが，写真図版は銀河の美しさを十分に堪能させてくれる。

 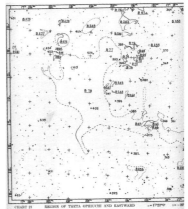

図 5.23 アトラス図の例（へびつかい座付近の暗黒星雲）
(a) アトラス写真図 (Chart 21)
(b) 同定図（バーナードの星雲番号，主な星の番号が示されている）
中央の大きな暗黒星雲が B78，その右上が B77，左下が B67．また，中央右の明るい星 (380) は o Oph (3.20 等星，B3 型) である．この天域には B 番号の付いた 9 個の暗黒星雲が示されている．

⑤ オルフと暗黒星雲

5.1 オルフの生涯[5.34]

マックス・オルフは Maximilian Franz Joseph Cornerius Wolf（1863〜1932）という長い名前を持ち（通称 Max Wolf），1863 年 6 月，ドイツのハイデルベルクで生まれた．父のフランツ・オルフ（Franz Wolf）は富裕な開業医，母エリーゼ（Elise Helwerth）とともに和やかな家庭生活に恵まれていた．父は星座にも興味を持ち，マックスを戸外に連れ出して星座の案内をした．こうしてマックスも自然に星空に関心を持つようになる．

マックスが 16 歳（1879 年）のとき，父はマックスのために裏庭に 6 インチ（15 cm）望遠鏡を備えた小型天文台を建設した．その頃はちょうどゼ

図 5.24　マックス・オルフ肖像

ラチン・ブロマイド乾式乾板が広まり，写真撮影が流行のように広がっていた時代で，1875 年にはすでにウィリャム・ハギンスが天体スペクトル撮影に乾式乾板を用いている（第 1 章 3 節）。

そうした流行に目をつけ，マックスは望遠鏡にカメラを取り付け，彗星と星雲の写真撮影に乗り出した。大学は地元のハイデルベルク大学に入学するが，自宅では相変わらず天体写真に凝っていた。1882 年から 2 年間，兵役に服し，除隊した翌年の 1884 年（21 歳）には最初の彗星を発見する。これは 14 P/Wolf と名づけられた周期彗星であった。

1885 年に無事卒業し，大学院に進んで，1888 年にハイデルベルク大学から天文学で学位を得る。翌年には 1 年間ストックホルム大学にポストドクターとして留学している。1890 年からハイデルベルク大学の講師（天文学）として天体写真の開発に取り組み，イエーナのカール・ツァイス社と共同でブリンクコンパレータを製作した。これは 2 枚の大型写真乾板を左右に並べ，短時間に切り替えて同一視野内に交互に映し出す装置で，星の位置や明るさの小さな変動が容易に検出できる。オルフはこのコンパレータを用いて多数の小惑星や変光星を発見している。彼がハイデルベルク大学で用いていたのは 6 インチ（15 cm）ツイン写真儀で 2 つの望遠鏡は写真

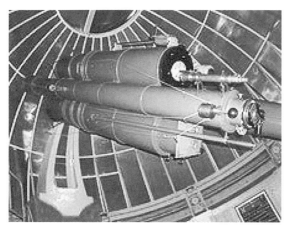

図 5.25 ケーニッヒスツール天文台のブルースツイン写真儀

撮影とガイドに用いられた.視野は 12°× 8°の広がりを持ち,広域サーベイにも適しているので,彼はこの方法で広範な星雲の探査も行うようになる.

1893 年,ハイデルベルク大学天文学教授となり,海抜 400 m の山頂にケーニッヒスツール天文台 (Königstuhl Observatory) の建設に取り掛かる.準備の一環としてアメリカの各地の天文台を訪問し,望遠鏡や観測機器の視察を行うが,その間にニューヨークでは前述 (4.2 項) したキャサリン・ブルースに紹介される.ブルースは彼のために望遠鏡製作費として 10000 ドルを提供した.

彼は早速,広域写真観測を主体とした口径 40 cm (口径比 5) の望遠鏡の設計を行う.望遠鏡はアメリカのブラッシャー社によって製作され 1898 年に完成する.望遠鏡はブルースツイン写真儀と名づけられてドームに設置された (図 5.25).天文台本体も 1900 年に完成し,いよいよオルフの観測がはじまる.また,1906 年にはドイツの天文愛好家ワルツ夫人 (Mrs. Waltz) からの寄付があり,口径 72 cm のワルツ反射望遠鏡が製作された.これは主として分光観測に使われた.

1897 年，ギセラ・メルクス（Gisela Merx）と結婚する。父のメルクスは旧約聖書の歴史的研究家で，ハイデルベルク大学の教授である。オルフはギセラとの間に 3 人の息子をもうけたが 3 人ともそれぞれ物理学，生理学，文献学の分野で大学教授になっている。オルフは没年の 1932 年までケーニッヒスツール天文台長を務め，生涯に 700 編以上の論文を公表しているが，その大部分はバーナードと同じように小惑星や彗星など太陽系の小天体に関する報告である。特に多いのが小惑星の観測で生涯にわたって 228 個の小惑星を発見している。また，変光星の探査とモニターも広く行っている。星雲の観測は論文数としてはそれに次ぐが，観測天域は銀河面から離れた全天にわたり，銀河団の発見や，暗黒星雲の正体の解明など，広い範囲にわたっている。彼の伝記を書いたデューガン（Dugan）は，オルフが多様な観測の中で最も情熱を注いだのは星雲や星団ではなかったかと推測している[5.34] a。

オルフは魅惑的な人柄であった。ハイデルベルクでは美しい庭園を持った自宅に友人たちを招待して交友を楽しむ機会が多かったという。彼は社会や歴史にも興味を持ち，また，熱心なクリスチャンでもあった。最後まで天文台長の職に留まっていたが，病を得て 1932 年 10 月に他界した。享年 69 歳であった。後には夫人と 3 人の息子が残された。

5.2 星雲の観測

1) 星雲の探査と分類

ブルース写真儀による観測はワルツ反射望遠鏡とともにオルフに大きな成果をもたらした。広域写真によって星雲の探査を行い，ワルツ鏡によって細部の写真と分光を行うことができたからである。

彼はまず選択天域について多数の星雲の写真撮影を行い，眼視観測では識別困難であった天域についても多数の明るい星雲を発見している。選択域は銀河面に限らず，銀極にまで及んでいるので検出された星雲は多様である。1902 年の論文では彼は銀極付近の星雲を次のように分類してい

る[5.35]。

a) 形状　I.　規則的（円形，楕円形，渦巻型など5細分）
　　　　II.　不規則的（核の有る無しによって2細分）
　　　　III. 構造を示さず広がった星雲
　星雲は銀河面内外の広い天域を含むので，円形では惑星状星雲や楕円星雲などを含み，楕円形は主に楕円星雲，渦巻型はほぼ渦状星雲である。

b) サイズ　S (small, 6段階に細分) と L (large, 5段階に細分)
　最小のサイズは4秒角以下とあるので，星像より少し大きい程度の細かい星雲を含んでいる。このためNGCカタログに記載のない星雲が多い。

c) 明るさ　F (faint, 6段階に細分) と B (bright, 3段階に細分)
　露出時間5時間でようやく検出できるものから，肉眼で認められるものまでを9段階に細分している。

　こうした形状的分類とともに，彼はいくつかの星雲に対しては分光観測を行い，輝線，吸収線，連続光を示す星雲を区別している。明るい散光星雲のNGC 6210，NGC 6720 (= M57) などについてバルマー線 ($H\alpha \sim H\delta$)，ヘリウム輝線，星雲線を同定した。

　高銀緯の天域に小型星雲を探索中，1912年に彼はヘルクレス座に星雲の集団を発見して興奮したという。30分角以内に100個以上の渦状星雲と楕円星雲が集団を形成している。彼はこの集団を星雲団 (nebular cluster) と名づけた。これは後にハーロウ・シャプレーによってComa-Virgo銀河団と命名されるが，これが銀河団 (cluster of galaxies) の最初の発見となった。ただし，後になってComaとVirgoは別の銀河団に分けられた。オルフはまた，こうした渦状星雲が銀緯に関係なく，広く分布することから，渦状星雲は銀河系より遠い天体ではないかと推論している[5.36]。

2) 星雲リストの作成

オルフは観測された天域について星雲リストの作成を行い，ケーニッヒスツール・ハイデルベルク星雲リストとして No. 1 (1902 年)[5.37] から No. 14 (1913 年)[5.38] まで，合計 6000 個の明るい星雲を 14 個のリストにまとめている．それぞれのリストは目印となる星を中心に数百個の星雲を含んでいる．例えば，中心の星として 17 Com (No. 4)，Iota Leo (No. 7)，χ UMa (No. 12) などがあり，視野の広さは使用したカメラによって 5°平方から 8°平方まで数種類ある．各リストには視野中心の位置，星雲番号，サイズ，明るさ，主な性質の記号が表記されている．最後のリスト No. 14 は M33 (さんかく座渦状星雲) 付近で 517 星雲を含み，その大多数が渦状星雲である．これらの星雲リストは小型星雲が中心なので NGC カタログにない天体が多い．例えばリスト No. 1 は 154 星雲を含むが，そのうち，NGC 番号を持つのはわずかに 7 星雲である．

3) 明るい星雲と暗黒星雲 (星欠乏域) との対比

銀河面に近い大型の明るい星雲は多くの場合，星欠乏域に取り囲まれている．明るい星雲と星欠乏域とは複雑に入り込んでいるが，オルフは小型の星雲に見られるいくつかの特徴的な模様に注目している．その例の 1 つに H IV 74 Cep と呼ばれるケフェウス座の星雲 (NGC 7023) がある[5.39]．それを図 5.26 に示そう．図の下段はブルース写真儀による広域写真，上段は 72 cm ワルツ反射鏡による拡大写真である．オルフはこの星雲の特徴を次のように描き出している．

(a) 小型星雲 NGC 7023 はほとんど微光星の見えない星欠乏域に取り囲まれている．図の下段をみると，欠乏域の直径は 0.5 度角程度である．

(b) 星雲を取り囲む欠乏域は北に延びており，星雲の中心から約 1 度角のところで二股に分かれ星のリッチな領域に溶け込んでいる．

(c) 星雲の中心には 7 等級の星 (BD+67°1283，A 型) が見えている．

1 degree

図 5.26 ケフェウス座の星雲 H IV 74 Cep（NGC 7023）
上が北，右が西方向である．上段はワルツ反射望遠鏡による拡大写真，下段はブルース写真儀による広視野画像で下端に1度角（1 degree）のスケールを示す．

(d) 同様の例がはくちょう座にも見られる．ここでは9.5等星を中心とする小型星雲の周りを星欠乏域が取り巻いており，欠乏域は西に向かって細長く延び，およそ2度角の先で淡い散光星雲に埋もれる．こうした例はオリオン座（ζ Ori 付近）など他の星座にも見られる．

(e) このような星と星雲と星欠乏域の分布はこれらが物理的に関係しており，太陽からほぼ同じ距離にあると見なされる．

このような星雲をオルフは洞窟星雲（Höhlennebel）と呼び，長く延びた欠乏域を洞窟（Höhle）と呼んでいる。洞窟の奥に光った星雲が鎮座するという類推であろうか。オルフはこの星雲と中心星の分光観測も行っており，星雲が惑星状星雲などに見られる星雲輝線を示さないことを示した。彼はこの星雲は中心星の連続光によって明るく輝くのであろうと述べ，反射星雲であることを示唆している（1917年）[5.40]。オルフは洞窟星雲と同時に彼が境界星雲（Randnebel）と呼んだ明るい散光星雲の周辺の星欠乏域にも注目した。その例は北アメリカ星雲である。この星雲は周辺に比べて星密度が高いので，それを取り巻く欠乏域は星の高密度域を取り巻くという意味で境界星雲と呼ばれる。星雲には洞窟星雲と境界星雲とにはっきり区別できるものもあるが，その中間のものや，それから外れた不規則星雲も多いので，オルフも星雲の多様性に注目すべきであると述べている。

オルフはこの時期（1917年）には明るい星雲や暗い星雲の中で，星欠乏域が実際に星の少ない「天空の穴」なのか，何らかの吸収体なのかについては「いまのところはっきりしない」と見解を避けている。

5.3　暗黒星雲と星数え法

オルフが星欠乏域を暗黒星雲と明白に認めたのは1923年である[5.41]。それは彼の星数え法と関連している。彼ははくちょう座の網状星雲（図5.27）のうち NGC 6960 付近の星欠乏域について次のように述べている。（網状星雲の図 5.27 は暗黒部を浮き立たせるため Hα 写真図で示した[5.42]）。

1) この付近では明るい星雲と星欠乏域とが複雑に入り混じっている。この星雲は大きなリング状の星雲の西端にある。このような明るい星雲から暗い星雲への移り変わりは両者がわれわれからほぼ同じ距離にあって，並存しているとみなすべきである。図 5.27 を見ると星雲の西側には暗黒星雲が南北に走っており，明るい星雲から徐々に暗い星雲（欠乏域）へと移っていく様子も見られる。

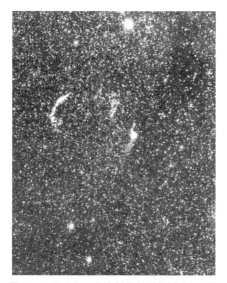

図 5.27 はくちょう座網状星雲付近の Hα 線写真

上が北，右が西．網状星雲の西端は NGC 6990，東側は NGC 6992/5，その間にキャロット星雲が明るく輝く．全体は超新星の爆発によって膨張しつつある星雲．オルフが注目したのは星雲の西側を南北に走る暗黒星雲である．

オリオン星雲，M8，M20 星雲の近傍などにも同様の移り行きが見られる．

2) 星欠乏域を遠方の星が遮光された領域と見なすと遮光の様子は，近傍の非遮光域と星数の比較によって導くことができる．これを星数え法（star counting method）と呼ぶことにし，それを NGC 6960 近傍に適用してみよう．測定する天域は NGC 6960 の西側に隣接する，遮光された領域と非遮光領域である．いま，それぞれの領域で 1 平方度あたり，m 等級までの星の累積数を B_m とし，両天域の B_m と m についての計測結果を示すと図 5.28 のようになる．

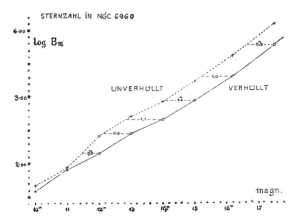

図 5.28 星数え法,オルフ図と呼ばれる(オルフ,1923 年)
横軸は星の見かけの等級 m,縦軸は累積星数 B_m で,点線は非遮光域,実線は遮光域の星数を示す。

　計測結果について考察してみよう。図 5.28 を見ると,12 等級より暗いところでは両天域の B_m は平行に走り,水平方向の差はほぼ 1 等級である。両者は 11 等の明るさで一致する。これは遮光域が非遮光域に対して 1 等級の減光を受けていることを示す。11 等級の平均視差はカプタインによると 0.0022 秒角である(第 6 章 6.3 項)。これは 1500 光年に該当する。この距離から減光が始まって,12 等級で減光の光度差が 1 等級に達することから,遮光体の厚さは約 500 光年と見積もられる。これが遮光域の正体,すなわち暗黒星雲である。

　それでは遮光の原因は何であろうか。ガスの雲であろうか,それともダストの雲であろうか。彼は,もし,ガス(微小粒子)であるとすると,吸収が波長の 4 乗に反比例するというレイリーの法則によって紫側の減光が起こり,遠方の星は赤くなるはずである。一方,ダスト雲ならば赤化は生じない,と考えた。そこで彼は NGC 6960 周辺に選択した遮光域と非遮光域について「露出時間比」法という方法で星の赤化量(色指数)の測定を始めた。それは青と黄色領域を通す 2 つのフィルターを用いて星像の直

径が等しくなるように露出時間を調整するという方法である．その結果，彼は遮光域と非遮光域とで色指数に変化の見られないことから，遮光体はダストであろうと結論した．

現代的視点から見ると，暗黒星雲は背景光を散乱吸収するダスト成分と低温の水素および分子ガス成分から成っている．ダスト成分は減光と赤化の両方の効果を生じるが，オルフ図は減光量から星雲の距離とサイズを導いたものである．星雲はダストのみではないが，その正体をダストと推測したのはオルフが最初であった．

暗黒星雲の正体を探るには赤外線，電波（ミリ波）などの観測が不可欠であるが，これらの観測はどれも20世紀後半に発展することになる．

6 電離星雲の構造

銀河系内の明るい散光星雲の中にはそのスペクトルに輝線を示す輝線星雲と，連続光のみを示す反射星雲との2種類存在することは古くから知られていた．輝線星雲の輝線の中には水素やヘリウムのようによく知られた元素もあったが，ウィリャム・ハギンスによって発見された"星雲線"はネブリュウムと呼ばれる未知の元素によるものかどうか，半世紀以上にわたって謎であった（第1章3.2項参照）．また，輝線星雲と反射星雲との関係について，星雲がなぜ2種類に分かれるのかも，長い間の謎であった．これらの問題に解決の道を与えたのは量子理論である．1920年代から30年代にかけて，量子理論に基づく星雲理論は主にボーエン，ザンストラ，ストレームグレンによって発展する．この節ではこの3人の足跡を簡単にたどってみよう．

6.1 ボーエンと星雲線の謎

(1) ボーエンの生い立ちと分光学

アイラ・S・ボーエン（Ira Sprague Bowen, 1898〜1973）[5,43] は1898年12月，ニューヨークで生まれる．父のジェイムス・H・ボーエン（James H. Bowen）はメソジスト教会の伝道師としてニューヨーク近辺の各地を回り，転居することも多かった．そのため，アイラは幼少年時代を主に家庭教育で育った．教育に当たったのは母フィリンダ・スプラーグ（Philinda Sprague）で，彼女は教師の資格があり，父ジェイムスが亡くなると高等学校に勤務して，後には校長にもなっている．

アイラ・ボーエンは1919年（21歳）でシカゴ大学の大学院に進み，ミリカン（R. A. Milikan）とマイケルソン（A. A. Michelson）の指導を受ける．彼は実験物理学，特に応用光学に優れていた．1920年にはミリカン研究室の助手に採用され，ミリカンとの長い研究協力が始まる．しかし，ボーエンが最初に取り組んだのは気象学であった．彼は海面からの熱損失が蒸発によるのか，熱伝導によるのかの実験を繰り返し，両者の比率が大気と海面の温度，および大気の湿度によって一意的に定まることを示した．これがボーエンの学位論文であった．

1921年，ミリカンが，ジョージ・E・ヘールの招きでカリフォルニア工科大学（California Institute of Technology＝Caltech）に移るとボーエンもミリカンに従ってカルテク（Caltech）に移った．

ヘールの狙いはウィルソン山天文台100インチ望遠鏡に取り付ける高分散分光器の開発と製作であった．ミリカンはこの開発に携わり，高分散分光器を立ち上げる．ボーエンの最初の仕事は真空紫外分光であったが，ミリカンとともに紫外から可視域に至る広い波長域にまたがる高分散分光装置を開発した．ボーエンはこの装置を用いて各種原子，イオンのエネルギー準位の精密な測定を行っている．

エネルギー準位図の一例として，ウィルソン山天文台のメリル（P. W. Merrill）によって作成された2回電離酸素（OIII）の準位を図5.30に示そ

図 5.29　アイラ・ボーエンの肖像と署名

う[5.44]．この図で横軸は電子の配置によって識別される系列，縦軸は基底準位 (0 eV) から電離端 (39.50 eV) までのエネルギー値が右側の座標に示されている（左側はそれに対応する波数）．各系列に沿って離散的にエネルギー準位が指定されており，各準位間の電子遷移によってスペクトル線が放射または吸収される．基底準位の上部 2.5 および，5.3 eV のところに準安定準位と呼ばれる準位が存在する．これらの準位から下方への自発的な電子遷移は確率が低いので実験室では実現しない．

(2) 星雲線（ネブリュウム）の解明

1927 年にヘンリー・ラッセルらによる大著『天文学』が発行され[3.49]，その第 3 章でラッセルは星雲に観測される未知の輝線（「星雲線」）の起源について次のような示唆を与えていた．

　「星雲線はきわめて低密度のガス体から放射される輝線ではないか．原子，電子間の衝突間隔が十分長い場合に，原子は高いエネルギー準位から低い

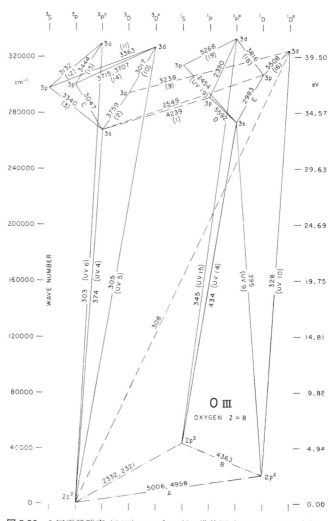

図 5.30 2回電離酸素（OIII）のエネルギー準位図（メリル，1958 年）
　　　　天体スペクトルの解析にとって，元素やイオンの原子構造を表わすエネルギー準位図は不可欠で，メリルは水素から鉄・ニッケルまでの主な元素，イオンについて準位図をまとめた。この図はその1例である。

準位へと遷移して光を放出するのではないか。」

しかし,具体的な過程については触れていなかった。1927年にラッセルらの新刊書を読んだ数日後のある晩,ボーエンは OII, OIII(酸素の1回,2回電離イオン)のエネルギー準位を考えながらベッドに入ろうと準備していた。そのとき,突然ひらめくものがあった。これらのイオンには準安定準位と呼ばれる準位があり,この準位にある電子は衝突によってのみ下の準位に移ることができるとされている。その例が図5.30の OIII のエネルギー準位図である。ボーエンはこの図とラッセルの示唆とを思い出し,次のような考えが頭を貫いた。

> 「非常に低密度のガスでは電子衝突の間隔が長い。準安定準位にある電子はいつまでもそこに留まっていられるはずがない。いつかは下の準位に遷移してエネルギー差に対応する光を放射するのではないか。」

この思い付きに興奮したボーエンはすぐに夜中の研究室に戻り,準安定準位と基底準位とのエネルギー差からその波長を計算してみた。その結果は

OIII では 4958.91 Å, 5006.84 Å(図5.30参照)
OII では 3726.16 Å, 3728.91 Å
NII では 6548.1 Å, 6583.6 Å

となり,OIII では星雲線と呼ばれていた λ 4959 Å, 5007 Å との見事な一致が見られた。彼は,翌日の朝,この結果をミリカンや友人たちに触れ回った。反響は上々であった。こうして,成果はその年の1927年に公刊され[5.45],星雲線とは未知の元素によるものでなく,身近な元素の特殊な状況によって形成されることが判明した。準安定準位から放射される輝線は禁制線(forbidden line)と呼ばれ,括弧をつけて表わされるようになっている。例えば上の例では [OIII] λ 4958.91 Å,[OII] λ 3726.18 Å,[NII] λ 6548.1 Å などのように表記される。

通常のエネルギー準位では電子の滞在時間は数百万分の1から数千万分の1秒であるが,準安定準位では電子は数秒から数ヶ月という長い間滞在

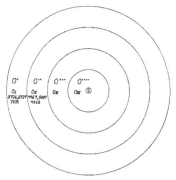

図 5.31　惑星状星雲における酸素イオンの成層構造（ボーエン，1928年）。S は中心星。

する．その間に電子衝突がなければ放射遷移によって輝線が放射される．通常の放射は許容線（permitted line）と呼ばれ，星の大気や星雲で吸収線または輝線を形成する．それに対し，禁制線はきわめて低密度のガス（電子密度 $10^3 \sim 10^6$ cm^{-3}）から放射される輝線である．通常の星の大気（電子密度 $10^{14} \sim 10^{16}$ cm^{-3}）では禁制線は形成されない．

　ボーエンは翌 1928 年，惑星状星雲のスペクトル線の同定を行い星雲の輝線には許容線とともに多数の禁制線が含まれていることを示した．輝線を生じるイオンは 1 回電離から 4 回電離まで含まれており，高い電離イオンほど星雲の内側に現われる．こうしてボーエンは惑星状星雲が電離状態によって成層構造を持つことを示した[5.46]．成層構造の模式図を図 5.31 に示そう．こうしてボーエンは禁制線の解明によって星雲の物理学に大きな転機をもたらした[5.47]．

　ボーエンは 1931 年（39 歳）にはカリフォルニア工科大学の教授となり，1946 年からウィルソン山天文台長，1948 年からは兼任してパロマー山天文台長として在任した．パロマーの 200 インチ反射望遠鏡の建設計画は 1930 年から始まっているが，ボーエンは最初から計画委員会に加わり，光学設計，とくに分光器の設計で大きく貢献している．

　話はそれるが，ボーエンはまたパロマー山天文台の 48 インチ（120 cm）シュミット望遠鏡（第 9 章 2.4 節参照）の建設にもかかわっている．それが

完成したとき，多くの研究者から望遠鏡を各自の研究目的に使用したいという強い要望が出されていた．それに対し，ボーエンはこのシュミット望遠鏡は南緯30度以北の全天の写真掃天に使用するのが良いと主張し，台長としてそれを実行した．撮影された35 cm角の乾板は6.2度角の広がりを持ち，限界等級20.3に達する．赤青2色で各900枚に及ぶその成果はパロマースカイアトラスとして出版され，新天体の同定や各種天体の分布など，天文学の広い分野での基本的なアトラスとなった．

ボーエンは1929年にマリー・ジェーン・ホワード（Marry Jane Howard）と結婚している．マリーは児童心理学の研究者でもあり，夫の良き理解者として知人を招いてのパーティのホステスを務めるなど和やかな家庭を築いた．子供には恵まれなかった．ボーエンは1964年に退官し，その後は読書を趣味として，物理学や天文学史の珍本や，初版本，また，古いコインの収集などに熱を入れていたという．病を得て1973年2月に75歳で他界した．

6.2　ザンストラと星雲の光電電離

(1) ザンストラの生涯[5.48]

ヘルマン・ザンストラ（Herman Zanstra, 1894〜1972）はオランダの中北部のヘーレンフェーン（Heerenveen）で1894年11月に生まれた．ユトレヒトからアイセル湖を回ってフローニンゲンに向かう鉄道の沿線の町である．地元の高校を卒業後，デン・ハーグに隣接する大学の町デルフトのデルフト工科大学（Delft Technical College）で化学工学を学ぶが，理論物理学にも大きな興味を持っていた．大学卒業後は大学の助手，高校教諭などを務めながら4年間をデルフトで過し，その間に大体の相対運動に関する論文を書き上げている．これはニュートン力学の慣性系を批判するもので，相対運動の座標変換によって宇宙の角運動量をゼロにすることができると論じた論文である．この論文はミネアポリスのミネソタ大学の教授スワン（W. F. G. Swann）に認められ，彼の指導のもとで1923年にミネソタ大学に

図 5.32 ヘルマン・ザンストラ肖像（1948年撮影）

おいて学位を得る．その後，リサーチフェローとして 3 年間をシカゴ，ハンブルグ，パサデナの天文施設で研究を進め，次いで，ワシントン大学助教授から，カナダのドミニオン天体物理学天文台研究員を経て，オランダに帰るが，ザンストラにとって 1 つの転機になったのはハンブルグ天文台を訪ねた折，当時，ハンブルグ天文台に勤務していたウォルター・バーデ（Walter Baade，第 7 章）と行った議論であった．バーデはエドウィン・ハッブルが最近（1922 年）行った散光星雲の観測的研究を紹介し，星雲スペクトルの理論的解明の重要性を指摘した．その議論に触発されてザンストラは直ちに星雲の研究に入り，星雲電離論の基礎を築いた．その成果は 1927 年に公刊され，彼の代表的な仕事となる（次節）．

1931 年アムステルダム大学に戻り，量子論の研究を進めていたが，1937 年からは南アフリカのプレトリアのラドクリフ天文台（Radcliffe Observatory）に特別研究員として移住する．ヨーロッパでの政治情勢は不安となり，第 2 次世界大戦が勃発する．この間，1942 年から 1946 年にかけては戦争を避けて南アフリカに留まり，インド洋に望むダーバンのホワード大学に移って物理学を担当していた．1946 年，ようやくオランダに戻り，アムステルダム大学教授と付属天文学研究所長を兼任し，1961 年の定年までこの職に留まる．

ザンストラは定年後,オランダのハーレム市で余生を送り,研究に意欲を持っていたが,宗教にも関心があり,晩年には神秘主義的な傾向を強めていた。1968年には物理的世界と霊的世界の2元的存在を認め,エントロピー増大の法則に反するなどの理由で宇宙の創成,ビッグバンには霊的存在の意思があったとまで主張している。

1972年,リエージュで星間物理学のシンポジュウムを計画していた組織委員会はザンストラに出席を要請したが,体調はすでに崩れていた。その年の10月,78歳の誕生日を迎える前に他界した。

(2) 光電電離平衡

ウィルソン山天文台のエドウィン・ハッブル(E. Hubble, 第7章)は1922年,銀河系内の多数の星雲の観測から星雲のスペクトル特性は星雲を光らせる近傍の星の分光型に依存することを示していた[5.49]。それによると

1) B1型より晩期型の星では星雲は輝線を示さず,連続光で輝く。(反射星雲)
2) O型からB0型の早期型の星では輝線と微光の連続光を示す輝線星雲となる。

しかし,その物理的理由はまだ不明であった。ザンストラは量子論を応用してこの問題に取り組み始めた。彼は次のように考えた(1927年)[5.50]

1) 星雲の主成分は水素であるから,簡単のため星雲は水素ガスで構成されると仮定する。水素ガスは星からの紫外光(ライマン連続光(波長<912 Å))によって電離し,自由になった電子は,再結合によって再び原子に戻り,最終的に水素の基底状態に戻る。基底状態に戻った水素原子は再び紫外光によって電離し,電離-再結合過程を定常的に繰り返す。
2) 星は黒体放射の連続光を放射すると仮定すると,温度が高いほど

表 5.1 励起星の分光型と平均的表面温度[5.50]

散光星雲の数	星の分光型	星の表面温度
10	O	34000 K
5	B0	28000 K

ライマン連続光が強くなる。この連続光の強さは星の温度によって決定される。

3) 電子は再結合の際にエネルギーの主要部分をバルマー輝線と連続光として放射するが，これらの放射量は観測的に測定できる。放射総量は電離の元になったライマン連続光のエネルギーとほぼ同じはずであるから，測定量をライマン連続光強度に等しいと見なすと，星の黒体温度が推定できる。

こうしてザンストラはバルマー輝線と連続光の観測から星の表面温度を導く方式を提案し，いくつかの散光星雲について表 5.1 のように励起星の平均的表面温度を推定した。表 5.1 の表面温度は星の分光型から推定される有効温度ともほぼ一致しており，ハッブルによる観測結果を理論的に示したものとなっている。こうして星雲の輝線強度と連続光強度から推定される励起星の温度はザンストラ温度と呼ばれるようになった。

翌年の 1928 年，ザンストラは水素と同じ方法を中性，電離ヘリウムに拡張し，また，ボーエンによって同定された禁制線についても拡張して，惑星状星雲の中心星の温度を推定した[5.51]。その結果，観測された 9 個の惑星状星雲の中心星温度は 35000 K から 50000, 70000 を経て 134000 K まで幅広く分布している。この結果からザンストラは惑星状星雲の中心星の温度はどれも通常の O 型星より高く，中心星は 1 つの温度系列を作るのではないかと示唆している。ザンストラによって導入された星雲中心星の温度推定法はいまも広く応用されている。

6.3 ストレームグレンと電離星雲

(1) その生涯[5.52]

　ベンクト・ストレームグレン（Bengt Strömgren, 1908〜1987）は 1908 年 1 月にスウェーデンの港町イエーテボリ（Göteborg）で生まれたが，翌年，父に従ってデンマークのコペンハーゲンに移住した．父のエリス・ストレームグレン（S. Elis Strömgren, 1870〜1947）はコペンハーゲン大学の天文学教授兼付属天文台長を 1907 年から定年の 1940 年まで務めている．天体力学の分野で制限 3 体問題を用いて彗星軌道の解析を行い，彗星の運動に対する惑星からの引力効果の解析など，彗星の運動と分布の研究に大きく貢献している．母のヘドウイッヒ（Hedwig）も科学者の家系で，ベンクト・ストレームグレンは天文学の環境の中で育ち，14 歳ですでに水星軌道に関する論文を書くなどの早熟ぶりを示している．1925 年（17 歳）にコペンハーン大学の天文学，原子物理学の課程を卒業した．卒業後しばらく，英国のケンブリッジ大学でエディントンの講義を聴いたり，オランダのカプタイン研究所で研修を励んだりして，1 年後にはコペンハーゲン大学に戻って大学の研究員として，量子理論の研究に当たる．コペンハーゲン大学とニールス・ボーアの理論物理学研究所は同じコペンハーゲン市内で近かったのでベンクトはしばしば同研究所を訪ね，ニールス・ボーア（1885〜1962）の薫陶を受けた．彼はまた量子論についてミュンヘン大学のアルノルト・ゾンマーフェルト（1868〜1951）からも大きな影響を受けた．20 年代半ばは丁度量子理論の発展期に当たっていた．その中でベンクトは量子論の天体物理学への応用を考え始めている．

　1935 年にオットー・シュトルーヴェ（Otto Struve, 第 6 章 1.2 項参照）の招きでシカゴ大学に移り 1 年半を過ごす．この間に彼の代表作である電離星雲の論文がまとめられている．

　デンマークに戻った彼は 1940 年，父の後を継いでコペンハーゲン大学教授と付属天文台長に就任する．彼は新しい分光用の望遠鏡建設計画を立て，予算を申請したがデンマークの経済事情がそれを許さなかったので，

図 5.33 ストレームグレン肖像

止むを得ず渡米を決意する．1951年にヤーキス天文台に移るが，その後，ヤーキス天文台長，マクドナルド天文台長を歴任する．1957年にはプリンストン高級研究所教授として招聘され，ここでストレームグレン系と呼ばれる星の測光系を提唱し，星の測光学の基礎を確立する．1967年にデンマークに戻り，コペンハーゲンの研究室で研究を続けていたが1987年，79歳で他界した．

(2) 高温度星と HII 領域

　高温の O, B 星を取り巻く星間媒質は星からの紫外光によって電離し，星の周りに電離領域を形成することはザンストラによって示された．ストレームグレンはシカゴ滞在中に HII 領域と呼ばれる電離星雲の構造を量子論の立場から解明する研究に取り組んだ．彼もザンストラと同じように密度一様な水素ガスの星間媒質を考え，その中心に高温度星が存在する場合を考えた．

　星のライマン連続光によって周辺のガスは電離し，自由電子は陽子との再結合によって輝線および連続光を放射しながら星雲外に一部のエネル

表 5.2　主系列星の周りのストレームグレン半径 r_0[5.53]

分光型	ストレームグレンの値			最近の値[5.54]	
	T^* K	$N_e = 1$ pc	$N_e = 10$ pc	T^* K	$r_0\ (N_e = 1)$ pc
O5	79000	140	30	43400	86
O8	40000	66	14	35000	45
B0	25000	26	5.7	30900	20
B5	15500	3.7	0.8		

注　現在値の出典：Georgelin, et al. 1975[5.54]

ギーを放出する．基底状態に戻った原子は再びライマン連続光によって電離されるが，エネルギー損失を伴うため，電離される領域の大きさは限られる．1939 年，彼は電離域の半径が，ライマン連続光の強さと，星間媒質のガス密度によって決定されることを理論的に導き，その半径 r_0 を次式のように表わした[5.53]．

$$r_0 = UN_e^{-2/3} \tag{5.1}$$

ここで Ne は電子密度を表わし，U は励起パラメータと呼ばれる定数で，ライマン連続光の強度，従って，星の分光型に依存する量である．一様な媒質では電離域は球状となり，この球はストレームグレン球 (Strömgren sphere)，半径 r_0 はストレームグレン半径 (Strömgren radius) と呼ばれる．従って，励起パラメータは $Ne = 1$ のときのストレームグレン半径を示す．高温の星ほど U は大きな値をとり，星雲のガス密度が大きくなると r_0 は小さくなる．主系列星の分光型に対するストレームグレン半径の値（単位は pc パーセクで表わす）の例を表 5.2 に示そう．ここではストレームグレン (1939 年) の導いた値と最近の値[5.54]とを比較してある．O 型星では中心温度が高く，半径 r_0 も観測される電離星雲に匹敵するが，B1 より晩期型になると急速に小さくなり，星の周りの HII 領域は観測が難しくなる．これは銀河系内の星雲に対するハッブルの分類[5.49]で中心星の分光型が

B1より晩期の星雲は反射星雲であるという観測と合致する。

　こうして，1930年代にボーエン，ザンストラ，ストレームグレンを通して輝線星雲と中心の高温度星との関係が量子過程として解明され，星雲理論の基礎が築かれた。

第6章 銀河系の発見

銀河系の構造を知るための第1歩は恒星までの距離の測定である。星の半径や質量などの物理量を求めるにも距離の知識が肝心である。19世紀初頭，恒星視差の測定は最大の問題であったが，1838年から1839年にかけて，ベッセル，シュトルーヴェ，ヘンダーソンによってようやく成功する。次いで，統計的手法によって遠方の星の距離が推定され，カプタイン，ゼーリガーによって銀河モデルが提唱される。シャプレーは球状星団の分布から大銀河説を唱える。一方，カーティスは渦状銀河の多様性から島宇宙説を唱える。両者に大きな論争があったが，議論は平行していた。本章はこれらの人々を中心に銀河系構造の発見の経緯を探る。

アンドロメダ大星雲（ハッブルアトラス）

1 恒星の距離測定に挑んだ人たち[6.1]

1.1 ベッセルとケーニッヒスベルク天文台[6.1], [6.2]

　北西ドイツのブレーメンは中世からヨーロッパの交易都市として栄えてきた．18 世紀の末ごろからアメリカとの直接交易を行う貿易商がヴェーザー河に沿って多く集まっていた．そうした貿易商の1つに住み込みの若い徒弟がいた．その名はフリードリッヒ・ウィルヘルム・ベッセル（Friedrich Wilhelm Bessel, 1784～1846）である．彼は店に来る船乗りたちと親しくなり，遠洋航海の体験談を熱心に聞いた．しかし，彼が興味を持っていたのは冒険談ではなく，航海技術である．船はどうして自分の位置を知るのか知りたいと思っていた．あるとき，それを知るために独学で数学と天文学を学び始めた．会計係を担当していた彼は数学と計算技術に優れており，20 歳のときには 1607 年に出現したハレー彗星の観測データから精密な軌道計算法を考案して論文にまとめた．彼はそれを近くに住むオルバースに見てもらいたいと思った．

　ハインリヒ・オルバース（Heinrich Wilhelm Olbers, 1758～1840）はゲッチンゲン大学で医学を学び，ブレーメンで開業医として生活しながら，天体観測を進めていた．小惑星のパラス，ベスタの発見や，彗星探査とその軌道計算でも知られ，ドイツでは優れた天文学者としての評価を得ていた．ベッセルはブレーメンの裏通りで散歩中のオルバースを捕まえ，手短に論文の要旨を伝えた．オルバースが興味を示したので早速，論文をオルバースの家に届けた．

　オルバースはそれを読んで彼の正確な計算，十分な説明，簡潔な理論付け，これらはすべて学位論文にも匹敵するものであると認めた．20 歳の若いアマチュアの業績に彼は感銘し，彼の友人であるカール・フリードリッヒ・ガウス（Karl Friedrich Gauss）にもそれを知らせた．その年の 12 月，オルバースの計らいによって論文は公表された．

図6.1 フリードリッヒ・ベッセル肖像

 ブレーメンの近郊にはヨハン・シュレーター (Johann Schröter) によって設立された私設のリリエンタール天文台 (Lilienthal Observatory) がある。1806年，ベッセルはシュレーターの招きでこの天文台の助手となる。サラリーは低かったが，ベッセルは満足していた。彼は後にこの時代を「幸福で静謐な日々であった」と回想している。しかし，シュレーターの反射望遠鏡は取り扱いに不便で分解能も十分でなかった。シュレーターは月面地形のマッピングに取り組んでいたがベッセルは相変わらず彗星探査に集中していた。彗星の軌道を精確に計算するには背景にある恒星の位置の高い精度が必要である。ベッセルは子午儀を設置してもらい，星の位置の測定を始めた。これが彼の恒星視差への取り組みの始まりである。ベッセルの名前もドイツで次第に知られるようになった。

 そうしたなか，1809年秋，ベッセルに転機が訪れた。プロシャの皇帝フリードリッヒ・ウィルハルム3世はそのころドイツ国内の各地に国立大学の設置を進めていたが，その中にケーニッヒスベルク大学が含まれていた。皇帝はこの大学に精密な望遠鏡を持つケーニッヒスベルク天文台の建設を計画した。当時，皇帝科学補佐官であったアレキサンダー・フンボルト (Alexander Humboldt) はこの天文台の台長として26歳の若きベッセル

図 6.2　ベッセルが初代台長を務めたケーニッヒスベルク天文台（1848 年頃）

を推薦し，ベッセルのもとに招待状を送ったのである．ベッセルは喜んで招待を受け入れた．新しい未来への出発である．

翌年，ベッセルは妹のアマリー（Amalie）を伴ってケーニッヒスベルク（現ロシア領カリーニングラード）に赴任する．天文台ではベッセルは子午儀を用いて恒星の精密な位置観測に従事し，1818 年に『基礎天文学』を出版している[6.3]．この書はグリニジ天文台長ジェイムス・ブラッドレー（James Bradley, 1693～1762）によって 1755 年に観測された恒星リストを検討し，星の位置に対する機械的誤差，大気差（地球の大気中の屈折），歳差（地球のコマ運動による自転軸の回転），光行差（地球の公転による光線の曲がり）などの効果の補正を行ったものである．同時にその補正法についても詳しく述べているので，この書は当時の天文観測者に対し，星の位置や，その長期的変動を測定するための基本的な教科書となった．また，この書の中でベッセルは，恒星の視差は恐らく 1 秒角以下であろう，と述べて視差探索者のチャレンジを促している．

その後の彼は二重星の観測と恒星視差の測定に専念し，1838 年に恒星視差の測定に成功する（第 1.4 節）．その功績によって 1842 年には英国王立天文協会からゴールドメダルを贈られている．

1842 年にベッセルは英国を訪れ，2 人の人物に会っている．1 人はケント州のコリングウッドに住むジョン・ハーシェル（第 5 章）である．王立

天文協会の会長であるハーシェルにはゴールドメダルへのお礼の挨拶を兼ねてのことであったが，その折に彼は天王星の精密な運動を紹介し，軌道運動の乱れから未知の惑星の存在を示唆したという。未知新惑星の位置はパリ天文台のルベリエによって予報され，ベルリン天文台のヨハン・ガレによって1846年に発見されて海王星と名づけられたことはよく知られているが，ベッセルはそれを知ることなく1846年に死去する。ベッセルの出会ったもう1人の人物はトマス・ヘンダーソンで，1838年の視差測定に携わった1人である(第1.3節)。ベッセルが訪ねたときにはすでに退職して，当時，発明されたばかりのダゲレオ式写真に凝っていた。風景や肖像画も撮っており，ベッセルの写真も撮ったという話であるが，それは残っていない。

ベッセルは1846年に他界するまで観測を続けていた。最後の年にはシリウスの天球上の運動(固有運動)が奇妙なダンスを見せることを観測している。このダンスは後にシリウス伴星の運動を表わし，白色矮星の発見となるが，ベッセル本人はこれも知る由もなかった。

1.2　シュトルーヴェとドルパト天文台[6.1], [6.4]

19世紀初頭のヨーロッパはナポレオン戦争の時代であった。フランス隣国ではナポレオン軍による若者たちの徴兵が危機的に広まっていた。アルトナはデンマーク領ではあったがナポレオン軍が入り込み，13歳のウィルヘルム・シュトルーヴェはフランス軍によって一時拘束され，窓から飛び降りて脱走したという事件もあった。

ウィルヘルム・シュトルーヴェ(Friedrich Georg Wilhelm Struve, 1793～1864)は1793年4月，ハンブルグ近郊のアルトナ(Altona)で誕生した。父ヤコブ(Jacob Struve)はクリスチャン・アカデミーの学長で古典言語学が専門であったが数学(統計学，確率論，数論など)にも優れ，キール大学から数学について名誉学位を得ている。ドイツの社会不安から，父はウィルヘルムを長男のカール(Karl Struve)が勤めているドルパト(Dorpat，当時

ロシア領，現在はエストニアのタルト）の大学に入学させることにした．

1808 年，大学に入学した 15 歳のウィルヘルムは言語学でなく，数学を学びたいと父に申し出たが父の許しは得られなかった．やむをえず言語学を専攻し，18 歳で言語学科を卒業する．在学中は地元の貴族，カウント・フォン・ベルク（Count von Berg）の家に家庭教師として住み込み，働きながら大学に通った．仕事は週に 36 時間，4 人の子供の教育に当たるというもので自由な時間が多かった．大学まで 50 km もあったので，彼は自由な時間をほとんどフォン・ベルク家で過ごした．この家でウィルヘルムは家族の一員のように扱われ，夕食会や狩猟，舞踏会などにも参加して，将来のために多くの知己を得ている．

1810 年，言語学科を卒業すると，父との約束は果たしたものと考え，大学院に進んで物理学，数学，天文学を専攻する．この進学にはフォン・ベルクの大きな援助があった．彼は大学付属ドルパト天文台台長のプファッフ（Johann W. A. Pfaff）の指導で天文学の基礎を学んだ．プファッフは光学機器の理論家であり，測地学にも優れていた．1807 年に天文台にドーランド社製子午儀を設置し，シュトルーヴェに測地学を研究課題として与えた．しかし，プファッフは子午儀が完成する前に 1809 年にドイツのニュールンベルク科学研究所へ転任していった．プファッフを引き継いだのはクラコフ大学から赴任してきたフス（Johann S. G. Huth）である．フスは数学とともに測地学，数理地理学を担当し，シュトルーヴェを助手として子午儀による測定を開始した[6.5]．

シュトルーヴェは標準星の子午線通過時刻の測定に当たって，大気差や光行差などの補正を行った．彼はその方法と測定結果をまとめて 1813 年に学位論文として提出した．この年，ナポレオン戦争の影響でドルパトの近郊は一時戦場となり，審査の遅れもあったが無事に学位を得て，彼はそのままドルパト天文台の研究員に採用される．天文台では子午儀による二重星の探査と位置測定観測を継続し，二重星のカタログ作成に当たるほか，ドルパト大学においても天文学と数学の講義を担当した．

フスは健康上の理由から 1814 年に退職し，シュトルーヴェは後任とし

て講師に選ばれた．こうして生活が安定したのでその年（21歳），長期休暇をとってアルトナに帰郷し，未来の妻，若きエミリー（Emilie Wall）と出会う．また，ドルパトへの帰任の途次，ケーニッヒスベルク天文台を訪ね，初対面の先輩であるベッセルから天体位置観測の補正法について多くの助言を受ける．この訪問が契機になって，その後，2人は親交を結び，また，視差測定の良きライバルとなった．

ナポレオンが1815年にウォータールーの最後の戦いに敗れると，ヨーロッパに平和が訪れた．エミリーはドルパトにやって来て2人は結婚する．彼女は17年間に12人の子供を生むという多産家であったが，そのうち，長男のオットー・シュトルーヴェ（Otto W. Struve）はプルコボ天文台長となり，その子のヘルマン（Hermann Struve）はベッセルを継いでケーニッヒスベルク天文台長となる．それ以後，シュトルーヴェ家は代々天文学者を生み，アメリカに亡命してカリフォルニア大学教授から国立電波天文台の台長となったオットー・シュトルーヴェ（Otto Struve, 1897～1963）まで5代続く天文家系として知られている．オットーは子供に恵まれなかった．

ウィルヘルム・シュトルーヴェは1820年（27歳）にドルパト大学教授兼，付属天文台長に就任する．天文台では二重星の観測，視差の測定と併行して測地事業にも取り組む．ロシア皇帝アレクサンダー1世にとって測地は地図の作成や領土の画定などに必要な国家的な事業であったから，シュトルーヴェも等閑にはできなかった．1817年から始まった最初の三角測量はエストニアとラトビア付近が対象であった．それが一段落すると，彼は皇帝にフィンランドの北端から黒海沿岸に到る大規模測量計画を提出する．この計画は認められ，ロシアとスウェーデン両国皇帝の協力による国際事業となった．東経26度の南北線を中心に265個の三角点網がめぐらされ，北緯70度40分から北緯45度40分まで2800 kmの測地作業が1855年まで続く．その成果は1857年に報告書として出版されたが，その中には地球の形状に関する測定もあり，高い精度で地球の楕円体形状を示すものであった．なお，三角点網の一部は現在，10ヶ国に及ぶ国際

図 6.3 ウィルヘルム・シュトルーヴェ肖像

図 6.4 ウィルヘルム・シュトルーヴェの時代のドルパト天文台
右手手前の家はシュトルーヴェの住居

的な世界遺産に登録されている[6.6]。

 1824年,ドルパト天文台にフラウンホーファー製作の9インチ (23 cm) 屈折望遠鏡が到着し,大屈折鏡と名づけられた (第1章, 図1.3)。シュトルーヴェはこの望遠鏡で2つの課題に取り組んだ。第1は二重星の探査である。観測を始めてから2年間で122,000個の星の中から,固有運動の解析によって3000個の二重星,多重星を検出している。1827年にはその成果を二重星,多重星の新カタログとして公刊しているが,主星伴星間の分離角,位置角 (両星を結ぶ線の経度線との角度) などの高い測定精度は他の追随を許さないものであった。この業績によってロンドンの王立天文協会からゴールドメダルが授与されている。第2の課題は次項で述べる恒星視差の測定である。

 1830年代,ロシア皇帝はサンクトペテルブルク近郊のプルコワに新しい天文台の建設に乗り出し,予備調査をシュトルーヴェに委嘱した。計画は順調に進み,1839年にプルコワ天文台が完成するとシュトルーヴェは台長としてドルパトから転任する。新しい天文台においても二重星や恒星位置観測を継続していたが,1847年に銀河系モデルに関する著書[6.7] (第2節参照) を出版した後は,健康が優れず,次第に観測から離れて書斎の仕事に比重を移す。1861年 (68歳) で天文台を退職し,1864年,サンクトペテルブルクの自宅で肺炎のため死去した。享年71歳であった。

1.3 ヘンダーソンとケープ天文台[6.1], [6.8]

 トマス・ヘンダーソン (Thomas Henderson, 1798〜1844) はスコットランドの北海をのぞむダンディー (Dundee) の町で生まれた。地元の高校を卒業後,弁護士養成学校で資格を取り,エディンバラで弁護士として働いていた。裁判所の書記を兼ねたこともあった。しかし,高校時代から始まった数学と天文学への興味が深まり,仕事の合間にエディンバラ市内の私立カルトン・ヒル天文台 (Calton Hill Observatory) で位置天文学の実地を学んだ。その中で月食を用いて経度を測定する方法を考案し,その論文原稿を

図 6.5　トマス・ヘンダーソンの肖像

海軍編暦局長のトマス・ヤング (Thomas Young) に送った。

　天文学に対するヘンダーソンの才能はヤングによって高く評価され，エディンバラ大学や海軍編暦局からの招聘もあったが，彼は依然としてカルトン・ヒル天文台にアマチュアとして留まり，観測とともに「月食予報の新方法」(1827年) など多くの論文を公表している。

　そうした業績によって 1831 年 (33 歳) に英国王立協会から喜望峰の王立ケープ天文台台長として招聘された。今度は気持ちよく招聘を受け入れ，1832 年 4 月に助手 2 名を伴ってケープ天文台に着任する。任務は南天の星の位置表の作成，太陽と月の精密距離の測定であった。しかし，天文台での生活は最初から彼にはに馴染まなかった。天文台の気象条件は良かったが，近くには彼が「陰鬱な沼地」と呼んだ湿地帯が広がり，蛇や野獣が出没するという土地柄で居住環境は最悪であった。前任者で初代台長のフォロース (Fearon Fallows) もこの地で猩紅熱のために死去している。風土はヘンダーソンの健康も徐々に蝕んでいった。

　それでも翌年まで観測を続け，6 万個に及ぶ恒星の位置測定を行っているが，やはり，風土と健康には勝てず，1833 年に再びスコットランドに帰国している。帰国後はエディンバラ大学教授に就任し，スコットランド

王立天文官となったが、同時に、国立に移行した元のカルトン・ヒル天文台においても観測を続け、北天の星の位置観測を行っている。1842年に退職し、余暇を写真などで楽しんでいたが、その年、夫人に先立たれてから体調を崩し、1844年11月心臓発作のため他界した。享年46歳であった。

1.4 視差測定の成功へ

　星と太陽と地球を結ぶ直角三角形を考え、星と太陽の距離をd、太陽と地球の距離を1（天文単位）とするとき、星が太陽と地球を望む角度p（秒角）を年周視差と呼んでいる（図6.6）。pは地球の公転運動によって測定される。しかし、その角度は1秒角程度以下であるから、この角度の測定には地球大気による光の屈折（大気差）、地球の公転運動に伴う光路の曲がり（光行差）など多くの補正が必要になる。遠方の星ではpはゼロと見なせるから、遠方の微光星を基準星として選ぶ必要がある。こうした困難があるため、18世紀のウィリャム・ハーシェル以来多くの観測者が測定に挑んだが、だれも測定に成功しなかった。なお、p（秒角）が測定されると星の距離dは

$$d = 1/p \tag{6.1}$$

で表わされる。ここで距離dの単位はパーセク（pc）と呼ばれ、1 pc = 3.26光年である。1秒角とは1 cmの棒の長さを2 km離れて測るときの角度である。これを大気の揺らぎや望遠鏡の解像力の限界の中で測定することの困難さは想像以上である。

(1) シュトルーヴェの視差測定

　ウィルヘルム・シュトルーヴェは視差測定の対象星としてベガ（α Lyr）を選んだ。この星は二重星であるが、主星（A）は伴星（B）に対して異なった固有運動を示すので、両星は力学的に結ばれた連星ではなく、5等級暗い伴星は遠方の星と見なされる。両星の分離角は43秒角と大屈折鏡の視

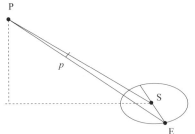

図 6.6 星の年周視差。S（太陽），E（地球），P（星）を結び，角 PSE を直角とする三角形で，S，E を基準として星を望む角度 p 秒角）で表わす。

野に十分に入る近さであった。はくちょう座の 61 Cyg も大きな固有運動を持ち，視差測定の有力候補星の 1 つであったが，61 Cyg では比較星が 460 秒角と離れ，大屈折鏡の視野から外れてしまうので目的星としては採用できなかった。

　シュトルーヴェがベガに対し，視差測定に取り組んだのは 1835 年からの 2 年間である。その間，多忙な日々が続いたので実際に観測できたのは 17 夜に過ぎなかった。それでも彼は観測結果を解析し，ベガの視差を

$$p = 0.125 \pm 0.055 \text{ 秒角}$$

とし見積もった。シュトルーヴェはベッセルに 1837 年 7 月 25 日付けの長い手紙を送り，その中に「まだ完全ではないが」と断ってベガのこの測定値を示している[6.1]。この値は現在の視差 0.128 秒角に近い。シュトルーヴェはまだ観測を続けるつもりであった。しかし，シュトルーヴェの値を見たベッセルは大きな衝撃を受けた。その年の 10 月にベッセルはオルバースに手紙を送り，その中で

> 「シュトルーヴェは私より一歩先に進んでいる。彼はまだ完全ではないといっているが，その試みは有望な見通しを与えてくれる。」

と述べている。シュトルーヴェが最初に公表したのは 1839 年 10 月になってからであるが[6.9]，その値は

$p = 0.2613 \pm 0.0254$ 秒角　（現在値　0.128 秒角）

と2倍の値になっている．これは彼が歳差と光行差の補正を大きくとりすぎたためといわれている．こうして，シュトルーヴェは第1測定者とはならなかったが，彼の測定したベガの視差はベッセル，ヘンダーソンに比較して最も小さく，ドルパト天文台の大屈折鏡の高い精度を示すものであった．

(2) ベッセルの視差測定

フリードリッヒ・ベッセルは1834年頃からフラウンホーファー製作の口径16 cmのヘリオメータ（第1章，図1.4）を用いて視差測定観測に乗り出している．このヘリオメータはベッセル自身が設計したもので，視野が広く，角度の測定精度の高い，視差測定を目的とした特殊望遠鏡である．彼は視差観測に適した目的星として次の理由から61 Cygを選んだ[6.1]。

第1に，ピアジ（Giuseppe Piazzi, 1746～1826, イタリアカトリック神父）によってこの星が非常に大きな固有運動（年間5.123秒角）を持つことが1806年に発見された（現在値3.233秒角）．固有運動の大きい星は近傍の星と考えられる．

第2に，ブラッドレーによって連星系として公転周期も求められていた．ベッセルはケプラーの第3法則から両星の距離の概略値を推定し，見かけの分離角との比較からこの星の視差は0.5秒角より少し小さい程度と見積もった．

第3にこの星は周極星に近く，年間を通して観測の機会が多い．

こうして61 Cygの視差の測定に挑んだが，位置の補正法や比較星の選定などに多くの問題があり，また，1836年は彗星の観測や，測地観測などに追われて一時中断していた．ようやく1837年に視差観測を再開したが，適当な比較星の選定に手間取り，まだ，満足する結果に到達していなかった．そのさなかの7月に，上述したようにシュトルーヴェからの手紙を受け取り，ショックを受けた．そこで彼は意を決し8月から本格的な視

差測定に乗り出した。

　最終的に比較星2個を選定しそれをa, b星と名づけて61 Cygとの位置関係の測定を始めた。a星は460秒角, b星は706秒角離れていたが, ともにヘリオメータの視野にあった。1837年8月18日から1838年10月2日まで連続的に観測を続け, 晴れた日には15回以上観測し, 98日分のデータが得られた。データ解析を半月ほどで終了させ, 視差として

$$p = 0.3136 \pm 0.0202 \text{ 秒角}$$

を導いた。その結果は王立天文協会のジョン・ハーシェルへの書簡という形でマンスリー・ノーティス誌に投稿され, 10月23日に受理されている[6.10]。これが第1報である。続いて12月にはアストロノミッシェ・ナハリヒテン誌に詳細を掲載している。この視差の値は公式に認められ, ベッセルは第1測定者となった[6.10]。

(3) ヘンダーソンの測定

　喜望峰からエディンバラに戻ったヘンダーソンは大学ではケープで行った観測資料の整約を進めていた。そのとき, 彼のところに友人からケンタウルス座α星（α Cen）が年間に3.6秒角という大きな固有運動を示すという情報が送られてきた。彼はこの星が近傍の星に違いないと確信し, ケープ天文台で行った位置観測のデータを解析してみた。データ数は19個に過ぎなかったが, それでも視差は1.12秒角と導かれた。しかし, 資料数が少なかったので追加の観測が必要と考えて, ケープ天文台に勤務する友人に追加観測を依頼した。その結果が到着して解析を進めていたさなか, 1838年の10月に, ケーニッヒスベルク天文台のベッセルが61 Cygの視差測定に成功したというニュースが入って彼を驚かせた。彼はあわてて解析を急いだ。

　ケープ天文台ではこの星は天の南極をまわる周極星なので年間を通して観測可能である。また, α Cenも二重星である。主星と伴星α^1, α^2は19秒角の距離で共通の固有運動を示す。ヘンダーソンは近傍の3個の比較星

表6.1 最初に測定された星の視差，現在値との比較

発見者	発見年月	星	視差		現在値	
					視差	距離
			秒角		秒角	pc（光年）
シュトルーヴェ	1837年7月	ベガ	0.125		0.12833	7.792 (25.40)
	1839年10月	ベガ	0.261			
ベッセル	1838年10月	61 Cyg	0.314	A	0.28713	3.482 (11.35)
				B	0.28542	
ヘンダーソン	1839年1月	α Cen	1.16	A	0.74212	1.347 (4.392)
				B	0.74212	

注 視差の現在値はヒッパルコス星表[6.12]による．

とともに位置測定をすすめ，光行差，歳差などの補正を施して，主伴両星についてそれぞれ独立に視差を計算した．それによると視差は

$\alpha^1 : p_1 = 1.38 \pm 0.16$ 秒角
$\alpha^2 : p_2 = 0.94 \pm 0.16$ 秒角

これらの値の統計的平均から α Cen までの視差を

$p = 1.16 \pm 0.11$ 秒角

と見積もった．この結果はマンスリー・ノーティス誌に1839年1月11日受理として掲載され，ヘンダーソンは第2測定者となった[6.11]．測定誤差はベッセルたちより一桁大きかったが，α Cen が太陽に最も近い星の1つであることが幸いした．最も近いのは Proxima Centauri（視差 0.772 秒角）で α Cen はこれに次ぐ2番目の最近星である．上記3人の測定結果をまとめると表6.1のようになる．この3人はまとめて恒星視差の最初の測定者と呼ばれている．

高い精度での視差測定の成功の報は同時代の人たちを刺激し，多くの天文台が観測課題として取り組むようになった．しかし，測定の困難さから測定星の数はごく限られたものであった．20世紀に入って後述のカプタ

インらが恒星の統計を始めた頃もその数は数十個に過ぎなかった．1970年になっても写真測定で得られた測定星の数は距離100光年以内の数千個に留まっていた．大きな前進を見たのは観測衛星の打ち上げである．1989年の人工衛星Hipparcos（欧州宇宙機構＝ESA）の打ち上げによって測定距離は300光年に延び，星の数も250万個となった[6.12]．また，2013年に打ち上げられたGAIA衛星では限界距離は3万光年に達し，星の数も10億個と増えていることが期待されている．

❷ シュトルーヴェの銀河系モデル

シュトルーヴェは1847年に『恒星天文学エチュード』というモノグラフを，フランス文化を愛するロシア皇帝のためにフランス語で著わしている[6.7]．この書は副題が「銀河系について，および恒星の距離について」となっているように，1847年当時の視差測定の現状と，それに基づく銀河系モデルの考察が主題になっている．この書の中で彼は次のように書いている．

> 「このレポートは私に天の川研究に立ち戻らせる機会となった．この課題は一見しただけでも，あまりに多くの謎を秘めており，多くの人はその研究をあきらめている．しかし，科学者である限り，なぞめいた現象や，設問の困難さにもかかわらず，研究から撤退するべきではない．研究者は古い文献をよく調べ，新しい技術を通して静かに推測の歩を進めるべきである．」

この一文は当時の銀河系研究の困難さを示し，それに立ち向かうシュトルーヴェの強い意思の表明になっている．

「エチュード」は歴史的考察から始まっている．銀河系構造に関する哲学的，天文学的考察をガリレイ，ケプラーから始めているが，ウィリャム・ハーシェルの先行者として，トマス・ライト（Thomas Wright, 1750年），

イマヌエル・カント（Immanuel Kant, 1755年），およびヨハン・ハインリッヒ・ランベルト（Johann Heinrich Lambert, 1761年）を挙げている。このうち前2者は思索的考察であったが，ランベルトは観測に基づいているという。ただ，ランベルトの研究はハーシェルのところまで届いていなかった。

この書「エチュード」はある意味ではシュトルーヴェのウィリアム・ハーシェルに対する深い敬愛の書となっている。執筆の前には英国に渡ってジョン・ハーシェルに会い，ウィリアム・ハーシェルの銀河系研究に関する詳しい情報を手に入れている。この書は本文が109ページ，注が57ページという小さいモノグラフであるが，そのうち，本文の半分ほどをハーシェルの銀河構造論の検討に当てている。

ハーシェルはすでに述べたように（第5章），新旧2つの銀河系モデル（1785年，1818年）を提唱し，1818年のモデルでは古いモデルを否定している。1785年モデルは「星計測法」，1818年モデルでは「等光度法」で銀河モデルにアプローチしているが，彼の望遠鏡では宇宙の果てまで見通せないという理由で1818年モデルでは古いモデルを廃棄し，「深遠な銀河系」というモデルに転換している。しかし，当時の天文書物は1840年代になっても依然として古いモデルを銀河系として紹介していた（現在でもまだ使われることが多い）。シュトルーヴェは憤慨して書いている。

> 「なぜ，天文学者たちは，ハーシェル本人が否定している古い描像に固執しているのであろうか。最近の著作がいまだに古い段階に留まっているのは驚きである。」

シュトルーヴェは当然，1818年の新しいモデルを採用する。銀河宇宙の限界については，シュトルーヴェの23 cm 大屈折鏡は微光星探査ではハーシェルの48 cmや122 cm 反射望遠鏡には及ばなかったので，ハーシェルの「深遠な宇宙」説を受け入れ，「太陽を取り巻く巨大な恒星界は銀河と呼ばれるが，その広がりについてわれわれは全く無知である」と述べている。

しかし，宇宙の限界とは別に，シュトルーヴェは太陽からみた銀河系内の恒星の分布について解析を進めた．基本的な手法はハーシェルの「星計測法」に基づき，新たに，恒星視差の成果と統計的手法を取り入れたものである．

　星の計測については，シュトルーヴェはプルコワ天文台において作成された恒星カタログをベッセルによって作成された星表（「レギオモンタヌス星表」と呼ばれる）[6.13]と比較している．ベッセルの星表は赤緯−15度から＋15度までのゾーンに限られ，ベッセルゾーンと呼ばれていた．一方，プルコワ星表は北天の広い天域をカバーしている．シュトルーヴェはベッセルゾーンとプルコワ星表を組み合わせ，銀河面に平行な天域の星密度を統計的に推測する．

　恒星までの距離について，「エチュード」の時代には35個の恒星視差が測定されていた．当時は，恒星はどれも太陽に似た天体と考えられていたので，彼も星の明るさはほぼ同一であると仮定して1等星までの平均の距離（仮にaとおく）を約100万天文単位（15.8光年）と推定した．ハーシェルはシリウスまでの距離を単位にして宇宙のサイズを推測したが，シュトルーヴェはそれを光年で表わした．視差の分からない遠方の星の距離測定法については，恐らく，ハーシェルの「等光度法」か，それに近い方法で行ったと推定される．その結果，彼は等級ごとの星の距離として次の値を与えている．

　　　最遠の6等星までの距離　　　$a_6 = 88.726\,a = 1402$ 光年
　　　同じく9等星までの距離　　　$a_9 = 4.25\,a_6 = 377.08\,a = 5958$ 光年

銀河系全体としては銀河面方向では9等星の距離を超えて広がっているが，それと垂直方向の距離は銀河面方向より小さいと推定した．こうして導かれた観測可能な範囲での銀河の構造は次のようになっている．

　　(1) 銀河系は扁平な構造を示し，中心の銀河面から両側にほぼ対称的に層状構造を示す．

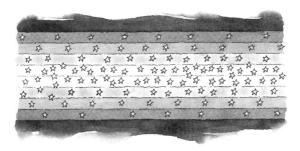

図 6.7 シュトルーヴェの銀河系モデル

(2) 星の空間密度は銀河面からの距離とともに減少する。
(3) 銀河系における太陽の位置は銀河面から少し外れている。
(4) 星団や星雲は銀河面に近いところほど多く存在し，分布は不規則である。
(5) 恒星間空間には光を吸収する物質が存在する。

最後の点は銀河面の星の分布が不均質である点や星団，星雲の分布などから推測されたものである。シュトルーヴェの銀河系モデルをベルコラ (Belkora) は図 6.7 のように描いている[6.4] a。

3 カプタインと銀河系モデル

3.1 生い立ちと初期の研究[6.14]

ヤコブス・カプタインは飄逸なところがあり，少々慌てものであった。帽子や傘や，時には重要な書類まで置き忘れてしまうことも再三であった。あまりに傘の置き忘れが多いので，夫人のエリーゼから「もう傘は買ってあげません」と宣言されたこともあったというほどである。それは生涯変わらず，その人柄で多くの人々から愛された。

図 6.8　1914 年頃のカプタイン肖像

　ヤコブス・コルネリウス・カプタイン（Jacobus Cornelius Kapteyn, 1851〜1922）は 1851 年 1 月，オランダのユトレヒトの東 40 km ほどの小さな町バルネヴェルト（Barneveld）で生まれた．両親は寄宿学校の経営者で暮らしにはゆとりがあった．家は子供が 15 人という大家族でヤコブスは 9 番目の息子である．

　少年時代は科学少年であり，愛鳥家でもあった．14 歳頃のある日，妹の 1 人が星図を家に持ち帰った．彼はそれを見て，早速，夜空の探索を始めた．星々の色や明るさの彩りに惹かれたので父にねだって小型望遠鏡を手に入れ，熱心に観測を始めた．やがて市販の星図では満足できなくなって自分で星図の作成に乗り出した．ヤコブスの天文学との関わりの始まりである．

　17 歳でユトレヒト大学に入学し，数学と物理学を専攻する．大学院では「膜の振動について」で学位を取得する．当時，振動論は流体力学の新しい分野であった．父はヤコブスが自分たちの学校経営を継ぐことを望んだが，ヤコブスは天文学への想いが強く，ライデン天文台に移って天文学を基礎から学ぶ．与えられた課題は恒星の年周視差の測定であった．この天文台で恒星天文学への目が開かれ，3 年間を過ごしている．

1878年（28歳），天文学および理論力学の教授としてフローニンゲン大学に赴任する．赴任に当たって，彼はユトレヒト大学時代の学友であったエリーゼ（Elise）と結婚する．エリーゼは陽気な娘であった．結婚の翌年から，長女のヤコバ（Jacoba），次女のヘンリエッタ（Henrietta），長男のガリット（Garrit）が相次いで誕生し，カプタイン家は急に賑やかになる．父親のヤコブスは熱心な子育てパパで，ベビーカーを押して市場に通うこともしばしばであった．当時としては大分人目についたらしい．なお，次女のヘンリエッタは後にエイナー・ヘルツシュプルング（第3章）と結婚し，父カプタインの伝記を書いている[6.14] b．

　彼の勤めるフローニンゲン大学は学生数200〜300人程度の小規模大学であったから，予算枠も限られていた．カプタインは6インチ（15 cm）ヘリオメータを設備し，星の視差測定を目的とする天文台の設立を申請したが認められなかった．それから10年間，ライデン天文台に出張して観測を続け，視差の測定を行っていたが，成果は限られていた．ヘンリエッタの伝記によればそれはカプタインにとって「空白の時期」であった．そうしたカプタインに転機をもたらしたのはケープ天文台のデヴィッド・ジルの公開書簡である．

　デヴィッド・ジル（David Gill, 1843〜1914）はスコットランド出身，1878年（35歳）に南アフリカのケープ天文台長として赴任し，それ以後1907年まで南天の観測に当たっている．1882年に乾式乾板が普及し始めると早速，乾式による写真観測を始め，彗星の鮮鋭な像が得られたことに大きな印象を受ける．この成果から写真による掃天観測を思い立った．この頃，南天にはまだ組織だった掃天観測は存在しなかった．彼は計画を練り，それをパリ天文台長のムーシェ（M. I. Mouchez）宛の手紙という形で公表し，国際協力を呼びかけた[6.15]．

　この呼びかけに応えたのがカプタインであった．彼はジルに手紙を送り，

　「ケープ天文台で撮影された写真の測定を試みたいので，写真ネガのサンプ

ルを送って下さい。もし，測定に成功すればあなたに協力できると思います。」

と書いた。ジルは早速，「協力の申し出をいただき，厚くお礼を申し上げます。互いの協力の中には科学における真の友情があると思います。」と返信を送った。こうした交信を通して協力が始まり，1886 年から 1892 年まで大量のネガがフローニンゲンに送られてきた。

写真乾板上で星の位置を測定するには，通常は乾板を台上に寝かせ，マイクロメータで上方から位置を読み取るのであるが，カプタインは別の方法を取った。彼は乾板を垂直に立て，数メートル離れた横から測定用経緯儀で星の位置を読み取るという手法を採用したのである。これは測定速度を著しく向上させるもので，予想を超える測定速度にジルは驚きを表明している。こうして 1896 年にケープ写真掃天表（Cape Photographic Dürchmustrung, CPD）が完成する。南天の 454,875 星の位置と明るさを示すカタログである[6.16]。これは北天のボン星表に対し，南天の掃天表に当たるものであるが，ボン星表は星の位置を直接マイクロメータで計り，明るさを肉眼で推定している。それに比較し，ケープ写真掃天表は写真によって位置と明るさの測定精度を著しく向上させている。こうしてデヴィッド・ジルとの共同研究は成功のうちに終了した。

3.2 統計星学と二星流説[6.17]

こうしてカプタインの手元には北天のボン星表に南天のケープ掃天カタログが加えられ，全天の星の統計的研究が可能になった。これはカプタインが年来抱いていた研究テーマであった。

恒星系全体の構造を知るには視差，すなわち，星の距離の知識が不可欠である。しかし，年周視差で測定できる距離の範囲は限られたものであった。カプタイン自身も写真乾板上での測定を行っているが[6.18]，測定精度は 0.03 秒角程度であったから，測定距離も 100 pc には達していなかった。

そこで，カプタインが採用したのは統計的平均視差と呼んだ方法である。彼が注目したのは星の明るさと固有運動であった。固有運動は星の天球上を異動する角度（秒角/年）で表わされる。彼はまず，年周視差（秒角）の知られている星について，星の固有運動 μ と視差 p（秒角）との間に次の関係を見出した。

$$\log p = A + Bm + C \log \mu \tag{6.2}$$

ここで m は星の実視等級，A, B, C は観測から決定される定数である。ある天域について等級の異なる多くの星の資料から (6.2) 式の定数を決定する。その上で，この天域内で等しい固有運動を持つ等級 m の星は同じ視差を持つと仮定する。この仮定にたって導かれた視差を彼は「平均視差」と呼んだ。この平均化を微光星に拡張し，視差による推定可能な星の距離をほぼ 500～1000 pc に拡大した。この測定法は当時ユトレヒト大学の数学教授であった兄のウィレム（Willem Kapteyn）と共同で導いたものである[6.19]。

2 人はさらに，太陽向点（恒星系の中で太陽の進行する方向）に向かう太陽の固有運動を差し引けば，すべての星の固有運動のベクトルはランダムな方向を持つであろうと考えた。この観点から太陽運動を差し引いた固有運動について天域上の平均視差を求めてみた。

ところが，平均視差を種々の分光型や明るさの異なった星について測定してみると，天空の多数の方向についての結果に整合性が見られないという結果になった。太陽向点を原点とし，太陽の運動速度を補正すれば，すべての星はランダムに分布するはずであるが，そうはなっていなかった。

カプタインはそこで星の空間速度の方向はランダムであるという仮定を捨てて，再解析を行った。その結果，空間速度には大局的に 2 つの方向があることを発見した。彼は星の運動には 2 つの大きな流れがあると考えて，それぞれを星流（star stream）と呼んだ。これがカプタインの二星流説と呼ばれるもので，それぞれの星流には次の特徴がある[6.20]。

第 1 の星流はオリオン座に向かい，ヘリウム星（分光型 O，B 星のことで，

スペクトルに He を示す）が多い，また，空間速度が遅いという特質があり，年齢の若い星と想定された．一方，第 2 の星流はさそり座に向かい，星の空間速度が速く，また，赤い星が多いという特性から，この星流は古い星の群れと推定される．

カプタインはさらに星雲についても恒星と同じように視線速度と運動方向との関係に注目した．星雲を惑星状星雲と散光星雲とに区別すると，惑星状星雲は一般に大きな速度を示しており，第 2 星流に属する古い星の仲間と見なされる．一方，散光星雲，例えばオリオン星雲などは星雲と結びついた星の速度が遅いことから，これらは第 1 星流に属し，星の誕生の場を表わすのであろうとした．こうして，カプタインは星の進化過程を次のようなシナリオで描き出した．

> 「星は散光星雲の中でヘリウム星（O, B 星）として誕生する．星は次第に表面温度を低下させながら K, M 型へと進化し，最後に惑星状星雲になる．」

当時はまだ収縮進化論の時代であったから，星は主系列に沿って一方的に収縮に向かうという観点に立っていた．

二星流説は現在，銀河回転の見かけの運動として理解できるが，当時は恒星系の内部運動の発見として高く評価された．1938 年に天文学の 40 年を振り返ったエディントンは

> 「（カプタインの仕事は）恒星系に組織的構造の存在することを初めて示し，新しい時代を開く研究であった」

と賛辞を送っている[6.21]．

3.3　ヘールとの交流

1904 年にアメリカのミズーリ州セントルイスで世界万国博覧会が開かれた．会場の広大な敷地はフェスティバルホールを中心に世界中からのパビリオンが並び，夜は 50 万個のイルミネーションで飾られていた．その

図 6.9　ジョージ・ヘールの肖像

中で科学館はそれほど目立つ建物ではなかったが，ここでは世界各地から講師が招かれ，それぞれのテーマについて講演会が開かれていた。オランダからはカプタインが招かれたのである。

　カプタインと妻のエリーゼはロッテルダムの港からアメリカへ向かった。これがアメリカへの最初の旅であった。セントルイスに到着したカプタインは万博科学館に集まった大勢の聴衆に，「恒星天文学における統計的方法」と題して，自らの研究を中心に，彼らしい軽快な口調で天文学の話題を紹介した。講演の中で彼が強調したのは 2 つの見解であった。1 つは二星流説，他は選択天域の選定と国際共同観測の提案である[6.22]。

　この講演会にはヤーキス天文台のジョージ・ヘール (George Ellery Hale, 1868〜1938)[6.23] が出席していた。ヘールはマサチューセッツ工科大学で学位をとった後，しばらくの間，自宅に 12 インチ (30 cm) 屈折望遠鏡を設置し，太陽の観測を行っていた。この望遠鏡には彼の考案したスペクトロヘリオグラフ（単色太陽分光写真儀）が装着されていた。これは特定の波長による太陽単色像を撮影するもので，彼は K 線と呼ばれる電離カルシウム線（波長 3933 Å）で撮影を行った。この単色像は太陽面上の電離カル

シウムの分布を示すもので，彩層や紅炎（プロミネンス）のダイナミックな構造が観測できる．この功績によって彼は 1892 年，24 歳でシカゴ大学物理学講座の助教授に任じられている．1897 年にはシカゴの実業家ヤーキス氏 (C. T. Yerkes) の援助をうけて 40 インチ反射望遠鏡をもつ，アメリカで最も近代的なヤーキス天文台を創設している．また，万国博の開かれた 1904 年には口径 100 インチ (254 cm) 望遠鏡を持つウィルソン山天文台の建設資金が提供され，その初代台長に選任されていた．

　ヘールがどういう経緯で万博講演会に出席したのかは明らかでないが，彼はカプタインの講演内容と人間的魅力とに強い印象を受けた．特に興味を引いたのは二星流説が恒星系全体の星の進化と関係するという話題であった．これまでも星と太陽の進化については興味を持っていたが，銀河系内における進化という統計的視点はヘールにとって新鮮であった．この万博での講演がきっかけとなってカプタインとヘールとの交流が始まる．

　1908 年にカプタインはヘールの招きによってウィルソン山に数ヶ月滞在するが，その後もしばしばウィルソン山を訪ねるようになる．その頃，彼は星間吸収の問題に取り組んでいた．星の統計から平均的な吸収量として 10 pc あたり 0.016 等級という値を推定したが，これはまだ信頼度が足りないと述べている[6.24]（これはいまから見ると 1 桁以上過少の見積もりである）．ウィルソン山に滞在中に彼は星間吸収の測定に星の星間赤化が使えるのではないかと思いついた．星から放射された光は星間空間で青色ほど散乱されるので遠方では次第に赤く見える．これが星間赤化である．赤化量として彼は星の色指数（写真等級と眼視等級との差）を考え，ハーバード大学天文台の分光資料に基づいて大量の星に対する赤化量を測定した．その結果，分光型，絶対等級別に統計を取ると，確かに遠方の星ほど赤化量が大きいことを見出した．しかし，赤化の原因については遠方の星に赤い星が多いためか，星間物質による散乱のためか，2 つの解釈が可能であった．ハーロウ・シャプレーは前者を主張し，カプタインも 2 つの可能性を認めた．どちらを取るべきか判断できないので，彼は「これ以上この問題に入らない」と宣言して星間赤化量の測定を断念してしまった．星間吸収

量が少ないという結果もあったので，カプタインはそれ以後，銀河のモデルでは星間吸収を無視している。

1911年，フローニンゲンのカプタインの研究室にポツダム天文台からエイナー・ヘルツシュプルングが訪ねて来た。ウィルソン山天文台のヘールに紹介してほしいという依頼のためであったが，38歳のヘルツシュプルングはカプタインの娘のヘンリエッタと出会い，互いに愛情が芽生える。ヘルツシュプルングは1905年に晩期型星に巨星と矮星の区別を発見してから，その頃はHR図の作成へと向かう時期であった（第3章）。

1912年，カプタイン夫妻はヘルツシュプルングを伴って訪米の旅に出ることになった。ヘルツシュプルングは出発の前日にヘンリエッタとの婚約を宣言し，周囲を驚かせた。ニューヨークに着いた一行はハーバード天文台にエドワード・ピッカリングを訪ねる。ピッカリングとは選択天域の共同観測についての打ち合わせが主題であったが，その折，ヘンリエッタ・リービット（Henrietta Leavitt）（第2章）に紹介される。彼女は1904～1908年に小マゼラン雲中の変光星を観測し，その中でケフェウス型変光星について周期光度関係を見出していた。当時はまだケフェウス型変光星の明るさ（絶対等級）が知られていなかったので，距離測定の手段になるとは認識されていなかった。1910年代では星の距離は平均化するにしても年周視差に基づくほかはなかった。

1914年に訪米した折，ヨーロッパでは第1次世界大戦が勃発し，航海の危険性のため，帰国できないという事態が生じた。しかし，オランダは中立国であったため翌年には無事に帰国する。これがアメリカへの最後の旅となった。

3.4 フローニンゲンと晩年の研究

フローニンゲンに戻ったカプタインは固有運動と視差に関する統計的考察に力を注いでいたが，1918年頃から教え子であったファン・ライン（Pieter van Rhijn）とともに国際的な選択天域観測で得られた大量のデータ

を用いて銀河系モデルの研究に集中するようになる。

第1は「暫定モデル」と呼ばれる密度分布図 (1920年),第2は「第1の試論」と呼ばれる銀河系構造論 (1922年) である。題名が示すように,これらはどちらもカプタインにとっては今後取り組むべき課題の序論をなすものであったが,その意図は彼の他界によって達成されなかった。これらのモデルについて次に述べよう。

(1) 1920年の「暫定モデル」[6.25]

これは恒星系の星の空間密度分布を星計測法から導いたモデルである。まず,銀河面から離れた銀緯±40°から銀極までの南北両天球の高銀緯の星について,選択天域の観測から得られた実視等級 $m=12$ までの星に基づいて (6.2) 式の係数を次のように導いた。

$$A = -0.691, B = -0.0682, C = 0.645$$

これは実視等級と固有運動から平均視差を与えるものである。

次に光度関数 $\Phi(M)$ (M は星の絶対等級) についても経験的な関数形

$$\log \Phi(M) = A + BM + CM^2 \tag{6.3}$$

を仮定し,同じ恒星データからこの式の係数を次のように導いた。

$$A = -2.304, B = +.01858, C = -0.13450$$

これらの A, B, C の値は銀緯の高い天域に対するものであるが,さらにいくつかの低い銀緯の星についても同様に平均視差,光度関数を導き,それによって銀河系内の星の密度分布を求めた。その結果を図6.10上段に示そう。これが暫定モデルと呼ばれる第1のモデルである。

この図で太陽は銀河面内の点Sにある。斜線は銀緯30°,60°,90°の方向,曲線は等密度線で太陽近傍の平均密度との比 $\Delta\rho$ である。最も低い平均密度は $\Delta\rho = 0.01$ にとってある。この推定によると銀河は銀河面方向に中心から9000 pc,銀極方向には3000 pcまで広がっている。ここで銀極

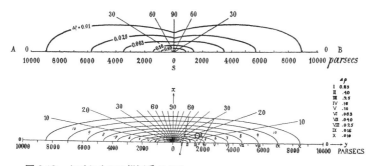

図 6.10 カプタインの銀河系モデル
上段は「暫定モデル」(1920 年),下段は「試論」(1922 年)

方向にへこみが見られるが,これは観測値の再検討によって後に修正された。

(2) 1922 年の銀河モデル[6.26]

「試論」と名づけられた改訂版では力学的構造を加えて次のように論じている。

1:銀河系の星密度の分布。恒星系は回転楕円体で近似できる。楕円体を 10 層に分け,太陽に近いところから I, II, ……X とする。その成層モデルを図 6.10 下段に示そう。銀極方向のへこみはすでに修正されている。この図で x 軸は銀極方向,y 軸は銀河面を表わし,楕円は星密度の減少する順に楕円体面の I から X 間での層に対応し,第 X 層の星密度は太陽近傍の 100 分の 1 である。図 6.10 下段で銀河は面内で中心から 9000 pc,銀極方向は 1800 pc まで広がっている。カプタインの銀河は後述するゼーリガーのモデルに比べて銀河面ではほぼ 2 倍に広がっている。

2:恒星系における重力の分布と恒星の総数。銀河を回転楕円体と見なし,星密度が分かると,星の相互間の重力加速度が計算される。

星の平均質量をほぼ太陽並みと仮定すると，銀河を構成する星の総数は476億個と見積もられる．

3：銀河回転の可能性．星密度の分布が回転楕円体状であるとすると，銀河系は静止系ではありえない．必然的に銀極の周りを回転している．回転速度は第III層より外側では約20 km/s である．しかし，星は同じ方向に回転するわけではない．その例は2つの星流に表れている．星流間の相対速度は40 km/s である．

4：銀河系の中心．太陽は銀河面から650 pc ほど離れている．

カプタインはこうした銀河系の構造論を展開しながら，「この構造論はまだ十分に整合されておらず，今後の検討が必要である」と述べている．

1922年の試論は結局カプタインの最後の仕事となった．前年にはロンドンで開かれた王立協会で講演を行っているが，すでに体調は崩れていた．1922年5月にハーロウ・シャプレーが銀河モデルについて議論するためフローニンゲンの自宅を訪ねたが，そのときはすでに病が篤く，面会できる状態ではなかった．こうして6月に永眠した．享年71歳であった．

なお，カプタインの研究室はその後，独立してカプタイン天文学研究所となり，現在に至っている．この研究所は観測装置を持たない理論的研究所としては最も早い時期に創立されたものである．この研究所ではいまも銀河の大規模構造や活動銀河などの理論的研究が進められ，また，バーチャル天文台を通して大量のデータ集積と処理を行う国際的なセンターともなっている．

4 ゼーリガーと銀河系モデル

4.1 その生涯[6.17], [6.27]

ユーゴー・ハンス・フォン・ゼーリガー（Hugo Hans Ritter von Seeliger,

図6.11　1910年頃撮影のゼーリガー肖像

1849〜1924)（通称ハンス）は1849年9月にドイツのシレジア地方（現在は大部分がポーランド領）の南西部ビールスコ・バイワ村で裕福な村長の息子として生まれた。1867年にハイデルベルク大学に進学し，数学と天文学を学ぶ。さらにライプチッヒ大学に移り，カール・ブルーンス（Carl Christian Bruhns）の指導で1872年に彗星軌道論で学位を取得する。ブルーンスはライプチッヒ大学付属天文台長も兼ねており，彗星観測と精密な軌道計算で知られていた。学位を得たゼーリガーはボン天文台の観測助手となる。ここは天文台長のフリードリッヒ・アルゲランダー（Friedrich Whilhelm Argelander, 1799〜1875)とそれを継いだシェーンフェルド（Eduard Schönfeld）がボン星表（Bonner Durchmustrung, 1863年）を編集したところであるが，ゼーリガーが観測助手として働いていたのはアルゲランダーが死去する前後であった。

　1881年にゼーリガーは，ドイツ中央部の町ゴータのゴータ天文台（Gotha Observatory)（設立1787年）に台長として招かれる。しかし，それも1年間で，翌年の1882年にはミュンヘン大学（Ludwig-Maximilian University of Munich）に招かれ，天文学教授と付属天文台長を兼ねる。この大学は現在もドイツにおける大学教育の中心の1つである。ゼーリガーも生涯を天文

教育に尽くし，この大学をヨーロッパにおける主要天文施設の1つに育て上げた．1924年，9月には彼の75歳の誕生日を迎えたが，その後，急速に体調を崩し，その年の12月に他界した．

4.2 ゼーリガーの統計星学と銀河系モデル

ゼーリガーが恒星系について最初に取り組んだのはボン星表の解析である．この星表はアルゲランダーによって1859年から1862年にかけて編集された星表で，赤緯−2度から北天全域の，9.5等級より明るい324,186星を含んでいる．この星表はアルゲランダーを継いだボン天文台長のシェーンフェルド（E. Schönfeld）によって南天の−23度まで拡張され，133,659星が追加されている（1886年）．両者は合わせてボン星表（BD）と呼ばれている[6.28]．この星表では星は赤緯ごとの番号で表わされ，例えば北天ではBD+38°3238（α Cyg = デネブ），南天ではBD−16°1571（α CMa = シリウス）などと記され，星表には星の位置（赤経，赤緯）と実視等級が与えられている．暗い星については現在でもこの記法が使用されている．

ゼーリガーはボン星表に基づいて銀河系内の星の分布の解析を行った[6.29]．これは銀河座標を設定し，銀河面に沿う星の表面密度を導く作業である．しかし，32万個の星の座標変換はそれだけでも大変な作業である．それを避けるため，ゼーリガーは天域を1度平方に区分し，その中心点を銀河座標に変換する．次に銀河座標上でも同じように天域を1度平方に区分する．赤道座標上の平方角の中心が銀河座標でどこに対応するかを読み取り，その領域での星の数を読み取るという統計的手法で変換作業を進めた．

これによって星の表面密度が銀河面から銀極まで銀緯とともに減少することが定量的に示された[6.30]．この傾向は肉眼星でも見られるがゼーリガーは同じ傾向が9.5等星まで見られることを確認したのである．この密度分布からゼーリガーは，銀河系は扁平な恒星集団であろうと推測し，1889年に最初の恒星系モデルを公表している[6.31]．それは，まだ，推論の

段階であった。その後，恒星系の構造は彼にとって生涯にわたって追求する課題となる。

4.3 統計星学の導入

ゼーリガーの次の仕事は銀河座標の天域ごとに星の統計を取ることであるが，その出発点はウィリャム・ハーシェル（第5章）の仮定した2つの前提の見直しから始まる[6.17]。

(1) 「すべての星は同じ明るさである。」この前提に対して，「星の明るさはある分布法則に従う」としてその法則を「光度関数」と呼び，$\Phi(M)$ で表わした。ここで M は星の絶対等級である。
(2) 「星の分布は一様である。」これに対し，「星の空間密度は一様ではない」として，その分布則を「密度関数」と呼び，$D(r)$ で表わした。ここで r は太陽からの距離である。

こうして2つの統計的関数 $\Phi(M)$, $D(r)$ が導入された。これらの関数を星の表面密度（明るさごと，分光型ごと）から導くために，ゼーリガーは積分方程式を用いた。積分方程式とは未知の関数が積分の中に入っている方程式で，大局的な振る舞いから内部構造を知るときに使われる。

ゼーリガーは銀河を，太陽を中心とした，軸対象，扁平な構造を持ち，星間吸収のない星系と考え，それを「理想的恒星系」と呼んだ。この恒星系における星の表面密度 A_m は次の積分方程式で与えられる。

$$A_m = \int \Phi(M) dM \int D(r) dr \tag{6.3}$$

A_m は大球上で単位面積あたりの m 等級までの星の累積数である。A_m は観測的に求められる量で，ゼーリガーはそれを銀緯ごとの天域について次のように表わした。

$$\log A_m = s_0 + s_1 m \tag{6.4}$$

ここで s_0, s_1 は銀緯に依存する定数である。

　光度関数と密度関数は未知関数であるが，ゼーリガーは適当な関数形を仮定して，そこに含まれる係数を決定するという手法をとった。まず，密度関数については恒星系の中心は太陽と考えていたので太陽からの距離 r の関数として

$$D(r) = \lambda r^{-\gamma} \tag{6.5}$$

を導入した。λ と γ は (6.4) 式の積分方程式の解の中で決定される定数である。

　光度関数 $\Phi(M)$ について，ゼーリガーは当初，ある光度で極大頻度になるガウス型誤差関数を仮定していたが，後に修正し，指数関数型に置き換えて暗い星ほどその数が増加するように改めている。ゼーリガーは銀河座標の各方向について，また，種々の分光型の星について (6.3) 式による解析を進め，銀河モデルの構築を行った。彼は吸収効果に大きな関心を持ち，暗黒星雲近傍の星計測などから吸収量の推定を行っているが，その量は光度関数に影響するほどではないとして，彼の「理想的恒星系」では星間吸収は考慮されていない。

　積分方程式 (6.3) において A_m は単位天域ごとの m 等級までの星数を表わしたものであるから，基本的にはウィリャム・ハーシェルの「星計測法」（第 5 章）と同じである。(6.3) 式はいわばハーシェルの「星計測法」の近代版といえる。

4.4　銀河系モデル

　ゼーリガーはすでに述べたように銀河系における恒星分布の研究を 1889 年から始めているが，その後は光度関数，密度関数などの統計的理論の研究を続け，銀河系モデルをまとめて公表したのは 1920 年の最晩年になってからである[6.32]。これは「理想的恒星系」をまとめたもので太陽を中心に置き，星間吸収を無視している。彼によると恒星系は銀河面方向

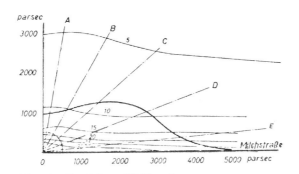

図 6.12 ゼーリガーの銀河系モデル
太陽を中心とし銀河座標に対する星の分布。分布曲線に示された数字は星密度（個/pc³）を示す。

に5000 pc，銀極方向に2000 pcの広がりを持ち，図6.12に示すような回転楕円体に近い形状になっている。

この図で原点は太陽，横軸は銀河面に沿う太陽からの距離 (pc)，縦軸は銀極方向の銀河面からの距離を表わす．A, B, C, D, E は銀緯がそれぞれ80°, 60°, 40°, 20°, 5°の方向を示す．また，銀河面に横に延びる曲線で下から30, 20, 15, 10, 5となっているのは星の等密度面で太陽近傍の星密度に対するパーセントを表わしている．原点近くの円弧内が詳しく観測された領域で，それより外側はゼーリガーが理論的に外挿して推定した値であるが，ゼーリガーは太い実線の外側には星は存在せず，銀河系の実際上の外縁を示すと見なしている．

4.5　イーストンとの論争

大空を流れる銀河は不規則な光の帯である．濃淡のさまざまな模様が天空を巡る大円を形成している．銀河の非均質性をどう見るか，パリの新聞記者イーストンは銀河の非均質性が銀河系の構造と何らかの関係があるだろうと考え始めていた．

コルネリス・イーストン (Cornelis Easton, 1864〜1929) はオランダのドル

トレヒト（Dordrecht）で生まれた[6.33]。パリのソルボンヌ大学で語学を学び，新聞や雑誌の記者となる。彼は少年時代からアマチュアとして天文学，特に銀河系の構造に興味を持っていた。銀河の明るさの分布を描き出し，銀河を幾多の領域に分けたスケッチを新聞に連載した。それをまとめたスケッチ集は「北天における銀河系」と題して1893年にパリで出版された[6.34]。このスケッチはフローニンゲン大学のカプタインから大きく評価され，フローニンゲン大学から名誉学位が授与されている。

イーストンの次の興味は銀河のスケッチと星の分布との比較であった。そのため彼はボン星表に基づいて星数の計測を行った。その結果をスケッチと比較すると良い一致が見られたので，彼は銀河の構造について1900年に「銀河系は円環構造を持ち，太陽は中心より外れたところにある」という「新理論」を天体物理学誌に投稿した[6.35]。その後，さらに分析を進め，銀河のスケッチ模様が他の渦状銀河に似ているところから銀河系は渦状構造を持つという見解を発展させた[6.36]。彼の描いた銀河系の構造を図6.13に示そう。太陽は図の中心に描かれているが，銀河系の中心から離れている。図には周辺に主な星座が示されている。現代の銀河系像に似ているがイーストンによると銀河系の中心ははくちょう座の方向にあった。

イーストンの論文[6.36]に対して，ゼーリガーは「銀河系内の星の分布が円環状であるとするアプリオリな理由はない」と強い批判を行った[6.37]。「円環仮説は星の分布の統計的性質から見て誤っている」として，ゼーリガーはあくまでも太陽を中心とし，星の密度分布は太陽からの距離とともに減少していくという見解にこだわっていた。このため，太陽から離れた領域で星密度が増大する仮説は採用できないものであった。彼によれば銀河の明るい領域と暗い領域の存在は星の分布の統計的誤差の範囲を出ていない。ゼーリガーは星間空間の吸収体の存在を認めていたが，恒星系の統計には影響しないと考えていた。一方，イーストンもボン星表の星計測から始めているが，彼は全天の星をどの方向に二分しても，星の総数は等しくならないことから，太陽は恒星系の中心にないと見なした。

ゼーリガーとイーストンの論争は平行線のまま終わったが，現代的な観

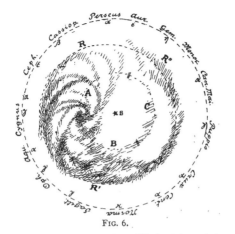

図 6.13　イーストンの銀河系構造，周辺に主な星座を示す．
はくちょう座の方向に銀河中心がある．

点から見るとイーストンの円環説とそれを発展させた渦状説に利があるように見える．さすがのゼーリガーもアマチュア天文家に一本取られたという形であろうか．

5　カーティスと島宇宙

5.1　言語学者から天文学者へ[6.38]

　ヒーバー・ダウスト・カーティスはギリシャ語，ラテン語を専門とする教育者として世に出た．しかし，彼は偶然のことから天文学者に変身し，島宇宙説で宇宙論へ貢献している．

　カーティス（Heber Doust Curtis, 1872～1942）はミシガン州のムスケゴン（Muskegon）で父オルソン（Orson Blair Curtis）と母サラ（Sarah Eliza Doust）

図 6.14　カーティス肖像

の長男として 1872 年 6 月 27 日に生まれた。父は南北戦争に従軍し片腕を失ったが，ミシガン大学で修士まで進み，教員や税関吏などを務めた。母はイギリス生まれ，アメリカ育ちで英文学に優れ，子供たちにいつも詩文の朗読を聞かせてきた。ヒーバーは快活な少年でフットボールの選手にもなったが，彼が際立っていたのはメカに強い点で，その腕前は旋盤装置を 1 人で組み立ててしまうほどであった。デトロイト高校を卒業後，ミシガン大学に入学して古典言語学を学ぶ。彼の語学の学習範囲はギリシャ，ラテン語からさらにヘブライ語，サンスクリット語にまで及んでいた。大学では言語学で 1893 年に修士学位を得る。それまで天文学とは無縁であった。

　1894 年にラテン語の教授として，サンフランシスコに近いメソジスト会のナパ・カレッジに赴任した。このカレッジには小型屈折望遠鏡が備えてあったので，彼は持ち前の物づくりへの好奇心から，望遠鏡の機能に興味を持ち，それまで経験したことのない星の観測を始めた。最初は趣味であったが，観測に魅せられ，やがて本格的な観測に乗りだして，周囲にも認められるようになった。生活が安定したので 1895 年 (23 歳) にマリー・D・レイパー (Mary D. Raper) と結婚し，生涯に 4 人の子供をもうけている。

1896年にナパ・カレッジはサンホセにあるパシフィック大学と合体した。カーティスも言語学のまま移籍したが，翌年，この大学では数学および天文学の教授職が空席となって公募された。カーティスは思い切って応募してみたところ，思いがけなくその席を得た。後になって彼は「こんな転換が可能になったのも，50年前の田舎の小さな大学だったからでしょう」と回想している。

　しかし，天文学研究はまだ本格的でなかったので，1897年から1898年にかけて，サンホセに近いリック天文台で研修をすすめる。このとき，日食観測隊に加わり，装置の整備とデータ解析を担当したが，その働きぶりは日食隊長でリック天文台長であったキャンベル (W. W. Campbell) の認めるところとなり，それが機縁で1899年にはバンダービルト奨学金が与えられた。彼はそれをもとに家族とともにバージニアに移り，バージニア大学の博士課程に進学して，1902年に彗星の研究で天文学の学位を得ている。

　1902年にキャンベルの招きでリック天文台に戻り研究助手となる。彼の最初の仕事は星の視線速度の測定であったが，特に連星系の軌道運動に興味を持ち，分光連星と呼ばれる，見たところ単独星であるがスペクトル線の分離と移動によって連星と知られる星の軌道運動の解析法の開発に当たった[6.39]。1908年に公刊された彼の軌道解析法はいまもこの分野での基本的な手法となっている。1906年から1910年にかけてはチリのサンチャゴにあるリック天文台南天観測所に責任者として派遣された。語学が得意な彼はすぐにスペイン語を習得し，スペイン語での論説もいくつか書いている。こうして5年間，サンチャゴで生活を楽しんでいた。

5.2　星団と星雲の観測

　1910年，38歳になったカーティスはリックに呼び戻された。任務は91 cmクロスリー反射望遠鏡（図6.15）の観測責任者となること，および，前台長であった故ジェイムス・キーラー (James Edward Keeler, 1857〜1900)

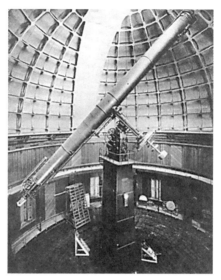

図 6.15　リック天文台の 91 cm クロスリー反射望遠鏡

が始めていた星雲の写真観測を引き継ぐことであった．キーラーは優れた観測家であったが，わずか 42 歳で世を去った．カーティスはその後の 10 年間，クロスリーによる写真観測を行い，その成果は「クロスリー反射鏡によって撮影された 762 個の星雲と星団に関する報告」(1918 年)[6.40] として公表された．観測された天体を渦状星雲 (513)，散光星雲 (56)，惑星状星雲 (78)，球状星団 (36)，散開星団 (56)，暗黒星雲 (8)，その他 (47) と分類している（カッコ内はそれぞれの天体数）．図 6.16 に小型星雲の全天分布を示そう．

彼はこのカタログの中で渦状星雲に注目した．それらが全天にわたって多数含まれていること，形，サイズに多様性が見られることなどから，渦状星雲はわれわれの銀河系とは独立した恒星系であろうと確信するようになった．また，カーティスは渦状星雲に発見される新星にも着目した．アンドロメダ座には 1885 年に発見された新星 S And があり，それ以降も多くの渦状星雲内に新星が発見されている．彼は発見された新星の写真観測

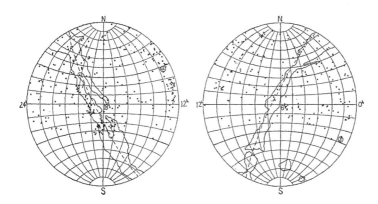

図 6.16　銀河面の外側に広がる小型星雲の分布図（カーティス，1918 年）
　　　　銀河の輪郭の概略が示され，その中心を銀河面が走る．小型星雲の大部分は渦状
　　　　星雲である．

を行い，1918 年にはそれらが疑いもなく渦状星雲に属していること，従って新星の母体である渦状星雲はわれわれとは独立した島宇宙であることの強い支持を与えると論じた[6.41]．

　1917～18 年の第 1 次世界大戦中はバークレーの海軍兵学校で航海天文学を担当し，一時，ワシントンで度量衡標準局の光学部長を務めたりしている．戦後はリック天文台に戻り，1920 年に宇宙の構造をめぐって，後述するシャプレーとの「大論争」を行っている．論争後，その年にピッツバーク大学からアレゲニー天文台台長として招聘された．

　アレゲニー天文台長としてカーティスが主に取り組んだのは観測，測定機器の開発であった．彼は天文台内に光学ワークショップを設立して彼自ら機器の開発に当たった．その中で特筆されるのは精密なルーリングマシンの設計製作である．分散の高い分光器では溝数の多い回折格子が要求されるが，カーティスは細かい溝を自動的に刻むルーリングマシンを設計製作し，それが回折分光器の制作に威力を発揮することを示した．

　その後，1930 年にミシガン大学天文台の台長となり，1942 年まで務めたが，この年，アンナーバーの天文台宿舎で眠るように他界した．前日ま

で研究室に顔を見せていたという。ミシガン大学で親交のあったロバート・マクマス (Robert R. McMath) は悼辞の中でカーティスについて

> 「彼は相談ごとがあるときはいつも思いやりのある理解を示し，何事についても簡明な思考を進める生活態度は，温かな人柄とともに彼の優れた資質となっている。」

と彼を偲んでいる[6.38] b。

6 シャプレーと大銀河系

6.1 生い立ちからウィルソン山天文台へ[6.42]

シャプレーは銀河系構造の研究を中心に活動した，アメリカの指導的天文学者の1人であるが，全く異なった分野から天文学に入ってきたという点ではヒーバー・カーティスに似ている。

ハーロウ・シャプレー (Harlow Shapley, 1885～1972) は1885年11月2日，ミズーリ州のナシュビール (Nashbille) 近くの農家で兄弟のホラス (Horace) と一緒に双生児として生まれた。2人には姉にリリアン (Lillian)，弟にジョン (John) がいる。父のウィリス・シャプレー (Willis Shapley) は農業を営み，時には小学校で教鞭をとっていたが，暮らしは豊かではなかった。一家は独立戦争から南北戦争の時代を生き抜きぬいた初期移民の子孫で，ミズーリ州には祖父の時代にやって来た。母のサラ・ロイド・シャプレー (Sarah Lloyd Shapley) はニューイングランドのアボリジニの子孫であるが，教養もあり，子供の教育にも熱心であった。子供の頃，ハーロウは農業の手伝いに忙しい日を送っていたが，ミルクを絞りながらテニソンの詩を暗誦したり，家のまわりの風景をスケッチしたり，野草の美しさから植物にも興味を持ったり，多感で多才な少年であった。村の小学校では姉のリリアンが教師をしていた。姉が後年語ったところによると，ハー

図 6.17　シャプレー肖像と署名（Bok 1978）

ロウは彼女の教えた中で最も優秀な生徒であったという。リリアンは双子の兄弟に進学を勧めたが，学資が足りず，結局ハーロウは 15 歳のとき数ヶ月間，ピッツバークの職業学校に通っただけで 10 歳台後半はカンサスやミズーリなどで新聞記者として働いた。政治問題についていくつかのスクープ記事を書いたりしている。この間に大学進学のための貯金を始め，学資の安い長老派教会のカーテージ・カレッジに入学，言語学を学んで首席で卒業する。

　1907 年に資金のめどが立ち，コロンビア市のミズーリ大学に入学する。最初はジャーナリズムを専攻する予定であったが，関係する講座が開かれていなかったので，止むを得ず他の講座を選択することになった。シャプレーは講座のリストの A から始めたが，最初の archaeology（考古学）の意味が分からなかったので，次の astronomy（天文学）を選んだと後になって語っている。これがシャプレーの天文学との結びつきの発端となった。

大学で天文学の指導に当たったのはシアーズ (Frederick Seares) であった。シアーズは付属天文台の 7.5 インチ (19 cm) 屈折望遠鏡を用いてコメットと変光星の観測を行っていた。シャプレーは観測された変光星の光度曲線の誤りを修正するなど，優れた才能を示してシアーズの信頼を得ていた。

　学部 3 年生のとき，未来の妻マルサ・ベッツ (Martha Betz) と出会う。彼女は同学年の教育学科の学生で数学と語学に優れていた。1910 年，シャプレーは天文学科，マルサは教育学科を卒業，マルサは 1913 年に言語学修士学位を得ている。マルサはシャプレーに出会うまで天文学に関心はなかった。ただ，マルサによると彼女の祖父はドイツのハノーバー出身で祖父は若い頃，老年になったキャロライン・ハーシェルが馬車に乗っているのを何度も見かけたという。

　シアーズはシャプレーが卒業する前年にウィルソン山天文台に移ることになり，シャプレーにも一緒に移るように勧めたが，シャプレーは修士コースに進学のためミズーリ大学に残った。幸い，数学教授で学部長のオリバー・ケロッグ (Oliver Kellogg) はシャプレーの才能を見込み，プリンストン大学への進学を計らった。彼はプリンストン大学院の研究科長にシャプレーを推薦し，また，プリンストンの博士課程で学べるだけの奨学金を用意した。

　プリンストンにおける指導教官はヘンリー・N・ラッセル (Henry Norris Russell) であった (第 3 章 7 節)。シャプレーにとってラッセルは最初，内気でとっつきの悪い人柄に見えたが，シャプレーが連星系の軌道計算に優れた数学的才能を示したことから親密な師弟関係が生まれた。しかし，研究については 2 人の関心は異なっていた。ラッセルは HR 図の作成と，HR 図上での星の進化論を中心にしていた。一方，シャプレーは恒星系の構造に興味を持っていた。しかし，在学期間 (1910〜1914 年) にはラッセルの指導に従って，主に食連星の性質や空間分布についての研究を行い，食連星の軌道解析に関する研究で学位を得ている。

　1914 年，シャプレーは 7 年間の期限付き研究員としてウィルソン山天

文台に向かった.パサデナに向かう途中でミズーリに寄り,マルサ・ベッツと結婚する.マルサは数学にも優れており,1918年頃からは球状星団の構造や分布などの研究で共著者としてその名を連ねたこともあり,彼の研究を支えていた.ウィルソン山天文台では旧師のシアーズが迎えてくれた.シャプレーは彼のもとで変光星の観測に当たることになった.

6.2 大銀河構造の提唱

シャプレーがウィルソン山天文台で行った主な仕事は2つある.

第1はシアーズのもとで行ったケフェウス型変光星(第2章参照)の研究である[6.43].数日から数百日に及ぶ変光の原因として従来は連星による食現象が考えられていた.しかし,食連星仮説には種々の困難が指摘されていた.軌道要素が連星としては特異であること,伴星の存在が知られていないこと,光度変化と速度変化が整合しないこと,などである.シャプレーはさらに食連星仮説の成り立たない証拠として,光度曲線,速度曲線に不規則な変動が見られること,および,変光に伴う星の色と分光型の変化を挙げている.こうした困難を避けるために,1914年,彼は変光の原因は星自体にあると考え,星が振動するためであると提唱した.星の振動の可能性についてはすでにリッターやエムデンらによっても指摘されていた(第3章).シャプレーはエムデンの内部構造モデルを採用してケフェウス型変光星の振動を解析し,振動周期が星の平均密度の減少とともに増大することを導いた.この研究はエディントンの内部構造論にも大きな影響を与えている.エディントンはシャプレーの解析を発展させて振動周期 P と星の平均密度 $\langle \rho \rangle$ との間に基本的な比例関係 $P \propto 1/\sqrt{\langle \rho \rangle}$ が成り立つことを示した.

第2の研究は球状星団の空間分布である[6.44].その発端になったのはハーバード大学天文台を訪れた際のソロン・ベイリー (S. I. Baily) との出会いであった.ベイリーは球状星団内の変光星の観測を長年続けていた.ベイリーとの会話の中から星団と変光星との関係について,球状星団,散開星

団を含めた広い視点から観測をしてみようと思い立った。ウィルソン山天文台に戻ったシャプレーは早速その課題に取り組み，星団内の変光星の観測を始めた。その成果は「星団内の星の色と等級に関する研究」と題した18編の論文シリーズとして1916年から1920年にかけて公表されている。そのうち1918年に公表された3編では球状星団が中心課題となっており，星団の距離測定，分布，構造などの観測的研究に焦点が当てられている。これらの論文の中で彼は星団の空間分布が銀河系の骨格を成すであろうという構想を得ている。銀河系との関係については第4節の大論争（1920年）で触れよう。

球状星団の研究では距離の決定が基本的課題である。シャプレーはハーバード大学天文台のヘンリエッタ・リービットがマゼラン星雲中のケフェウス変光星について，見出した変光周期の長い星ほど星の等級が明るいという周期光度関係に注目した。しかし，当時はまだ，マゼラン星雲までの距離が知られていなかったので，この関係からケフェウス変光星の絶対等級を知ることはできなかった。シャプレーの研究は周期光度関係の検討から次のようにして星団までの距離の推測を行った。

(1) 近傍のケフェウス型変光星11個について固有運動，視線速度からそれぞれの星の絶対等級を決定した。この絶対等級をケフェウス型変光星の周期光度関係に適用すると，球状星団中のケフェウス型変光星の絶対等級が決定される。シャプレーはこの関係を用いて球状星団M13中のケフェウス型変光星の絶対等級を測定し，絶対等級と見かけの等級との差からM13の距離を決定した。

(2) 他の球状星団については「直径がM13にほぼ同じである」と仮定して，見かけの直径から相対距離を導く手法と，「球状星団内の最も明るい星の絶対等級はほぼ同じである」と仮定して，見かけの等級から相対距離を求める手法を組み合わせることによって，彼は29星団の実距離を決定した。

表 6.2　球状星団の距離と空間分布[6.44] b

星団名	実距離 (kpc)	銀河面内 (kpc)	垂直方向 (kpc)	実距離（現在値）(kpc)
M3	13.9	3.1	+13.5	9.7
M5	12.5	8.8	+8.8	7.3
M13	11.1	8.5	+7.1	6.9
ω Cen	6.5	6.2	+1.8	5.0
M53	18.9	3.6	+18.6	18.4
M92	12.3	10.2	+3.9	7.6

この表で実距離，銀河面内，銀河面と垂直方向はすべて太陽からの距離を表わし，距離単位の 1 kpc は 3200 光年である．現在値の出典は Lang, K. R, 1991（Astrophysical Data: Planets and Stars, Springer-Verlag）

代表的な例を表 6.2 に示そう．この表を見るとシャプレーは実距離を現在値に比較してかなり過大に見積もっていたことが分かる．シャプレーはこれらの星団が銀河系の骨格を形成すると考え，銀河系の直径は 30 万光年になるだろうと推定した．これがシャプレーの大銀河系構想の基礎である．

6.3　晩年，シャプレーの信条[6.42] c

シャプレーは 1920 年までウィルソン山に留まり，その年に「大論争」が行われるが，その翌年の 1921 年にハーバード大学天文台の台長に迎えられた．これは第 4 代台長のエドワード・チャールズ・ピッカリングの急逝に伴う第 5 代台長としてであった（第 2 章）．

ハーバード就任以来，特に 1930 年代から 1950 年代にかけて，彼は多くの国家的，国際的活動に乗り出している．1930 年代にはナチス政権に追われたユダヤ系科学者の亡命希望者の受け入れ事業を立ち上げた．シャプレーは 1934 年に政府内に緊急委員会（Emergency Committee）を組織し，全米の大学や研究機関に 335 のポストを用意して亡命科学者の受け入れを始めた．最初の対象国はドイツであったがその後，ヨーロッパ全域に広

げたため,この委員会には6000人もの問い合わせがあった。シャプレーの手を通して100人以上の科学者が受け入れられたという。こうして多くの科学者を受け入れたことによって,アメリカの研究水準が大きく上昇したことはよく知られている。

1945年に大戦が終結した後,シャプレーは荒廃した東ヨーロッパの天文台,プルコヴァ天文台やポーランドのトルン天文台などの復興にも力を尽くした。コペルニクスの生地であるトルンにはアニー・キャノン(第2章)も使用していた由緒ある小型望遠鏡を寄贈している。この望遠鏡はいまでも天文台内に大切に展示されている。

戦後はまた国立科学財団(National Science Foundation)の設立委員としてその実現に寄与している。設立法案はいったんトルーマン大統領の否決にあったが,1954年に両院議会で認められ,40億ドルの予算規模で設立された。国際的には国連のユネスコ(UNESCO = United Nations Educational, Scientific and Cultural Organization)の設立にも深く関与している。一部の国から科学にまでは手が回らないとしてS = Scienceを落とすような提案もあったが,シャプレーの擁護によってSが残されたという逸話もある。シャプレーの国際的活動は1950年,赤狩りで有名なジョセフ・マッカーシー上院議員の非米活動委員会によって,マルサ夫人とともに共産主義シンパと烙印された。これは公職からの追放を含む危険性をはらんでいたのである。この疑いは1952年に晴らされたが,それはシャプレーがハーバード大学天文台を定年退職した直後であった。

彼は引き続き客員教授として1956年までハーバードに留まったが,その後はケンブリッジに近いニューハンプシャー州のシャロン(Sharon)に移り住み,自然と親しむ生活を送った。地域の人たちと天文を通して交流を深め,昆虫や野草にも親しんだ。自宅の庭に121種もの野草を同定したことを誇りにしたりしている。1972年にコロラド州ボルダーに住む息子を訪問中に心臓発作で急逝した,享年87歳。遺体はシャロンに葬られた。

伝記[6.42]cを書いたボークは,宇宙の中心を太陽から銀河系中心に移し

図6.18　晩年のシャプレーとマルサ夫人

変えたとしてシャプレーをコペルニクスになぞらえている。

7 カーティスとシャプレーとの「大論争」

7.1 論争（Great debate）の背景と課題

　1920年4月26日，ワシントンの科学アカデミーの講堂において，「大論争」と呼ばれる論争会が開催された[6.45]。企画したのはウィルソン山天文台長ジョージ・ヘールである．ヘールは宇宙の構造についてシャプレーとカーティスとの間にある大きな見解の差に興味を持ち，科学アカデミーの支援を得て開催の運びに至ったのである．

　討論会のテーマは「宇宙のスケール」（The scale of the universe），主な論題は次の2つであった．

　（1）銀河系の規模と構造

(2) 渦状星雲と宇宙の構造

論争は始めにシャプレー，ついでカーティスが，壇上に登って自説を述べた．このときの記録はアメリカ科学アカデミーの紀要に詳しく掲載されている．

7.2 シャプレーの論点

シャプレーは銀河系の形状についての歴史的概観から話を始め，本論として球状星団の重要性を指摘し，大銀河系説を主張する[6.46], [6.47]。

(1) 球状星団の分布に基づく大銀河系の提唱

球状星団の距離は上述したように 10 から 40 kpc にわたり，カプタインの推定した値より 10 倍程度大きい．従って，銀河系のサイズも球状星団の分布と同程度かそれより大きいであろう．一方，天の川の星の分布を見ると，星は天の川に沿って遠方まで広がっている．これを見ると，天の川（銀河）は扁平な恒星系であり，銀河面の直径は 30 万光年に達する．球状星団の分布は太陽から見て一方向に卓越している．観測された球状星団の分布を図 6.19 に示そう．彼は星団の分布の中心が銀河系の中心であるとして大銀河系説を主張した．太陽は銀河中心から遠く離れている．

(2) 渦状星雲と系外銀河の存在への疑問

渦状星雲については銀河系内の天体なのか，銀河系外の独立した島宇宙なのか，古くからの問題であった．シャプレーは島宇宙説に対する賛否両論の比較から始める．まず，島宇宙説の根拠として次の点を挙げる．

1. 銀河面近くから銀極まで全天に分布する．
2. 一般に高い視線速度を示し，後退速度を優先する．
3. 分光特性は G～K 型星の集団に対応する．
4. 視差が測定できないほど遠方の天体である．

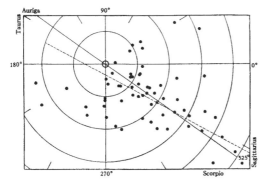

FIG. 2. THE SYSTEM OF GLOBULAR CLUSTERS PROJECTED ON THE PLANE OF THE GALAXY

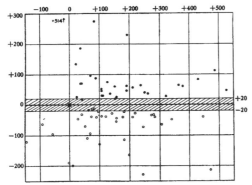

FIG. 3. PROJECTION OF THE POSITIONS OF GLOBULAR CLUSTERS ON A PLANE PERPENDICULAR TO THE GALAXY

図 6.19 シャプレー（1918年）の大銀河系
上：銀河面に投影した球状星団の分布
下：銀河面に垂直面に投影した球状星団の分布
距離の単位は 100 光年

5. 構造が銀河系を遠方から見たときと似ている。

これらの根拠に対しシャプレーは次のように反論する。

1. 銀河系のサイズが従来の推定値より一桁拡大されたので，渦状星雲がこれと同等のサイズを持つとすると，星雲の角直径など

からその距離は数百万光年を超えてしまう。
2. そのような遠方にあるとすれば，1916年にファン・マーネンが渦状星雲 M101 内の天体に固有運動による自転を測定したことと矛盾する[6.48]。(大きな固有運動が100万光年の渦状星雲にあるとすれば，星雲の外縁の自転速度は光速度を超えてしまう。)
3. 渦状星雲中の新星光度が銀河系内の新星と同程度とすると星雲までの距離は2万光年くらいであろう。
4. 渦状星雲が銀河系の周辺で全天に分布するのは，銀河系中心からの何らかの斥力が働くためかもしれない。

これらの論拠に基づいて，シャプレーは渦状星雲とは銀河系の近傍に分布する，星と星雲の集団であろうと結論した。すなわち，大銀河系はただ1つの巨大な宇宙であって，渦状星雲はその内外で運動する付属天体に過ぎない。

7.3 カーティスの論点

カーティスは恒星の「平均視差」の測定値から銀河系の直径を約3万光年と見積もった。それに基づいて銀河系構造を次のように推論する[6.49]。

1. 星の分布は一様ではない。総数はおよそ10億個である。
2. 銀河系は直径3万光年のレンズ状で，中心の厚みはその6分の1程度である。
3. 太陽はほぼ銀河系の中心に位置する。
4. 銀河系が渦状構造を持つかどうか，いまのところ推定は困難である。

カーティスは観測される天体を，恒星，星団 (散開，球状)，散光星雲，惑星状星雲，および渦状星雲の5種類に分けた。このうち渦状星雲以外はすべて銀河系内の天体であろうと推察した。

また，シャプレーの大銀河系説に対して次のように反論する。

1. 球状星団の距離測定の基礎になったケフェウス変光星の光度周期関係は誤差が大きく信頼性に乏しい。光度周期関係から外れるケフェウス変光星も多い。
2. 銀河面直径の3万光年の値はこれまでのカプタインらの推定と整合する。

カーティスはこの銀河系サイズを基礎にして渦状星雲の島宇宙説の優越性を次のように主張する。

1. 渦状星雲の距離はアンドロメダの50万光年から遠方では1億光年に達する。星雲の見かけのサイズには大きなものから小さいものまで大きな差があり，大銀河系説によってアンドロメダを直径2万光年とすると，小さな星雲は遥かに小さく，同種の天体として大小の差が大きすぎる。
2. 渦状星雲のスペクトルはF-G型の吸収線を示し，星の集団であることを示す。もし，渦状星雲が銀河系内の天体であるとすると，それらは主としてガス星雲であろう。そうすると観測される吸収線スペクトルと矛盾する。
3. 渦状星雲は広く全天に分布しているが，銀河面方向に少ないのは，横から見た渦状星雲に暗い輪（吸収帯）が取り巻くことから容易に類推できる。銀河系にも同様の吸収帯があるとすれば銀河面方向の渦状星雲はそれに隠されて見えないからである。
4. 渦状星雲は例外なく数百km/s以上の高速度を持ち，銀河系内にはそれに匹敵する高速度天体は存在しない。
5. 渦状星雲中に固有運動が測定されたとすれば島宇宙説にとっては致命的であるが，これまでのところ，測定されたのは1例（M101）のみで，しかも測定誤差が大きい。まだ，固有運動の測定を信用すべきでない。

表 6.3 新星の実視等級と絶対等級の比較[6.49]

	銀河系内 4 個の新星	アンドロメダ星雲中 16 個の新星	
極大実視等級	+5	+17	
極小実視等級	+15	+27 (推定)	
	距離 新星ごとに個別に推定	アンドロメダ星雲の距離	
		50 万光年	2 万光年
極大絶対等級	−3	−4	+3
極小絶対等級	+7	+6?	+13?

6. 渦状星雲には最近，27 個の新星が発見されているが，そのうち 16 個はアンドロメダ星雲に発見されている。これらの新星は 1895 年に発見された S And に比較すると著しく暗い。カーティスは S And より暗い 16 個の新星を通常の新星と呼び，それについて極大時と極小時の絶対等級を，銀河系内で距離の測られた 4 個の通常の新星と比較した。アンドロメダ星雲内の新星の絶対等級は，星雲までの距離を 50 万光年（島宇宙説）と 2 万光年（大銀系説）の 2 つの場合について推定すると，表 6.3 のようになる。なお，アンドロメダ星雲中の新星極小時の等級は極大時との等級差を 10 等として推定したものである。アンドロメダ星雲の距離を 50 万光年とすると，新星の絶対等級はほぼ同程度になり，両者が同じ現象であることを示している。一方，銀河系内とすると，暗い星となり，それに類似の明るさの新星は銀河系内には存在しない。また，+13 等級という極度に暗い星も銀河系には存在しない。これは島宇宙説の優越性を示したといえる。

以上のような比較を行ってカーティスは渦状星雲が銀河系と同等のサイズを持ち，銀河系外の遠方にまで分布する島宇宙であると結論した。

7.4 論争の成果

　シャプレーとカーティスの 2 人の論争は銀河系と渦状星雲の観測的性質をそれぞれの立場から解明する上で有益であったが，結局，議論はかみ合わなかった．

　シャプレーはケフェウス型変光星の光度周期を距離測定に用いたが，それはデータ不足ではあったが正しい方向であった．一方，渦状星雲については「大銀河系」との対比にこだわったこと，M101 の固有運動にこだわったことなどで誤った結論に達した．ファン・マーネンによる渦状星雲の固有運動の測定は多くの人を惑わした．固有運動を認める限り，渦状星雲を島宇宙とは認められなかったのである．しかし，固有運動の測定は 1934 年になってファン・マーネン自身とシャプレーによって否定され，ようやく，島宇宙説が認められるようになる．

　それに対し，カーティスは恒星の距離について「平均視差」という古典的手法にこだわったため，銀河系のサイズを過小に見積もった．一方，渦状星雲を島宇宙として位置づけた点は大きな前進であった．

　こうして，論争から多くの課題が生まれたが，これらは 1920 年代から 1930 年代にかけて順次解決し，銀河系と銀河宇宙の現代的な宇宙論が開幕する．それについては次章に述べよう．

第7章 宇宙論の源流

渦状銀河の大部分が地球から遠ざかっているというスライファーの観測は，ハッブルに大きな印象を与えた。ハッブルは距離速度関係を導いて 1920 年代に膨張宇宙の観測的基礎を固める。アインシュタインは一般相対論に基づいて 1917 年に静的宇宙論を提唱するが，同じ頃，ド・ジッターは膨張宇宙論を唱えた。膨張宇宙論はフリードマン，ルメートルらによって展開され，ガモフのビックバン宇宙論へと発展する。1950 年代には定常宇宙論も提唱されるが，1960 年代にビッグバンの名残としての宇宙放射が発見されビッグバン宇宙論が定着する。本章は 1910 年代から 60 年代にかけての宇宙論の観測と理論の発展の跡をたどる。

世界の果て（フラムマリオンの想像図，1888）

1 スライファーとローウェル天文台

1.1 スライファーの生涯[7.1]

アメリカ中西部インディアナ州のマルベリー (Mulbery) はインディアナポリスの北，50 km ほどにある小さな町で，いまでも人口は 2000 人足らずである．スライファー兄弟は天文学者としてこの町の名士にその名を留めている．

ベスト・メルビン・スライファー (Vesto Melvin Slipher, 1875～1969) は農家を営むダニエル・スライファー (Daniel Clark Slipher) とハンナ (Hannah App Slipher) の長男として 1875 年 11 月に誕生した．8 歳年下に弟のアール (Earl C. Sligher, 1883～1964) がいる．2 人はともにローウェル天文台に勤務してその生涯を送ることになるが，両親は子供たちに農家とは縁遠い進路を認めているから，家は裕福だったのであろうか．

スライファーの幼少年時代のことはあまり知られていない．隣町のフランクフォートの高校を卒業した後，しばらく，村の小学校で教師をしていたらしい．はっきりしているのはスライファーが 1897 年 9 月にインディアナ大学に入学して以来である．彼がどのような契機で天文学を志すようになったかも不明であるが，大学では力学と天文学を学んでいる．1901年に卒業，引き続き同大学の大学院に進み，1903 年に力学・天文学で修士学位，1909 年に学位を得ている．学位論文のテーマは「火星の分光観測」であった．このときの指導教官はミラー (John A. Miller) とコグシャル (Wilfur A. Cogshall) である．コグシャルは 1896～97 年にローウェル天文台に勤務したこともあり，ローウェルが新しい天文台の観測職員を探していると聞いて，1901 年にまだ学生であったスライファーをローウェル天文台に推薦した．こうしてスライファーはしばらく在学のまま観測に従事することになった．

ローウェル天文台長，パーシバル・ローウェルといえば火星の運河説で

図 7.1 スライファー肖像と署名
（1907 年頃の撮影）

よく知られている．私設ローウェル天文台台長として火星観測に生涯をかけたアマチュア天文家である．

　ローウェル（Percival Lowell, 1855～1916）はボストンの富豪ローウェル家の嫡男として生まれた．．ハーバード大学で数学と物理学を学んでいる．本来は実業家であったが，フランスの天文学者であり，作家であったカミーユ・フランマリオンの著書『火星』に魅せられてアマチュア天文家としての生涯を送るようになる．惑星観測に適した，大気揺らぎが少なく，透明度の高い場所を探し，アリゾナ州のフラグスタッフの近郊で海抜 2100 m の高地を選定した．1894 年，この地に 61 cm（24 インチ）クラーク屈折望遠鏡を装備した私設大文台を建設する．これがローウェル天文台である．それから 15 年，彼は火星を中心に惑星の観測を続けた．火星のスケッチから運河説を唱え，『火星とその運河』（1906 年），『生命の住居としての火星』（1909 年）などの著書もある．なお，ローウェルは日本研究家としても知られており，1889 年から 1893 年にかけて何回か日本を訪れている[7.2]．

図 7.2　パーシバル・ローウェル肖像

　スライファーはこの天文台で火星観測と平行しながら渦状星雲の分光観測に挑戦する．

　スライファーはローウェル天文台に就職する前，1904 年にフランクフォートでエンマ・ムンガー（Emma Rosalie Munger）と知り合いになり，その年の内に結婚してアリゾナに移っている．天文台宿舎で新しい生活が始まり娘と息子が順に生まれる．子供の成長につれて，スライファーも地域社会の中に溶け込むようになる．それがスライファーの後年の社会活動の元になっている．

　スライファーがローウェル天文台で最初に取り組んだのは惑星の，とくに金星の自転周期の観測であった．その頃，金星の自転周期は表面模様などから測定されていたが，自転周期には 23 時間（カッシーニ）から 225 日（ローウェル）といった幅があり，全く不明の状態であった．スライファーは分光によるスペクトル線の傾きから，自転周期は数日以内の短周期でなく，遥かに長いことを示した[7.3]．金星周期が実証されるのは 1960 年代初期に行われたレーダー観測によるもので，250 日程度という長い周期である[7.4]．これは奇しくもローウェルの推定値に近い．スライファーは惑星の分光を担当していたが，なかでも 1912 年にはローウェルと共同で天王

図 7.3　ローウェル天文台の 61 cm 屈折鏡を収めたドーム

星の観測を行い，自転周期が 10.8 時間で逆方向に自転することを発見している。

　スライファーはローウェルの提唱する火星運河説に陶酔していた。1926 年のある日，1 人の学生が彼を訪ねてきた。クラスで火星に文明人がいるかどうかの論争をすることになり，自分はいない方の論者となったが，これについてどう思いますかという質問である。それに対し，スライファーは「君は悪いほうの論者になったね。最近の観測によるとローウェルの運河説はますます確証されつつある。火星は遠いので望遠鏡によって直接確かめることはできないが，火星人の存在は確かだろうね。」と応えている。彼はそれ以前の 1923 年にも「宇宙には数百万もの惑星があり，その中の多くに生命があると思う」と友人に書き送っている[7.5]。

　ローウェル天文台長の信任を得たスライファーはローウェルの没後，1916 年に副台長になり，1926 年には台長に就任している。

　スライファーは 1951 年（76 歳）にはまだ台長に留まっていたが，天文学への貢献は 1939 年（64 歳）でストップしている。その後のスライファー

は種々の事業活動に力を入れ，牧場経営，レンタル事業などに投資，大衆的ホテルの創立などに取り組んでいる．また，地域での社会活動として，フラッグスタッフ高校開設，アリゾナ科学芸術協会や北アリゾナ博物館の設立などにも深く関与している．こうして天文学とは疎遠になってしまったが，地域社会への貢献は大きく評価されている．

弟のアールも兄を引き継いで天文台長になったが，兄に負けず，天文学をおろそかにして政治活動に乗り出し，市会議員や，フラッグスタッフ市長を務めたりしている．こうして1940, 50年代は他の観測職員も活動的でなくなり，天文台は沈滞した状況に置かれていた．

ローウェル天文台を復興させたのは1958年に台長となったジョン・ホール（John S. Hall）である[7.6]．彼は天文台の現代化に取り組み電子機械工場の設置，計算機の導入とともに若い研究者の迎え入れにつとめ，交流事業の立ち上げを進めた．長短期滞在の研究者も増加しローウェル天文台は再び蘇ったのである．

天文台を離れたスライファーは晩年をフラッグスタッフの自宅で過ごし，静かな余生を楽しんでいたが，1969年11月に病没した．享年94歳の長寿であった．

1.2　スライファーの星雲分光観測

(1) 星雲の視線速度

スライファーが星雲の分光観測を始めたのはローウェル台長からの指示によるものであった．当時，渦状星雲への関心が高まっていたが，その正体については銀河系外の「島宇宙説」（第6章）と銀河系内の「原始太陽系説」があり，判然としていなかった．後者はアンドロメダ星雲のように中心が明るく，周辺に渦を巻く様子から収縮しつつある原始太陽系ではないかと想定されたものである．ローウェルは渦状星雲がもし原始太陽系であるなら，そのスペクトルは太陽や惑星のスペクトルに似ているのではないかと考え，1909年に星雲の分光観測をスライファーに指示した．

スライファーははじめ星雲観測に乗り気でなかった。太陽系天体に比較して星雲は遥かに微光であり，61 cm（24 インチ）屈折鏡に取り付けられていた 3-プリズム分光器では観測困難だったからである。そこで彼は別に分散の低い 1-プリズムの分光器を製作し，カメラも F2.5 の明るいレンズに換えてアンドロメダ星雲の分光に挑んだ。1913 年に露出 6 時間で得られた結果はこの星雲が 300 km/s という，これまでに観測されたことのない高速度で太陽系に近づいていることであった[7.7]。彼はこのスペクトル線の大きな紫方変移をドップラー効果としてよいのかはじめは疑問に思った。それをローウェル台長に知らせたところ，台長からは「貴君の観測は偉大な発見のように思える。紫方変移の原因については他の星雲を観測してみてはどうか」というアドバイスがあった。

　こうして彼は渦状星雲の視線速度の観測を続けたが，アンドロメダ星雲以外は遥かに微光であったため，露出は 40 時間から 60 時間にも及んでいる。数晩に及ぶ長時間観測である。こうして 1915 年までに 15 個の渦状星雲について視線速度を測定した[7.8]。スライファーの測定値と現代値[7.9]を比較して表 7.1 に示そう。両者はほぼ良い一致を示し，スライファーの測定の高い信頼性を示している。

　ここでスライファーが注目したのはほとんどの星雲が銀河系天体では見られない大きな速度を示すこと，しかも，10 個の星雲は太陽から遠ざかる後退速度を示し，その速度は 200 km/s から 1100 km/s にまで達することであった。1917 年には星雲数も 25 個に増え，後退速度を持つ星雲の割合も増えてきた。こうして，星雲速度に大きなプラスマイナスのあることから，彼はスペクトル線の変移はドップラー効果以外にはありえないという結論に達した[7.8] b。

　スライファーは 1914 年にシカゴの北，エバンストンで開かれたアメリカ天文学会の年会で 15 個の渦状星雲の視線速度の観測に触れ，次のように述べた。

　　「顕著な後退速度の卓越ぶりをみると渦状星雲は一般に，われわれから逃げ

表7.1 星雲の視線速度（スライファー，1915年）[7.8] a

星雲番号		視線速度 (km/s)		星座，星雲名	銀河面南北
NGC	M	Slipher	VVC (注1)		(注2)
221	32	−300	−217	アンドロメダ座	S
224	31	−300	−299	アンドロメダ星雲	S
598	33	−small	−183	三角座星雲	S
1023		+200	+614	ペルセウス座	S
1068	77	+1100	+1109	くじら座	S
7331		+300	+826	ペガスス座	S
3031	81	+small	−44	おおぐま座	N
3115		+400	+698	六分儀座	N
3627	66	+500	+697	しし座	N
4565		+1000	+1136	かみのけ座	N
4594	104	+1100	+1128	おとめ座	N
4736	94	+200	+308	りょうけん座	N
4826	64	+small	+397	かみのけ座	N
6494	23	±small	—	いて座（散開星団）	N
5866		+600	+672	りゅう座	N

注1　VVC = de Vaucouleurs, G., de Vaucouleurs, A. & Corwin, H. G. (1975年) の値[7.9]
注2　銀河面南北　銀河座標で南天 (S)，北天 (N) を示す．

出しているように見える．」

この講演には後述するように若き日のハッブルも出席して大きな感銘を受けている．

　スライファーは星雲の分光観測では視線速度の測定とともにスペクトル線の現われ方にも注目し，球状星団と比較している．その結果，渦状星雲（9個）では太陽型スペクトル（7個）とバルマー輝線の強い早期型スペクトルを示す星雲（2個）の2種に分けられたのに対し，球状星団（5個）はすべて晩期型のスペクトルを持つことを示した[7.10]．こうしてスライファーは，渦状星雲は大部分が太陽型スペクトルを持ち，太陽型を主成分とする星の集団であるのに対し，球状星団は渦状星雲とは特質の異なった星の集団であることを指摘している．しかし，渦状星雲が島宇宙なのか原始太陽系なのかについてはここでは触れていない．

(2) 星雲の自転の発見

　彼は星雲の1つ，おとめ座の NGC 4594 を観測中にスペクトル線がおよそ 4°傾斜していることに気が付いた．念のためにアンドロメダ星雲も観測してみたが，やはり傾斜している．M101 など，他の星雲でも多かれ少なかれ傾斜が見られたので，彼はスペクトル線の傾斜はすべて星雲の自転の効果と見なし，その報告をローウェル天文台報（1914年）に掲載した[7.11]．

　ところがこの報告はウィルソン山天文台のファン・マーネン（van Maanen）の強い反発を招いた．ファン・マーネンは 1916 年に，渦状星雲 M101 の固有運動から自転を主張した（第6章 7.2節）．しかし，回転方向はスライファーの分光による回転方向と反対だったのである．ファン・マーネンにとってスライファーの観測結果は受け入れがたいものであった．しかも，シャプレーをはじめ当時の主流はファン・マーネン説の支持に立っていた．

　こうした強い反発にスライファーは大きな反論もせず，友人への手紙の中で

> 「自転方向がファン・マーネンと逆方向になったのは残念です．どちらが正しいかは将来の観測が確かめてくれるでしょう．」

と述べるのに留まっていた[7.1]a．スライファーの人となりは謙虚で控えめであり，論争を好まなかったことにもよるが，それにしても，当時はファン・マーネン説が強大な権威を持っており，それに対抗するのは容易ではなかった．

　スライファーは 1903 年から 1939 年まで，太陽系天体，恒星から星雲にいたる広い範囲の分光観測を行い，120 編あまりの論文を書いているが，彼の天文学の研究はこの年で途切れてしまう．その後は社会活動に入ってしまうからである．

2 ハッブルと膨張宇宙

2.1 ハッブルの生涯[7.12]

　ミシシッピー川をさかのぼったミズーリ州の小さな町マーシュフィールド（Marshfield）の一軒の家から賑やかな音楽と歌声が聞こえてきた。ハッブル家である。歌っていたのは若きエドウィン・ハッブルで，伴奏は父ジョン・パウエルがバイオリン，姉のルーシーがピアノ，弟のビルがマンドリンという顔ぶれであった。

　当主のジョン・パウエル（John Powell Hubble）は保険会社の役員で，一時，法律事務所を開いていたこともあった。母バージニア・リー（Virginia Lee）との間に8人の子供がおり，エドウィン・ハッブル（Edwin Hubble, 1889〜1953）は兄（ヘンリー），姉（ルーシー）に続いて3番目であった。1897年，エドウィンが8歳の誕生日を迎えた日に，医者で薬局も営む外祖父のウィリアム・ジェイムスから望遠鏡のプレゼントがあった。その夜は見事な星空でエドウィンは祖父の星座案内で星空の観望を楽しんだ。

　1899年に一家はイリノイ州のシカゴに近いウィートン（Wheaton）に引越し，エドウィンはここで中学，高校時代を過ごす。ボクシングやバスケットボールなどスポーツの才能では学校中に知られていた。1905年にはバスケットボールのウィートンチームを全米チャンピオンに導いている。

　彼は高校時代の成績が抜群であったため，シカゴ大学から「入学許可と1年間の授業料免除」という特典が提供され，法学科に入学する。本人は自然科学，特に天文学を選びたかったが父の意向に逆らわれなかった。法学科でも優れた資質を発揮しているが，大学では時間の許す限り，物理学，天文学の講義に出席していた。当時のシカゴ大学ではこの面で人材が揃っていた。ハッブルが指導を受けたのは，物理学ではマイケルソン（Albert A. Michelson）とミリカン（Robert A. Milikan），天文学ではムールト

図7.4 ハッブル夫妻

ン (Forest R. Moulton) であった。その頃, ムールトンは地質学科のチェンバーリン (Thomas Chamberlin) と共同でラプラスの星雲説を否定し, 太陽系は恒星が太陽近傍を通過した際に太陽から放出されたガスが冷却し, それが凝結して惑星になったという微惑星仮説 (1899年) を提唱していた。

ハッブルは1909年にローデス奨学金に応募し, 数学, ラテン語, ギリシャ語試験などの難関を突破して合格, 3年間の英国オックスフォード大学への留学資金を得る。こうして翌年, 英国にわたり, 父の意向に従って法学部のあるクイーンス・カレッジに入学した。法学, 語学でも成績は優れていたが, 同時に天文学への興味も失わず, 在学中, 付属天文台長のターナー (Herbest H. Turner) の薫陶を受けている。

この頃, 父ジョンの健康が優れなくなり, やがて没する。収入は兄ヘンリーが勤める保険会社からのサラリーだけとなり, 家族の多い家計は楽でなくなる。1913年 (23歳), ハッブルは法律学で修士号を取得して無事に帰国するが, 職につく必要があった。そこで, とりあえず, インディアナ州の高校教員となり, スペイン語と物理学を担当した。

しかし, 天文学への思いは変わらず, シカゴ大学に恩師ムールトンを訪ねて, 大学院入学の可能性を相談した。ムールトンは早速, シカゴ大学の

ヤーキス天文台長フロスト（Edwin Frost）に連絡し，奨学金を用意した．こうして，ハッブルはようやく天文学に専念できる生活に入った．その翌年，エバンストンのノースウェスタン大学のキャンパスで開かれた1914年度のアメリカ天文学会の年会でスライファーの講演を聴き，渦状星雲の多くが大きな後退速度を持つという報告に強い印象を受ける．彼はこのとき星雲の謎に挑もうと考え，学位論文のテーマとして星雲の観測を取り上げることを決意したという．

　彼はヤーキス天文台の61 cm望遠鏡で星雲の観測に乗り出す．その成果は1917年の学位論文「微光星雲の写真的研究」に結実する（後述）．この研究はジョージ・ヘール（G. E. Hale）に評価され，1917年にウィルソン山天文台の研究員に招かれるが，ハッブルはいったんその招きを断り，陸軍に入隊する．数ヶ月の訓練の後，歩兵大尉になり，翌年には陸軍少佐に昇進している．1918年にフランスに派遣され，英国を回って帰国する．英国ではしばらくケンブリッジに滞在し天文学教授のジェイムス・ジーンズ（James Jeans）と知己になった．ジーンズはその後ハッブルのよき理解者として彼を支えた．

　1919年の夏に帰国し，ウィルソン山天文台での観測が始まる．ある晩，リック天文台からの訪問者がすばらしい美人を連れてやってきた．美人の名はグレース・バーク（Grace Burke），すでに地質学者の夫がいたが，ハッブルはグレースにひそかな思慕の念を抱いた．それから1年後，地質学者は炭鉱で調査中に事故のために物故する．それを聞いたハッブルは求婚活動を始め，両親とグレースの住むロサンゼルスを何度も訪ねている．こうして，1924年，ハッブルはめでたくグレースと結婚する．グレースの父は2人のためにパサデナに広い邸宅を準備した．

　それ以後，ハッブルは生涯をウィルソン山天文台で過ごすが，1948年にパロマー山天文台が完成したとき，最初の観測者の栄誉を得ている．1953年9月に心不全のためカリフォルニア州サンマリノで没した．享年64歳であった．

2.2 ハッブルと系外星雲の世界

(1) 初期の星雲の分類

ハッブルは1914年のスライファーの講演に刺激されて星雲の観測を志すが,大学院生ではヤーキス天文台最大の102 cm(40インチ)望遠鏡の観測時間の取得は困難である.そこで天文台ではほとんど使用されていなかった61 cm望遠鏡にカメラを取り付け,長時間露出による微光星雲の観測に乗り出した.彼の目的は星雲の形と明るさ,それに分布である.

1922年には「銀河系星雲の研究」[7,13]の中で彼は星雲を次のように分類している.

I　銀河系内星雲 Galactic(銀河系内)
　　惑星状星雲 Planetary(惑星状), 散光星雲 Diffuse(散光)
II　非銀河系星雲
　　渦状星雲 Spiral, 延長状星雲(紡錘状,卵型), 球状星雲, 不規則星雲

銀河系星雲と非銀河系星雲とに大別しているが,ここで非銀河系というのは銀河系外という意味ではない.これはファン・マーネンやシャプレーの影響もあって渦状星雲は必ずしも系外の遠方星雲とは認められない状況があったからである.なお,非銀河系星雲の延長状と球状とは後に楕円状にまとめられる.

ハッブルは1922年にローマで開かれたIAU第1回総会の星雲星団委員会(委員長スライファー)にこの分類法を提案したが,フランスから別の提案もあり結論は見送られた.

(2) 渦状星雲の距離

1923年10月,ハッブルはアンドロメダ星雲の縁の付近に新星を探していて,それらしい星を3個見つけた.古い乾板と比べてみると,それは新星ではなく変光星であることが分かったので,翌年2月まで観測を続け,

それらがケフェウス型変光星であることを突き止めた. それまでに知られていた周期光度関係を適用するとアンドロメダ星雲の距離は 825,000 光年となり, 明らかに銀河系外の天体になる. 彼はその結果をシャプレーに送ったが, シャプレーは素直には認めなかった. 大銀河系説を採るシャプレーとしては渦状星雲を系外の遠方の天体とは認めにくかったからである[7.12] c.

ハッブルはそれには納得せずに観測を続け, 1924 年 8 月に M31, M33, NGC 6822 に多数のケフェウス型変光星を発見した. 同じ周期光度関係を用いればこれらの星雲は疑いもなく系外天体である.

ハッブルからの報告を聞いてシャプレーは「悲しんでよいのか, 喜んでよいのか悩んでいる」と述べている. 悲しみというのは大銀河系との決別であり, 喜びはハッブルの偉大な発見を意味している. しかし, シャプレーはまだ自説からの決別には決断しかねていた. ハッブルの系外星雲説はカーティスやジーンズ, それにシャプレーの旧師であるヘンリー・N・ラッセルをはじめ多くの支持者があり, その年の 12 月にニューヨークタイムス紙は 6 ページの紙面をさいてハッブルの偉大な発見を報じた. それでもハッブルは公表をためらっていた. ファン・マーネンの近傍説 (第 6 章 7 節) と鋭く対立するものだったからである.

(3) 膨張宇宙の発見

1928 年 7 月に国際天文学会 (IAU) 第 3 回総会がオランダのライデンで開かれた.「星雲と星団」委員会の委員長はハッブルであった. その頃, ライデン天文台長はド・ジッター (Willem de Sitter) で, 彼は自らの宇宙モデルに基づき, 系外星雲の視線速度に強い関心を持っていた (第 4.2 項). ド・ジッターは「星雲と星団」セッションの会合に出席し, ハッブルに対し, スライファーの観測した星雲の観測をさらに進めることはできないかと呼びかけた.

ハッブルはこの提案に大きな印象を受け, アメリカに帰国してすぐに助手のフマーソン (Milton Humason) と共同でウィルソン山における新しい観

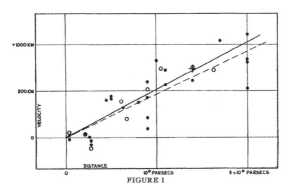

図 7.5 系外星雲の最初の距離速度図（ハッブル，1929 年）
横軸は距離で，3 点は 0，100 万，200 万 pc を示し，縦軸は視線速度 (km/s)．黒丸と実線は個々の星雲とその解，白丸と破線は星雲集団の平均距離からの解を示す．

測プログラムを立ち上げた．フマーソンの追憶によるとハッブルは帰国直後から観測の狙いは系外星雲の距離と速度との関係にあると認識していたという．

実際，ハッブルはライデンから帰国 6 ヶ月後の 1929 年 1 月には重要な結果を得ていた．その第 1 報は科学アカデミーの紀要に「系外星雲の距離と視線速度との関係」と題して 1929 年に公刊された[7.14]．ハッブルは 24 個の星雲について速度と距離を測定しているが，距離については，ケフェウス変光星を用いたのは近傍の 6 星雲，星雲の最輝星の絶対等級からの推定が 13 個，残りは星雲全体の絶対等級から導いた距離である．視線速度は 100 インチ (254 cm) 望遠鏡の威力で微光星雲まで測定されていた．遠方の星雲では距離精度は低下するが，このときに得られた距離速度図を図 7.5 に示そう．

この図は明らかに遠い星雲ほど速い速度で遠ざかっていることを示している．膨張宇宙の発見である．しかし，ファン・マーネンの M101 の近傍説はまだ，依然として大きな影響力を持っていた．ファン・マーネンの説に決着がつくのはようやく 1935 年になってからであるが，それまでは膨

張宇宙に疑問を持つ人も少なくなかった。

その理由の1つに宇宙の年齢の問題がある。宇宙が膨張すれば，当然，逆算すると，星雲は過去のある時期に1点に収束するはずである。その時期はいつか。ハッブルの図によると，それはおよそ18億年前になる。地球の年齢が30億年を超えていることは当時の地質学でも知られていたから，膨張宇宙説にはどこかに欠陥があるはずである。この困難は1944年にウォルター・バーデ（Walter Baade）がケフェウス型星の周期光度関係の見直しによって解決し，宇宙年齢の問題は大きく前進することになるが（次節），当初は宇宙膨張説の大きな難点であった。

こうした問題もあったが1930年代にはハッブルの系外星雲と宇宙膨張は広い支持を受け，1936年に著わされた『星雲の世界』[7.15]はこの時代の基本的文献になった。なお，系外星雲を銀河（galaxies）と呼ぼうと提案したのはシャプレーであったが，ハッブルは銀河系外星雲という呼び名にこだわっていた。「銀河」が定着するのはハッブル没後である。

ハッブルが星雲の視線速度に関心を持ったのはスライファーの影響であり，1929年の論文ではスライファーの値も用いているが，スライファーの61 cm鏡に比べてウィルソン山の100インチ（254 cm）は桁が異なる。ハッブルとフマーソンの分光観測は遥かに微光の星雲まで及び，1934年に公表された論文では信頼性の高い距離速度関係が得られている[7.16]。

ハッブルはスライファーに対して大きな敬意を払っており，ローウェル天文台のアーカイブ資料の中にはハッブルがスライファーに宛てた謝辞の手紙（1953年3月）が残っている。

> 「私（ハッブル）の距離速度関係はあなたの速度（観測）と私の距離（測定）によって出来上がったものです。新しい分野の第一歩はきわめて困難であり，それだけに意義深いものです。」[7.1] a

ここでハッブルの発見した宇宙膨張の法則についてひとこと付言しよう。図7.5からも明らかなように膨張速度vは距離dに比例する。式で表わすと

$$v = H_0 d \tag{7.1}$$

となる。ここで H_0 は比例定数でハッブル定数と呼ばれる。定数 H は宇宙の進化時間の間に変動する可能性があるので現在の値を H_0 で示してある。いま，閉じた宇宙を考え，一様な速度で膨張したとすると，宇宙の年齢 t_0 は上の関係から

$$t_0 = \frac{d}{v} = \frac{1}{H_0} \tag{7.2}$$

で推定される。ハッブルは H_0 の値として 500 km/s/Mpc（1 Mpc は 1 メガパーセク，300 万光年）を採用したため宇宙の年齢は 20 億年程度になった。これは地球の年齢より新しいので当時から問題になっていた。現在は 70 km/s/Mpc と測定され，宇宙年齢も 137 億年程度となっている。

(4) 星雲の分類と進化

　ハッブルは 1920 年代から「宇宙の均質性」を観測の基本原理としていた。それはケフェウス型変光星の周期光度関係，星雲の最輝星の絶対等級，星雲の平均サイズなどから推定される星雲の距離がほぼ一致するという事実から，宇宙における天体の存在形態は星から星雲まですべて均質的であるという原理である。この原理に基づいてハッブルは微光の星雲まで観測の範囲を広げ，系外星雲の形態と進化を考察した。その成果は 1926 年の論文「銀河系外星雲」[7.17] に示される。この中で彼は銀河系内外の星雲の分類と統計的性質を調べ，銀河系外星雲の進化を論じている。

　彼は，まず，銀河星雲とは「それぞれの星系と結合したダストとガスの混在した雲状天体」，系外星雲とは「星と星雲から形成される独立した集合体」であると規定する。そのうち，系外星雲については約 400 個の星雲について写真乾板上の形状から，図 7.6 のようなハッブル系列と呼ばれる分類を行っている。

　図 7.6 において楕円星雲は En で表わされている。楕円の扁平率は n = 0 〜 7 で表わし，E0 は円形，E7 は観測される最も扁平な楕円星雲である。

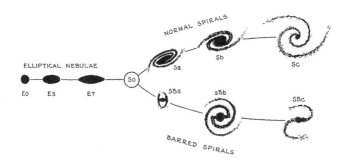

図 7.6　銀河のハッブル系列（ハッブル，1936 年）

　渦状星雲は正常 (normal) と棒状 (barred) に分けられ，それぞれ a, b, c の系列を作る。ハッブルは楕円星雲と渦状星雲の間に仮想的な S0 タイプを置いたが，これは現在すでに発見されている。不規則星雲は Sc 型の右に置かれる。ハッブルは，系外銀河は E0 から始まって最後の不規則星雲まで次第に右方へと進化する筋道を考えた。

　彼の考えの根拠を示す 1 つの統計を図 7.7 に示そう[7.17]。図の横軸は星雲の系列，縦軸は左右で異なる。上の観測点と曲線は「最大角直径が 1 分角の星雲の見かけの等級」で左の縦軸に示される。下の観測点と曲線は「見かけの等級が 10 等の星雲に対する星雲の角直径」で右の縦軸で示される。これらの観測点がきれいに並ぶことから，彼はこれらの曲線は進化過程を表わすものと考えた。論文の中で

> 「（銀河系外星雲の，楕円型から渦状型までの）すべての系列は原始的な球状の星雲の誕生から始まって，赤道方向への膨張によって生じる種々の形態として表わされる。」

と述べている。ただし，図 7.7 では棒渦状星雲は省かれている。彼は渦状と棒渦状の区別を進化観点からは説明困難と考えていたようである。

　1930 年代から 1940 年代初期まで，ハッブルはウィルソン山天文台の 100 インチ鏡の威力を活かして微光星雲の観測に取り組んでいたが，その

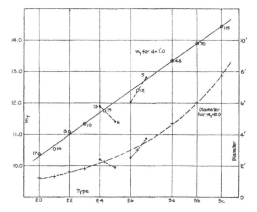

図7.7 星雲型の系列による特性(ハッブル,1926年)

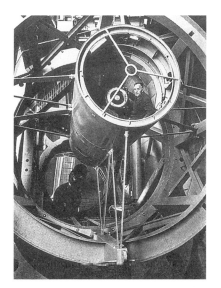

図7.8 パロマー山天文台200インチ反射鏡の主焦点におけるハッブル

間にジョージ・ヘールの主導のもとに 508 cm（200 インチ）反射鏡の建設がパロマー山で進んでいた．1948 年に完成すると，ハッブルは第一観測者の栄誉を担った．

ハッブルの観測は没年の 1953 年まで続けられるが，ハッブルの天文学に対する最大の貢献は「宇宙論の中に初めて物理的，数値的な基盤を与えた」(ベルコラ[7.12] c) という点であろう．ハッブルはそれまでほとんど思弁的であった宇宙論に観測的基盤を与え，理論と観測が平行して宇宙論を発展させる時代を開いたのである．

❸ バーデと宇宙の拡大

3.1　生い立ちとハンブルグ天文台[7.18]

1943 年は太平洋戦争の最中であった．ロサンゼルスの街には灯火管制がひかれ，街は暗黒に沈んでいた．街に近いウィルソン山天文台でウォルター・バーデは極限等級の暗い星の観測に取り組んでいたが，暗い街は彼にとってはまたとないチャンスをもたらした．

ウォルター・バーデ (Wilhelm Heinrich Walter Baade, 1893〜1960) は北ドイツのシュレッティングハウゼン (Schröttinghausen) という小さい町で生まれた．父のコンラッド (Konrad Baade) は教育者で学校長にもなっている．ウォルターは 4 人の子供の長男で，少し足が悪かった．天文学に興味を持ち始めたのは高校時代といわれている．

1912 年，近隣のミュンスター大学に入学するが，天文学，数学，物理学を学ぶために翌年にゲッチンゲン大学に転校した．この年から 2 年間兵役に服すが，身体条件から兵士というより空気力学研究所の軍事研究における実験助手という任務に従事していた．2 年後大学に戻る．

大学院に進み，ハルトマン (J. Hartmann) の指導のもとに，こと座 β 星の分光解析で 1919 年に学位を得ている．ドイツは敗戦の年であり，アメ

図7.9 バーデ肖像

リカではウィルソン山天文台が100インチ望遠鏡で大きな観測成果を挙げ始めていた．バーデは密かに，アメリカ行きを希望したが，敗戦直後ではかなわぬ夢であった．

1919年，バーデはハルトマンの推薦を受けてハンブルグ天文台の観測助手となる．この天文台はドイツ最大の100 cm（40インチ）反射望遠鏡を持ち，台長ショール（Richard Schorr）のもとで主に太陽系天体の写真観測を行っていた．バーデは当初，彗星，小惑星の追跡観測が主任務であったが，翌年の1920年には100 cm鏡の観測責任者となり，球状星団の写真観測に乗り出す．短焦点カメラを用いて球状星団M53の広い領域を探査し，7個の星団型変光星を発見した．そのうち5個は星団中心から大きく離れており，広視野撮影で初めて観測可能になった変光星であった[7.19]．この成果はハーバード大学天文台長のハーロウ・シャプレーに注目された．1922年にIAU総会がローマで開かれた折，シャプレーはハンブルグ天文台を訪れてバーデと会い，台長のショールにも球状星団の観測計画の促進を勧めている．この出会いがバーデに幸運をもたらした．

その後もハンブルグ天文台での観測を続けていたが，1931年，思いがけずシャプレーの推薦によってロックフェラー財団のフェローシップが得

られ，バーデはウィルソン山天文台研究員として渡米することになったのである。

3.2 ウィルソン山天文台と宇宙のスケール

　ウィルソン山におけるバーデの最初の仕事は，天文台本部のあるパサデナの研究室でたまたま出会ったツヴィッキイ（Fritz Zwicky, 1898〜1974）との超新星の共同研究であった．ツヴィッキイはスイス出身でカリフォルニア工科大学（カルテク）の理論物理学を担当する準教授である．ツヴィッキイは天体物理学にも興味を持ち，バーデと議論する中で，「アンドロメダ星雲内で発見された新星のうち，S And の極大光度が他の新星に比較して特別に明るいのはなぜか」という話題が浮かび上がってきた．
　バーデとツヴィッキイはアンドロメダ座 S 星と銀河系内のティコ・ブラーエの新星（1572 年）がともに通常新星とかけ離れた極大光度を持つ新星であることに注目し（第 6 章 7 節），この 2 星に対して初めて"超新星"（supernova）という呼び方を提唱した[7.20]．さらに宇宙線の起源としての超新星の意義にも注目した．絶え間なく地球に降り注ぐ宇宙線がきわめて等方的であり，強度分布も通常の新星起源では説明できないことなどから，宇宙線の大部分は超新星に由来することも指摘している．
　1941 年 12 月，太平洋戦争が勃発，日系人は強制収容所に入れられた．同じ敵国でもドイツ人に対しては収容所への収容はなかったが，行動は制限された．その前後からウィルソン山天文台をはじめ，多くの天文台は軍事研究を実施し，暗視カメラ，ロケット技術，弾道ミサイルの軌道解析などを行っていた．軍事研究に関してバーデは蚊帳の外におかれ，一切知らされていなかった．1942 年になるとすべての外国籍人に対して夜間外出禁止令が施行された．そうなるとバーデの夜間観測も困難になる．天文台長のアダムス（Walter S. Adams）は政府と掛け合って，「バーデは戦争とは無関係なドイツ人科学者であり，彼の研究は天文学にとってきわめて重要な意義を持つ」と強調し，政府の理解を求めた．こうしてバーデは特例と

して夜間観測が認められ，100インチ反射鏡による観測が継続できた．

　戦時下のウィルソン山は麓のロサンゼルス市が灯火管制で暗かったため，バーデは最良の状態で観測を進めることができた．彼は渦状星雲やそれらに付属する球状星団内の微光星の探索を始めた．これらの天体を星に分解するにはどうしたらよいか．当時の写真観測では通常，青い色に感度を持つ乾板が用いられていたが，彼は近傍の球状星団に赤色星が多いことから赤色に感度の高い乾板を用いることにした．

　当時，アンドロメダ星雲の渦状領域には明るい青い星がすでに分解されていたが，中心部のバルブと呼ばれる領域や伴星雲の楕円星雲 M32，NGC 205 はまだ星に分解されていなかった．バーデは 1943 年の夏から秋にかけて，100 インチ反射鏡による写真撮影を行った．フィルターには地球大気の夜光輝線との重複を避けるため狭帯域（波長 6300〜6700 Å）を用い，露出 3〜4 時間で限界の 21 等級に達する写真撮影に成功した．その乾板上に無数の赤い星々が姿を現わしたのである．彼は早速これらの星の明るさと色指数を測定し，HR 図を作成した．その結果，これらの星々が球状星団によく似ており，太陽近傍星の HR 図と異なっていることが明らかになった．HR 図の 2 つのタイプは模式的に図 7.10 のように描かれる[7.21]．

　図 7.10 で，横棒の模様の HR 図は太陽近傍の星，これは銀河面に沿う領域の星で，アンドロメダ星雲では渦状構造を作る円盤部分である．それに対し斜め棒模様の領域は球状星団と楕円星雲の星に対する HR 図である．バーデはこれらの 2 つのグループをそれぞれ種族 I，II と名づけた．種族 I は銀河系やアンドロメダ座に見られる O，B 型星と散開星団の星々を示し，種族 II は球状星団や楕円星雲を構成する星々である．ハッブルの系外星雲（銀河）の系列上で見ると，早期型（E0〜S0）は種族 II の星で形成され，渦状星雲（Sa, Sb, Sc）では種族 I，II が混在する．不規則星雲（Irr）は種族 I が主要であるが，球状星団も存在している．こうして，バーデは銀河に種族という区分を導入し，星の種族が星の進化と深い関係にあることを示唆した．

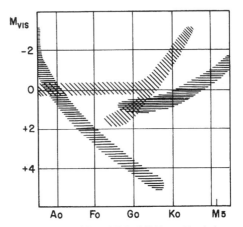

図7.10 HR図（太陽近傍と球状星団の違い）（バーデ，1944年）

1940年代に問題になっていたのはアンドロメダ星雲までの距離であった。フローニンゲン大学のカプタインは太陽近傍のケフェウス型変光星の統計的視差を用い，極大光度の絶対等級を推定していた。1920年代に大銀河系にこだわっていたハーロウ・シャプレー（第6章）も40年代には膨張宇宙を認め，カプタインによるケフェウス型変光星の絶対等級を基準としてアンドロメダ星雲の距離を20万光年と見積もった。一方，ハーバード大学天文台のソロン・ベイリー（Solon I. Bailey）は1895年以来，チリのアレキッパ観測所において球状星団の変光星の観測を続け，多数のケフェウス型変光星を検出していた。それらの多くは0.2～1日程度の短周期であり，また，極大光度の絶対等級がほぼ1等星に揃っている[7.22]。これらの星は星団型変光星，またはこと座RR星型変光星と呼ばれる。シャプレーの距離を用いてアンドロメダ星雲と銀河系内の星団型変光星の絶対等級を比較すると，銀河系内に比べてアンドロメダ星雲内の変光星は1等級ほど明るくなるという矛盾が生じてきたのである。

　この矛盾に気がついたバーデはケフェウス型変光星と星の種族との関係

に注目した．大小マゼラン雲中のケフェウス型星はすべて種族Iの星である．一方，球状星団は種族IIで，星団中には星団型の短期変光星のほかに少数ではあるが，周期1日以上のケフェウス型変光星も存在する．それらは当然種族IIである．こうして，バーデは球状星団中の周期の長い星について周期光度関係を求めてみた．その結果，種族IIの周期光度関係は全体的に1.5等級だけ種族Iの関係より暗くなっていることが分かった．種族IIの周期光度関係を用いると，アンドロメダ星雲と銀河系中の球状星団の明るさは同じ程度となり，シャプレーの示した矛盾はこれで解決できる[7.23]．こうして，この修正によって，アンドロメダ星雲の距離は230万光年と格段に大きくなり，それに伴って宇宙全体の距離スケールも修正された．これは宇宙の年齢にも関係し，観測宇宙論に大きな影響を及ぼすことになった．

3.3 晩年

バーデは1958年にウィルソン山天文台を退職すると，ドイツへの帰国の途次，6ヶ月間オーストラリアに滞在し，ストロムロ山天文台の1.8 m反射望遠鏡で観測を行っている．その年の秋に故郷のゲッチンゲンに戻ってきた．しかし，翌年には体調を崩し，衰弱が進んだので妻のヨハンナとともに近くの温泉で保養生活を送っていた．このときは一時回復し，将来の計画などについて語り合ったという．しかし，1960年，再び体調を崩し，入院生活中，呼吸困難を起こして亡くなった．享年64歳であった．

4 現代宇宙論の黎明[7.24]

4.1 アインシュタインと静的宇宙

ハッブルによって宇宙の膨張が1929年に発見される以前の，1910年代

図7.11　特許局で働き始めた頃のアインシュタイン

にも理論的な宇宙モデルの研究がすでに始まっていた．それは一般相対性理論に基づくアインシュタインの静的宇宙論（1917年）の提唱に始まる．

アインシュタイン（Albert Einstein）の生涯と思想については多くの伝記があるので詳しくは触れない[7.25]．彼はドイツのウルムに生まれ，ミュンヘンで育ったが，ユダヤ系の家柄であったため，生涯に多くの苦難を受けている．それでも，彼がスイスの特許局に勤務していた時期は彼にとっても実り多い時期であった．特に1905年は彼にとって特殊相対性理論，光の量子論，ブラウン運動の統計学など多くの成果を挙げた年であった．

このうち，特殊相対性理論は互いに等速度で運動する座標間の相対性で，真空中における光速度一定という要請から，時間や空間の伸縮が生じる．アインシュタインは特殊相対論からさらに進んで，一般の加速系でも成り立つ相対性の理論を目指したが，それには10年の歳月が必要であった．

最初に一般相対論に着想したのは1907年であるが，そのときの心情を彼は，1922年に訪日した際に京都大学で行った講演の中で，次のように述べている[7.26]．

「私はボルンの特許局で1つの椅子に座っていました。そのとき突然，1つの思想が私に湧いたのです。"ある1人の人間が自由に落ちたとしたなら，その人は自分の重さを感じないのに違いない。"私ははっと思いました。この簡単な思考は私に実に深い印象を与えたのです。私はこの感激によって重力の理論へ自分を進ませ得たのです。」

彼は早速問題に取り組み，その年には「相対性理論とそれから導かれる結論」と題した論文（1907年）を次の自問から書き始めている[7.27]。

「相対性の原理を，互いに加速された物質系にも応用できないものであろうか？」

彼はこの自問に答え，等価原理（重力作用と加速運動による力の作用とは物理的に同等である）という新しいアイデアに到達した。この原理に基づいて1911年には重力場において光の伝播経路が湾曲することを示したが，アインシュタインは重力場の効果が実験室では検証できないほど小さな量であることに失望したという[7.28]。

一般相対性理論への次のステップは「曲がった空間の幾何学」である。基礎となったのはリーマン（B. Riemann, 1826〜1866）によって築かれた非ユークリッド幾何学であった。1912年頃からアインシュタインは4次元のリーマン空間の研究についてチューリッヒのヘルマン・ワイル（Hermann Wyle）や，ゲッチンゲンのフェリックス・クライン（Felix Klein）から多くを学んでいる。1913年に学友のグロスマン（M. Grossmann）との共著で相対性理論の「草案」[7.29]を書いているが，内容の物理学部門はアインシュタイン，数学部門はグロスマンが担当している。しかし，この「草案」はまだ一般に受け入れられるところまでは至らなかった。

こうしたステップを経てアインシュタインは1915年に一般相対性理論を「重力場の基本方程式」という形で公表する[7.30]。これはニュートン以来の重力論を根底から覆すものとして広く受け入れられ，その基本方程式の解の研究も始まった。ドイツのカール・シュヴァルツシルトは質点の周りの重力場の厳密解を与えたが，これはブラックホール理論の先駆的研究

となったことで知られている(第3章4節)。

アインシュタインは1915年頃から一般相対性理論に基づく宇宙モデルを考え始め,その成果を1917年に公表している[7.31]。彼はまず,宇宙の大きさを表わす量として宇宙スケール a を導入した。宇宙空間には初めは長さの尺度がないので任意の長さ a を基準として良い。宇宙の大きさは a に基づいて測定される。閉じた宇宙であれば a は宇宙の半径とも考えられる。宇宙の膨張収縮は a に対する2階の微分方程式として表わされるが,それを1回積分するとエネルギー保存の方程式として次のように表わされる。

$$\frac{1}{2}\left(\frac{da}{dt}\right)^2 - \frac{GM(a)}{a} - \frac{1}{6}\Lambda c^2 a^2 = -\frac{1}{2}Kc^2 \tag{7.3}$$

この式で G は重力定数,$M(a)$ は半径 a の内部に含まれる質量,Λ は宇宙項,K は宇宙の曲率を表わす定数である。(7.3)式の左辺の第1項は運動エネルギー,第2項は重力エネルギー,第3項は宇宙斥力によるエネルギーを表わす。右辺は距離 a に関係しないので,左辺全体で宇宙の全エネルギーが保存されていることを示す。右辺の曲率 K は次のように定義される。

$K < 0$ (全エネルギーが正) —— 開いた宇宙
$K > 0$ (全エネルギーが負) —— 閉じた宇宙
$K = 0$ (全エネルギーがゼロ) —— 平坦な宇宙

アインシュタインは基本仮定として宇宙は一様等方,全体としては静止状態にあるとした。若し宇宙内部で働く力が重力とガス圧変化だけであるとすると,宇宙はどうしても崩壊してしまい,安定な宇宙が得られないと考えて,アインシュタインは重力に対抗する斥力を導入し,基礎方程式に新しく1つの項を設けた。それが(7.3)式の宇宙項 Λ である。宇宙が静止しているという条件を基本方程式に置くと宇宙項と宇宙の平均密度 ρ は次のように結びつく。

$$\Lambda = \frac{4\pi G\rho}{c^2} \tag{7.4}$$

また，同様にして，宇宙のサイズ a は宇宙項と空間曲率 K によって

$$a = \left(\frac{K}{\Lambda}\right)^{1/2} \tag{7.5}$$

と表わされる。一般相対論では時空は曲率を持つリーマン空間として表わされ，曲率 K は正，負，0 の 3 種が可能であるが，アインシュタインは，このうち $K<0$ を採用して宇宙は閉じていると考えた。

こうしてアインシュタインは静的で閉じた宇宙を導いたが，その後，ハッブルらによって宇宙は膨張していることが発見され，アインシュタインは宇宙項の導入を「生涯最大の失敗」として取り下げたが，それ以後の宇宙論ではインフレーション宇宙や宇宙のダークエネルギーなど，宇宙項が現実的な意味を持つことになる。

4.2　ド・ジッターと無の宇宙[7.32]

1897 年，大学を卒業したばかりの若きウィレム・ド・ジッターはケープタウンに到着し，初めて見るマゼラン星雲を仰ぎながら出迎えのデヴィッド・ジル (David Gill) と握手を交わした。ケープ天文台で南天の観測を行うためである。

ウィレム・ド・ジッター (Willem de Sitter, 1872～1934) はオランダ北部の町スニーク (Sneek) で判事の家に生まれた。家は代々弁護士であったから，父ラモラール・ウルボ・ド・ジッター (Lamoraal Ulbo de Sitter) は息子にも法曹の道に進むことを期待していた。しかし，ウィレムはその意に反して異なった道を選んだ。

フローニンゲン大学に入学して数学を専攻するが，天文学への興味が強くなり，1897 年に学部を卒業したのち，ヤコブス・カプタイン所長の招きで大学付属の天文学研究所で助手を務めるようになった。その頃，カプ

図7.12　ド・ジッター肖像

タインはケープタウンのデヴィッド・ジルと共同で南天の写真掃天観測とその測定を分担して行っていた（第6章）。ジルはド・ジッターの仕事ぶりに目をつけ，ケープ天文台の観測助手として招きたいとド・ジッターに話を持ちかけた。ド・ジッターはジルの観測計画とその人柄に魅せられてケープタウンに渡る決心をしたという．

ケープでは天文台でケープ写真掃天観測プログラムの銀極付近を担当しつつ，その傍ら木星の4個の衛星の運動をヘリオメータによる位置観測で追跡し，衛星の軌道解析と，それに基づいた木星と衛星の質量決定を行った．これは天体力学理論に大きい影響を及ぼす成果であった．この仕事によって1901年に学位を得ている．

ケープ滞在中の1898年に，インドネシア生まれで，ケープタウンで学校教師をしていたエレオノラ・シュールモンド（Eleonora Suermond）と結婚する．彼らは5人の子供をもうけたが，そのうちの1人，エールノート・ド・ジッター（Aernout de Sitter）については悲しい秘話がある．彼は天文学者となり，第2次世界大戦が始まったとき，当時オランダ領東インドであったバンドン市近郊のボスカ天文台の台長を務めていた．1944年に彼は日本軍に拉致され，収容所で悲劇の最後を遂げたのである．

さて，ウィレム・ド・ジッターは1908年にライデン大学教授として招聘されて帰国し，1919年からはライデン天文台の台長を兼ねている。彼は天文台を改革し，伝統的な位置天文学に加えて，新たに天体物理学，理論天文学の2部門を設置してライデンを世界的な研究センターに育て上げた。

ライデン天文台に移ったド・ジッターは3つの仕事を平行して進めている。第1は木星のガリレオ衛星の写真観測で，これはケープ，グリニジ，ライデン天文台の共同観測として1913年から1922年まで続けられた。精密な測定によって他の天体による軌道運動の変動量などに資料を提供することになる。第2は位置天文学部門で基本星表の作成に取り組み，1915年から天文定数表（歳差，章動，太陽視差，月視差など）の順次公刊を始めたこと。第3は理論天文学の部門において相対性理論の研究を始めたことである。理論部門ではすでに1911年に，惑星の軌道運動がケプラーの法則からずれていることを特殊相対論（ローレンツ変換）の立場から説明しようと試みている[7.33]。

1913年にアインシュタインとグロスマンの一般相対性理論の草案が公表されるとド・ジッターはこれに関心を寄せ，アインシュタインとは異なった観点から宇宙モデルの考察を始めた。その成果は1916年からマンスリー・ノーティス誌に「アインシュタインの重力理論と天文学的応用」と題した3編の論文として掲載される[7.34]。そのうち1917年に公表された第3論文では，一様等方な宇宙に対する場の方程式に2つの解を見出しており，それを解A，解Bと呼んでいる。

解A　密度有限で静的な宇宙。これはアインシュタインの宇宙に対応する。
「宇宙Aは静的なもので，体系的な運動はない。」

解B　平均密度0で膨張する宇宙。この解Bは宇宙項Λを含み，宇宙の半径aは時間とともに次のように膨張する。

$$a(t) = e^{\sqrt{\Lambda} t} \tag{7.6}$$

宇宙項 Λ はハッブル定数 H と

$$H \propto \sqrt{\Lambda} \tag{7.7}$$

で結ばれている。

　解 B はド・ジッターの「空虚な宇宙」と呼ばれる宇宙で，宇宙の膨張はド・ジッター自身が述べているように「(この宇宙は) 実際上は静的でなく，膨張を示す。しかし，膨張を示すものは何もないのだから，それはあたかも見かけ上静的な宇宙の外観を呈する。」

　この空虚さのため，当初は単なる数学的モデルと考えられていたが，現代的視点で見ると，宇宙の物質とエネルギーは原子分子など通常の物質が 5％，正体未知のダークマターが 25％，残りの 70％ 程度は宇宙膨張を引き起こすダークエネルギーと見積もられ，宇宙は空虚に近いという観点からド・ジッターの宇宙論が見直されている。

　ド・ジッターは 1934 年までライデン天文台台長を務めていたが，この年，肺炎のため急逝した。62 歳であった。彼の薫陶を受けたヤン・オールト (Jan Oort) はド・ジッターへの追悼の中で次のように述べている[7.32] c。

> 「ド・ジッター教授は天性の天文台長であった。台長の仕事は細かな点までを含め，彼にとっては彼自身の研究と同じように重要であった。しかも，彼はそれを愛していた。……彼の暖かな心情と，問題が発生したときは何をおいてもそれに取り組み解決を図るという厚情とは天文台の環境を保つ上で重要なファクターであった。」

> 「ド・ジッター教授は自身の仕事と，生活の他の面での情愛との間に深いハーモニーをもたらすことに成功していた。誰もが彼の家庭の温かさと愛情には真似ができないと思うであろう。」

4.3 フリードマンと多様な宇宙[7,35]

　宇宙論の世界に彗星のように現われ，彗星のように慌ただしく消え去った研究者がいた．その名はアレクサンドル・フリードマン．わずか37歳で他界したが，彗星の輝きは大きかった．その名はいまもフリードマン宇宙として残されている．

　アレクサンドル・アレクサンドロヴィチ・フリードマン（Alexander Alexsandrovich Friedmann, 1888〜1925）は，作曲家でありバレーダンサーでもあった父のアレクサンドル・フリードマン（Alexander Friedmann）とピアニストの母，ルヅミーラ・イグナチヴナ（Ludmila Ignatievna）の息子として1888年にサンクトペテルブルクで生まれた．彼は生涯の多くをこの町で過ごしている．

　1906年に州立サンクトペテルブルク大学に入学し数学を学ぶ．1910年に卒業し，鉱山学校の講師を務めながら大学院に進み，1914年に修士学位を得ている．1914年に第1次世界大戦が勃発すると，兵役に服し，ロシア空軍の技術将校，パイロットとして従軍する．その間にパイロットたちに航空力学の講義をしている．1916年，キエフおよびモスクワの中央航空局に勤務するが，1917年にはロシア革命が起こり，航空局は廃止された．革命後の混乱を避けて1918年にウラル山脈に近いペルム市に移り，ペルム州立大学（Perm State University）の理論力学教授となるが，その後，ペルムは革命軍と反革命軍の戦う前線の町となった．さいわい，ペルムでの内戦は1920年に終了し，フリードマンはそれを機にサンクトペテルブルクに戻る．ここでペトログラード大学（Petrograd University）の教授に就任し，数学と力学の講義を担当する．

　第1次世界大戦からロシア革命へと動乱が続いたため，フリードマンにはアインシュタインの一般相対性理論についての情報に接する機会がなかった．ようやく1920年にペトログラード大学に戻ってアインシュタインとド・ジッターの宇宙モデルの論文に接し，すぐに一般相対性理論に基づく宇宙論の研究に入った．彼は1922年には「空間の曲率について」と

図 7.13 フリードマン肖像

いうロシア語の論文を書き上げ，オランダに住む友人のライデン大学教授パウル・エーレンフェスト（Paul Ehrenfest）に送った．エーレンフェストは数年間をサンクトペテルブルクで送っており，ロシア女性と結婚している．フリードマンとはそのとき以来の友人である．手紙には次のように書かれていた．

> 「私は宇宙の形について，アインシュタインやド・ジッターよりも一般的な考察を行ったので，その概要をお送りします．その中で私は宇宙の半径が時間とともに変わっていく解を見つけました．この問題はあなたにも興味を持っていただけると思います．近い将来，これをドイツ語にあらためて投稿したいと思います．お気づきの点があったらご指摘ください．」

エーレンフェストはフリードマンの論文を丁寧に読み，注釈などをつけて送り返した．こうしてドイツ語に書き直された論文はその年に物理学誌ツァイトシュリフト・ヒュア・フィジークに投稿され受理された[7.36]．

この論文でフリードマンはアインシュタインの重力場の基本方程式を2つの場合に分けて解いている．第1はアインシュタインの静的宇宙とド・ジッターの無の宇宙を表わす．第2は一般的な場合で第1の場合を含み，宇宙項のとり方によって種々の膨張宇宙や膨張後収縮する振動宇宙の解が

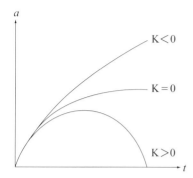

図 7.14 宇宙項がゼロの場合のフリードマンの膨張宇宙

横軸は時間，縦軸は宇宙のスケール。Kは (7.3) 式の定義により，K＜0（開いた宇宙），K＝0（平坦な宇宙），K＞0（閉じた宇宙）を表わす。閉じた宇宙の場合，宇宙は一旦崩壊するが反転して膨張し振動宇宙となる。

示されている。宇宙項がゼロの場合でも膨張，振動解が得られ，振動解では周期は宇宙の全質量によって決まる。この場合の宇宙モデルを図 7.14 に示そう。1922 年の論文[7.36]では宇宙の曲率が正で閉じた宇宙の場合を解いたが，1924 年に書かれた続編[7.37]で負の曲率を持つ開いた宇宙の解を導き，この場合，宇宙の有限性は特別な仮定を立てない限り得られないことも示している。

　こうしてフリードマンは基本方程式を一般的に解き種々の宇宙解の存在を示したが，彼の宇宙解が一般に知られるようになったのは，ハッブルによる膨張宇宙が発見された後になってからである。

　フリードマンは翌 1925 年の春，クリミヤでナタリア・マリニナ (Natalia Malinina) と結婚する。2 人とも宗教には無関心であったが，教会で盛大な結婚式を挙げた。しかし，不幸はその後訪れる。その年の 6 月，彼はクリミヤで気象バルーンを放球し 7400 m という記録的な高度を得ていた。しかし，それからわずか 2 ヶ月後，8 月末に腸チブスに侵され，2 週間の入院で他界してしまった。弟子のジョージ・ガモフによると放球の際にひいた風邪で体調を崩したのが原因であったという。享年 37 歳，惜しまれる死去であった。

⑤ ビッグバン宇宙論へ

5.1 ルメートルと始原的原子の花火[7.38]

　ベルギー南部のシャルルロア (Charleroi) はローマ時代からの古い町であるが，産業革命の頃から商工業の発達した賑やかな町になった。ジョルジュ・ルメートル (Georges-Henri Lemaître, 1894～1966) はこの町で工場主ヨセフ・ルメートル (Joseph Lemaître) の長男として1894年7月に生まれた。イエズス会の学校で人文学，古典言語学を学んだ後，17歳でルーヴェン・カトリック大学 (Catholic University of Louvain) の土木工学科に入学する。1914年，第1次世界大戦が勃発すると，学業を中断してベルギー軍に志願し，砲兵将校として従軍している。戦争が終わると大学に復帰し，方針を変えて数学，物理を専攻するが，平行して神学を学び司祭への準備を進めた。彼が司祭を目指したのは戦場で見た毒ガス攻撃の悲惨な状況の体験に基づいているという。彼は科学研究の傍ら，人々の救済にも当たりたいと思ったのであった。1920年，26歳の彼は数学論文「いくつかの実変数関数の近似法」によってルーヴェン・カトリック大学から学位を得ている。1923年には司祭に任じられているが，この年には英国のケンブリッジ大学に留学してアーサー・エディントン (第4章) から指導を受けており，さらに，その翌年にはハーバード大学天文台に留学してハーロウ・シャプレー (第6章) からも指導を受けている。彼が志したのは宇宙論であった。1925年にベルギーに戻り，ルーヴェン・カトリック大学の講師に採用され，後に教授に就任する。

　ルメートルの一般相対論に基づく宇宙論の研究成果は「銀河系外星雲の後退速度を説明できるような，膨張速度を持つ質量一定で一様な宇宙」という論文として1927年にブリュッセル科学会年報に掲載された[7.39]。膨張宇宙論についてはすでに1922年にフリードマンによって解が得られていたが，フリードマンが膨張解の数学的特性に興味の中心を置いたのに対

図 7.15　ルメートルとアインシュタイン（1933 年）

し，ルメートルの宇宙論は 1910 年代にスライファーによって観測された銀河の膨張を取り入れたもので，物理的な膨張宇宙論としては最初の研究となった．

　この論文はアインシュタインの基本方程式を，4 次元時空における運動量とエネルギーが質量一定のもとで保存されるという条件で解き，両極端として物質の密度がゼロの場合はド・ジッターの解に，宇宙半径が一定の場合はアインシュタインの静的解になることを示した．

　宇宙の質量はアインシュタインの (7.4) 式と類似の関係で宇宙項と結ばれ，宇宙が静的であるとすれば，そのときの宇宙半径は R_0 となる．一方，膨張宇宙は無限時間の過去に漸近的に静的解の半径 R_0 にあったが，時間の誕生とともに絶え間ない加速的膨張によって現在に至っているとする．しかし，膨張宇宙がなぜ静的宇宙から始まるかについては物理的根拠がなく，エディントンからもそれを指摘されていた．

　そこで，ルメートルは考えを改め，宇宙は始原的原子の膨張から始まる

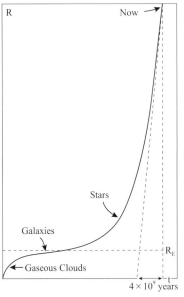

図7.16 ルメートルの膨張宇宙
横軸は時間,縦軸は宇宙の半径.縦軸の破線は現在を表わし,時間が 4×10^9 年となっている斜めの斜線は距離と速度の比 $R/(dR/dt)=$ 一定(ハッブルの値)を示す.図中で Gaseous Clouds, Galaxies, Stars とあるのはそれぞれ,原始宇宙のガス星雲,銀河,星の誕生期を表わす.また,半径 R_E はアインシュタインの静的宇宙の半径に対応し,宇宙の全質量によって決まる.

という新しい宇宙論を展開した.1931年にネイチャー誌で次のように述べている[7.40]。

「われわれは宇宙の始まりを1つの特異な原子の形で理解することができるであろう.その質量は宇宙の全質量である.きわめて不安定なこの原子は,あたかも超放射性元素のように小型の原子へと急速に分裂を重ねていくだろう.」

彼はこのアイデアをその年のロンドンの英国天文協会の会合で「花火仮説」[7.41]として紹介し,花火の証拠として,ウランなどの放射性元素が現存することや,宇宙線の等方的な飛来を挙げている.

この仮説は1945年になって「始原的原子仮説」と題したエッセイ集の中で発展している[7.42]。それによると宇宙は始原的原子から図7.16に示すような3段階を経て現状へと進化した.

第1段階は図7.16で Gaseous cloud と書かれた,急速に膨張する時期で

ある。初期の始原的原子はほとんど中性子の同位元素からできており，急速に分裂，崩壊し電子，陽子，α粒子などが放出されて輻射と物質粒子の混在した高温高圧の雲の状態であった。

第2段階はGalaxiesと書かれた緩やかに膨張する時期である。最初は重力が優勢であったが，膨張とともに斥力の比率が高くなってくる。この時期は重力から斥力優勢へと移行する段階であり，また，宇宙内部の物質は一様には存在していない。宇宙内部に十分に小さな領域を考えると，斥力との拮抗で内部引力が優勢となる領域が存在すると考えられる。引力が勝った領域では収縮が始まり，一方，宇宙全体は斥力によって新たな膨張期に入っていく。この最初に現われた収縮領域では多数の銀河が形成され，全体として銀河団を形成する。宇宙にはこのような収縮領域が多数現われたと考えられる。収縮領域内ではガスの密度が低く，また，相対速度が大きいため，星はまだ形成されない。

第3段階はStarsと書かれた領域である。宇宙は斥力によって加速的に膨張する。しかし，宇宙空間内には銀河団のように膨張から取り残された収縮領域が存在し，その中で乱流の衝突などによって密度の高い領域が現われ，その中で星の形成が進行する。

こうしてルメートルは始原的原子から出発する「花火」理論を発展させたが，これは物理仮定に基づいたビッグバン宇宙論の発祥として知られている。この理論は天文学分野のみならず，思想界，特に神学界に大きな反響を呼んだ。神学からは宇宙の花火起源を聖書にてらしてどのように理解するかが議論された[7.43]。

ルメートルはカトリックの司祭であったが，科学と宗教は画然と分けるべきと考えていた。1951年にローマで宗教会議が開かれたとき，法王ピウス12世はルメートルの「花火」理論の神学的意義について2つの点をスピーチした。第1は不滅の存在から変動する宇宙を創成するのは論理的であること。第2はルメートルの始原的原子は神が宇宙を創成した瞬間を表わすものであること。このスピーチに対し，ルメートルは第1の点については強い反対は示さなかったが，第2の点については科学的立場から容

認できないとした。「花火」理論はまだ仮説の段階で神学的見解と結びつけることはできないと考えたからである。ルメートルは有志とともにその点を法王に忠告したところ，法王は2度と「花火」理論には触れなかったという。

ルメートルは科学と宗教とはあくまでも分けて考えるべきであるとし，キリスト教の教義の基本である三位一体（神とキリストと聖霊の同一性）についても，この教義は相対性理論や量子論とは比較すべきではなく，あくまで救済の立場に立つべきであると考えた。研究者の態度として彼は次のように強調している[7.43]。

「キリスト教の研究者はどんなものも神なしに創造されたものはないことは知っている。しかし，同時に，神は創造の場を人前に現わさないことも知っている。偏在する神の活動はどんな場合でも本質的に隠されている。超越した存在を科学的仮説のランクにまで引き戻そうとは決して考えてはならない。」

ルメートルは1936年にローマ法王庁科学アカデミー（Pontifical Academy of Sciences）の会員に選出されて以来，ここで精力的に活動している。晩年の1960年には会長に就任し，死去するまでその職にあった。

1966年6月，彼は心臓発作で倒れ，ルーヴェン大学病院で療養していたが，そこに良い知らせが入って来た。ビッグバンの証拠となる宇宙マイクロ波背景放射が発見されたというニュースである。これは彼の「花火」理論を裏付けるものであった。それを聞いてまもなく彼は安らかに永眠した。享年71歳であった。

5.2 ガモフとビッグバン宇宙

ルメートルの宇宙モデル（1931年）に対しては，当初は物理学分野からの反応は芳しくなかった。ルメートルは宇宙初期の「花火」は量子論的現象であると述べているが，「花火」は思弁的に終わり，それを核物理学の

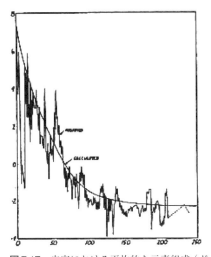

図7.17 宇宙における平均的な元素組成（ガモフ）
横軸は元素の原子量，縦軸は相対的な元素の存在量の対数。

結びつけるところまでは進んでいなかったからである。彼が宇宙モデルを提唱した1930年代初期は，中性子，陽電子，ニュートリノなどの粒子がまだ発見される以前であったから，それも止むを得なかったであろう。1940年代に入るとようやく核物理学と量子理論の発展によって宇宙論も新しい段階に入る。1942年，チャンドラセカールは恒星系力学の研究を進めていた時代であった（第4章）。彼はヘンリッヒと共著で宇宙の元素は原初宇宙の高温高圧の状況の中で合成されたとする論文を公刊した[7.44]。彼らは原初ガスの温度が50から100億度（K），密度が10^7 cm^{3}という時期に基本粒子（陽子，中性子，電子，陽電子，α粒子）が誕生し，相互の平衡状態を保ちながら重い元素を合成すると仮定して現在の元素組成を導いた。ジョージ・ガモフの宇宙論（1946年）はその批判から始まる[7.45]。（ガモフの生涯と人柄については第5章参照。）

宇宙における元素の組成を図7.17に示そう。水素やヘリウムのような

軽い元素は組成の大部分を占めるが，原子量が増加すると，その割合は急速に減少する．しかし，原子量が100を超えると組成の割合は横ばいになる．原子の結合エネルギーは大まかに言うと原子量に比例するから，もし宇宙の初期に何らかの平衡状態で重い元素も合成されたとすると，元素の組成は原子量とともに急速に減少しなければならない．これは図7.17の原子量100以上の元素の組成と相容れない．ガモフはこうした元素組成は宇宙の非平衡状態の爆発的膨張の結果と考えた．宇宙は平衡に達する暇もなく急速に膨張したのである．これがガモフの非平衡説である．元素合成の時期が終了すると，宇宙はその組成を保ったまま膨張を続けるが，組成に変動が見られるようになるのは星が形成されて以降である．ガモフによると，宇宙の全エネルギーが大きいときは宇宙は永続的な膨張を続け，小さいときは膨張から収縮へと転じる宇宙となる．

この非平衡仮説による元素合成と宇宙進化はジョンス・ホプキンス大学のアルファー（Ralph Asher Alpher, 1921～2007）およびヘルマン（Robert Herman, 1914～1997）の協力によって詳しく計算され，1943年に次のような宇宙論にまとめられた[7.46]．

1) 元素の組成分布はすでに述べたように，原始宇宙についての最も古い"考古学的"事実である．それは原始宇宙が平衡状態から出発したとする平衡理論では説明できない．

2) 現在の放射性元素の相対存在比と半減期の長さから宇宙の年齢が推測される．半減期が数億年程度の元素（U^{235}, P^{40} など）は存在量が比較的少ないのに対し，半減期が数十億年の元素（U^{238}, Th^{232} など）は存在量が多い．両者の存在比がほぼ同程度であった時代をさかのぼると，およそ数十億年になり，宇宙膨張から推測される宇宙年齢とほぼ一致する．

3) 原始宇宙はそれ以前に存在した宇宙が崩壊した結果と見なせる．現在の宇宙が始まった時刻0では物質は電子が陽子と結合した中性子のガスとなり，その温度は100兆度（K）に達する．この瞬間

から，中性子から陽子と電子への分裂が始まる．温度が30ないし100億度まで冷却する期間に核反応が続き元素合成反応が続く．

4) 重い元素は中性子の捕獲によって生成される．捕獲の効率は軽い元素では原子量とともに急速に増大するが，重い元素ではほぼ一定になる．これを考慮して元素組成を計算すると図7.17に付加された曲線のようになり，観測と良い一致を示す．

こうしてガモフらは核反応の計算に基づいて，彼が火の玉宇宙と呼ぶ宇宙初期の状態を導いた．

次にガモフは宇宙における銀河の形成について考察する．宇宙は膨張に伴って温度が下がり，密度も減少する．ガモフは温度が十分下がったとき，宇宙空間内に重力不安定によって塊が生じ，それが銀河へと凝集して行ったと考えた．重力不安定として採用したのは1928年にケンブリッジ大学のジーンズ (J. H. Jeans) がその著『天文学と宇宙創成論』の中で提唱した不安定性である[7.47]．これは密度一定で静止したガス空間を考え，その中を伝播する音波を考える．音波は密度波であるから波長が十分大きくなると，密度の高い領域が自己重力のために収縮を始める．これがジーンズ不安定と呼ばれる不安定性である．不安定になるときの波長をジーンズ波長 λ_J，その中に含まれる質量をジーンズ質量 M_J と呼んでいる．温度 T，個数密度 n のガス空間ではこれらの量は次の式で表わされる．

$$\lambda_J = k_1 \sqrt{\frac{T}{n}} \tag{7.8}$$

$$M_J = k_2 \sqrt{\frac{T^3}{n}} \tag{7.9}$$

ここで k_1，k_2 はガスの平均分子量と，単位の取り方によって決まる定数である．ガモフはこの不安定性を膨張宇宙に応用した．膨張のある時点における温度と密度を採用すると，その時点におけるジーンズ波長とジーンズ質量が導かれる．ガモフは最初の爆発から1.3億年後で平均温度が340度

まで低下した時点での値を推定し次のような結果を得た.

$$\lambda_J = 1.3 \times 10^{22}\ cm = 13{,}000\ \text{光年}$$
$$M_J = 5.5 \times 10^{40}\ gr = 2.7 \times 10^{7}\ \text{太陽質量}$$

これらの結果は原始銀河のサイズに匹敵すると見なし,ガモフは最初の大爆発(ビッグバン)から銀河形成に至る宇宙の進化のシナリオを描き上げた.ただし,ガモフ自身も述べているように彼の用いたジーンズ不安定は放射圧の効果を考慮せず,また,静的ガスを仮定するなど,問題が多く,課題は将来に残されたとしている.ガモフはこうして「火の玉」と呼ばれる宇宙初期から銀河形成までの宇宙論を提唱した[7.48].この「火の玉」をビッグバンと名づけたのは,皮肉にも定常宇宙論のフレッド・ホイル(次項)であったという逸話もある.

5.3 定常宇宙論の提唱者たち[7.49]

英国ケンブリッジ大学の若い3人の研究者がアインシュタイン以来の膨張宇宙論を否定する衝撃的な論文を1948年にマンスリー・ノーティス誌に掲載した.1つはトマス・ゴールドとヘルマン・ボンディによる「膨張宇宙の定常理論」[7.50],他の1つはフレッド・ホイルの「膨張宇宙の新しい理論」[7.51]である.

3人のうちホイル(Fred Hoyl, 1915〜2001)が最年長である[7.52].ホイルはイギリス中部のヨークシャー州ビングレーで羊毛業者の長男として生まれた.ビングレー高校を出た後,ケンブリッジ大学へ入学,物理学,数学を専攻する.大学ではマックス・ボルン(Max Born)(量子力学),エディントン(一般相対論),ディラック(Paul A. M. Dirac)(量子力学)から指導を受けている.ホイルの天文学への関心は友人のレイ・リトルトン(Ray Littelton)との議論を行ったときで,課題は「大質量体によるガスの降着」であったという.第2次世界大戦が始まると海軍の技術研究所に入ってレーダー部門の責任者となり,ここでボンディ,ゴールドと知り合いにな

フレッド・ホイル

ヘルマン・ボンディ

トマス・ゴールド

図 7.18　定常宇宙論提唱者肖像

る。1944年にレーダーの仕事でアメリカに渡ったとき，原爆計画を知り，直接かかわることはなかったが，それが機縁で核反応の問題から元素の創成について考えるようになったという。1945年に大戦が終結するとケンブリッジに戻り，数学講師に就任する。その後，相次いでケンブリッジに戻ってきたボンディ，ゴールドと定常宇宙論を提唱することになる。ホイルは1958年に天文学教授 (Plumian Professor) となり，1972年に定年で退職する。

一方，ボンディ (Hermann Bondi, 1919～2005)[7.53]とゴールド (Thomas Gold, 1920～2004)[7.54]は共にオーストリアのウイーン生まれで，ユダヤ系の家系であった。ボンディは医師の家，ゴールドは工業家に生まれたがオーストリアの反ユダヤ主義のため，ボンディ家はイギリスを経てアメリカへ，ゴールド家はスイスへと亡命する。2人とも高校時代から数学に優れていたので，共にイギリスに渡りボンディは1937年に，ゴールドは1938年にケンブリッジ大学トリニティ校に入学して数学を専攻する。一般相対論の師はエディントンであった。1939年になるとオーストリアはドイツに併合され，第2次世界大戦が勃発すると，2人は敵性国人として強制収容所に入れられ，カナダに送られた。ボンディとゴールドはたまたま同じ集団に入り親しくなる。15ヶ月の収容の後2人は1941年に釈放され，ケンブリッジに戻ってきた。

1942年には2人は海軍技術研究所のレーダー部門に配属され，ホイルのもとでレーダー技術の開発に従事する。ここでホイル，ボンディ，ゴールドの3人が揃い，深い結びつきとなったのである。

1945年に大戦が終結すると3人は相次いでケンブリッジ大学に戻り，宇宙論の議論が始まる。その成果は1948年に前述の論文となって発表される。ホイルとボンディはその後もケンブリッジに留まるが，ゴールドは1956年にアメリカに渡り，ハーバード大学を経てコーネル大学に移り，ここで生涯を送る。宇宙論以外ではボンディは一般相対論に基づいて重力波の存在を予言したことで知られており，ゴールドは1968年に電波パルサーが発見されると，それを中性子星の自転によると指摘したことで知ら

れている．1946年頃に3人の興味が物理学から宇宙論に移ったのは意外なきっかけからだった．あるとき，3人で奇妙なゴースト映画を観に行った．それはラストシーンが最初のシーンに戻るというものであった．これを見てゴールドがふと呟いた．「宇宙も動的ではあるが，結局は不変なのではないだろうか？」このつぶやきが基になって3人は宇宙論の見直しに入ったという．

3人は現在の宇宙がハッブルの法則に従って膨張することは観測事実として認めた．しかし，ガモフらの膨張宇宙の始原が特異点であることは認められないと考えた．こうして3人は定常宇宙論を提唱することになるが，ゴールドとボンディの2人はホイルとは異なった観点に立っていた．

ゴールドらは完全宇宙原理と物理法則の普遍性から出発する[7.50]．膨張宇宙論では一般に「宇宙は空間的にどの観測者から見ても同等である」という宇宙原理が採用されているのに対し，完全宇宙原理は「宇宙は空間的だけでなく時間的に見ても観測者に対して同等である」という仮定を採用する．また，地上で人類の築き上げた物理法則は普遍的で宇宙のあらゆる場所，あらゆる時間で普遍的に成立すると考える．従って，火の玉宇宙の出発点における特異な状態は否定される．一方，ホイルは一般相対論における場の方程式の改善から始める[7.51]．彼はアインシュタインの宇宙項と同じように場の方程式に物質の創成を表わすC項（creation term）を付加する．宇宙が膨張して密度を一定に保つためには，物質が絶えず無から生成されなければならない．それはゴールドらも同様である．しかし，生成率を見積もると10億年に宇宙の1リットルあたりに水素原子1個という微少量になり，これは観測不可能である．従って，この仮説は宇宙膨張の観測とは矛盾しない．

こうして，ゴールド，ボンディとホイルは異なった視点からではあるが，宇宙の定常性を主張しているのであわせて定常宇宙論と呼ばれる．

しかし，定常宇宙論は英国以外にはほとんど広まらなかった．英国ではマックリア（W. McCrea）など数人の支持者がいた．ホイル，ボンディたちの弟子であるシアマ（Denis Scima）は宇宙の元素組成が膨張宇宙論の原初

期でなくても星の内部，特に超新星爆発によって十分であることを示すなど，定常宇宙論の先頭に立っていたが[7.49] b，ヨーロッパやアメリカではほとんど支持者は現われなかった。1950年代には銀河の形成や電波源の分布から神学論まで巻き込んで両者の間に多くの論争があったが1960年代に決着が付けられる。それは1965年にペンジアス（Arno Penzias）とウィルソン（Robert W. Wilson）によって偶然発見された宇宙マイクロ波背景放射（Cosmic microwave background = CMB）である[7.55]。

CMBは宇宙から等方的に飛来するマイクロ波電波で，スペクトルはほぼ，3 Kの黒体温度を示している。CMBの存在はガモフ，アルファー，ハーマンによって1940年代に予測されていたが，その黒体温度は約5 Kであった。そのため，定常宇宙論の立場から，星の散乱光ではないかとの推定もあったが，CMBの等方性が散乱光モデルの予測よりはるかに高かったため，CMBの起源は宇宙初期の爆発の名残であるとの結論が広く受け入れられ，定常宇宙論は舞台から退場することになった。

第4部

現代天文学へ

第 4 部扉図　プレアデス星団 M 45

　　散開星団 M45（プレアデス星団）は初冬の空を飾る明るい星団で，肉眼では 5〜7 個の星が見分けられる。地球からの距離は 410 光年，誕生して 6000 万年程度の年齢を持つ若い星団である。明るい星は反射星雲（チリの雲）に取り囲まれ，美しい姿を見せている。日本では「すばる」として親しまれている。平安時代の清少納言は「星はすばる」といってその美しさを称え，室町時代に書かれたお伽草子のなかでは天界を遍歴する姫が，「われはすばる」という 7 人の娘たちに道を尋ねている。日本の新技術望遠鏡は 1998 年にマウナケア山頂に開設され「すばる」と愛称が付けられた（第 9 章）。

第8章
日本における天体物理学の黎明

現代天文学の息吹が日本に吹きこまれたのは20世紀初頭のことである。1905年，京都大学の新城新蔵はドイツへ，東京天文台の一戸直蔵はアメリカへと旅立っていった．2人は天体物理学という天文の新しい分野の発展に衝撃を受け，それを日本に伝えようと力を尽くす．日本の天体物理学の始動である．続いて，1920年代には山本一清（京都大学）と萩原雄祐（東京大学）が欧米へと留学し，こうして大正から昭和初期にかけて日本における天体物理学研究の基礎が築かれる．この章ではこうした流れを先駆者に沿ってたどってみよう．

東京天文台（三鷹）の旧本館玄関（1924年開設）

1 明治期における天文学と天体物理学[8.1]

　明治政府はヨーロッパの古典的天文台を規範として天文学の近代化を図った．1870年（明治3年）には外国人教師のフランス人E・レピシエ（Emile Lépisier）が東京帝国大学の前身である開成学校の教授として赴任してきた．彼は学内に天文学教場を設置し，15名ほどの学生に位置天文学の講義を行っているが，学生の1人に初代天文台長となる寺尾寿（Terao Hisasi, 1855～1923）も含まれていた．寺尾はその後フランスに留学し，帰国後は東京天文台長として位置天文学の発展に力を尽くすことになる．

　1877年（明治10年）に開成学校は東京帝国大学となり，物理学教授としてアメリカからトマス・C・メンデンホール（Thomas C. Mendenhall, 1841～1924）が来日する．メンデンホールは地球物理学が専門であったから，本郷の大学構内に観象台を設置し，気象観測，重力測定を行っている．また，当時学生であった田中館愛橘（Tanakadate Aikitsu, 1856～1952）に手伝わせて富士山頂の重力測定も行っている．重力測定は長岡半太郎（Nagaoka Hantarou, 1865～1950），新城新蔵（Shinjo Shinzo, 1873～1938）らに引き継がれ，日本における地球物理学の発展に寄与している．彼はまた，大学内に光学実験室を作り，太陽スペクトルのフラウンホーファー線の波長測定も行った．これは日本における分光観測の嚆矢であろう．太陽分光は長岡半太郎，高嶺俊夫（Takamine Toshio, 1885～1959）に引き継がれる．メンデンホールは3年の任期を終えてアメリカに戻って行ったが，彼の日本に残した地球物理学，天体物理学の種は明治後半，20世紀になってから芽吹くことになる．なお，メンデンホールは帰国後，ローズ工科大学，ウースター工科大学の学長として教育活動に貢献するとともに，重力測定，気象学，度量衡などの面で大きな功績を挙げている．

　高嶺俊夫の回想によると日本の物理学で「特に早くから著しい発達をした部門として挙げられるのは地球物理学である．」それに続いて「本邦物理学会で重要な発展をしたのが分光学であった．」と述べている[8.2]．どち

図 8.1　メンデンホール肖像

図 8.2　長岡半太郎肖像

らも長岡半太郎によって発展した分野である[8.3]。長岡は明治末期，東大構内でゼーマン効果の実験的研究を行っていた。光源に磁場をかけるとスペクトル線が分裂する効果である。当時，ウィルソン山天文台でヘール（G. E. Hale）（第6章）はゼーマン効果を利用して太陽黒点の磁場を測定していた。ヘールが黒点に6000ガウスという強い磁場を見出したことが報道さ

図 8.3 高嶺俊夫肖像

れ，長岡は天体分光の中でのゼーマン効果に大きな興味を持ったという。彼は分光学と天体との関係について次のように述べている（1909年，一部現代表現に改める[8.4]）。

> 「天体の状況を詳らかにするに，光学に関する定理或いは事実を利用することは，近年ますます発展された。なかんずく分光術は，天体に存在する物質の種類或いは状態を明らかにするに依って，最も古き光学の応用である。」

長岡の分光学を引き継いだのは高嶺俊夫である[8.2]。1885年に東京で生まれ，1909年に東京帝国大学を卒業するが，在学中は長岡に師事した。分光学の講義の折，長岡が太陽スペクトルを学生たちに見せて，「誰か太陽スペクトルの研究をしたい人がいないか……」と問いかけたのが，高嶺にとって分光学を志す発端になったという。大学院に進み，長岡とともにゼーマン効果の実験的研究を進めていたが，やがて，光源が電場内におかれるとスペクトル線が分裂するシュタルク効果の研究も始める。

高嶺は1915年（大正4年）に京都帝国大学に助教授として赴任し，水素，ヘリウムなどのシュタルク効果の実験的研究を進め，電場のスペクトル線

強度に対する効果を詳細に解析している。少し後の話になるが，高嶺は1918年（大正7年）にアメリカに留学，パサデナのウィルソン山天文台研究室に滞在して金属線のシュタルク効果の測定を行い，その成果を天体物理学雑誌（ApJ）に掲載している[8.5]。この論文は直接，星のスペクトルには触れていないが，高嶺はこれが機縁で天体スペクトルにも興味を示すようになり，後年，藤田良雄（第7節）とも研究交流を深めている。高嶺は1921年に帰国後，理化学研究所に高嶺研究室を開設し，ここは日本における分光学研究の中心となった[8.6]。

２ 新城新蔵と宇宙物理学

2.1 新城新蔵の生涯[8.7]

新城新蔵（Shinjo Shinzo, 1873～1938）は明治6年，会津若松の酒造家新城平右兵衛門の6男として生まれた。新しい酒蔵が新築されたのに因んで新蔵と命名されたという。幼少の頃から神童ぶりを発揮し，小中学校では半年で飛び級ということもあり，15歳で仙台の第二高等学校に入学している。続いて東京帝国大学理科大学に入学し，物理学を専攻する。

大学では田中館愛橘の指導で測地学を学び，卒業後は陸軍大学校（砲工学校）で教鞭をとるが，同時に文部省の重力測定方を委嘱されている。新城の重力測定については，先輩であり協力者でもあった長岡半太郎が，新城への弔辞の中でその頃の思い出を次のように紹介している（一部現代表記に改める）[8.7] d。

> 「君（新城）は卒業後，陸軍大学校で教鞭を執られた。予が外国留学より帰るとまもなく，明治30年頃より，東京その他の重要な地点において，重力測定に必要を感じ，君と共にこの仕事に従事した。これより日夕，君と議論を上下し，大谷亮吉君らと共に東京，京都，金沢，水沢等において，重

図 8.4　恩師田中館愛橘（左）と歓談する新城新蔵（右）
昭和 7 年，奈良の丹波市（現在天理市）で行われた陸軍大演習にて

力絶対測定を施行した。続いてポツダムと東京との比較測定をも為したるにより，本邦各所においてこれを実施する運びに立ち至った。その頃は時間の測定を為すに，今日のごとくラジオを利用する能わず，常に子午儀を携え，各地点において観測せねばならなかった。これに対して君は頗る手腕を磨き，将来天文学に力を寄する基礎を樹立された。」

「本邦に数多の測点あるは全く君の励精によるは申すまでもない。すなわち，本邦における地球物理学の研究上，肝要なる恒数を測定されたのである。」

新城は 1898 年（明治 31 年）東京で士族渡辺望の三女わかと結婚し，1900 年に京都帝国大学理工科大学に物理学担当助教授として赴任する。重力，地磁気の測定は相変わらずの研究課題であったが，測地や天測の実務から次第に天文学にも興味を持つようになった。1905 年（明治 38 年），京都の豪商藤原忠一郎の奨学資金によるドイツへの私費留学が決まり，1月に神戸を出航する。ゲッチンゲン大学に到着した新城はコロイドの弾性

など物理学の実験的研修を始めるが，彼の学風は一箇所で研究を深めるタイプではなく，多くの研究所や光学工場などを歴訪して広い知見を身に付けるというものであった。そのため，彼はドイツ国内だけでなく，ヨーロッパ各地を訪ねている。

そうした中で，彼が最も強く触発されたのはゲッチンゲン大学付属天文台における台長カール・シュヴァルツシルト（第3章4節）の講義であった。新城の弟子の荒木俊馬（第6節）は師の思い出の中で，そのときの新城の気持ちを次のように語っている[8.8]。

> 「シュヴァルツシルトは僕と同じ齢で彼の講義を聴くのは，はじめは，忌々しい気がせぬでもなかったが，しかし，彼は実に偉い学者であった。」

このとき新城は初めて天体物理学（Astrophysik）に開眼する。新城は帰朝後，「将来の天文学の行くべき道は Astrophysik にありとの信念を固められた」と荒木は語っている。新城は Astrophysik または Kosmophysik というドイツ語の響きに特別の思いを寄せていたのである。

1907年（明治40年，34歳），彼はパリ，ロンドンを訪問した後，シベリア経由で帰国，その年の暮れに京都帝国大学理工科大学，物理学第4講座担当教授に任命される。帰国後も国内各地の重力測定を続けていたが，その間に宇宙進化論の構想を練っていたのであろう。1915年には宇宙進化論の講義を始めている。1918年に宇宙物理学講座が新設されると新城はその担当となる。さらに1921年には新城の主導によって宇宙物理学科が設置された。学科の名称を天文学としなかったのは，今後の天文学の中心は天体物理学（astrophysics）にあるという新城の信念によるものであった。また，当時の秘話によると，文部省が「日本には天文学の学科は1つで良い」として教室の新設に難色を示したため，それを説得するためにも新しい理念が必要であったという。学科名として宇宙物理学（cosmophysics）を選んだのはそれが天体物理学よりさらに広義の意味を持つと考えていたからであった。

宇宙物理学教室は初年度に第1講座が開講され，新城は宇宙物理学，東

洋天文学史を担当し，助教授の山本一清（4節）が星学通論，天体観測を担当した．次年度に第2講座が設置されると，水沢緯度観測所から上田穣（Ueta Joe）が助教授として赴任し，主に位置天文学を講じた．水沢は地球の緯度とその変動を測定するために，北緯38度線に沿って何箇所か設立された国際的観測所の1つである．

　観測体制の整備も新城の大きな仕事であった．1925年には18 cm屈折望遠鏡を備えた京都大学天文台が開設されたが，天文台の近くを市電が通るようになり，観測環境が悪化したため，1929年には花山天文台に移行する．新城はここで学部を離れ，4年間，京都帝国大学第8代総長に就任する．この時期は京都大学百年史においても「苦悩の時代」と称されており，満州事変の勃発をはじめ，日本が急速に軍国主義へと傾いていく時代であった．その中で新城は学問の自由と大学の自治の維持のために歴代総長とともに力を尽くした．1933年に任期が終わると引き続き，上海自然科学研究所長に任じられた．新城が最も意を注いだのは中国の文化財や科学データの保全であった．日中戦争が勃発するという困難な状況の中で，新城の熱意は軍部を動かし，その保全が上海自然科学研究所の主な任務に加えられたという．新城は文化交流に尽力したが，任務の途次，1938年に上海において客死した．享年65歳であった．

　新城は自然科学者として「真理を愛する純粋な心から科学に身をささげた人であった」（荒木俊馬）とともに，「実に優にやさしい情愛の人であった．故旧知友の情愛に厚く，家庭人としてなかなかの子煩悩であった」（能田忠亮）という一面も持っていた．新城の天体物理学は荒木俊馬に，観測天文学は山本一清に，そして，東洋天文学史は能田忠亮，藪内清に引き継がれ，その後の半世紀の京都の学風となった[8,9]．

2.2 宇宙進化論

　ヨーロッパ留学中に得た天体物理学の広範な知見に基づいて，新城は変光星理論や恒星進化について独自の理論的研究を進めた．新城の基本的仮

説は流星物質集団の凝集，回転，運動量保存である．この立場から彼は宇宙進化論を次のステップで展開する[8.10]．

(1) 流星物質の普遍性とその役割[8.11]

新城ははじめに地球大気の流星現象を考察し，地上に落下する流星数，落下に伴う地球上層大気の自転速度への影響から，流星の総質量の推定を行い，また，流星のサイズも微小なものから数十 km に及ぶものまで広い範囲にわたることを推測した．彼はさらに流星雨や，彗星，黄道光，土星の輪などがすべて流星物質であり，それは太陽系に普遍的に分布すると考え，太陽系外では暗黒星雲が流星物質の集団であろうと見なした．

こうして宇宙には流星物質が普遍的に分布し，その濃密部分が回転収縮することによって各種の変光星現象を生じると指摘する．原始物質がガス体でなく流星物質であることは濃密集合体に平均的角運動量が現われるかどうかで区別される．ほとんどすべての天体に回転運動が見られるのは原始物質が流星物質である有力な証拠である．

(2) 変光星理論[8.12]

星は巨大な原始流星団の凝集によって誕生する．流星団の角運動量が大きい場合，凝集は2つまたはそれ以上の心核に分かれて進行し，連星系または多重星系を形成する．角運動量が比較的小さい場合は単一の星に凝集するが，凝集は均質ではなく，局所的な心核を生じる．その離心的心核の形成が星の変光の原因である．

新城はこの考え方をケフェウス型変光星に応用した．離心的心核の概要は図 8.5 のようになっている．単純化されたモデルであるが，外側の円（中心 O_1，半径 R_1，平均密度 ρ_1）は全流星団の存在域を示し，離心的心核（中心 O，半径 R，平均密度 ρ）は O_1 の周りを公転する．心核の公転において，その前面には流星衝突の回数が多く，そのため心核は明るくなる．後面では衝突回数が少ないので心核の表面は前面に比べて暗い．この心核を観測される星と見なすと，星は公転に沿って明るさの変動を生じる．これが変

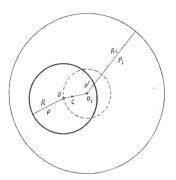

図 8.5 離心的心核による変光星モデル（新城，1922 年）

光のシナリオである．このモデルによると変光周期と星の平均密度との関係は

$$P^2 \propto \frac{1}{\rho} \frac{\alpha}{1+\alpha} \tag{8.1}$$

で表わされる．ここで α は離心的心核の全流星団に対する質量比である．

ケフェウス型変光星についてはハーロウ・シャプレー（1914 年）がすでに脈動論に基づく変光機構を提唱していたが（第 6 章 6 節），新城も同じように離心的心核モデルに基づいて周期密度関係，周期光度関係，変光光度差，速度差を順次解析的に導き，シャプレーの脈動説と比較している．その結果，離心的心核モデルの脈動説に対する優位性を次のように強調している．

第 1 に脈動論によればケフェウス型の振動は基本振動に当たるから，高次の振動も現われるはずであるのにそれが見られない．離心的心核モデルでは公転周期のみであるから変光曲線が単一である．すべての振動体は振動数の最も低い基本振動のほかに高次と呼ばれる高い振動数の振動を示すことがある．新城はケフェウス型変光星も振動体とすればその例に漏れないと考えた．

第2に離心的心核モデルはケフェウス型に留まらず，食連星以外の多くの変光タイプに応用でき，次項で述べるように星の進化の基本的過程となっている．

　こうして新城はケフェウス型，長周期変光星を含む44個の変光星のカタログと比較し，それぞれの変光星の特質を推論している．

(3) 宇宙進化論[8.10], [8.13]

　新城は太陽を一種の変光星と見なすところから出発する．太陽面の黒点現象と赤道加速は共に流星の不断の落下によるとする．流星の落下によって赤道付近が加速され，太陽大気中に渦動を発生してそれが黒点現象となる．流星落下という観点から太陽の過去を見ると遠い過去ほど流星の濃度も大きく，黒点活動も大規模であったと見なせる．ケフェウス型をはじめとする変光星は太陽の古い過去を表わしている．こうして，すべての星は変光星であり，変光星の変遷として恒星の進化を追跡することができる．それを示したのが図8.6である．

　図8.6の左側に星の分光型を示し，上ほど高温である．星の進化は変光星の系列としてたどることができる．左側の進化系列は進化早期の流星団の凝集に伴う温度上昇を，主として変光周期の順にたどる．右側の温度下降期は変光の少ない矮星である，太陽もその1つであるが，進化過程には疑問符がついている．この図はノーマン・ロッキャーの二方向進化図（第3章5節）と似ているが，進化の指標を星の変光型に取った点で大きく異なっている．

　新城の理論（1922年）はその後の脈動星の理論，星の進化論の発展によって，受け入れられることはなかったが，宇宙の諸現象を1つの概念から統一的に理解しようとした新城の研究は日本の天体物理学の黎明をつげる彼の意気込みを表わしている．

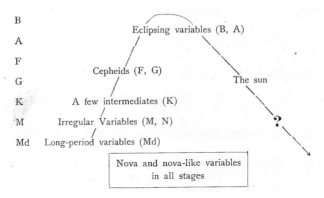

図 8.6 変光星の系列と星の進化（1922 年）
進化経路の左側は下から長周期（Md），不規則型（M, N），中間型（K），ケフェウス型（F, G）の変光星，最高温度は食変光星（B, A）である。右側の進化経路は明白ではないが重力収縮によって赤色矮星へと進むと見なしている。

❸ 一戸直蔵と天文台構想

3.1 一戸直蔵，アメリカに渡る[8.14]

　1905 年（明治 38 年），新城と軌を一にして一戸直蔵はアメリカに向け横浜港を出航した．ヤーキス天文台に留学するためである．当時，明治政府には官費による留学生制度があったが，留学先はヨーロッパに限られていた．アメリカは二流の国と見なされていたのである．しかし，19 世紀の末には天文学の本流は次第にアメリカに移りつつあった．イギリスのウィリャム・ハギンスに始まる「新天文学」（第 1 章）はヨーロッパ大陸にも緩やかに広まっていたが，パリ天文台をはじめ主要な天文台は位置観測を主体とする古典天文学が主流であった．ウィリャム・ドレイパー，ヘンリー・ドレイパー父子によって伝えられた分光観測と乾式写真技術はハーバード大学天文台で花を開き，リック天文台（1888 年），ヤーキス天文台

図 8.7 一戸直蔵肖像

(1897年)が19世紀に相次いで開設され,重要な天文学的発見はアメリカで行われるようになった。一戸はこうした天文学の新しい動向を感知し,天文学の最前線に迫るにはアメリカに留学する以外にないと確信するようになった。こうして彼はアメリカ留学を決意する。

一戸直蔵(Ichinohe Naozo, 1878〜1920)は青森県西津軽で1878年(明治11年)に農家の次男として生まれた。当時の西津軽は,冬に日本海からの雪が吹雪となって吹き荒れる,彼に言わせると文明からかけ離れた幽村であった。父友作は村会議員なども務めた村の有力者であったが,教育へは無理解であった。一戸はひそかに母に支えられてほとんど家出のような形で弘前と東京にでて中学を終え,1896年(明治29年)に仙台第二高等学校(二高)に入学する。この年,二高では校長排斥のストライキがあり,一戸は直接関与していなかったが,4年先輩に新城新蔵がおり,新城がストライキの調停に当たったという。恐らくこのときの縁で一戸は新城と知己になったのであろう,2人は晩年まで交友を続けている。

1900年(明治33年),一戸は東京帝国大学理科大学星学科に入学する。星学科ではただ1人の学生であった。教室には2人の教授,平山信(Hirayama Shin)と寺尾寿(Terao Hisasi)(東京天文台長兼任)のほか,木村栄,

平山清次(Hirayama Kiyotsugu),早乙女清房(Saotome Kiyohusa)らの教員がいた。一戸はここで主に位置天文学を学んで1903年(明治36年)に卒業し,東京天文台の助手となる。翌年,青森県の政治家菊池九郎の娘イ子(いね)と結婚し,まもなく長女が生まれる。彼は学生の頃からアメリカ留学を志したが,アメリカ留学は私費になるので,留学資金を蓄える必要がある。妻の実家からの支援を潔しとしない彼は書籍執筆の原稿料などで資金を蓄えたという。

こうして,彼は1905年に単身,アメリカに渡る。乗船したのは船底の3等で船酔いもひどく,死ぬような思いをしたと後で家族に語っている。

3.2 ヤーキス天文台と変光星の観測

1905年9月,一戸直蔵はシカゴ大学ヤーキス天文台に到着した。天文台長はエドウィン・B・フロスト(Edwin Brant Frost, 1866〜1935)である。フロストはヨーロッパにも長く滞在しており,研究領域も太陽の分光から,変光星,銀河系構造と幅広かった。変光星ではB型で脈動を示す星としてケフェウス座β星型の発見が広く知られている。フロストは日本からの初めての留学生として一戸を温かく迎えた。

一戸はフロスト台長の指導のもとに主として2つの研究課題に取り組んだ。

第1は変光星の周期決定と光度曲線の解析である[8.15]。ヤーキス天文台の主力望遠鏡は40インチ(101 cm)屈折鏡であったが,若い留学生にとっては観測プログラムに加わるのは到底困難であった。彼が使用したのは12インチ(30 cm)屈折望遠鏡とそのドームである。彼はここで変光星の観測を進めることになった。ヤーキスにはまだ測光装置がなかったので,彼は12インチ鏡のファインダー(F),オペラグラス(C),肉眼(E)を用いて星の明るさの測定を行った。測光法としてはアルゲランダーのステップ方式と呼ばれる方法を用いた。これはボン写真星表,ハーバード大学天文台の測光星カタログの中から目的星近傍の基準星について明るさをステッ

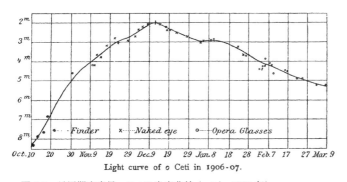

図 8.8 長周期変光星 o Cet の光度曲線 (一戸, 1907 年)
ファインダー, 肉眼, オペラグラスによる観測が区別されている。

プで表わし, 目的星と比較するものである. 彼は大きな変光を示すくじら座のミラ (o Cet) (周期 332 日) に興味を持ち, 1906 年の極大光度期の光度曲線を観測している[8.15]. 彼の描いた光度曲線を図 8.8 に示そう. 図の中でファインダー, 肉眼, オペラグラスによる測定が区別されている. 3種の測定値を比較して精度を上げたのである. こうして彼は 1906〜1907年に相次いで 7 個の変光星の観測を行い, アメリカのアストロフィジカルジャーナル (ApJ) とドイツのアストロノミッシェ・ナハリヒテン (AN) に投稿している.

第 2 の研究課題は分光連星の軌道決定である[8.16]. 分光連星はスペクトル線の波長変移によって連星と識別される星である. 一戸の課題は 40 インチ望遠鏡に取り付けられたプリズム分光器によって撮影された分光連星のスペクトル解析であるが, 分光観測は主としてフロスト台長と助手のアダムス (Walter S. Adams) によって行われた. 観測の対象は水素線, ヘリウム線や, 電離カルシウム吸収線の強い星である. 撮影された分光乾板から一戸は, かに座, いて座, おとめ座の 3 星について測定を行い, 速度曲線の解析から連星軌道要素の決定を行っている.

ここでは, そのうちの 1 つ, いて座 μ 星の速度曲線を図 8.9 に示そう[8.16]. 視線速度の測定は主として水素の Hγ 線とヘリウム線を用い, 速

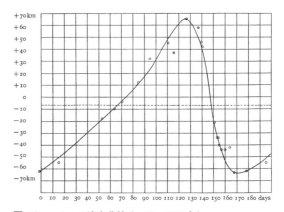

図 8.9 μ Sgr の速度曲線(一戸,1907 年)
観測点と近似的速度曲線を示す.この速度曲線の解析から軌道要素が導かれた.

度曲線の解析から連星の軌道要素(公転周期 180.2 日,軌道の離心率 0.441,質量は主星と伴星の和 13.5 $M_\odot/\sin^3 i$ など)を導いた.分光連星の観測は大きな望遠鏡と高精度の分光器を必要とするから,それを備えたヤーキス天文台は世界の最先端を行く施設であった.こうして一戸は当時としては天文学の先端を行く研究に加わり,大きなインパクトを受けた.恒星の分光観測は日本では未開の領域であった.彼は測光や分光観測に天文学の将来を感じ取った.彼はまた,ヤーキス天文台がヤーキス氏の寄付による私設天文台であることにも感銘した.私設であれば伝統にとらわれない自由な発想が許される.将来の天文台は私設でなければならないと強く感じたのである.

3.3 帰国と新天文台構想[8.14] b

1907 年 10 月(29 歳)に帰国した一戸は,東京帝国大学講師と東京天文台観測主任に任じられる.日本にはまだ星の分光観測の設備はなかったので小型望遠鏡や肉眼などによる変光星の測光観測を継続していたが,その

間に大型望遠鏡を持つ天文台の建設計画を練っていた。

彼の基本的な構想は

1）アメリカに匹敵する大型望遠鏡を持つ近代的設備であること
2）空気の薄くなる高い山の上にあること
3）広い天域を観測するためなるべく緯度の低い地点であること
4）自由な研究を保障するため私立であること

などの条件を満たす天文台である。その候補地として，一戸は当時日本領になっていた台湾の新高山（現在の玉山，標高3960 m）を考えた。また，天文台の設備は36インチ（90 cm）反射望遠鏡，33インチ（84 cm）屈折望遠鏡，および，太陽観測所である。これが一戸の新高山天文台計画であった（天文台本館の図面は図8.10）。

彼はこの構想の実現のために台湾総督府の民生長官から南満州鉄道初代総裁に就任した後藤新平の協力を働きかけた。後藤は気宇壮大な政治家で「大風呂敷」とあだ名されたくらいであったから，一戸の計画に理解を示した。

一戸は後藤の支援のもとに2回にわたって台湾に渡り，新高山の現地調査を行っている。調査の目的は，気象条件，地形（海抜高度，設置場所），アクセス（道路，水源，電源）などである。

1909年10月，山頂に2週間留まり，第1回の現地調査を行う。新高山には中央の新高山（3960 m）を中心に東西南北に4つの峰があり，そのうちの北岳（3866 m）に適地を見出した。第2回の調査では，1911年の7〜8月にかけて山頂に登り，天文台候補地の選定を行った。その結果，北岳頂上に観測ステーションを置き，中腹の小塔山（2480 m）に天文台本部を置くという案を得た。

新天文台計画については，その壮大さから後藤新平から「残念ながら，君の計画はちょっと実現できない」といわれ，一戸も20年先の実現を見据えて時節の到来を待つことにした。しかし，2回目の調査から東京に戻った彼を待っていたのは過酷な処遇であった。天文台長から天文台講師の職

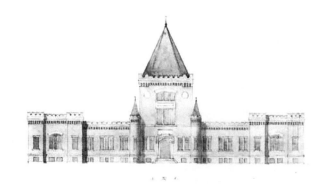

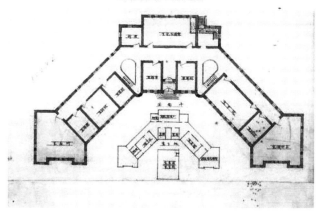

図 8.10 新高山天文台本館図
向かって右端に子午儀室があるが，主要望遠鏡は山頂に置かれているのでここには示されない。

を解かれたのである。天体物理観測を目指す一戸と位置天文学に固執する寺尾台長とはことあるごとに対立してきたが，それが破局となって天文台を追われる身となった。こうして一戸は1911年に決然として天文台を去った。

　新天文台構想が一戸の予測どおり20年後に実現していたとしたら，疑

いもなく世界有数の天体物理的観測所になっていたであろう．しかし，日本国内には天体物理学を推進する研究者はまだ育っていなかった．また，純粋科学に資金を提供する資本家も育っていなかった．1910年代の一戸の構想は世紀を先取りするものであった．

3.4 著作活動と晩年

一戸直蔵は早くから文筆の才を示していた．ヤーキス天文台に留学中にも『高等天文学』（博文館，1906年），『星辰天文学・宇宙研究』（ニューコム著，一戸直蔵訳，1906年）を出版し，帰国後も『月』（裳華房，1909年），『星』（裳華房，1910年）などを相次いで著わしている．

東京天文台を退職後，最初に取り組んだのは『現代乃科学』誌の創刊であった．これはイギリスのネイチャー誌やアメリカのサイエンス誌に対応する高度な普及と情報発信を目的とするもので，1913年に第1号が裳華房から発行された．この雑誌は大正アカデミズムを代表するような研究者に支えられて発行を続けた．執筆者の中には寺田寅彦，本多光太郎，日下部四郎太，平山清次，新城新蔵などが並んでいる．

『現代乃科学』は読者層が限られていたため，経営に困難を伴ったが，印刷所を自宅に置くなど，一戸の努力によって発行も順調になり，第4巻からは原稿料も支払われるようになった．しかし，その間，一戸には結核が進行していた．1919年には病状が深まり，自宅で静養を続けながら編集発行を続けていたが，ついに1920年11月（大正9年）に満42歳で死去した．『現代乃科学』第9巻には一戸直蔵追悼記念特集が組まれ，広い分野から追悼の言葉が贈られた．平山信は

「余輩は君の強固な意志を認めると同時に，それが君の健康を害さぬ程度で，且つ余りに人と衝突しない程度であることを望んでいた．然しながらそれは皆無効であった．天文学者としての君の生涯は新星の如く至って短かった．」

と弔辞を述べ[8.17]，新城は

「悍馬が十分その才能を発揮する機会を得ずして倒れた。」
と追悼している[8.14a]。

4 山本一清と観測天文学

4.1　山本一清と新星観測[8.18], [8.19]

　琵琶湖の東，草津から南に道をとると丘陵地帯に栗太郡上田上村桐生（現大津市桐生）がある。山本一清（Yamamoto Issei, 1889〜1959）（旧名かずきよ）はこの地で父清之進の息子として明治22年に生まれた。山本家は名字帯刀も許された村の旧家で祖父は医師，父は学校教員であった。

　1907年に膳所中学校を卒業し，第三高校（旧制）を経て1910年に京都帝国大学理工科大学物理学科に入学する。新城新蔵のもとで天文学を学び，京大における天文学専攻の第1号となる。1913年に学部を卒業して大学院に進み，その年の12月に川崎英子と結婚する。英子は先端のモダンガールであったが，すぐに天文学への関心を深め，夫のよき理解者として生涯を共にする。

　山本は学生の頃から新星や変光星の観測に興味を持ち，1912年にふたご座に現われた新星の光度曲線の観測を手始めとして，ふたご座（1913年），とかげ座（1914年）など多くの新星の観測を行うようになった。しかし，1914年に助手に任命されると，最初の仕事は緯度観測であった。当時，水沢緯度観測所では木村栄によって1902年に発見された緯度変化におけるZ項が，国際的な話題になっていた。Z項とは地球の緯度変化が北極点の平面的な変化では説明できず，垂直方向の変化が必要であるとして，木村が導入した変動項を表わしている。新城はその原因が観測室内の南北温度差にあるのではないかと推測した。それを確かめるために山本は水沢

図 8.11 山本一清肖像

緯度観測所に派遣され，2 年間の継続観測を行って予測の一部を裏付けた．しかし，その結果は十分ではなかった．今日では Z 項の主な原因は地球流体核の変動によるものとされている．

1916 年に京大に戻った山本は新星，変光星の観測を再開する．変光星の光度変化は一戸直蔵と同様に肉眼と双眼鏡などの小型機器による眼視観測で行った．それと平行してザートリウス 18 cm 屈折鏡に取り付けた対物プリズムによる分光観測も始めている．プリズムの頂角は 13 度で分散は高くないが主な吸収線，輝線の同定は可能であった．

1918 年 6 月 9 日の日食の折，伊豆諸島の鳥島で観測を行っていた山本は 11 日の晩にわし座に新星を発見した[8.20]．これはわし座新星 No. 3 と名づけられた．山本は直ちに京都と連絡を取って測光と分光観測を開始した[8.21]．この新星の光度曲線とスペクトルの例を図 8.12 と図 8.13 に示そう．明るさは極大光度から波を打ちながら微光へと向かう通常の新星の光度曲線を示し，また，スペクトルには新星の特徴である幅広い水素輝線が鮮明に現われている．

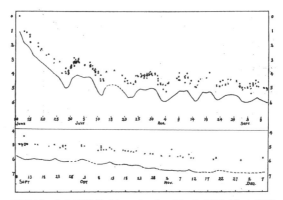

図 8.12 わし座新星 (Nova Aquilae, No. 3, 1918年) の光度曲線 (山本, 1919年)

観測された実視等級とそれより1等級下げて平滑化した光度曲線が示されている。上段は1918年6月から9月の始めまで, 下段はそれ以後の光度変化を示す。

Hβ　　Hγ　Hδ

Fig. 1.　June 14th.　Pl. 302.

Fig. 2.　July 2nd.　Pl. 313.

Fig. 3.　July 7th.　Pl. 318.

Fig. 4.　July 9th.　Pl. 324.

図 8.13 わし座新星 No. 3 のスペクトル例 (山本, 1919年)

最上段のスペクトルに Hβ, Hγ, Hδ の位置を示した。下の3例は波長が少しずれている。

山本は 1919 年までの多くの新星観測の結果から新星の特徴を次のようにまとめている[8.22]。

(1) 新星は急激な極大光度の後，急速に減光し，多少とも周期的な変動を繰り返しながら，次第に微光星へと戻っていく。
(2) 新星スペクトルの変動には特定の傾向が見られる。極大時の B 型から F 型へと進み，吸収線から輝線を示すようになる。
(3) 輝線は多くの場合，長波長側に輝線，短波長側に吸収線を持つはくちょう座 P 星型の輪郭を示し，これは新星大気の膨張として理解できる。
(4) スペクトル線の幅が大きく，新星大気の大きな膨張速度（1000～2000 km/s）の存在を示している。
(5) 水素，ヘリウム，カルシウムの輝線の現われ方は太陽のプロミネンスと似ており，新星爆発がプロミネンスと類似の現象であることを示唆している。

1919 年には新星総覧として，ティコ・ブラーエの 1572 年の新星以来，1920 年までに発見された 41 個の新星の概要を紹介している[8.23]。こうして 1910 年代の山本の新星観測は星の測光，分光観測において，日本でも独自の発展があったことを示している。

新星や変光星の連続観測の重要性から，アマチュア天文家との連携の必要性を感じ，山本は 1920 年に古川龍城らとともに天文同好会を創設する。これは後に東亜天文学会へと発展し，日本におけるアマチュア天文学の中核として大きく貢献することになる。

4.2 ヤーキス天文台およびハーバード大学天文台における観測

1922 年，山本は文部省在外研究員として，その年の 9 月から 2 年あまりをアメリカのヤーキス天文台とハーバード大学天文台における観測を中心に，天体物理学の手法を学び，その後，ヨーロッパを視察して帰国する。

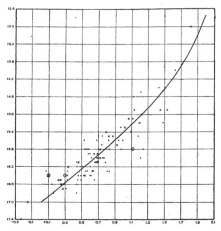

図 8.14 小マゼラン雲中のケフェウス型変光星の周期光度関係
横軸は変光周期の対数,縦軸は見かけの明るさ(写真等級)

最初に滞在したヤーキス天文台では,台長は一戸直蔵のときと同じくフロスト(Edwin Brant Frost)で,山本も快く迎えられた。台長の指導のもとに山本は太陽系天体(彗星,小惑星など)の写真観測と平行して,変光星の写真測光を行っている。この天文台で山本が強い印象を受けたのはエドワード・バーナード(第5章4.2項)の観測に対する強い執念であった。バーナードは死の間際まで観測を行っており,山本はその葬儀にも参加している。

1924年11月にハーバード大学天文台に移り,台長ハーロウ・シャプレーのもとで変光星の写真測光を継続する。天文台には1880年代から撮影された多数の天域写真が蓄積されていたからデータに不足はなかった。山本が取り組んだのは小マゼラン雲中のケフェウス型変光星の変光周期の測定であった。この課題についてはすでにリービットが周期光度関係を導いているが(第2章),測定された星の数が32個に留まり,まだ十分とはいえなかった。そこで山本はあらためて追加測定に乗り出し,75星を測

定して周期光度関係の精密化を図った。その結果を図 8.14 に示そう。この図はハーバード滞在中の山本の精力的な測定作業を反映する資料となっている[8.24]。

4.3　京都大学天文台における観測

　1925 年（大正 14 年）3 月，山本はヨーロッパ視察を終えて帰国する。山本には留学前にすでに測光，分光観測の経験があったから，アメリカでの観測は望遠鏡や施設の先進性を除けば，それほど大きなインパクトではなかったのかもしれない。山本にとって最大の収穫はフロスト，シャプレーをはじめとする，多くの研究者と知己になったことであろう。

　帰国した年，山本は宇宙物理学科の観測天文学の担当教授に就任する。この年，大学構内に 30 cm 屈折望遠鏡を装備した京都大学天文台が落成する。しかし，この頃，東大路通りが整備され，天文台の近くを市電が通るようになって，観測環境が悪化し，天文台の移設計画が始まる。1929年に花山天文台が完成・開設され，山本が初代台長として 1938 年の退職までその運営に当たる。天文台での観測に当たって山本は有力な助手を得た。中村要（Nakamura Kaname）である。中村は写真や分光観測に留まらず，鏡の研磨，望遠鏡の製作など幅広い活動を続けていたが，惜しまれて夭折した[8.25]。

　1937 年，山本は事務的な不祥事に巻き込まれ，教授会から辞職勧告を受けるという事態が発生した。山本に責任はなかったが，これが原因となって 1938 年に依願退職する。

4.4　アマチュアの育成と連携[8.19]

　大学退官後，山本はアマチュア天文家の育成と天文学の普及に専心した。大津市桐生の自宅を改装し，私設の山本天文台を開設した。主鏡は当時東洋一といわれたカルバー製 46 cm 反射望遠鏡である。観測室は 2 つ

図 8.15 山本天文台の外観
左が研究棟,右が増築された第二観測室

あり,土蔵上に新設された第 2 観測室は 3 階建で地下には実験室もあった。敷地内には写真暗室や研究棟も設けられ,天文観測を志す若者が住み込みで観測を行い,アマチュア天文学の本拠地となっていた。東亜天文学会の事務局も置かれ,山本の死後も運営が続けられた。

　山本は 1959 年癌のために他界した。山本の人柄の一端として,山本の弟子で望遠鏡制作に卓越した木辺成麿は花山天文台時代の山本を次のように偲んでいる[8.18]。

> 「先生は本質的に善人であった。だから一面一本気でもあったから,この頃"雷"は相当ヒンパンに落ちた。でも,落雷後 10 分間もすれば"晴"である。……クリスチャンも手伝ってか,酒,タバコは全く口にされなかった。先生が"少し酒でも飲まれたらなあ"と弟子たちが時折嘆息したほどであった。」

5 萩原雄祐から畑中武夫へ，東京における天体物理学

5.1 萩原雄祐と東京天文台[8.26]

　1945年は太平洋戦争の最中であったが，年の初めから敗戦の色が濃かった。東京天文台は2月8日早暁に本館に火災が発生し，建物とともに貴重な観測記録や写真乾板，測定機器のほとんどが灰燼に帰した。さらに18日には爆撃による被害が構内に及び，小型機の来襲など危険が迫ったため，長野県への疎開が計画された。しかし，疎開の実施直前に終戦となった。東京大学の天文教室もすでに被災で消失していた。そんな中で天文台長に任命された萩原雄祐の精力的な活動が始まる。

　萩原雄祐 (Hagihara Yusuke, 1897〜1979) は大阪市の商家に生まれた。家庭は不遇で，一時，大学への進学をあきらめかけたが，府立今宮中学に在学中，恩師折口信夫の計らいで第一高等学校を経て，東京帝国大学理学部の天文学科に進学することができた。折口は優れた国文学者として國學院大學，慶應義塾大学の教授となり，また，詩人としても釈迢空として知られている。一高時代に萩原の父が事業に失敗して家からの送金が途絶えた際も折口は授業料や寮費の工面などで奔走した。萩原は後に会う人ごとに「私のこんにちあるはすべて折口先生のおかげです」と語っていたという。

　1921年（大正10年）に東京帝国大学天文学科を卒業，東京帝国大学助手兼東京天文台技手に採用され，1923年，助教授に昇任する。この年から2年間文部省在外研究員として主として英国のケンブリッジ大学へ留学する。ここではベーカー (H. F. Baker) から天体力学を，エディントン (A. S. Eddington) から天体物理学を学んだ。

　1925年（大正14年）に帰国し，東京天文台技師を兼任する。帰国後に取り組んだのは天体力学であった。1930年（昭和5年）に学位取得，1935年（昭和10年）に教授に昇進する。この頃から天体物理学の研究を始め，主として惑星状星雲の物理的構造を検討する。しかし，ライフワークとなる

図 8.16　萩原雄祐肖像

のは天体力学であった。

　教授時代の萩原はワンマンの雷親父的存在であったらしい。科学史家の中山茂はそのワンマンぶりに愛想をつかして天文を離れ，科学史に入ったとブログの中で学生時代を振り返っている。

　萩原が東京天文台長に任命されたのは 1946 年（昭和 21 年 10 月）の敗戦直後であった。荒廃した天文台の復興と研究体制の刷新が萩原の任務となった。

　まず，バラックの本館の建設から始め，報時室，仮本館，第二本舘などを次々に建設し，1950 年代に入ると観測施設の整備も進んだ。1949 年には乗鞍岳にコロナ観測所が開設されて，口径 10 cm のコロナグラフが据え付けられる。三鷹構内には太陽電波望遠鏡が設置されて 200 MHz の連続観測が開始した。1951 年にはクック 30 cm 写真儀を収容する観測室も建設された。

　職員数も 1947 年（昭和 22 年）には終戦前と同じ 32 名であったが，1948 年には一躍 132 名に増加する。また，教官制発足に伴って教授 2，助教授 2，助手 4 とともに技官（2 級，3 級）制度が導入された。

5.2 岡山天体物理観測所建設まで

萩原が台長としての仕事の中で最も力を注いだのは大型光学望遠鏡計画の推進であろう。それを思いついた事情を「七十四吋望遠鏡談義」という回顧文の中で次のように語っている[8.27]。

> 「私はあの戦災で無力になった天文台の台長を仰せつかった。全力はまず天文台の復興にあげた。報時事業を改善し，太陽観測装置を復活し，コロナ観測所を作り，そして電波天文学観測所も緒についた。そこで次の時代のために純天文学研究の施設を作っておきたいと考えていた。数度にわたって天文台拡充計画を文部省に提出しては他の大学付属施設からは妬まれていた。大望遠鏡，計算機械，工場設備などがその主なものであった。」

こうして大型望遠鏡の建設について萩原の活動が始まる。

萩原が大型望遠鏡の必要性として挙げたのは「鼎の三脚」論で，それを次のように述べている[8.28]。

> 「ヨーロッパとアメリカと日本とは経度で120度隔たっている。丁度茶の湯で使う鼎の三脚をなしている。……だからヨーロッパとアメリカと日本の三ヶ所に，同じ大きさの望遠鏡を置いて天界の現象のたえない不断の連続的研究をしなければならない。」

1952年にローマで開かれた国際天文学連合（IAU）総会に出席して，ハーロウ・シャプレーらのアメリカの知人に協力を依頼して望遠鏡の構造を練った。文部省にもたびたび出かけて必要性を説き，その中で74インチ望遠鏡の構想が次第に具体化してくる。しかし，予算総額が1.5億円を超えるので文部省からは無理であるという見通が伝えられた。

1953年の正月に講書初めの進講者に選ばれた萩原は佐倉宗五郎を思い浮かべ，

> 「星の進化について進講申し上げた後で，こんな研究をするには大型望遠鏡が必要である。1億5000万くらいあればできるのでそれが欲しいと申し上

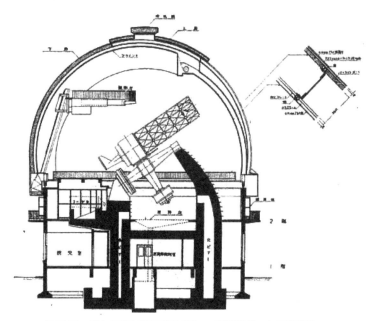

図 8.17　岡山天体物理観測所 188 cm 望遠鏡ドームの設計図

げた。」

　萩原は処分覚悟でこの直訴を行ったが，処分はなく，かえって，これが契機となって 74 インチ望遠鏡計画が進展したという[8.28], [8.29]。1954 年に予算が認められ，本格的な建設事業が始まる。事業には 2 つの大きな作業がある。1 つは望遠鏡本体の製作であり，口径 74 インチ（188 cm）反射鏡を英国のグラブパーソンズ社に委託することで話が進んだ。もう 1 つの作業は設置場所の選定である。国内に長野県，静岡県など何箇所かの候補地について調査が行われ，最終的に岡山県の竹林寺山に決まった。こうして岡山天体物理観測所の構想がまとまったのである。

　萩原はすでに退官していたが，1960 年（昭和 35 年）に岡山天体物理観測所は完成し，翌年から本格的観測が始まる。全国の研究者にも開放され，

図 8.18　岡山天体物理観測所の 188 cm 反射望遠鏡（1962 年撮影）

この望遠鏡によって日本の天体物理学は飛躍的な発展を遂げる。萩原は同じ回想の中で「世界に誇る研究成果が続出することを希望してやまない」[8.27] と述べているが，岡山の施設はその希望を実現したといえよう。

萩原は 1957 年（昭和 32 年）に退職後，1964 年まで東北大学教授，宇都宮大学長を歴任し，その後も天文学の活動を続けていたが，1979 年（昭和 54 年），病により急逝した。享年 82 歳であった。

5.3　天体力学と一般相対論

ケンブリッジで学んだ天体力学は萩原のライフワークとなる。1927 年に帰国し，東京天文台技師となってから，彼は天体力学に対する一般相対論の効果を考えていた。

アインシュタインが 1916 年に一般相対性理論を公表した翌年，ドイツのカール・シュヴァルツシルトは質点の周りの重力場に対する厳密解を導いていた。これは強く圧縮された球状天体ではその天体からの脱出速度も増大し，やがては脱出速度が光速を超える段階に達することを意味する。

こうなると物質も光も，ある半径以上は脱出できない状態になる。この半径はシュヴァルツシルト半径と呼ばれ，その内側はブラックホールとなる。

萩原は1930年にこのシュヴァルツシルト重力場の中でのテスト粒子の軌道運動を解析し，粒子が複雑な軌道を描きながらブラックホールに飲み込まれていく様子を描き出した。これはテスト粒子の運動であって，ブラックホールの内部構造と直接関係したものではなかったが，天体力学の視点からブラックホールの一面を描き出したものとして，ブラックホール物理学前史の一コマともいえるであろう[8.30]。

萩原は生涯を通して天体力学の研究を継続した。定年後もアメリカのスミスソニアン研究所やエール大学で天体力学の講義を行っており，その成果は『天体力学』5巻の著作となって公表された[8.31]。

5.4　惑星状星雲の研究

惑星状星雲は高温度星を中心とする希薄なガス雲で，中心星からの強い放射によって輝いている。ガス密度が$10^3 \sim 10^5$個/cm^3と，地球大気の10^{19}個/cm^3程度と比較してきわめて小さいことは星雲線の解析などから知られていた。萩原はエディントンのもとで学んだ天体物理学に基づいて惑星状星雲の量子論的研究を2つのテーマについて行っている。

(1) 惑星状星雲のスペクトル解析（1937年）

惑星状星雲では中心星からの紫外光によって水素原子が電離し，自由になった電子は衝突によって再び原子に結合する。電離と再結合の繰り返しにより，水素のスペクトルに輝線と連続光が形成される。萩原は電離と再結合が平衡状態にある星雲について電離，放射の放射過程を定式化し，連続スペクトルおよび輝線スペクトルを解析した[8.32]。萩原の研究はハーバード大学天文台のメンゼル（D. H. Menzel）やベーカー（J. G. Baker）[8.33]の取り組みと同じ時期に当たり，星雲物理学が日本においても独自に発展し

たことを告げるものとなっている。

(2) 惑星状星雲内の電子速度分布（1940～1942年）

粒子間に相互作用のない理想気体が熱的に平衡状態（熱の流れのない状態）にあるとき，ガス粒子の速度分布はマックスウェルの速度分布 $F(v)$ として次のように表わされる。

$$F(v) = n\left(\frac{m}{2\pi kT}\right)^{3/2} \exp\left[-\frac{m}{2kT}(v_x^2 + v_y^2 + v_z^2)\right] \tag{8.2}$$

ここで n はガス粒子の個数密度，m は粒子の質量，k はボルツマン定数，T はガスの温度，$v(v_x, v_y, v_z)$ はガスの運動速度である。

萩原は中心星からの強い放射にさらされている惑星状星雲において，この速度分布則が成立するかどうかの検討を始めた[8.34]。彼はマックスウェル分布の基礎となった統計力学のボルツマン方程式の吟味から出発し，希薄なガスが強い放射にさらされる場合にはこの分布則から外れると主張した。そのずれは形式的にはパラメータを β_2 として

$$f(v) = \beta_2 F_M(v) \tag{8.3}$$

と表わされる。ここで F_M はマックスウェルの分布則である。従って，この場合，速度分布の波長対称性は変わらず，非マックスウェル分布はガスの運動温度の違いに換算される。萩原の計算によると中心星の温度によって β_2 は 0.28～0.30 の範囲にあり星雲の電子温度は7割程度に低くなっている。萩原は非マックスウェル分布の効果は大きいと述べているが，運動温度に換算するとその差は観測される惑星状星雲の電子温度の散らばり程度であり，観測的には確認できない。萩原はその後も精力的に非マックスウェルの立場でスペクトルの解析を進めているが[8.35]，十分な成果とはならなかった。萩原の惑星状星雲の研究はその後，異なった形で畑中武夫，海野和三郎らに引き継がれて発展する。

5.5 畑中武夫[8.36]

萩原の天体物理学を引き継いだ畑中武夫 (Hatanaka Takeo, 1914〜1963) は惑星状星雲の研究から電波天文学に転じ，さらに星，銀河の進化論へと進んだ日本の天体物理学の開拓者の 1 人である。畑中は和歌山県田辺市で生まれ，新宮市で少年時代を過ごしている。中学時代から科学雑誌に親しみ，その中で次第に天文学を志すようになった。第一高等学校を経て 1933 年に東京帝国大学理学部天文学科に入学する。ここで萩原の薫陶を受け，1937 年に卒業して，引き続き天文学教室の助手に任じられる。

最初に取り組んだのは惑星状星雲に顕著な禁制線や，蛍光線と呼ばれる星雲輝線の形成機構の理論であった。ボーエン (I. S. Bowen) によって解明された星雲輝線の謎は OII，OII，NII などのイオンの基底状態に近い 2 つの準安定準位間の転移に関するものであった (第 5 章，図 5.30)。畑中は OIII について基底状態と準安定準位との励起過程を定量的に解析し，1942 年に禁制線強度，OIII の存在量などを導いた[8.37]。

続いて畑中が注目したのは蛍光線と呼ばれる OIII，NIII に見られる強い輝線である[8.38]。関係するイオンのエネルギー準位を図 8.20 に示そう。電離ヘリウム HeII の共鳴線 λ 303.780 Å と OIII の励起準位 ($3d^3P_0$) への遷移線 λ 303.799 Å との偶然の一致によって OIII のこの準位が過度に励起され，この準位から下に向かう放射線が強くなる。こうして強くなった輝線を蛍光線 (fluorescence line) という。次に OIII と NIII イオンにも一致する準位があり，それに伴って NIII の下方の放射線が強められて蛍光線となる。こうした蛍光線の形成について畑中は光学的相互作用という解析法に基づいて詳細に検討し，蛍光線の強度やイオンの相対存在量などの物理量を推定している (1946 年)[8.38]。

畑中のこれらの仕事は京都大学の宮本正太郎 (5.5 節) とともに，星雲の物理学において日本の研究がようやく独り立ちしたことを示している。

次いで畑中は電波天文学へと進む。地球外から飛来する宇宙電波は 1930 年代に発見され，1950 年代には世界の各地で電波望遠鏡が建設され

図 8.19　畑中武夫肖像

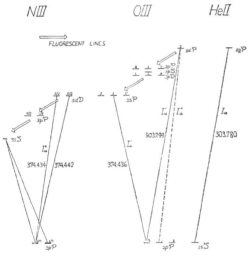

図 8.20　蛍光作用に関連するイオンのエネルギー図
　　　　蛍光線は矢印（⇒）で示されている。

ていたが，日本では全く未開の領域であった．畑中は電波天文学の重要性に気づき，研究領域を星雲物理学から電波天文学へと転ずる．はじめは太陽電波であった．1953 年に 10 m パラボラアンテナが設置され，半ば手作りでの観測が始まった．畑中の助手として観測に参加した守山史生は当時の様子を次のように回顧している[8.36] b．

> 「私（守山）の就職した年から太陽電波の観測が始められた．赤道儀式にマウントされたビーム・アンテナを 30 分に 1 回手で動かして，太陽を追いかけるというきわめて原始的な観測であった．……アンテナの近くに建てた小さな小屋の中で，受信機のスピーカーから流れ出る『シュー』という音を聞きながら，時々入る混信をチェックし，タイムマークを入れるのが観測者の仕事で，われわれはこれをノイズ番と呼んでいた．」

これが日本における最初の電波観測であった．その後，電波天文学は野辺山宇宙電波観測所の 45 m パラボラ，多素子干渉計の建設などを通して大きく発展する．

畑中は電波天文学の研究とともに，視野を広げ，星や銀河の進化についても研究を進めている．1956 年には武谷三男，小尾信弥とともに星の種族と進化に関する 1 つのスキームをまとめている[8.39]．このスキームはその後の日本における星と銀河の進化論に大きな影響を与えた．

畑中は理論天文学から電波天文学にわたる広範な研究分野を持ち，天文学と物理学の橋渡しが期待されていたが，1963 年（昭和 38 年），脳溢血のために急逝した．享年わずか 49 歳であった．

6 荒木俊馬から宮本正太郎へ，京都における天体物理学

6.1 荒木俊馬，その生涯[8.40]

熊本県鹿本郡来民町（現山鹿市）は菊池川をさかのぼった上流の阿蘇山

図 8.21 荒木俊馬肖像

を望むひなびた町である。荒木俊馬（Araki Toshima, 1897～1978）は 1897 年（明治 30 年），鹿本中学校長荒木竹次郎の長男として誕生した。父は荒木が小学 6 年のとき旅先で客死したのでそれ以後は母記壽のもとで成長する。1919 年（大正 8 年）に広島高等師範学校理科を卒業，その翌年京都帝国大学理学部物理学科に入学した。1921 年に宇宙物理学科が創設されるとともに転科し，1923 年に卒業すると，その年の 4 月から講師として宇宙物理学教室に勤務する。師の新城新蔵の信頼を得て変光星の研究を始める。翌年，新城の長女京子と結婚し，同年 10 月に助教授に昇進する。

1929 年 1 月（昭和 4 年）より 2 年あまり，ドイツに留学，主としてポツダム天体物理学観測所のルーデンドルフ（H. Ludendorff）および，ベルリン大学（Friedrich-Wilhelm Universitat）のフォン・ラウエ（Max T. F. von Laue）に師事する。留学中に荒木が最も力を入れていたのは量子物理学の習得であった。

1931 年に帰国すると翌年から天体物理学および天体力学の講義を担当する。荒木の弟子の清永嘉一は「荒木先生は京都大学で初めて量子力学の特別講義をされた」と回顧している[8.40] b。帰国後の京大における荒木の研究は 2 つの時期に分かれている。

第1は量子統計力学に基づく星の内部構造論（1931～1934年）
第2は広がった星の大気の放射場理論（1936～1942年）
どちらも量子物理学に基づいた研究である。

1941年（昭和16年）京都帝国大学教授となるが，1945年（昭和20年）9月，京都大学を退職する．これは戦時中に国粋的な大日本言論報国会の理事を務めたための公職追放であった．そこで荒木は弟子の清永嘉一，高木公三郎とともに京都府天田郡上夜久野村に移住し，協同して執筆に専念する．この間に『天文学総論』（6巻），『現代天文学事典』，『天文年代学講話』などの大著を公刊している．

1954年（昭和29年），公職追放が解けて京都に戻り，大谷大学教授に就任，続いて，1965年（昭和40年）には京都産業大学を創立して初代学長，兼理事長となる．この大学は当初，経済学部と理学部から構成されるという異色の大学であったが，ついで，経営学部，法学部，外国語学部が増設され，京都における主要な私立大学へと成長した．1978年（昭和53年）に京都左京区の自宅において心不全のため突然のように永眠した．享年81歳であった．

荒木は酒を愛し，芸術家の気風があった．ドイツ留学中には帰国するまでに1700枚に及ぶ絵葉書とスケッチに旅行記録を書いて母に送っている．その一部は逝去後『疇山旅画帳』（1980年）として残されている．

6.2　変光星

荒木の最初の研究は新城を引き継ぐ変光星の理論であった．ケフェウス型変光星および長周期変光星の変動周期は一定ではなく，周期ごとに多少の変動が観測されている．荒木は新城の提唱した離心的心核モデル（図8.5）に基づいて，変光周期の変動は塵集団に第3の心核が存在するためとして，それを115星について観測された統計的性質から推論している[8.41]．また，1925年には主に統計的考察と星の進化論の立場から，シャプレーやエディ

ントンによる脈動理論と比較し,

「進化論の観点から離心核仮説が最も妥当のように思われる。」

と結論していたが,1928年になると離心核仮説から離れ,変光の原因は「星の大気圧の変動による」として,脈動論に一歩近づいている[8.42]。

6.3　星の内部構造

　留学中に荒木はオックスフォード大学のミルン(E. A. Milne, 1896～1950)の恒星内部構造の研究(1930年)[8.43]に関心を寄せていた。ミルンの時代,恒星の熱源としては物質消滅説が一般的であり,ミルンはその説に立って定常的な球状構造を持つ恒星を,点源モデル(中心に点源を持つ通常の巨星,矮星)と,一様な熱源を持つ標準モデル(縮退した高密度星,白色矮星)との2種類に分類した。ミルンによると両者は星の光度Lによって次のように2つの臨界点L_0, L_1で分離される[8.43]。

光度L	0		L_0		L_1		大
熱源		標準モデル		点源モデル		定常解なし	
星種別		高密度星		通常星		存在せず	
		(白色矮星)		(矮星,巨星)			

これは1930年頃の内部構造論の1つの到達点であった。荒木はミルンの研究を拡張して白色矮星の研究を始めた[8.44]。ミルンの標準モデルでは吸収係数kとエネルギー発生率εとが共に白色矮星の内部で一定であり,星は指数1.5のポリトロープ球として近似できるとする。それに対し,荒木はεが一定ではなく,星中心部の高密度領域で大きくなるであろうと考え,εとガス密度ρとの関係を

$$\varepsilon \propto \rho^{-\sigma} \qquad (8.4)$$

とおいてミルンの標準モデルの拡張を図った。ミルンでは$\sigma=0$である。

表8.1 白色矮星のミルンと荒木モデルの比較[8.44]

		標準モデル $\sigma=0$	荒木モデル $\sigma=1$	観測値
平均ガス密度	g/cm^3	4.79×10^5	7.66×10^4	6.1×10^4
星半径	cm	9.94×10^8	1.74×10^9	1.88×10^9
有効温度	K	11,300	8,330	8,000–10,000

σは種々の値をとりうるが荒木は$\sigma=1$の場合についてモデル計算を行った。その数値解をミルンの標準解および観測値と比較すると表8.1のようになる。この表から荒木は$\sigma=1$の場合が観測とよく整合すると述べている。

荒木の内部構造論は助教授であった竹田新一郎 (Takeda Shin'ichiro, 1901～1939) に引き継がれる[8.45]。竹田は星の進化や天体の形状などで将来が期待されたが，38歳で夭逝した。

6.4　広がった膨張大気

星の表層は光球と呼ばれ，スペクトルに吸収線を形成する。光球の外側にはガス密度の低い広がった大気 (extended atmosphere，以下，星周圏，circumstellar envelopeと呼ぶ) が広がり，この領域で輝線が形成される。同じように惑星状星雲も星を取り巻くガス圏で輝線を生じるが，その構造は大きく異なっている。両者の構造の違いを表8.2に示そう。この表で両者のガス圏は外半径R_1（光球はR^*）を持つ球状構造を持ち，平均ガス密度は単位体積あたりの原子数で表わしてある。

表8.2に見るように，両者は全く異なった天体であるが，共通しているのは水素や金属に輝線を示す点である。

惑星状星雲ではガス密度が低いためガス圏は輝線に対して透明である。ガスは星からの紫外光によって電離し，自由になった電子はやがてまた結合する。エネルギー準位の高いところに結合した電子は下の準位に向けて

表 8.2　星周圏と惑星状星雲との比較

種別	中心星	外半径 R_1/R^*	ガス密度 個/cm^3
惑星状星雲	高温度星（注1）	$10^7 \sim 10^8$	$10^3 \sim 10^6$
星周圏	高温度星（注2）	$10 \sim 50$	$10^{10} \sim 10^{12}$

(注1) 星の進化の最終段階にあってガスを放出するO, B型星，超巨星から矮星まで幅広い光度階級に分布する．
(注2) 星の進化の初期ないし中期にあって，膨張する（WR星，P Cyg型星），あるいは，回転する（B型輝線星）ガス圏を持つ星．

カスケード的に遷移して輝線を生じる．これらの輝線はそのままガス圏外に放射され，「再結合線」と呼ばれる輝線を形成する．これがガス圏が透明な場合の輝線形成である．第5節で述べたようにこれが1930〜40年代にメンゼル（D. H. Menzel），ベーカー（J. G. Baker）[8.33]や萩原[8.32]らの取り組んだ問題であった．

一方，星周圏はガス密度が高く，光球に近いことなどで，ガス圏内における光の吸収，再放射の効果が重要になる．従って，単純に惑星状星雲の再結合過程を応用することはできないが，1930年代では再結合過程の仮定に立って定性的な議論が進んでいた．膨張大気についてはビールス（C. S. Beals）が1929年に，回転大気についてはシュトルーヴェ（O. Struve）が1931年に，それぞれ定性的な説明を試みていた時代であった．

荒木は栗原道徳（後に九州大学に赴任する）とともに1936年頃からP Cyg星や新星のような膨張型星周圏の輝線形成の理論的研究に入る[8.46]．

荒木らは球状に膨張する星周圏では，ある波長の放射線が特定の視線速度を持つ星周圏の限られた領域から放射されることに着目して，1937年に「光学的周界」という概念を導入した．これは基本的には等視線速度曲面の数学的扱いであるが，この概念に基づいて輝線の相対的強度および輝線輪郭を導いた．膨張速度が星の中心からの距離のべき乗に比例する場合について，べき指数 s を変えた場合の水素輝線の輪郭を図8.22に示そう．観測との比較の例として，1918年に出現したわし座新星の輝線輪郭の時間変化を図8.23に示す．これを理論的輪郭と比較すると，この新星の膨

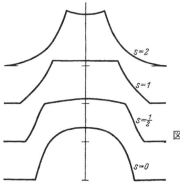

図 8.22 膨張大気で形成される輝線輪郭
大気は星中心からの距離 r の s 乗に比例して膨張すると仮定した場合の輪郭例である。

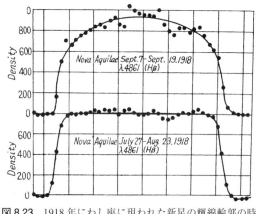

図 8.23 1918 年にわし座に現われた新星の輝線輪郭の時間変化

張速度は同年 7～8 月の $s=1/2$（距離の平方根に比例）から，9 月には $s=0$（等速）に変じたことを示している．こうして荒木らは光学的周界という新しい概念を導入し，日本における星周圏研究の基礎を築いた．

6.5　宮本正太郎[8.47]

　宮本正太郎（Miyamoto Shotaro, 1912〜1992）は広島県尾道市で穀物輸入業を営む宮本市助の長男として生まれた。少年時代は熱心な天文アマチュアとして友人とともに火星の観測などに取り組んでいた。山本一清（第4節）は天文同好会を設立し，天体観測の普及と指導のため岡山にも幾たびか来訪しているがアマチュアのなかで特に目をつけていたのが宮本少年であった。宮本は後に若き日の思い出を次のように語っている。

> 「中学の頃から山本一清先生の指導を受けるようになり，大学も先生の命令で京都の天文学科へということになった。」[8.47] b

こうして，姫路高等学校を経て京都帝国大学宇宙物理学科に入学するが，選んだのは観測ではなく，理論分野で，荒木俊馬の薫陶を受けることになった。1936年に卒業，陸軍に入隊するが病気のため除隊となり，京都に戻って1940年に講師，1943年に助教授に進む。

　1945年，敗戦に伴い，荒木は高木公三郎，清永嘉一とともに京都大学を去るが，宮本は留まり，戦後の宇宙物理学教室における天体物理学の研究と教育を1人で立ち上げる。宮本は1948年に教授に就任し，1958年に花山および飛騨天文台が理学部付属施設として独立すると，専任の天文台長として1976年の退官まで，月および惑星の観測を続ける。1992年逝去，享年79歳であった。

　宮本の研究は年代を重複させながら大きく次の5分野に分けられる。

（1）星雲のスペクトル理論（1938〜1950年）
（2）早期型特異星大気の放射場と安定性（1942〜1953年）
（3）太陽（コロナ，彩層）のスペクトル理論と外層大気構造（1943〜1951年）
（4）太陽フラウンホーファー線の輪郭と強度（1953〜1957年）
（5）惑星科学の観測と理論（1958〜1976年）

図 8.24　宮本正太郎肖像

各分野の論文はすべて宮本正太郎論文集[8.47]c に収められている。

　第 1 分野の星雲理論は放射過程（光の吸収，放射）の中での電子衝突による効果の計算が中心である．惑星状星雲のバルマー輝線は $H\alpha$ 線から $H\beta$，$H\gamma$ 線へと強度が減少するが，電子衝突の効果を取り入れると，電子温度の高い星雲では減少率が大きくなることを示した（1938 年, 1939 年）．また，1939 年には 2 回電離した酸素イオン（OIII）について電子衝突の確率を計算し，惑星状星雲 6 個の電子温度が 3500 K から 9300 K の間に分布することを示した．これらの研究は戦争中に行われたので，ハーバード大学天文台のメンゼル（D. Menzel, 1940 年）とはほとんど独立に進められた．電子衝突の効果は宮本の理論的研究の中心をなすもので，その成果は太陽研究に活かされている．

　第 2 分野の早期型特異星とはオルフ・ライエ星や輝線 B 型星のように星周圏を伴い，輝線を形成する星を指している．輝線の形成について 1940 年代は前節で述べたように惑星状星雲との類推から再結合過程が基本過程になっていた．これに対し宮本はガス密度が高く，星からの電離放射が強い星周圏では星雲と異なって水素の第 2 準位からの電離が主要になることを示し，それを Be 型放射場と呼んだ（1942 年）．次いで，1953 年

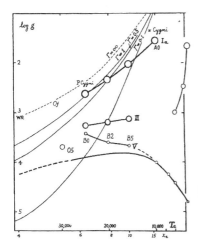

図 8.25 早期型星大気の安定性の判定指数曲線と星の分布(宮本,1952 年)
横軸は星の有効温度,縦軸は表面重力を表わす。

には高温度星大気の安定性を考察し,判定指数 Γ を導入した。Γ は重力と放射圧の効果を比較する量で $\Gamma<1$ のとき大気は安定,$\Gamma>1$ のとき大気は不安定となって,大気からガス流出が始まる。HR 図上での Γ 指数一定の曲線を図 8.25 に示そう。この図上で P Cyg 型星が $\Gamma=1$ の曲線付近に分布し,それらの大気が不安定であることを示している。1950 年前後は恒星大気の力学的構造の理論はまだ揺籃期にあったから,恒星大気の力学的考察は宮本の先進性を示すものであった[8.48]。

第 3 の分野は太陽外層大気(コロナ,彩層)である。太陽コロナのスペクトルには多数の輝線が表われている。それらの輝線は長い間,未知の元素コロニウムによると考えられていた。1941 年にエドレン(B. Edlén)によってそれらの輝線がニッケル,カルシウム,鉄の高階電離イオンとして同定された。宮本はこれらのイオンは衝突電離として説明し,輝線の相対強度や輝線の幅などから,コロナの温度を 100〜200 万度(K)と見積もった[8.49]。宮本はこのときの状況を次のように回想している[8.47]d。

「コロナの輝線が鉄やニッケルの高階のイオンの出す禁制線だと知ったとき

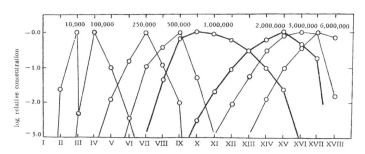

図 8.26 太陽コロナにおける鉄の電離状態（Miyamoto 1949）
横軸は鉄の電離階数，縦軸は上端に示された温度における鉄イオンの相対的存在数。

は茫然としてしまいました．しかし，次の日には電子衝突によるコロナの新電子論が出来上がっていました．……この研究が停滞することなく進んだのは，偶然にも星雲について電子衝突の知識を持っていたからです．」

この新電子論によって導かれた鉄イオン（中性から17回電離まで）の各階イオンの存在比を図8.26に示そう．横軸は鉄イオンの電離階数で図の上辺に示した電子温度に対応する．縦軸は各階イオンの相対存在量である．観測では鉄輝線はFeXI〜FeXIVイオンが主体（図の太線で示す）であるから，この図からコロナの温度がほぼ100万〜200万度と推定される．

また，彩層スペクトルについても衝突電離に基づく平衡理論を考察し，彩層の電子温度を6000 K 程度の低温と見積もった[8.50]．一方，レッドマン（R. O. Redman, 1942年）はヘリウム輝線が存在することから35000 Kと高温に見積もっていた．その後，マイクロ波電波，紫外域輝線など多くの観測は宮本の低温度説を裏付け，宮本説が定着するようになった．

1958年以降，京都大学理学部附属天文台長（現 理学研究科附属）となった宮本は第5の分野として，月，火星を中心に惑星科学に独自の見解を示した．月の地質学ではクレータの成因について「隕石説」に対して「火山説」を唱えた．月は形成当初，溶融状態にあったが，重力が小さいため冷却が急速に進み，厚みの薄い地殻を形成した．このため大規模な造山運動

は起こらず，海と山岳の分布は不規則で明白な山脈は存在しない．こうして月面地形の多くは月面の低い重力によって説明されることを示した．また，火星大気の気象学では大きな黄色雲の発生と移動を観測し，火星大気には南半球から北半球へと流れる大気大循環の存在を示して国際的にも注目された[8.47] c．

こうして宮本は 1940 年代に星雲，太陽物理学から，太陽系天体に至る広範な研究によって日本における天体物理学と惑星科学の基礎を固めた．

7 藤田良雄と低温度星

7.1 藤田良雄の生涯[8.51]

藤田良雄（Fujuta Yoshio, 1908〜2013）は明治 41 年に福井県福井市で誕生した．父は福井新聞の編集長を務めた藤田貞造である．福井中学から第一高等学校に入る．藤田が天文学に興味を持つようになったのはその頃であるという．夏になると北陸にも晴天の日が多くなる．夏休みに帰省していた折に仰ぎ見た星座の美しさに魅せられたのが天文学進学の動機になったと回顧している．こうして，1928 年（昭和 3 年）に東京帝国大学理学部天文学科に入学する．同級生は後に東北大学に移る一柳壽一と韓国の学生を加えた 3 人であった．また，天文学教室は麻布の狸穴にあったため，本郷での講義の後は狸穴まで通っていた．

藤田は 1931 年に卒業し，早乙女清房台長の招きによって東京天文台に勤務する．ここで与えられた仕事は主に 2 つあった．

第 1 の仕事は天文台内の太陽塔にシーロスタット（太陽望遠鏡）を据付け，立ち上げる作業である[8.52]．太陽塔は高さ 16 m で最上階が円形のドームになっており，太陽光はドーム内の口径 65 cm の平面鏡 2 個に反射して地下の分光室に送られる．藤田が作業を始めたときはシーロスタットの資材は細かい部品として梱包されたままの状態であった．それを取り出し

図 8.27　藤田良雄肖像

て組み立て，また，鏡には銀メッキを施さねばならない．こうして，藤田は苦労してシーロスタットを立ち上げる．この太陽塔は日本で初めての太陽の高分散分光装置であったが，彼はこれを用いて太陽スペクトルの観測に乗り出すことはなかった．これは彼が次に述べる分光実験により大きな興味を抱いたからである．

　第 2 の仕事は真空分光の助手である．紫外光のスペクトルを撮影するためには装置全体を真空にする必要がある．それが紫外分光器である．東大物理学教室の田中務は毎週天文台に来て重水の真空分光を行っていた．田中の研究は分子スペクトルの解析であった．高度の真空度を必要としたので 2 種類の真空ポンプを用いたが，その 1 台は手製であり，操作にはかなりの熟練を要するものであった．藤田は田中とともにこの実験に取り組み，分子スペクトルの美しさに惹かれて分子分光への道に進むことになったという．

　1937 年（昭和 12 年）に天文台から東大理学部に講師として戻り，恒星分光学の理論的研究を進める．このころ，高嶺俊夫は理化学研究所において分光実験に取り組んでいたが，天体スペクトルにも興味を持っていたため，研究室内でセミナーを開いていた．参加していたのは物理分野からは高嶺

俊夫，富山小太郎，山内恭彦，小谷正雄，天文分野からは萩原雄祐，藤田良雄，畑中武夫らであった．これは1941年頃まで続くが，それ以後，日本は戦時下となり，基礎研究の遂行は次第に困難になる．

1944年に助教授に昇進するが，この年は太平洋戦争が深刻になり，東大天文学教室も長野県の上諏訪へと疎開した．その間に三鷹の東京天文台も被害を受け，狸穴の天文学教室も焼失した．1945年8月敗戦を迎え，東京大学と東京天文台の復旧が大きな課題となった．

戦後の混乱を経て，藤田に転機が訪れる．アメリカへの短期留学である．1950年9月3ヶ月の予定でサンフランシスコに近いハミルトン山のリック天文台に到着し，台長のシェーン (Charles D. Shane, 1895～1983, 銀河天文学) に迎えられる．この天文台はすでに述べたように36インチ (91 cm) 屈折望遠鏡，クロスリー36インチ反射望遠鏡および20インチツイン屈折望遠鏡を主力とする近代的天文台である．その中で藤田は36インチ屈折鏡に取り付けたプリズム分光器でカシオペア座R星の分光観測を行う．初めての分光乾板が得られたときの思いを

「私の憧れていた低温度星のスペクトルを目の当たりに見て感激はひとしおであった．」

と回想している[8.51] a．

その後，9ヶ月の留学延期が可能となり，1950年12月にヤーキス天文台に移る．台長のベンクト・ストレームグレン (Bengt Strömgren, 1908～1987) に迎えられ，ここでは40インチ (101 cm) 屈折望遠鏡の分光器によるはくちょう座U星の観測と解析を行う．

1951年に帰国し，東京大学理学部教授として天文学を担当し，アメリカでの経験を活かして，日本における大型望遠鏡計画に大きく寄与することになる．

1969年 (昭和44年) に東大を定年退官するが，その後も東海大学教授から日本学士院会員，同院長を歴任，天文学に留まらず，日本の学術文化の発展に寄与する．

藤田は歌人としても知られている。学生時代からの趣味であったという[8.51] a。

　　瀬戸内の　島々見ゆる　山の上の　天文台は　いと静かなり
　　山並みを　へだてて見ゆる　瀬戸の海　天文台の日は　暮れむとす
　　かすかなる　赤き光を　スリットの　上に落とせる　わが星を見る

1999年には歌会始の召人として

　　青そらの　星をきわめむと　マウナケア　動きそめにし　すはるたたえむ

と詠んでいる。藤田は晩年まで元気で，2009年の硫黄島の日食の折には100歳の最高齢船客として船上から双眼鏡で観測したりしている。2013年1月，104歳の天寿を全うして死去した。

7.2　恒星分光学と低温度星

　低温度星について藤田の研究は2つの時期に分かれる。1930〜40年代の理論的研究と1950年代以降の観測的研究である。生涯にわたる主要な論文は藤田良雄論文集[8.53]にまとめられている。

　前期の研究は低温度星に現われるCH，ZrOなどの2原子分子についての解離平衡の計算から始まる。原子Aと原子Bによって分子ABが生成されるとき，解離平衡は一般に次式で表わされる。

$$\frac{p_A p_B}{p_{AB}} = K_{AB} \tag{8.5}$$

ここでp_A, p_B, p_{AB}は原子と分子の分圧，K_{AB}はガスの温度および原子，分子の定数に依存する複雑な関数である。藤田は多数の分子について低温度星の大気における解離平衡の計算を行い，大気の組成，表面重力の影響などを導いた。特に表面重力の効果を考察し，巨星と矮星の大気の比較を行い，従来の大気モデルを修正して，巨星大気中の分子存在量が矮星より

大きいことなど，新しい見解を示した (1935年)[8.54]。これは国際的にも高い評価を受け，後のリック天文台留学への契機にもなっている。

また，ハーバード分類における分光系列は1920年に提唱されたサハ (M. N. Saha, 1893〜1956) の電離論によって星の温度系列と見なせることが一般的な見解であった。星の元素組成は太陽と同一と見なされたが，それではG型星より晩期の低温度星において，なぜ，R-N，S型の分離が生じるのか説明できない。藤田は解離平衡の解を発展させ，晩期型星の分離がO, N, C原子の相対存在量と，有効温度との2つのパラメータによって決定されることを示した。さらに分子存在量の解析から新しくS′型を導入した。SとS′との相違はTiO分子とZrO分子の存在量の違いである。S型はジルコニウム星とも呼ばれ，ZrOの存在量が多いが，S′型はZrOが少なくむしろ炭素星に近い分子組成を示す。こうして分光系列はG型以降，次のように4つの系列に分けられることを示した[8.55] a。

$$
\begin{array}{c}
\nearrow \text{R — N (炭素星)} \\
\text{O — B — A — F — G — K — M (主系列星)} \\
\searrow \text{S (ジルコニウム星)} \\
\downarrow \text{S′}
\end{array}
$$

藤田の観測的研究は1950年代から次の3つのステップとして進められる。

第1：リックおよびヤーキス天文台における分光観測と解析。1950年，藤田はアメリカにおいて初めて大型望遠鏡による分光観測を体験する。リックでは36インチ屈折望遠鏡によるはくちょう座χ星の観測と解析に当たり (1951年)[8.56]，ヤーキスでは5個の炭素星 (R-N系列) に対する40インチ鏡クーデスペクトルの解析を行っている (1956年)[8.57]。これらはどれもスペクトル線の同定，原子と分子線の視線速度，吸収線強度などから有効温度の推定や

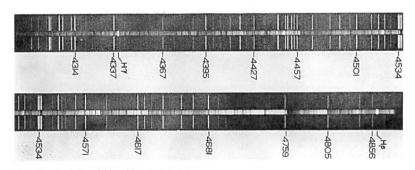

図 8.28 はくちょう座 χ 星のスペクトル
リック天文台 91 cm 屈折鏡に取り付けたミルス分光器によるスペクトル．両脇の比較スペクトルはチタンの輝線．1950 年 10 月 10 日に藤田撮影．

元素組成の解析などを行ったものである．

第 2：岡山天体物理観測所の立ち上げに対する貢献．藤田が帰国してまもなく，新天文台の計画が始まり，1954 年には東京天文台内に七十四時委員会が設置される．藤田は委員長として，設置場所，望遠鏡の設計など全般的計画に当たる．望遠鏡建設は英国のグラブパーソンズ社に決定したが，藤田はとくにクーデ分光器の設計についてアメリカでの経験を活かし，188 cm 鏡の主要装置として優れた機能を持つ分光器に仕上げた．

第 3：岡山天体物理観測所における分光観測．188 cm 反射望遠鏡のクーデ焦点に取り付けた分光器による炭素星の観測は 1961 年から始まり，最初の成果は 1963 年から 1964 年にかけて 3 編のシリーズとして公刊された[8.58]．

炭素星（C 系列）は HD 分類では主系列から分離した R–N 系列で，キーナンとモルガン（Keenann and Morgan，1941 年）[8.59] によって C 分類として C0 から C9 まで 10 分類された星である．藤田は 10 個ほどの炭素星に対して写真赤外分光（7000〜9000 Å）を行い，分子線の同定，分光分類，化学組成などの測定を行っている．図 8.29 に藤田の観測で得られたスペクトルトレースの一例を挙

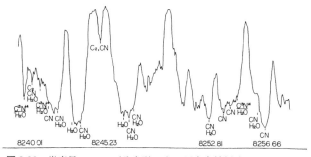

図 8.29　炭素星 UX Dra（分光型 C7）の写真赤外領域のスペクトルトレースの例（1964 年）。
H$_2$O とあるのは地球大気中の水蒸気による吸収線。

げよう．1965 年には炭素星に留まらず，晩期型星全般に対し，岡山天体物理観測所の観測を中心に，分子の解離平衡理論に基づく解析法を確立した．

こうして，藤田は低温度星に対する分子線解析の理論と観測の両面で日本における低温度星研究の基礎を築いた．

8　松隈健彦，一柳壽一と仙台における天体物理学

1922 年の 11 月，アインシュタインが来日し 1 ヶ月余り各地で講演会を開いた[7.26]．このとき，アインシュタインを国内各地に案内し，講演通訳などに当たったのが石原純（Ishihara Jun, 1881〜1947）であった．石原は東北帝国大学創立（1911 年）に伴って物理学助教授に就任し，重力理論などに取り組み，ヨーロッパ留学時代にはアインシュタインに会って教えを受けている．物理学科は創立以来，星学という講座も設置され天体物理学への関心も高かった．石原は 1924 年に大学を去り，それを引き継いだ形で赴任してきたのが松隈健彦である．

図 8.30 松隈健彦肖像

松隈健彦 (Matsukuma Takehiko, 1890〜1950)[8.60] は佐賀県唐津市出身で，1913 年に東京帝国大学星学科を卒業した．第一高等学校 (旧制) 教授などを歴任した後，1924 年に東北帝国大学に助教授として赴任する．1925 年から 1927 年までケンブリッジ大学に留学し，エディントンから相対性理論を学んでいる．1934 年に東北帝国大学に天文学科が設立されると初代教授となり，没年の 1950 年まで研究と教育に当たる．

松隈は 2 つの分野で天文学に貢献している[8.60], [8.61]．第 1 は天体力学の分野で，三体問題の研究に取り組んだ．3 個の天体は互いの重力によって複雑な軌道を描くため，その軌道の解析は 18 世紀からの課題であった．彼は基礎となる方程式の数値解の重要性を指摘し，それに基づく軌道の分類を行っている．

第 2 は球状星団の力学である[8.61]．球状の美しい姿を見せる球状星団について，写真上の 2 次元分布から 3 次元分布を導く方法を考察し，3 次元的に分布する星の密度分布を表わす方程式をとして次式を導いた．

$$\frac{\partial^2 \phi}{\partial r^2} + \frac{2}{r}\frac{\partial \phi}{\partial r} + \frac{\phi^n}{a^2 + r^2} = 0 \tag{8.6}$$

図 8.31　一柳壽一肖像

ここで ϕ は星団内の力の働き方（ポテンシャル）を表わし，r は中心からの距離，n, a は定数である．彼はこの方程式に基づいて星団の力学的構造を考察した．この方程式はその後，松隈方程式と呼ばれ，数学者の研究対象にもなっている．

松隈に推薦されて東北帝国大学に赴任したのは一柳壽一（Hitotuyanagi Zyuiti, 1910〜1998）[8.62] であった．一柳は東京で生まれ育っているが，その本籍は信州・安曇野にあったらしい．旧制東京高校を卒業して 1928 年に東京帝国大学天文学科に入学する．藤田良雄とは同学年になっているが，一柳は 2 歳年下であるから，どこかで飛び級をしたのであろう．量子力学や相対性理論から天体物理学まで，深い理解を示していた．一柳は 1931 年に卒業と同時に松隈に招かれる．それ以後，1973 年に退官するまで 40 年間にわたって東北大学における天体物理学の発展に寄与する．彼は一時期，結核に侵されていたため留学の機会を失している．

一柳は生涯を独身で通し，清廉な生涯を終えた．弟子の須田和男はその生活ぶりを

「書籍と学術雑誌に埋もれたお暮らしで，テレビというようなものは一度も

身辺に置かれたことはなかった。」
と振り返っている[8.62] b。

しかし，その反面，一柳は音楽を愛し，美術館や展覧会にはよく足を運んでいた。また，スキーの愛好家でもあり，教授室の一隅にはスキー板が置いてあって，冬になるとそれを持って温泉に出かけるのが楽しみだと語っていたという[8.62] c。

一柳の研究は恒星内部構造論に始まり，太陽大気の理論から1960年代以降は銀河系の力学へと広い範囲にわたっている。

1934年に始まった一柳の内部構造論は星のエネルギー源としてエディントンのサブアトミック過程（物質消滅）が仮定されていた時代であった。一柳の研究はエディントンの批判から始まる。エディントンは1926年の内部構造論[4.3]（第4章）において，内部のエネルギー発生率 ε が密度 ρ の8/5乗より大きい場合には，星は脈動に対して過安定になると述べていた。一柳[8.64]はロスランド (S. Rosseland) の高い近似法[8.65]に基づき，$\varepsilon = \varepsilon_0 \rho^2$ の場合について内部構造の解を求めた。その結果，密度の依存性が高くても星は脈動安定性を保つことを示し，安定性の判定が近似法によることを指摘している。また，エネルギー源としては陽子と電子の消滅過程の可能性を考察し，消滅の生起確率の計算を行っているが，これは成功せず，問題の困難さを指摘するに留まった。これは1930年代前半という時代的背景を反映している。

1940年代には太陽の周縁減光についての理論的研究に進む。太陽面では中心から周縁に向かって明るさが減少する。これを周縁減光と呼んでいる。当時，太陽大気は放射平衡にあると見なされていたが，一柳はそれでは周縁減光が理論的に導けないことを指摘し，放射平衡にある太陽大気のすぐ内側にある対流層が効果を及ぼしていると考えた。この観点から，太陽大気論を詳細に検討して大気中の放射平均強度を近似的に解き，第2近似によって観測に近い減光曲線の得られることを示した[8.65]。一柳の計算した曲線と観測との比較を図8.32に示す。

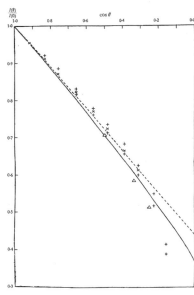

図 8.32 太陽の周縁減光の理論と観測値との比較（1914 年）
点線は第1近似，実線は第2近似

1950年代以降，一柳の関心は銀河系に広がる。退官前年の1973年には銀河の構造と進化に関するシンポジュウムがひらかれ，天文学，物理学の両分野からの幅広い討論が繰り広げられて，天体物理学研究の新しい幕が開かれた。この中で一柳は正常銀河の構造に関するレビューを行っている[8.66]。

こうして，松隈と一柳によって東北大学における天体物理学の基礎が築かれた。

第9章 現代天文学への展開

19世紀から始まった3つの源流は1940年代には天体物理学として1つの流れに合一する。1950年代からは電波天文学をはじめとする新しい分野が次々に加わり、天文学は巨大科学へと成長していく。20世紀後半の天文学はこの成長の時代である。本章では電波天文学、新技術光学赤外望遠鏡、大気圏外観測の発展を順に概観し、最後に宇宙気体力学の開幕と磁気流体理論への展開について考察する。日本の主な観測施設についても触れてみたい。

日本のX線衛星はくちょう（1979年打ち上げ）

1 電波天文学の登場[9.1], [9.2]

1.1 宇宙電波の発見

電磁波の実験的検証は1888年のヘルツ（H. R. Hertz, 1857〜1894）にさかのぼるが，宇宙からの電波を最初に捉えたのはアメリカ，オクラハマ生まれのカール・ジャンスキー（Karl Jansky, 1905〜1950）であった．ジャンスキーはウィスコンシン大学で物理学の学位を取得した後，1928年にニュージャージー州のベル電話研究所に就職，短波（波長10〜20 m）の送信技術の開発に取り組み始めた．1931年に空電現象の観測中，銀河中心方向からの周波数20.5 MHz（波長14.6 m）の微弱な電波を検出し，その結果を1933年に研究所の紀要に発表した[9.3]．しかし，この発見は当時の天文学界の関心を呼びおこすに至らなかった．当時の天文学はまだ光以外の観測まで思いが及ばなかったためである．ジャンスキーを継いだのはイリノイ州ウィートン生まれのグロート・レーバー（Grote Reber, 1911〜2002）であった．彼はイリノイ工科大学から電気工学の学位をとり，シカゴ近傍の電機工場で働いていた．アマチュア無線家（ハム）であり，また，アマチュア天文家でもあった．彼はジャンスキーの観測に興味を持ち，自宅の庭に直径9.5 mのパラボラ型アンテナを自作し，宇宙電波の探索に乗り出した．レーバーは宇宙電波はプランクの黒体放射の法則に従い，短波長ほど電波強度が大きいであろうと予想していたので，最初の観測を3300 MHz（波長9.1 cm）で行ったが検出に成功しなかった．その後，受信機を長波長用に改造し，910 MHz（33 cm），160 MHz（1.87 m）での観測を試み，ようやく1939年に160 MHzで銀河赤道に沿う領域からの宇宙電波の観測に成功した[9.4]．レーバーのアンテナの角分解能は12°という低いものであったが，彼はそれによって天の川電波強度分布図を作成した．それを図9.3に示そう．粗い電波マップであったがその結果はようやく天文学研究者の関心を呼んだ．

図 9.1　カール・ジャンスキー肖像

図 9.2　グロート・レーバー像

1.2　電波観測の進展

　電波天文学の本格的な発展は第 2 次世界大戦中にレーダー技術の開発などに従事していた研究者がその技術を活かして新しい電波望遠鏡を製作し

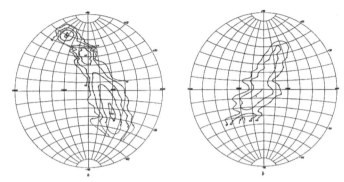

図 9.3 レーバーによって描かれた最初の天の川電波強度分布図 (1944 年)

たところから始まる。

宇宙電波は微弱なのでアンテナの大型化が進む．また，単一アンテナでは空間分解能が低いため，いくつかのアンテナを結合して観測の指向精度を高める干渉計技術が応用された．こうして，1950 年ごろまでに 10 分角程度まで角分解能が上がり，それによって宇宙電波の強度マップとともに，天域の狭い領域から電波の放射される電波源の検出も可能になった．

1950 年代から 60 年代にかけて，電波源のカタログが相次いで作成される．主要カタログとしては，北天ではライル (M. Ryle) を中心とするケンブリッジ大学電波天文学グループによるケンブリッジ C カタログ，南天ではミルス (B. Y. Mills) を中心とする MSH カタログが挙げられる．ケンブリッジ C カタログは周波数や受信電波強度を変えながら改定を繰り返し，1C (1950 年)，2C (1955 年)，3C (1959 年)，3CR (1962 年)，……と続くが，代表的なカタログは 3C と 3CR (3C 改訂版) である．3C は 159 MHz，3CR は 178 MHz で共にケンブリッジ電波干渉計を用い，合計 328 電波源を収録している．また，1965, 1967 年の 4C カタログは 178 MHz で 4843 天体を表示している．一方，南天の MSH カタログはシドニー大学のミルスら (B. Y. Mills, O. B. Slee, E. R. Hill) によって 1958 年から 1961 年にかけて作成されたカタログで，87 MHz 帯で合計 2270 電波源を収録

している．

　こうしたカタログの整備によって1960年代には超新星残骸，電波銀河，クエーサー，パルサーなど多様な天体の発見が続いた．1960年代は新天体の発見の時代とも呼ばれている．1970年代以降の発展をみると，第1に電波の短波長側へ観測領域の拡大とそれに伴う精密な電波スペクトルの研究，第2に干渉技術の進展で，VLBI (Very Long Base Line, 超長基線干渉計)，VLA (Very Large Array, 大型干渉計ネットワーク) などによる精密な電波源マップの作成などが挙げられる．短波長域ではミリ波電波望遠鏡の建設によって多数の星間分子が検出され，星間分子分光学という新しい分野が誕生した．

　この節では1950年代の発展として銀河系の渦状構造とシンクロトロン放射理論の発展について触れておこう．

1.3　銀河系の渦巻構造

　レーバーの電波図 (図9.3) に着目したのはライデン天文台のヤン・オールトであった．オールト (Jan Hendrick Oort, 1900～1992) は精神科医の息子としてオランダ北辺の町フラネッケルで生まれた[9.5]．17歳のときカプタインの一般講演を聴いて大きな感銘を受ける．それが機縁となってフローニンゲン大学へ入学し，カプタインの指導を受けて銀河系の構造の研究に取り組む．1924年にライデン天文台の助手となり，銀河回転の解析に当たる．彼は太陽から数kpc以内の星の運動から銀河系の回転速度が，現在オールト定数と呼ばれる2つの定数によって表わされることを示した．研究を続けながら，第2次世界大戦中はユダヤ人教員の解任に抗議するグループの一員となり，そのためドイツ占領軍によって天文台から追放された．追放中も密かに天文台に通って電波の研究を進めたという．1945年，終戦後，ライデン大学教授となり，ライデン天文台長を兼ねる．

　1944年，同天文台のファン・デ・フルスト (H. C. van de Hulst) は中性水素から放射される波長21.1 cm (1420 MHz) の電波が星間水素ガス中に観

図 9.4 ヤン・オールト肖像と署名

測される可能性を指摘した。この 21 cm 電波は，1951 年にハーバード大学のエーウェン (H. I. Ewen) とパーセル (E. M. Purcell) によって検出されたが，それからわずか数週間後にライデン天文台でも，ミュラー (C. A. Muller) とオールトによって検出されている。

　中性水素 21 cm 電波は星間吸収が少ないため，可視光では不可能であった銀河系全体を見通すことができる。また，この電波は冷たい星間水素ガス領域から放射されるので，スペクトル線幅が狭く，視線速度が精密に測定できる。したがって，電波のこれらの性質を利用すれば，電波源までの距離を直接知ることはできないが，銀河回転の適当なモデルと組み合わせることによって銀河系内における中性水素の分布と運動状態を知ることができる。このようにして，北天ではオランダのグループにより，南天ではオーストラリアのカー (Kerr, F. J) らのグループによって中性水素の観測が行われ，その結果中性水素ガスが，銀河面に集中して分布し，銀河系外の渦巻銀河と同じような渦巻構造を示すことが明らかになった[9.6]。オールト，カーらによって 1958 年に描かれた中性水素の分布を図 9.5 に示そう。

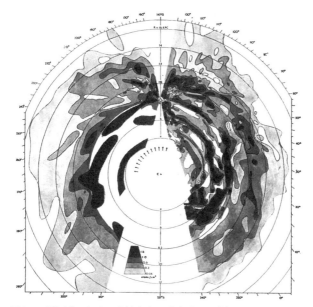

図 9.5 銀河系における中性水素の分布（1958 年）
銀河面からの高さに沿って極大のガス密度が銀河面に投影されている。図の周縁に銀経度が示されているが，これは古い座標系による。現行では真下の銀河中心方向が銀経 0°，そこから反時計まわりに 360° まで進む。太陽は銀河系中心から 8 kpc 上方に置かれている。

われわれの太陽はオリオン腕と呼ばれる渦状腕の一端に位置し，近傍にはいて座腕，ペルセウス腕などがある。これらの渦状腕は電離雲（HII 領域）や OB 星の分布などによって光学的にも知られていたが 21 cm 電波によって腕の構造が広い領域にわたって確認され，われわれの銀河系が巨大な渦状銀河の 1 つであることが明らかになった。21 cm 電波は 1960 年代以降，大型電波望遠鏡による観測によって系外銀河の渦状構造や銀河回転の解明に大きな役割を果たすことになる。

1.4 電波放射機構とシンクロトロン放射

　宇宙電波を発見したジャンスキー以来，初期の観測者たちは電波放射機構として星間ガスによる熱的電波を想定していた．宇宙のすべての電波源はそのスペクトルがプランクの黒体放射で近似されると考えていたのである．電波は光に比べて波長が長いのでレイリー・ジーンズ近似によって電波強度は周波数の増加とともに増大する．これが熱的電波である．実際，オリオン星雲のような散光星雲は熱的電波のスペクトルを示している．

　1946年に英国海軍通信研究所のモクソン（L. A. Moxon）は銀河面に沿って振動数40, 90, 200 MHzでの電波強度を測定した[9.7]．銀河面全体を観測するため南天にはアンテナを船上に設置して移動したという．彼の観測した銀経350°付近における電波スペクトルを図9.6に示す．電波強度に違いがあってもスペクトルの形は銀経に沿って変わらない．熱的放射は電波領域では周波数の増加とともに強度も増加するが，観測はその逆になっている．モクソンはこのスペクトルは太陽フレアと似ており，新しい電波放射と考えて，それを非熱的電波と呼んだ．

　1947年，ジェネラル・エレクトリック社（GE）の加速器から未知の連続光が検出され，シンクロトロン放射と名づけられた．この連続光の謎を解明したのはニューヨーク生まれでポーランド系ユダヤ人のジュリアン・シュウィンガー（Julian Schwinger, 1918～1994）であった．彼は戦時中，マサチューセッツ工科大学の放射線研究所でレーダーの開発に加わっていたが，戦後，ハーバード大学に移り素粒子物理学の研究を行っていた．謎のシンクロトロン放射に興味を持ち，放射機構の検討を行って，1949年にそれが磁場の中を旋回する相対論的高エネルギー電子による放射であることを理論的に突き止めた[9.8]．

　いま，一様な磁場の中で磁場と垂直な面内で運動する相対論的な電子を考える．この電子は磁力線に向かうローレンツ力と遠心力とのバランスによって円運動をするとともに，進行方向に電磁波を放射する．電子のエネルギーが低いときはこの放射は離散的になり，サイクロトロン放射と呼ば

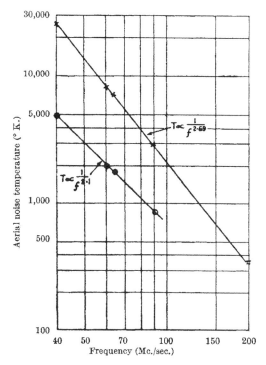

図9.6 銀河系の銀経350°付近からの宇宙電波スペクトル(モクソン,1946年)
横軸は周波数,縦軸は電波強度を表わす。

れる。エネルギーが相対論的に高まると,電波強度が振動の高調波に移動するため,放射は連続的となる。これがシンクロトロン放射である。単一の相対論的電子からのシンクロトロン放射の放射率 $P(\nu, E)$ はエネルギーの関数として図9.7のような曲線を示す。図の中でν_cとあるのはシンクロトロンの臨界振動数と呼ばれ,エネルギーEと磁場の強さBによって次式のように表わされる。

$$\nu_c = 1.2 \times 10^6 B \left(\frac{E}{m_0 c}\right)^2 \quad (Hz) \tag{9.1}$$

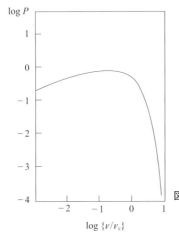

図9.7 単一の相対論的電子によるシンクロトロン放射率 $P(\nu, E)$
ν_c は臨界振動数で (9.1) 式で与えられる。

ここで m_0 は電子の静止質量, c は光速度, 単位は CGS 系である. シンクロトロン放射源を電子の集団とすると, 電子のエネルギー分布は一般に

$$N(E) \propto E^{-\gamma} \tag{9.2}$$

の形を持ち, 放射源からのシンクロトロン放射のスペクトルは電子エネルギー分布の上端や下端付近を別にすると,

$$I(\nu) = k\nu^{-\alpha} \tag{9.3}$$

で表わされる. 指数 α と γ の間には

$$\alpha = \frac{\gamma - 1}{2} \tag{9.4}$$

という関係がある. (9.3) 式のスペクトルは一般に図9.6に示したようになる. モクソンが新しい非熱的なスペクトルであると考えていたのはシンクロトロン電波であったが, 当時はまだ, 研究者の関心を呼ばなかった.

宇宙電波の中にシンクロトロン放射を見出したのは, アルフヴェン (Hannes O. G. Alfvén, 1908〜1995) とヘルロフソン (Nicolai Herlofson, 1916〜

2004)[9.9]，およびキーペンハーン (Karl-Otto Kiepenheuer, 1910〜1975)[9.10] とされている (1950年)．アルフヴェンらは超新星残骸などの宇宙電波源の起源を，電波源の磁場に捕捉された宇宙線の電子成分からのシンクロトロン放射とし，他方，キーペンハーンは銀河面からの電波 (図 9.6) を星間磁場の中を旋回する宇宙線電子成分によるシンクロトロン放射として説明した[9.10]．1960年以降，電波域のみでなく，光学域，X線域にまでシンクロトロン放射が観測されるようになり，太陽や活動銀河などの活動機構としてその重要性が認められるようになる．

1.5 電波スペクトルと分子雲

　1960年代には電波望遠鏡の空間分解能とともに波長分解能も進展したため，多数の分子線が観測されるようになった．1963年に OH ラジカルが発見されて以来，1970年までに検出された分子を挙げると表 9.1 のようになり，2原子分子から複雑な分子まで多様な分子組成が明らかになってきた．

　1970年代以降，さらに発見が続く．分子は分子雲として集合し，巨大分子雲は星形成領域として広く観測されるようになる．分子雲を代表するのは CO 分子で，1970年にウィルソンら (R. W. Wilson et al., 1970年)[9.11] によって発見された．彼らはオリオン座をはじめ 9 個の星雲に CO 分子の存在を認めたが，CO は銀河系に広く分布し，巨大分子雲や暗黒星雲と結びついて星形成領域の主役となっている．

　星間分子はミリ波の波長域に多く見られるので，1970年代からミリ波望遠鏡の建設が始まる．1970年にアメリカ国立電波観測所に 11 m ミリ波望遠鏡が設置された後，1976年にスウェーデンのオンサラ観測所の 20 m ミリ波望遠鏡，1984年にフランスとドイツの共同組織 IRAM ミリ波電波天文学研究所が開設され，スペインの山中に 30 m ミリ波望遠鏡が建設された．

　これらに対し日本では 1974年から計画が始まり 1982年に野辺山宇宙

図 9.8 野辺山宇宙電波観測所

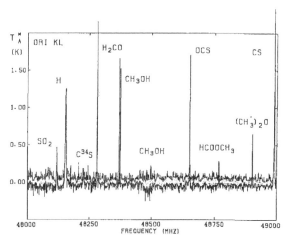

図 9.9 野辺山 45 m 電波望遠鏡で観測されたオリオン星雲の赤外線天体 (KL) のミリ波スペクトル (1985 年)

表9.1 1970年までに電波域に発見された分子

発見年	分子名	周波数 (GHz)	波長 (cm)
1963	OHラジカル（ヒドロキシル基）	1.667	18
1968	NH_3（アンモニア）	23.694	1.23
	H_2O（水蒸気）	22.235	1.35
1969	H_2CO（ホルムアルデヒド）	4.830	6.21
1970	CO（一酸化炭素）	115.27	0.260
	HCO^+（ホルミルイオン）	89.189	0.336
	HCN（シアン化水素）	88.632	0.338
	HC_3N（シアノアセチレン）	23.961	1.252
	CH_3OH（メチルアルコール）	36.169	0.829

電波観測所のミリ波望遠鏡が開設された．これは当時最大の口径45 mのパラボラ電波望遠鏡に口径10 mのパラボラ望遠鏡6基が付属され，集光力と波長分解能で画期的な望遠鏡群となった．その性能によって多くの成果が得られている．

ここでは，45 m鏡の広い周波数域を観測する分光計によって検出された新しい星間分子のスペクトルを図9.9に示そう[9.12]．周波数4.8〜4.9 GHzの間に簡単な分子（CS，OCSなど）から複雑な分子（$HCOOCH_3$など）まで多様な分子が発見されている．そのほか，銀河中心の活動現象，活動銀河核における爆発的星形成などの観測も進展した．こうして，1980年代に入って日本の宇宙電波天文学は観測的基盤を確立し，星間分子を中心に先進的な仕事が始まる．

  新技術光学望遠鏡への道

2.1 大型望遠鏡の時代へ

パロマー山の200インチ反射望遠鏡（1948年）は当時の技術の極限を追究したモニュメントであったから，それを超える大型望遠鏡の建設は至難

であった.ソ連邦では 1960 年に口径 6 m の反射望遠鏡建設を決定したが,その完成には 18 年の年月を要した.当初は赤道儀式架台を考えたが,それでは望遠鏡の全重量が 1000 トンを超してしまうので,計画を経緯儀式に変更し,重量を 800 トンに抑えた.それでも鏡の厚さは 65 cm, 重さは 42 トンもあったため,制御技術の開発も問題であった.こうしてようやく 1978 年に完成し,黒海とカスピ海に挟まれたチェーレンチュウスカヤ天文台に設置された.

1960 年代に入ると大型望遠鏡の建設に向けて欧米では国立機関としての天文台建設が始まる.アメリカでは 1960 年に個々の天文台を統合する国立の天文台組織として AURA (Association of Universities for Research in Astronomy) が設立された.その事業としてアメリカ国内ではキットピーク国立天文台 (Kitt Peak National Observatory = KPNO) に 4 m 反射望遠鏡が,南米チリにはセロトロロ汎アメリカ天文台 (Cerro Tololo Inter American Observatory) に同じ口径 4 m 反射鏡がそれぞれ設置された.

一方,ヨーロッパでは 1962 年にヨーロッパ 14ヶ国とブラジルで共同運営されるヨーロッパ南天天文台 (European Southern Observatory = ESO) が設立され,ラ・シャ (La Silla) に 3.6 m 反射望遠鏡が建設された.また,フランスはカナダ,ハワイ大学と共同で口径 3.6 m の FCH 望遠鏡 (French-Canada-Hawaii Telescope) をハワイ島のマウナケア山頂に設置し,英国はカナリー島に口径 4.2 m のハーシェル望遠鏡を建設した.

こうして 1960 年代には 4 m 級の望遠鏡が標準となり,世界の各地に建設された.

2.2 検出器の革命

1960 年代に入るとエレクトロニクスの技術が天文学分野にも導入され,撮像検出器として写真乾板に代わる新しい時代が始まった.第 1 はイメージ・インテンシファイヤー,第 2 は CCD カメラである.

イメージ・インテンシファイヤー (Image Intensifier) は 1960 年代に暗視

図 9.10 CCDの発明者ウィラード・ボイル（左）とジョージ・スミス
1974年に特許を取ったときの写真。

用カメラとして軍によって開発された。1970年代には多くの改良が加えられて高感度カメラとして広く用いられるようになった。この装置は真空容器の中に，光を電子に変える光電面，電子を増倍するマイクロチャンネルプレートを置き，電子を光に変換する蛍光面を近接させることによってゆがみのない像を得るようなシステムである。1970年代には天体撮影に利用されるようになり，ハッブル宇宙望遠鏡にも微光天体カメラとして搭載されている。

第2はCCD検出器の発明と実用化である。CCDは電荷結合素子（charge coupled device）の略で，1969年にベル電話研究所のボイル（Willard S. Boyle, 1924〜2011）とスミス（George Smith, 1930〜）によって発明された[9.13]。2人の本来の目標はテレビ電話の開発であったが，それに伴って高感度カメラの開発に入り，CCDの発明に到達する。これは半導体を使って光を電気に変える点では光電子増倍管と同じ原理であるが，半導体面を細かい画素（ピクセル）として分割し，さらに電気量をデジタル化しコンピュータ処理によって高い測光精度を与える装置である。最初の

100×100 画像が 1973 年に得られ，1979 年に改良版が商品化されると，急速に普及する。写真乾板では量子効果が 1％台であったのに対し，CCD では 80％に達する高感度を示す。1980 年代には天体観測に広く利用されるようになり，1990 年代には写真乾板は過去のものとしてその姿を消す。ボイルとスミスは CCD 発明の功によってノーベル賞を受賞している。

2.3 新技術望遠鏡

パロマー山天文台の 200 インチ望遠鏡を超えるには新しい技術が必要であった。それが，1980 年代初期から始まった新技術望遠鏡と呼ばれるもので，基本は主鏡の軽量化，それに伴う主鏡面の電子制御の技術である。主鏡のガラスが薄くなると，重力によるたわみが大きくなるため，光線が焦点に正確に結ばれるように主鏡面を背後からアクチュエータと呼ばれる装置でコンピュータ制御するシステムが開発された。この技術開発は ESO において推進され，1989 年に 3.58 m NTT 望遠鏡 (New Technology Telescope) として実現した。次いで，ハワイのマウナケア山頂では 1993 年に同じ技術で 10 m 反射鏡 (ケック望遠鏡 Keck-1) が製作されたが，この望遠鏡の主鏡は 36 枚の 6 角形の鏡を合成した多面鏡である。1987 年には ESO はチリ北部のチェロ・パラナル観測所で VLT (Very Large Telescope) の建設計画が発足する。これは 4 個の 8.2 m 反射鏡を並べた望遠鏡群で，互いに光赤外干渉が可能なようになっている。この望遠鏡群は合成すると口径 16 m の光赤外望遠鏡に匹敵する。VLT は 1998 年から 2000 年にかけて順次建設された。

それに続く同じ新技術望遠鏡として日本の「すばる望遠鏡」がマウナケア山頂に 1999 年に，またアメリカのジェミニ (Gemini) 2 基がマウナケア山頂 (1999 年) とチリのセロ・パチョン山頂 (Cerro Pachon) (2002 年) に建設される。これらの新技術望遠鏡の中ですばる (図 9.11) は鏡筒の骨組みが堅固な構造になっているため筒先の主焦点に広域カメラの設置が可能となり，距離 100 億光年を超える最遠方の銀河の検出に大きな威力を発揮

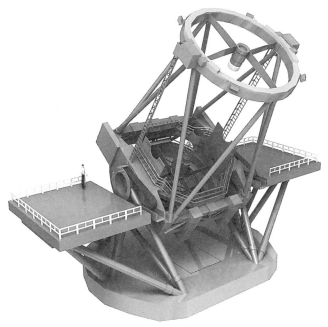

図 9.11 すばる望遠鏡の構造
鏡筒の先端に主焦点。主鏡の両脇にナスミス焦点,主鏡の裏にカセグレン焦点が設置されている。

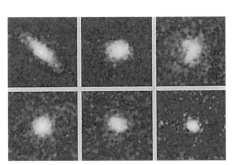

図 9.12 すばるの近赤外分光撮像装置によって観測された110億年前の若い銀河

図 9.13 マウナケア山頂（標高 4200 m）における望遠鏡群
すばる望遠鏡（8.2 m，1999 年）から稜線に沿って Keck I, II（10 m，1992 年，1996 年），IRTF（NASA Infrared Telescope Facility, 3.0 m，1979 年），CFHT（Canada-France-Hawaii Telescope, 3.6 m，1979 年），Gemini（8.1 m，1999 年），UKIRT（United Kingdom Infrared Telescope, 3.8 m，1979 年），UH 2.2（2.2 m，1970 年），UH 0.6（60 cm，1968 年）。右下の 2 基はともにサブミリメータ望遠鏡で左は CSO（Caltech Submilimeter Observatory, 10.4 m，1987 年），右は JCMT（Jaimes Clerk Maxwell Telescope, 15 m，1987 年）（カッコ内に口径と建設年を示す）

している．図 9.12 はすばるの主焦点で撮影された 110 億光年遠方の若い星雲の例を示す．また，マウナケア山頂は観測条件が優れているので 1970 年にハワイ大学の 2.2 m 望遠鏡が設置されて以来，次々に大型望遠鏡が建設され，国際的な天文観測センターの 1 つに成長した．その様子を図 9.13 に示そう．

2.4　シュミット望遠鏡と掃天観測

ベルンハルト・V・シュミット（Bernhard Voldemar Schmidt, 1879〜1935）はエストニア領の小さなナイサール島に生まれた[9.14]．少年時代から好奇心が旺盛で，15 歳のとき，爆薬の実験中に片腕を失うという不幸な事件もあった．それにも屈せず，彼は光学技術者となって 1916 年にドイツの

ハンブルグ天文台に移り,シーロスタットの設計製作などの光学機器の開発を進めていた。当時ハンブルグ天文台には後にアメリカに渡るウォルター・バーデ(第6章)がおり,互いに友人となる。バーデによるとシュミットは1920年代後半にずっと広視野反射望遠鏡のことを考えていたという。それまでの反射望遠鏡は焦点距離が大きく,視野は高々1〜2度角以下であった。それ以上広げると,収差の除去が困難になるためである。

1929年にバーデとともに日食観測に出かけたとき,シュミットに新しいアイデアが浮かんだ。それは球面の主鏡の前に収差を打ち消すために非球面の補正板を置くというものであった。早速,ハンブルグ天文台に戻って試作望遠鏡を製作したところ,その効果は予想したとおりであった。これがシュミット望遠鏡の誕生である。補正板の直径は主鏡の直径より小さいのでシュミット望遠鏡のサイズは通常,補正板口径/主鏡口径/焦点距離の3つのパラメータで表わされる。

パロマー山天文台に1948年に設置されたシュミット望遠鏡は122/182/305 cmである。これは大戦後に建設された大型シュミット望遠鏡の第1号であり,36 cm角の乾板上に6度角の視野が撮影される。この望遠鏡によって南緯20度以北の全天の星野が撮影され,パロマースカイアトラスとして公刊された。これは新天体の同定などに大きな役割を果たしている。

南半球では掃天用のシュミット望遠鏡が相次いで2つ建設された。第1は1971年にチリのラシャに建設されたESOシュミット望遠鏡(100/160/300 cm),第2は1972年にオーストラリアのサイディング・スプリングに付置されたUKST (United Kingdom Schmidt Telescope) (120/180/300 cm)である。広範囲の撮影によって南天の写真アトラスが数年をかけて順次作成された。

課題ごとの研究用シュミット望遠鏡も1960年代以降,世界の各地で建設されている。日本においても1974年に東京天文台木曽観測所にシュミット望遠鏡(105/150/310 cm)が設置された。この望遠鏡は6°×6°の視野を持ち,対物プリズムも装備されている。観測成果は紫外超過銀河の捜査,銀

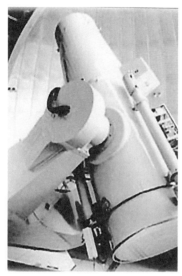

図 9.14　木曽観測所のシュミット望遠鏡

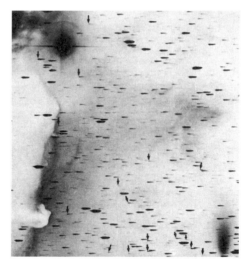

図 9.15　木曽観測所シュミット望遠鏡によって，オリオン星雲西側に検出された輝線星の群れ（1991 年）。Hα 輝線が矢印で示されている。

河の定量解析，輝線星，炭素星の探査など多様な分野にわたっている。観測例としてオリオン座周辺の輝線星探査を図 9.15 に示そう。図には対物プリズムによる分光観測によって Hα 輝線の検出された星が矢印で示されている[9.15]。これらの輝線星は誕生後の若いおうし座 T 星（T Tau 型）を示している。

③ 大気圏外観測へ

1957 年 10 月にソビエト連邦は世界初の人工衛星スプートニクを打ち上げた。宇宙時代の開幕である。その後米ソを先頭に科学衛星の時代が始まる。ここでは科学衛星のまとめとして，地球大気の不透明度と 1990 年までに打ち上げられた主な科学衛星を示しておこう。

図 9.16 は地球大気の不透明度である。横軸は波長の対数，縦軸の左側は大気圧，右側に吸収量が半分になる地上高度を示す。斜線部分が強い吸収を受ける部分である。従って，十分な観測を行うためには不透明度線より上空にでる必要がある。また，可視光では大気圏外にでることによって大気の揺らぎによる像の悪化が避けられ，先鋭な像を結ぶことができる。

表 9.2 は 1970 年代から 1990 年までに打ち上げられた主な科学衛星を観

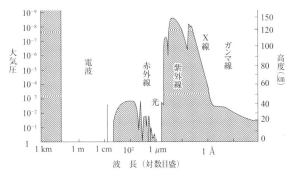

図 9.16 地球大気の不透明度

表9.2 1990年までに打ち上げられた主な科学衛星

打ち上げ年	衛星名	γ	X	UV	Op	IR	注
1968	OAO 2	—	—	●	—	—	Orbiting Astronomical Observatory
1970	SAS-1 (Uhuru)	—	●	—	—	—	Small Astronomy Satellite, X線源サーベイ
1972	SAS-2	●	—	—	—	—	γ線源サーベイ
1973	OAO-3 (Copernicus)	—	●	●	—	—	80cm鏡 分光・測光
1973	Skylab	—	●	●	—	—	有人, UVサーベイ
1974	ANS	—	●	●	—	—	Astronomical Netherland Satellite, UV 5バンド測光 (1220〜3300 Å)
1975	SAS-3	—	●	—	—	—	X線源観測 (0.2 KeV)
1975	COS-B	●	—	—	—	—	欧州衛星 銀河γ線源サーベイ
1977	HEAO-1	○	—	—	—	—	High Energy Astronomy Observatory 全天X線源サーベイとカタログ
1978	IUE	—	—	●	—	—	International UV Explorer, 分光紫外観測
1978	HEAO-2 (Einstein)	—	●	—	—	—	X線源サーベイ, 分光・撮像
1979	はくちょう	—	●	—	—	—	日本, X線衛星, X線バースト
1981	ひのとり	—	●	—	—	—	日本, 太陽X線
1983	IRAS	—	—	—	—	●	Infrared Astronomical Satellite, 4バンド測光
1983	てんま	—	●	—	—	—	日本, X線衛星 (高分散分光)
1983	EXOSAT	—	●	—	—	—	分光, 撮像
1983	ASTRON	—	—	●	—	—	ソ連UV衛星, 分光 (1100〜3500 Å)
1987	ぎんが	—	●	—	—	—	日本, 高分散分光
1989	COBE	—	—	—	—	●	Cosmic Background Explorer
1990	ROSAT	—	●	—	—	—	欧州衛星 分光・撮像 (0.1〜2.4 KeV)
1990	HST	—	—	●	●	—	ハッブル宇宙望遠鏡

測波長域ごとに示す.これらはいまでは現代天文学を築いた歴史的な衛星となっている.

4 X線天文学の開幕

4.1. ロケット観測

　地球大気はX線に対しては不透明であるから，大気圏外観測が必要となる．地上150 kmを超えると大気の影響が少なくなるので，最初のX線観測はロケットによって行われた．第2次世界大戦直後である．戦時中，ドイツはV2と呼ばれるロケット兵器を開発していたが，開発者のウェルナー・フォン・ブラウン（Werner von Braun, 1912〜1977）は戦後アメリカに渡る．彼はアメリカ陸軍と協力してV2を改良し，観測ロケットに仕上げた．

　1957年の10月に最初の人工衛星スプートニクがソビエト連邦から打ち上げられ，アメリカに大きな衝撃を与えた．アメリカは早速，翌年の6月に新しい宇宙観測機関としてNASA（アメリカ航空宇宙局，National Aeronautics and Space Administration）を設立した．1958年にエクスプローラを打ち上げて，米ソを中心とする衛星打ち上げ競争が始まる．1969年には有人探査機アポロ11号が月に到着したが，1960年代のX線観測はもっぱらロケットによるものであった．

　X線のロケット観測を主導したのはイタリア生まれのブルーノ・ロッシ（Bruno Rossi, 1905〜1993）である[9.16]．戦時中はロスアラモスの秘密兵器研究所でマンハッタン計画に従っていたが，戦後はマサチューセッツ工科大学（MIT）に移り，宇宙線を中心にロケット観測を進めていた．X線観測は同じイタリア生まれのリカルド・ジャッコーニ（Riccardo Giacconi, 1931　）[9.17]に引き継がれた．ジャッコーニはミラノ大学で学位を得た後1956年にアメリカに渡り，インディアナ大学を経てプリンストン大学に移る．ここでMITのロッシとの協力が始まり，ロッシの指導のもとにロケット用X線観測の検出器，集光系の開発を進める．集光系としてジャッコーニは斜入射反射法を考案したが，その頃，MITに滞在していた日本

図 9.17　リカルド・ジャッコーニ肖像

の小田稔は「すだれコリメータ」を開発した．これは「Oda collimeter」と呼ばれ，ジャッコーニらはこれを高解像度コリメータとして高く評価している[9.18]．このコリメータはその後ロケットおよび衛星観測に広く使用されることになる（後述）．

　ジャッコーニらは 1960 年にロケットによる太陽の X 線撮像を行い，1962 年から 1965 年にかけて太陽系外 X 線天体として，さそり座，はくちょう座，おうし座，いて座方向の 5 平方度角程度の天域に X 線源の存在を認めている[9.18]．しかし，これらの X 線源の詳細は衛星による観測を待つ必要があった．

4.2　X 線衛星と「すだれコリメータ」

　1970 年になってようやく世界初の X 線衛星ウフル (Uhuru) が NASA のサンマルコ基地から打ち上げられた．サンマルコはケニアの海上にあり，ウフルはスワヒリ語で自由の意味であるという．この衛星には小田稔によって開発された優れた解像力を持つ「すだれコリメータ」が装着されており，掃天観測によって合計 339 個の X 線源が発見された[9.19]．ウフル衛

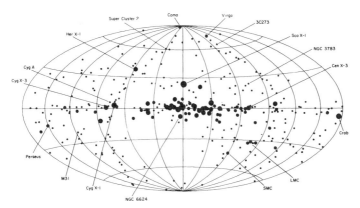

図 9.18 ウフル衛星による X 線源マップ（1978 年）
主要な X 線源が示されている。

星による X 線源のマップを図 9.18 に示そう．X 線（エネルギー域 0.1〜100 keV または波長域 10〜0.01 Å）が熱放射であるとすれば放射体は 10^6〜10^7 K の高温度を必要とする．したがって，熱源として X 線が観測されるのは X 線連星，超新星残骸，活動銀河や，星間コロナ成分などである．ウフルのカタログにもこうした高温天体が含まれており，ウフルは X 線天文学の基礎を固めた画期的な衛星となった．

ウフルに続いて 1973 年にコペルニクス衛星が打ち上げられ，その後も表 9.2 に示したように多くの X 線衛星が打ち上げられる．日本でも X 線衛星が相次いで打ち上げられ，X 線天文学の発展に大きく寄与する．

日本の X 線天文学を育て上げたのは小田稔（Oda Minoru, 1923〜2001）である[9.20]．小田は 1923 年に北海道で医師の家系に生まれ，父の勤務の関係から台湾で成長する．1942 年に台北高校から大阪帝国大学物理学科に入学，戦時中の短縮措置によって 1944 年に卒業，軍事研究に従事するが，戦後は大阪大学，大阪市立大学を経て東京大学に移り，1963 年から MIT のロッシのもとに長期間滞在し，ロッシらによって開拓された X 線星の研究を進める．この期間に小田は「すだれコリメータ」を考案する．

X 線は光のように反射，屈折しないので通常の望遠鏡のような集光系は

図 9.19　小田稔肖像

つくれない.初期の X 線観測は細い金属線の束を検出器の前におくものであったが,これでは分解度が低く,天体の位置や広がりを求めるのは困難であった.それに対し,すだれコリメータは 2 枚の金属製の「すだれ」(wire plate)を,間隔を置いて平行に配置し,それを通して遠方を見るもので,X 線源は縞状に透けて見える.天体 X 線源はこの縞模様に従って見え隠れするので,その変化の解析から天体の位置や形状を定めることができる.小田は 1966 年に帰国し,東京大学宇宙航空研究所の教授に就任する.それ以来,「すだれコリメータ」は日本で改良が進み,広視野型から狭視野高分解能型まで目的に応じた X 線望遠鏡がつくられるようになった.

1970 年に初のウフル衛星が打ち上げられた後,70 年代後半から日本でも X 線衛星の本格的観測が始まる.表 9.2 に示された日本の X 線観測衛星のうち,いくつかについて成果の一端をまとめてみよう.

「はくちょう」(1979～1985 年):X 線バーストの発見と位置測定,銀河中心域に X 線バースト発見,バースト機構から銀河中心までの距離を 10 Kpc から 8 Kpc へと改定,X 線パルサーの観測など.

「てんま」(1983～1984 年):X 線スペクトル観測.鉄イオンの輝線と中性子星表面の重力によって赤方偏移した鉄の吸収線を発見,突

発天体モニター。なお，ガンマ線バースト検出器も搭載された。
「ぎんが」(1987～1991年)：大面積検出器で銀河中心を含む銀河面の広域X線マッピング，X線連星，活動銀河核のX線活動の観測。ガンマ線バースト検出器搭載。

5 赤外線および紫外線天文学

5.1 赤外線観測

　赤外線の観測の歴史は古くウィリャム・ハーシェルの発見にさかのぼる長い歴史を持っている[9.21]。19世紀のウィリャム・ハギンスをはじめとする，天体分光に挑んだ観測者たちも赤外線に興味を抱いていたが，赤外域にも放射線がすることを推測するに留まっていた。

　近代的な赤外線観測が始まるのは1922年のコブレンツ(William Coblentz, 1873～1962)の時代からである。リック天文台で働いていたコブレンツは赤外線検出器として真空中に熱伝対を入れた装置を考案した。熱電対とは種類の異なった金属線で回路をつくり，ふたつの接点に温度差を与えると電流が発生するという現象を利用した装置である。接点の1つに赤外線を放射し電流の強さから赤外線の温度を測ることができる。1921年，彼はそれを持って標高2000 mのローウェル天文台に出かけ，K，M型の16星について4 μmまでの連続光を観測し，星の有効温度を推定している[9.22]。コブレンツとは独立にウィルソン山天文台のアボット(C. G. Abbott, 1872～1973)も1929年にラジオメータを用いて18星に対する2.2 μmまでの近赤外観測を行っているが，まだ感度が低く，分光分散度も低かった。

　赤外線検出に大きな革新をもたらしたのはオランダ生まれでアメリカに帰化したジェラルド・カイパー(G. P. Kuiper)である[9.23]。アリゾナ大学の月惑星研究所(Lunar Planetary Laboratory)において彼のグループは1947年

図9.20　カイパー肖像

に硫化鉛（PbS）の検出器を開発し，近赤外における感度を飛躍的に向上させた．カイパーらはこの検出器を用いて近赤外域（<3 μm）の天体分光器を製作し，惑星の分光観測を行っている[9.24]．1960年代に入ると受光素子の開発が進み中間赤外（5～30 μm）から遠赤外（30～300 μm）へと検出能力が拡大していく．

ウィルソン山天文台のノイゲバウエル（G. Neugebauer）とカリフォルニア工科大学のライトン（R. B. Leighton）は赤外線専用の口径1.6 m望遠鏡を製作し，2.2 μm（Kバンド）の測光器を取り付けて掃天観測を行った．その結果は5612個の赤外線源を含む2ミクロン掃天カタログとして1969年に公刊された[9.25]．カタログに挙げられた星の大部分は低温度星であった．

大気圏外を目指す観測は1960年代前半の気球，航空機（カイパー飛行天文台），ロケットに始まり，1983年にはIRAS衛星（Infrared Astronomical Satellite）がオランダ，アメリカ，イギリスの共同で打ち上げられた．この衛星は赤外線4バンド（中心波長：12, 25, 60, 100 μm）での掃天観測によって，太陽系天体から系外銀河にいたる多数の赤外線点源と，広がった赤外線天体を検出した．最初の結果はIRASカタログおよび図版[9.26]として

1986年に出版され，このカタログはその後も相次いで改定されて赤外線天文学の広い分野に大きなインパクトを与えた．

5.2 紫外線天文学

紫外域(1000〜3000 Å)の観測には高度100 km以上の大気圏外に出る必要がある．最初はロケットによる観測で1960年にドナルド・モートン(D. C. Morton)のグループはエアロビーと呼ばれる小型のロケットに紫外域分光用の対物プリズムを取り付けて，星のスペクトル観測を行った(次節)．

衛星観測は1968年に打ち上げられたOAO-2衛星(Orbiting Astronomical Observatory)に始まる．(OAO-1は軌道にのらなかった．)OAO-2は波長1100〜3600 Åの範囲で分光と測光観測を5000天体(惑星，彗星，恒星，星団，銀河を含む)について行っている．波長分解能は波長域1160〜1850 Åでは12 Å，1850〜3600 Åでは22 Åであった．観測天体のうち恒星については紫外分光アトラスとして1979年の第1巻から数次にわたって公刊されている．第1巻はコードとミーデ(A. D. Code and M. R. Meade 1979年)[9.27]によって編集され，OB型からM型にいたる164星が含まれている．ここではそのスペクトル例を図9.21に示そう．図の左側はB0.5〜B1型でスペクトルのピークは1150 Å付近に見られるが，これは星が黒体放射にあるときの温度25000 (K)に対応する．水素のライマンα線(波長1215 Å)はB0〜B5型で強い吸収線として見えているが，B5型より晩期では吸収線は急速に弱まってA0型でほぼ消失する．図の右側はG型星で太陽とほぼ同じであるから，スペクトルの極大光度は5000 Å付近にあり，紫外域では減少しているが，紫外域全体の光度で見ると可視域スペクトルから予想されていた光度より著しく低い点が顕著である．G型星より晩期でも同じ特性が見られる．また，新星のモニター観測では可視光で明るさが減少するときに，紫外光は逆に明るくなる傾向を示すなど，極端紫外域ではこれまでの予想に反した振る舞いが多く，OAO-2は紫外線天文学の開幕を告げる衛星となった．

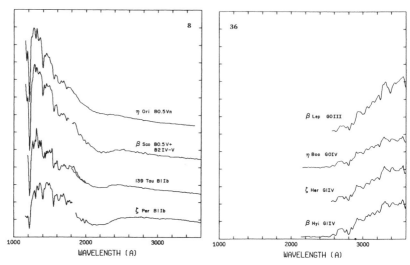

図 9.21 OAO-2 衛星で得られた紫外スペクトル例（1979 年）
左は早期 B 型星，波長 1012 Å の Lα 線が顕著，右は G 型星のスペクトルで 1000〜3000 Å の低い紫外光度が顕著である．

OAO 計画の第 2 弾として OAO-3 が 1972 年に打ち上げられ，コペルニクス衛星（Copernicus satellite）と名づけられた．この衛星は重さ 2 トンもあり，口径 80 cm の紫外線望遠鏡のほかに 3 台の X 線望遠鏡も搭載している多角的衛星である．運用は 1981 年まで 9.5 年間にわたり，多様な成果が得られている．紫外線観測の最初の成果は高い分光分散による星間雲の化学成分の測定であった．その結果は星間雲の組成がほぼ太陽の組成に近いという予測を裏付けた．観測されたデータは国際的に公開され，最初に星に対する分光解析に当たったのはイタリアのトリエステ天文台であった．ハック（M. Hack）はこと座ベータ星（特異近接連星，B'7 V）が紫外域においても強い輝線を持つことを示し，連続光分布から星の有効温度を導いている[9.28]．また，同じ天文台のスタリオ（R. Stalio）はアンドロメダ座 α 星（化学特異星，マンガン星，B9IV 型）について紫外域吸収線の同定を行い，吸収線の強さを測定して，可視域スペクトルと比較して化学組成の違いを

指摘している[9.29]。コペルニクス衛星はその後，多くの恒星や銀河中心，銀河ハロー，X線源など主として個別天体の詳細な観測に用いられている。

1978年にはIUE衛星（International Ultraviolet Explorer）が静止軌道に打ち上げられ，アメリカのNASAとヨーロッパ宇宙機構（ESA）のそれぞれのコントロールセンターから常時アクセスできるように軌道位置が調整された。この衛星は口径45 cmの望遠鏡にエシェル型の高分解能分光器が装備されている。その高分解能（$\lambda/\Delta\lambda = 10^4$）によって恒星風や星間バブルの詳しい構造の解明や，紫外域スペクトル線による星雲の分光診断など，多くの成果を生み出している。1980年代は紫外線天文学の大きく展開する時代となった。

気体力学と天体活動理論の発展

6.1 宇宙気体力学の開幕

1949年8月，宇宙の気体力学にとってその誕生を記念するシンポジウム「宇宙気体力学の諸問題」がパリにおいて開催された[9.30]。20世紀の初頭以来，原子論的なミクロな物理過程の解明に力を注いできた天体物理学がようやくマクロな気体力学的現象にその目を向け始めた時期である。この会議は天体物理学と気体力学との境界領域を開拓しようという意図のもとに国際理論および応用力学連合（IUTAM）と国際天文学連合（IAU）との共催として開かれたものであった。ここで取り上げられた主なトピックスは理論面では

・膨張波および衝撃波の基礎理論
・新星・超新星膨張殻の力学
・乱流の基礎理論，磁場との相互作用

などである。これらの気体力学的過程はこれまでの天体物理学ではほとん

ど考えられなかった新しい視点であった。一方，宇宙的スケールでの気体力学的現象はやはり気体力学関係者にとって新しい世界であった。そこで第1回のシンポジュウムは両者による現状と基本的事項についての紹介から始まり，相互教育を兼ねたものであったが，議論は新しい境界領域の出発を告げるものとなった。このシンポジュウム以前にも天文学者の中には気体力学的現象の観測と理論的解釈に取り組む人もいた。例えば惑星状星雲の膨張問題，太陽コロナの衝撃波加熱などである。しかし，天体物理学が気体力学を本格的に取り入れるようになる契機となったのはこのシンポジュウムであった。

　これを第1回として宇宙気体力学シンポジュウムは数年に1回のペースで開催され，1969年の第6回まで続く。第4，5回（恒星大気）を除くと残りは星間媒質に関するものであり，いずれの回でも衝撃波と乱流，磁場との相互作用が主要なテーマとなっている。しかし，回を重ねるごとにその重心は次第に天体物理学固有の問題に移り，出席者も偏っていく。第6回シンポジュウムの基調報告を行ったファン・デ・フルスト（H. C. van de Hulst）によれば，天文学者と物理学者の相互教育は第2回まででほぼ終わったという。それ以降は複雑な天体現象をどう捉えるかに重心が移って天文学の知識のない物理学者には全体像を捉えることが困難になっていく。一方，天文学者は次第に気体力学的手法を身につけ，自分たちで独自に新しい問題に取り組んでいく力を付けて来た。これも偏りの一因であろう。しかし，この間に宇宙気体力学の基礎理論について物理学者からの寄与の大きかったことも忘れられない。6回にわたるシンポジュウムを経た1969年の時点で，天文学者たちはどのような宇宙気体力学的問題に直面していたであろうか。第6回シンポジュウムの最終討論では，主として星間物理学の立場から将来の研究課題として次のようなテーマが挙げられた（括弧内は提案者）。

　　・星間媒質中の大局的なエネルギーの流れ（van de Hulst）
　　・ガスと磁場と宇宙線からなる星間媒質の不安定性（E. U. Parker）

- 中性水素による腕構造とその不安定性（H. van Woerden）
- プラズマ乱流の諸問題（S. A. Kaplan）
- 銀河中心活動の星間媒質への効果，活動銀河核の諸問題（L. M. Ozernoi）

これらはどれも重要な気体力学的課題であり，今日でもこれらの問題の意義は大きい。しかし，全体的にみると，1970年代以降の星間気体力学はこうした予想とはかなり違った方向に進んだ。それはこの時期に予想できなかった新しい現象が次々に発見されてきたからである。例えば恒星風，宇宙ジェット，降着円盤，双極分子流などである。さらにまた，大型計算機による大規模計算，気体力学現象のシミュレーションの進展などが加わって，現在の宇宙気体力学には1970年代とは異なった新しい局面が開かれてきた。この節では新しい力学的現象の例として太陽風と磁気流体について考察しよう。

6.2 太陽風と恒星風

太陽風はコロナから噴き出す高温，高速のガス流である。その存在はユージン・N・パーカー（Eugene Newman Parker, 1927～）によって予測された。

パーカーはミシガン州のホートン（Houghton）に生まれ，高校時代はスペイン語が得意で将来はスペイン語教師になりたいと思っていた。しかし，天文愛好者でもあったので結局シカゴ州立大学で物理学と天文学を学ぶ。卒業後はカリフォルニア工科大学に進み，1951年に学位を得て，ユタ大学で教鞭をとる。4年後にシカゴ大学に移り，そこで後半生を送る[9.31]。

パーカーが太陽風に興味を持つ契機となったのはドイツのビーアマン（Ludwig Biermann）が報告した，彗星の尾が必ず太陽と反対方向に向くという観測であった。ビーアマンは太陽表面から500～1500 km/sの高速なガス流の存在を推測していた。それを受けてパーカーは1958年に太陽コロナを球対称，等温と見なし，半径方向のガス流の運動方程式と質量保存

式を解いた[9.32]。

質量保存式は

$$4\pi \rho v r^2 = 一定 \tag{9.5}$$

運動方程式は,太陽質量を M とすると

$$v\frac{dv}{dr} + \frac{1}{\rho}\frac{dp}{dr} + \frac{GM}{r^2} = 0 \tag{9.6}$$

で表わされ,音速 c_s は

$$c_s = \sqrt{\frac{2kT}{m_H}} \tag{9.7}$$

で与えられる。コロナは等温と仮定されたのでエネルギー保存式は不要である。

(9.5),(9.6)式を解くと,亜音速,超音速,亜音速から超音速への遷音速,など種々の解が現われる。解の様子を図9.22に示そう。この図で $r=r_c$ は加速的遷音速流と減速的遷音速流とが交わり,音速と一致する点で,r_c は次式で与えられる。

$$r_c = \frac{GM}{2c_s^2} \tag{9.8}$$

この点は2つの遷音速流が交差するのでX型特異点と呼ばれる。太陽ではコロナの温度を200万度とすると $c_s=180$ km/s,$r_c=3R\odot$ になり,特異点は外部コロナに位置する。

図9.22に現われた解の内,どれを選ぶかは太陽の表面と,太陽から離れた空間における境界条件の速度で決められる。パーカーはコロナの内部に超音速流は観測されないこと,および,コロナ外の惑星空間ではビアマンの予測した超音速の流れがあると見なし,コロナにおける可能な解は図のA点からB点に向かう加速的遷音速流であると結論し,これを太陽

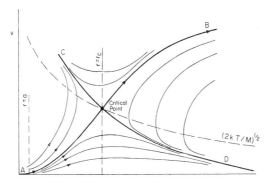

図 9.22 太陽コロナ周辺のガス流の模式的な解の形（パーカー，1965 年）
横軸は太陽中心からの距離，縦軸は流速で $(2kT/M)^{1/2}$ は音速である。

風と呼んだ。

　パーカーの太陽風理論には当初，反対意見があった。コロナは等温度ではなく，コロナは外側ほど低温になり，その縁からガスは古典的な蒸発過程で流れ出ているというもので，それによればガスの流出速度は小さく，また，ガス密度も低いものであった。しかし，この反論は 1962 年に打ち上げられた金星探査機マリナー 2 号の観測によって否定された。マリナーは地球近傍で太陽からのガス流を検出した。それは，およそ 10 万度 (K) の温度，500 km/s の速度を持ち，粒子密度が 10^5 個/cm^3 というパーカーの予測を裏付けるものだったのである。こうして，太陽風理論が広く認められ，定着するようになった。なお，太陽風は太陽の一般磁場を伴っており，磁力線は太陽の自転によって表面からららせん状に広がっている[9.32] a。この磁力線の形状はパーカースパイラルと呼ばれ，太陽風はこの螺旋に沿って流れ出している。

　それでは太陽以外の星についてはどうであろうか。それまでにもオルフ・ライエ星，P Cyg 型星などで強いガス流出を示す星も知られていたが，それらは分光分類においても特別の星とされていた。

図 9.23 パーカー肖像

　恒星風の存在が一般に知られるようになったのはドナルド・モートン (Donald C. Morton) のロケット観測による．モートンは 1965 年に紫外域観測用の 2 つのロケットを打ち上げた．エアロビーと呼ばれたこのロケットはフッ化リチュウム (LiF) を検出材とするシュミット型広域カメラに対物プリズムを取り付けたもので，彼は 2 つの天域について OB 星の分光観測（波長域 1200〜2700 Å，分解度 1 Å）を行った[9.33]．1 つはオリオン座の三ツ星付近の 6 星，他はさそり座の 2 星で，これらすべての星から P Cyg 型輪郭を検出し，膨張速度は 1000 km/s から 2000 km/s に達していた．これはパーカーの予測を裏付けるものであり，OB 星に限られていたが，広く観測されたことから，太陽風は一般に恒星風と呼ばれるようになった．

　太陽風の場合，起動力はコロナのガス圧であるが，その後，星のタイプによって起動力が異なり，1970 年代以降，種々のタイプの恒星風が知られるようになった[9.34]．

　主系列星においては O, B 星では放射圧型，F, G 型は太陽と同様のコロナ型であるが，K 型より晩期の赤色矮星になるとフレアのような突発的あるいは間歇的な質量放出が主体となる．一方，巨星列では赤色巨星はダスト放射圧型，長周期変光星では脈動起源型などが提唱されており，巨星

列の恒星風は太陽型に比較して流出速度が遅く（10 km/s 程度），放出量が比較的大きいという特徴がある。太陽では太陽風として放出されるガス量は $10^{-14} M_\odot$/年程度であるから，太陽の年齢46億年に比べても無視できる微小な量であるが，超巨星では $10^{-5} \sim 10^{-7} M_\odot$/年に達し，星自体の進化と関係する大きな量になっている。

6.3　電磁流体理論の発展

プラズマとは電離してイオンと電子に分離したガス体であるが，中性のガスとは異なった振る舞いを示す。すでに1920年代に放電管に閉じ込められたプラズマの中では電子の自由行程より短い波長のプラズマ波と呼ばれる粗密波の存在が発見されていた。天体においてもプラズマの存在は普遍的であり，さまざまな現象を引き起こしている。プラズマに磁場が加わると，磁力線と荷電粒子の相互作用によって，多様な振動や運動が現われてくる。それを取り扱うのが磁気流体力学である。その基礎はハネス・アルフヴェンによって築かれた[9.35]。

アルフヴェン（Hannes Olof Gösta Alfvén, 1908～1995）はスウェーデンのノールチェピング（Norrköping）で生まれた。両親は共に医師で，母はスウェーデンでは初の女性医師であった。彼は高校時代に電波クラブに属し，受信機を自作して仲間と楽しんだという。1926年にウプサラ大学に入学して数学と物理を専攻し，1933年に超短波電磁波の研究で学位を得て，ウプサラ大学の講師に任命されている。1940年にはストックホルム王立工科大学の教授となり，電磁波理論を担当する。講座名は1963年になってプラズマ物理学に変更された。

アルフヴェンの磁気流体力学の研究は1940年代に始まる。1942年に彼は電磁場方程式と流体の運動方程式を組み合わせ，電気伝導流体が一様な磁場に置かれると磁力線に沿って横波が発生することを示した（Alfvén, 1942年）[9.36]。これが磁気流体力学波（Magneto-HydroDynamic＝MHD波）の発見であり，磁力線に沿う横波はアルフヴェン波と呼ばれるようになった。

図 9.24　アルフヴェン肖像

論文の中で彼は「この波動は太陽物理学で重要な役割を果たすであろう」と予測している。太陽には一般磁場と黒点磁場が存在し，太陽物質は良好な伝導体だからである。

　MHD 波理論の応用としてアルフヴェンは 1945 年に太陽黒点の強い磁場の起源を考察した[9.37]。6000 ガウスに達する強い磁場は太陽の表面付近では生成されず，その起源は太陽中心部にあると考えた。太陽中心付近での擾乱が太陽一般磁場の磁力線に沿う MHD 波として表面まで伝播したと見なし，その擾乱によって黒点磁場が生成されるという説明を試みた。

　1957 年には太陽表面の粒状斑とコロナ加熱の関係を考察している[9.38]。磁場の中で伝導流体の運動は必ず MHD 波を発生する。粒状斑 (granulation) は太陽表面に見られる粒状の模様で乱流構造と見なせるから，そこから MHD 波が発生し，太陽の一般磁場あるいは黒点磁場に沿って上空に達し，その減衰によって彩層やコロナの加熱を行うというプロセスである。

　その後，アルフヴェンは磁気流体力学に基づいて太陽風と地球磁場との相互作用の研究，オーロラ，地磁気嵐，惑星間磁場などの研究を進め，磁気流体力学と MHD 波の研究の基礎を築いた。こうした功績によってアルフヴェンは 1970 年にノーベル賞を受けている。

6.4 太陽と電磁流体活動

太陽は光球面からコロナまで,プラズマと磁場の織り成す多彩な活動現象が詳しく観測できる唯一の天体である。太陽は磁気流体力学にとって貴重な自然の実験室といえる。ここでは1980年以前に建設された太陽天文台のいくつかを紹介し,その中で太陽の諸活動と磁場との関係を考察しよう。

(1) コダイカナール太陽天文台 (Kodaikanal Solar Observatory, Kodaikanal)[9.39]

1899年にマドラス(現チェンナイ)から移設,開設されたこの天文台は1901年から20 cm望遠鏡に単色写真儀を取り付け,太陽全面の単色写真観測を始めた。この観測は1世紀以上にわたる写真記録が累積されており,天文台の誇りになっている。ジョン・エバーシェッド (John Evershed, 1864~1956) はこの写真像に分光観測による黒点の視線速度を組み合わせ,黒点から周辺に向かって流れ出る水平なガス流の存在を発見した[9.40]。この流れは現在エバーシェッド流と呼ばれ,黒点の磁場と深い関係にある。この流れの概要を図9.25に示そう。

1960年に口径60 cmの太陽トンネル望遠鏡 (Solar Tunnel Telescope) が新設され,太陽面活動域の撮像と分光観測が行われるようになった。特に活動領域の形態変化とフレア活動の関係について成果が得られている。

(2) キットピーク国立太陽天文台 (National Solar Observatory, Kitt Peak)

アメリカ,アリゾナ州南部の2096 mの高地に,1962年に建設された口径160 cmの太陽望遠鏡はマクマス・ピアース太陽望遠鏡 (McMath-Pierce Solar Telescope) と呼ばれ,世界最大の口径を持つ太陽望遠鏡である。望遠鏡の解像力は口径に比例するので,大きな望遠鏡ほど高い解像力を示す。また,海抜高度が高いと赤外域への観測範囲が広がる。この天文台は両者

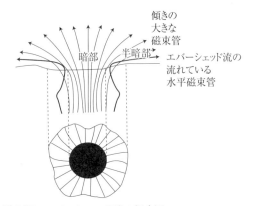

図 9.25 エバーシェッド流の概念図
上図は垂直断面,数は黒点暗部と汎暗部のそれぞれ概念図

図 9.26 キットピーク国立太陽天文台のマクマス・ピアース太陽望遠鏡

図 9.27　静かな面上の微細磁場
マクマス・ピアース太陽望遠鏡のマグネトグラフによって観測された垂直磁場の分布を示す。正負の磁場のネットワークが顕著に見られる。右下に古い黒点が見えている。図は太陽面のほぼ中心部の 3×6 分角範囲を示し，分解能は 2 秒角である。

の利点を活かして，太陽面の可視，赤外域での高解像度観測を進めている。

磁場の観測例としてマクマス・ピアース太陽望遠鏡のマグネトグラフによって観測された，静かな太陽面における磁場の微細構造を図 9.27 に示そう (Harvey, 1977 年[9.41])。正負の磁場は黒みの段階で示され，右下に古い黒点が見られる。太陽面は 1000 ガウスに達する強い微小磁場のネットワークで覆われている。このほか，この天文台では黒点磁場，コロナ磁場，コロナから惑星間空間に流れ出す開いた磁場など，磁場の観測が継続的に行われている。

(3) サクラメントピーク国立太陽天文台 (National Solar Observatory, Sacrament Peak)

アメリカニューメキシコ州のサクラメント山脈中の峰，サクラメントピークに太陽天文台が建設されたのは 1949 年にさかのぼる。初期には 15 cm プロミネンス望遠鏡，40 cm コロナグラフなどによる太陽観測が行われていたが，1969 年に口径 76 cm の塔望遠鏡が設置され，ダン太陽望遠鏡 (Dunn Solar Telescope) と名づけられた。この望遠鏡の特色は任意波長で

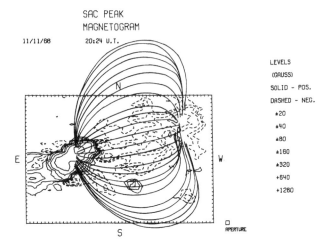

図 9.28 太陽活動領域の上空に広がる磁力線の太陽面への投影図(1971年)

磁力線はコロナ輝線(波長5303 Å)をドップラー=ゼーマン解析器を用いて追跡された。四角内は太陽活動領域の等磁場曲線を正負に区別して示す。磁場の強さは右側に示してある。

の太陽単色写真像が得られること,分光偏光器による偏光および磁場の測定が可能なこと,適当なモデルとの組み合わせによって磁力線の追跡ができることなどである.

磁力線測定の例としてルストとロア (D. M. Rust and J. R. Roy) の観測を示そう.彼らは太陽活動領域上空のコロナに対し,コロナ輝線(波長 λ 5303 Å)の線輪郭をドップラー=ゼーマン解析器という装置を用いて磁力線を描き出し,活動域の等磁力線図上に投影した[9.42].図9.28はコロナ磁力線と活動領域の等磁場強度曲線との合成図である.この図はコロナ磁場の根元が双極黒点とつながっており,活動領域とコロナ磁場との強い関係を示している.

(4) 飛騨天文台 (Hida Observatory, Gifu)

京都大学理学部附属天文台は花山天文台(京都市山科区)と飛騨天文台

図 9.29　飛騨天文台ドームレス太陽望遠鏡

(岐阜県上宝村，現高山市) に分かれている．飛騨天文台は 1968 年に 60 cm 反射鏡を伴って花山天文台から移設され，65 cm 屈折望遠鏡も増設されて，当初は惑星観測に力が注がれていた．1979 年にドームレス太陽望遠鏡 (図 9.29) が完成すると太陽活動現象の観測が始まる．望遠鏡が高い塔の上端に裸で置かれているのは空気の乱れによる像のゆがみを最小限に抑えるためである．この望遠鏡は世界で最も波長解像力の高い分光器を持ち，高い空間分解能 (0.5 秒角)，時間分解能 (約 2 秒) の観測を可能にしている．こうした高い観測精度によって，とくに太陽フレアの発生から消滅までの秒単位の急速な変動を追跡し，フレア機構の解明と，また，フレアのエネルギー源などについての解明に大きく貢献している．

　ここではフレアのエネルギー源の 1 つと考えられている，浮上磁場の観測例を図 9.30 に示そう (Ishii et al., 1998 年)[9.43]．この図は観測される黒点の位置 (左図) と磁束管 (右図) との関係を示したもので，時間的に上から下へと進む．個々の黒点に記号が付けられており，右図と対応する．右図の Pt_1, Pt_2 はそれぞれ時刻 t_1, t_2 における光球面を表わすから，太陽内部から浮上する磁束管の断面に対応する．こうして内部から浮上する太い磁

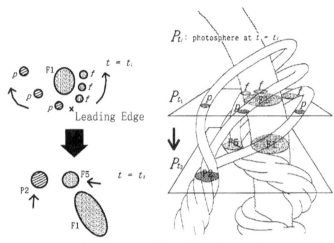

図 9.30　太陽黒点と浮上磁場（1998 年）

束管は細くねじれて浮上し，光球面上にエネルギーを開放する。それがこの周辺に多発するフレアのエネルギー源と考えられる。こうして浮上磁場の振る舞いは黒点の移動と関係し，フレア発生と関係することが見出された。

　ここに示したのは数例に過ぎないが，これらの天文台における観測は磁場が活動領域やコロナで基本的な役割を持つほか，静かな太陽面においても顕著な磁場の存在を示し，太陽諸現象が磁気流体力学と深い関係にあることを示している。1990 年以降はシミュレーション技術の発展とともに太陽面諸現象の理論的解明も幅広く進むようになる。

あとがき

　本書では天体物理学の源流を3つに分けて，それぞれの分野で研究を進めた人々を取り上げてみたが，世紀ごとの長い時間で眺めるとアマチュアと研究者の関係で大きな流れが見えてくる。

　第1は19世紀におけるアマチュアの活動である。産業革命後の欧米には世界の富が集まり，市民層が自由な発想と財力によって新しい天文学への道を開いた。19世紀はアマチュア活動家の時代であったといえよう。

　第2は20世紀における天文学の専門化と巨大化である。源流には電波天文学，大気圏外観測などの新しい分野が加わり，大きな天体物理学の流れへと発展する。アマチュア活動は背後に隠され，研究者の時代となる。

　それでは21世紀はどのような時代になるであろうか。筆者の思うところでは，それは研究者とアマチュア天文家との協同という流れではなかろうか。アマチュア天文家は1990年代にCCDという新しい検出器を手に入れ，中小望遠鏡による高い観測能力をつけてきた。また，世界各地に公開天文台が開設され，それを中心とする観測グループの成長が著しい。世界的なネットワークをつくるアマチュア集団は短期的変光や突発的現象の観測に強みを持っている。この世紀は研究者集団との共同作業によって宇宙の観測が進むことが期待される。

　次に引用文献についてひとこと述べておきたい。本書では多数の文献を引用しているが，これは筆者が原論文に触れて見たいという想いが強かったためでもある。実際，原論文に触れて見て初めて実感できるような感動もしばしばあった。

　幸い，書籍を別にすると，最近はインターネット上でかなりの範囲まで原論文や同時代人による伝記，追悼文などを見ることができる。原論文の検索で役に立つのがADS（NASA Astrophysics Data System）である。これはNASAが中心となり，世界各地の天文台が協力して築き上げたデータベー

スで，物理学及び天体物理学分野で，すでに500万件を超える論文が収録され，文献サーチに大きな威力を発揮している。ADSは雑誌に投稿されたばかりのプレプリントを提供するばかりでなく，過去に向かっても大きく探査が伸びている。例えば1863年に出版されたウイリャム・ハギンスの論文を見ることもできるし，18世紀のウイリャム・ハーシェルの論文まで読めるのは驚きである。文献サーチに興味を持つ読者のためにADS利用法をひとこと紹介しよう。ウェブサイト上でADS abstract serviceという検索から入ってADS Astronomy Query Formというページを開く。ここで著者名，キーワード，サーチ期間など必要項目を入れてSend Queryをクリックすると，検索結果としてサーチ総数と各サーチの内容が示される。本書では多数の論文を引用したが，その多くはADSで全文または抄録を読むことができる。ただ，ADSにも限界がある。特定の研究機関と協定して論文を配信する雑誌もあるのでそれはその機関に出向かなければならない。また，ローカルな，あるいは分野にまたがる雑誌などまではサーチは延びていない。

　本書は天文教育普及研究会の『天文教育』誌に「恒星天文学の源流」と題して，2009年1月から2012年9月まで23回にわたって連載された記事を大幅に改定加筆し，新たに宇宙論の章と，第4部として日本の天体物理学の黎明，および，現代天文学への展開を書き加え，題名を新しくしたものである。

　著者は本書がまた天文の教育面でも利用していただけるのではないかと期待している。天文学の歴史はそれを築いた人々の歴史でもある。観測でも理論でも，それに取り組んだ人々の息吹に触れることによって天文学への親しみがより大きくなるのではないかと思うからである。

謝辞

　「天文教育」誌に連載を薦めてくれた京都情報大学院大学の作花一志氏と，連載記事を丹念に通読され，多くの問題点を指摘された東京在住の佐

藤明達氏に謝意を表する．文献サーチについては京都大学宇宙物理学教室司書の伊藤典子さんのお世話になった．資料収集に当たってはピーター・ヒングレー氏（Peter Hingley, ロンドン王立天文協会），バーバラ・トムプソンさん（Barbara Thompson, ヘイスティングス・オン・ハドソン歴史協会），関宗蔵氏（東北大学），中桐正夫氏（国立天文台），黒河宏企氏（京都大学名誉教授），冨田良雄氏（京都大学）のご協力をいただいた．これらの方々に謝意を表する．

　また，編集に当たっては京都大学学術出版会編集部の永野祥子さんから多大な協力があった，厚くお礼を申し上げる．最後に執筆作業を長い間支えてくれた妻 英子にもひとこと謝意を添えたい．

参考図書および文献表

主な引用雑誌の省略記号

A&A	：	Astronomy and Astrophysics
A&AS	：	Astronomy and Astrophysics, Supplement
AJ	：	The Astronomical Journal
AN	：	Astronomische Nachrichten
Ann. HCO	：	Annals of the Astronomical Observatory of Harvard College
ApJ	：	The Astrophysical Journal
ApJS	：	Astrophysical Journal, Supplement
ApSS	：	Astrophysics and Space Science
BAAS	：	Bulletin of the American Astronomical Society
C. R.	：	Comptes Rendus
JaJAG	：	Japanese Journal of Astronomy and Geophysics
JHA	：	Journal of the History of Astronomy
MNRAS	：	Monthly Notices of the Royal Astronomical Society
Obs.	：	The Observatory
PASJ	：	Publications of the Astronomical Society of Japan
PASP	：	Publications of the Astronomical Society of the Pacific
Pop. A.	：	Popular Astronomy
Phys. Rev.	：	Physical Review
QJRAS	：	Quarterly Journal of the Royal Astronomical Society
RSPS	：	Proceedings of the Royal Society of London
RSPT	：	Philosophical Transactions of the Royal Society of London
Zs. f. Ap	：	Zeitschrift für Astrophysik
Zs. f. Phys.	：	Zeitschrift für Physik

はじめに　全般的参考書

[0.1]　科学者人名事典編集委員会編，1997，『科学者人名事典』，丸善

[0.2]　中山茂，1983，『天文学人名辞典』現代天文学講座，恒星社厚生閣

[0.3]　小田稔監訳，1987，『宇宙・天文大事典』，丸善

[0.4]　中山茂編，1982，『天文学史』，恒星社厚生閣

[0.5]　Hetherington, N. S., 1993, "Cosmology: Historical, Literary, Philosophical, Religious, and Scientific Perspectives," Garland Publishing, Inc.

[0.6]　Hoskin, M. (ed.). 1997, "The Cambridge Illustrated History of Astronomy," Cambridge University Press

[0.7]　Lang, K. R. and Gingerich, O. (eds.), 1979, "A Source Book in Astronomy and Astrophysics, 1900–1975," Harvard University Press

[0.8]　Leverington, D., 1995, "A History of Astronomy from 1890 to the Present," Springer

[0.9]　Maran, S. (ed.), 1992, "The Astronomy and Astrophysics Encyclopedia," Cambridge University Press

[0.10]　Shapley, H. (ed.), 1960 "A Source Book in Astronomy, 1900–1950," Harvard University Press

[0.11]　Tassoul, J.-L., and Tassoul, M., 2004, "A Concise History of Solar and Stellar Physics," Princeton University Press

第1章　新天文学の開幕

ヨーゼフ・フラウンホーファー

[1.1]　a. Goranova, Yuliana, 2004, Joseph von Fraunhofer ⟨http://www.usm.uni-muenchen.de/people/yulia/talks-posters/⟩（フラウンホーファー伝記）
　　　b. Hearnshaw, J. B., 1986, "The Analysis of Starlight: One Hundred and Fifty Years of Astronomical Spectroscopy," Cambridge University Press, Chapter 2, Section 2.4（分光）
　　　c. Plicht, C. Website: Joseph von Fraunhofer ⟨http://www.plicht.de/chris/35Fraunh.htm⟩（伝記）

[1.2]　Fraunhofer, J. von, 1817, Denkschriften der Münich Akademie der Wissenshaft, 5, 193（フラウンホーファーの最初の分光論文）（[1.1] b 参照）

[1.3]　Fraunhofer, J. von, 1821, Denkschriften der Münich Akademie der Wissenshaft, 8, 1（多数の暗線発見）（[1.1] b 参照）

[1.4]　Fraunhofer, J. von, 1822, AN, 1, 295, Aus einem Briefe des Herren Professor Fraunhofer an den Herausgeber（回折格子による分光）

[1.5]　Hirshfeld, A. W., 2001, "Parallax: The Race to Measure the Cosmos," Henry Holt and Company（恒星視差測定の歴史物語）

[1.6]　King, H. C., 1955, "The History of the Telescope," Dover Publications Inc., Chapter IX（フラウンホーファーの望遠鏡）

グスタフ・キルヒホッフ

[1.7]　a. Gingerich, O., 1992, "The Great Copernicus Chase, and Other Adventures in Astronomical History", Cambridge Univ. Press, Chapter 22, Unlocking the chemical secrets of the cosmos, 171–176（キルヒホッフ伝記，逸話）
　　　b. O'Connor, J. J. and Robertson, E. F., 2008, Website: Gustav Robert Kirchhoff ⟨http://www-history.mcs.st-andrews.ac.uk/Biographies/Kirchhoff.html⟩（伝記）

[1.8]　[1.1] b, Chapter 3, Section 3.8（キルヒホッフの分光）

[1.9]　a. Kirchhoff, G., 1859, Monatsberichte Berliner Akademie, p. 664（太陽スペクト

ルの第 1 報）

  b. Kirchhoff, G., 1861, Researches on the Solar Spectrum and the Spectra of the Chemical Elements (English translation, 1862, by H. Roscoe, London, "Archives of the Universe," edited by M. Bartusiak, 213-217)（太陽分光論文）

[1.10] a. Kirchhoff, G. and Bunsen, R., 1860, Annalen der Physik und der Chemie, 110, 161-169, Chemical analysis by observation of spectra

  b. Kirchhoff, G. and Bunsen, R., 1860, Annalen der Physik, 186, 161-189, Chmische Analyse durch Spectralbeobachtungen（分光分析法）

ウィリアム・ハギンス

[1.11] a. Belkora, L., 2003, "Minding the Heavens: The Story of our Discovery of the Milky Way", Institute of Physics Publishing, Chapter 6 （ハギンス伝記）

  b. Glass, I. S., 2006, "Revolutionaries of the Cosmos: The Astro-Physicists," Oxford University Press, Chapter 5 （ハギンスの生涯と業績）

  c. Meadows, A. J., 1984, in "Astrophysics and Twentieth-Century Astronomy to 1950," Cambridge University Press, Part A, 3-15 （天体分光の開幕）

  d. [1.1] b, Chapter 4, Section 4.6 （ハギンス分光）

  e. McKenna-Lawlor, S. M. P., 2003, "Whatever Shines should be Observed," Kluwer Academic Publishers, Chaper 5, Margaret Huggins (1845-1915)

  f. Geldern, O. von, 1904, PASP, 16, 49-61, "Address of the Retiring President of the Society, in Awarding the Bruce Medal to Sir William Huggins"（受賞記念挨拶）

  g. 小暮智一，2005，天文月報，98，257，タルスヒル天文台とハギンス夫妻

[1.12] Huggins, W. and Miller, W. A., 1863, RSPS, 12, 444-445, Note on the Spectra of Some of the Fixed Stars（最初の恒星分光論文）

[1.13] Huggins, W. and Miller, W. A., 1864, RSPT, 154, 139-160, On the Spectra of Some of the Chemical Elements（元素波長表）

[1.14] Huggins, W. and Miller, W. A., 1864, RSPT, 154, 413-435, On the Spectra of Some of the Fixed Stars（恒星スペクトル解析）

[1.15] a. Huggins, W. and Miller, W. A., 1864 RSPT, 154, 437-444, On the Spectra of Some of the Nebulae（惑星状星雲の分光観測）

  b. Huggins, W. and Miller, W. A., 1864, RSPS, 13, 492-493, On the Spectra of Some of the Nebulae（渦状星雲の吸収線スペクトル）

[1.16] Huggins, W. 1882, Obs., 5, 106-107, The Photographic Spectrum of the Great Nebula of Orion（オリオン星雲のスペクトル）

[1.17] Huggins, W. 1868, RSPT, 158, 529-564, Further Observations on The Spectra of Some of the Stars and Nebulae, with an Attempt to Determine Therefrom Whether These Bodies Are Moving towards or from the Earth, Also Observations on the Spectra of the Sun and of Comet II（星雲分光観測のまとめ）

[1.18] a. Huggins, W. 1866, MNRAS, 26, 275-277, On a New Star（初の新星分光）
b. Huggins, W. 1866, MNRAS, 26, 297, Diagram of the spectrum and the spectrum of bright lines forming the compound spectrum of the temporary bright star near Epsilon Coronae Borealis.

[1.19] a. McKenner-Lawlor, S. M. P. 2003, "Whatever Shines Should Be Observed," Kluwer Academic Publishers（ハギンス夫人の伝記）
b. Whiting, S. F., 1915, ApJ, 42, 1-3, Lady Huggins（ハギンス夫人悼辞）

[1.20] a. Huggins, W., 1892, AN, 132, 143, Note on the Spectrum of Nova Aurigae（おうし座新星の分光）
b. Huggins, W., 1894, AN, 134, 309, On the Visual Appearance of Nova T Aurigae

[1.21] Huggins, W. and Huggins, M. L., 1899, "An Atlas of Representative Stellar Spectra, from λ 4870 to λ 3300," William Wesley and Son（恒星分光アトラス）

[1.22] Huggins, W., 1910, MNRAS, 70, 331, Report of his Observatory（タルスヒル天文台撤収）

アンジェロ・セッキ

[1.23] a. Angot, A. Website: Image Mundi, Encyclopedia gratuite, Secchi 〈http://www.cosmovisions.com/Secchi.html〉（セッキ伝記）
b. [1.1] b, Chapter 4, Section 4.4（セッキの分光）
c. McCarthy, M. F., 1950, Pop. A., 58, 153-168, Fr. Secchi and stellar spectra（セッキと恒星分光）
d. Pohle, J. 1904, Catholic Encyclopedia, 13, 1-4, Angelo Secchi（セッキへの回想録）
e. Website: History of the Vatican Observatory 〈http://vaticanobservatory.org/about-us/history〉（バチカン天文台ホームページ）

[1.24] a. Secchi, A., 1863, AN, 59, 193-196, Schreiben des Hern Prof. Secchi an den Herausgeber（セッキ恒星分光観測第1報）
b. Secchi, A., 1863, C. R., 57, 71-75, Note sur les Spectres Prismatiques des Corps Célestes（恒星分光の報告）

[1.25] a. Secchi, A., 1866, MNRAS, 26, 214, Spectrum of α Orionis（ベテルギウス，Huggins and Miller のコメントあり）
b. Secchi, A., 1866, MNRAS, 26, 274-275, Spectrum of α Orionis（ベテルギウス）
c. Secchi, A., 1866, MNRAS, 26, 308, On the spectrum of Antares（アンタレス）

[1.26]（太陽をふくむ星の分光観測と分光分類の経過）
a. Secchi, A., 1866, C. R., 63, 364-368, Analyse Spectrale de la Lumière de Quelque Étoiles, et Nouvelles Observations Sure les Taches solaires
b. Secchi, A., 1866, C. R., 63, 621-628, Nouvelles Recherches sur l'Analyse Spectrale de la Lumières des Étoiles
c. Secchi, A., 1866, C. R., 64, 345-347, Sur la Disparition Récente d'un Cratère

Lunaire, et sur le Spectre de ka Lumière de Quelque Étoiles
d. Secchi, A., 1866, C. R., 67, 373–376, Sur les Spectres Stellaires

[1.27] Secchi, P. A. 1869, AN 73, 129–138, Catalogue des étoiles colorées dont on observé le spectre prismatique à l'observatoire du Collège Romain dans 1867 et 1868（分光分類とカタログ）

[1.28] McCarthy, M. F., 1994, in "The MK Process at 50 Years: A Powerful Tool for Astrophysical Insight," Astronomical Society of the Pacific Conference series, Vol. 60, 224–232, Angelo Secchi and the discovery of carbon stars（炭素星発見史）

ヘルマン・フォーゲル

[1.29] a. Frost, E. B., 1908, ApJ, 27, 1–11, Hermann von Vogel（フォーゲル伝記，追悼）
b. Macpherson, H., 1907, Obs., 30, 403–405, Hermann Carl Vogel（伝記）
c. [1.1] b, Chapter 4, Section 4.10, Hermann Carl Vogel（分光）
d. Tenn, J. S., 1990, Mercury, Nov./Dec., 172–173（ブルースメダル受賞辞）

[1.30] Vogel, H. C., 1873, AN, 82, 292–298, Versuche die Bewegung von Sternen durch spectroskopische Beobachtungen zu ermitten（星の視線速度）

[1.31] Vogel, H. C., 1874, AN, 84, 113–124, Spectralanalytische Mitteilungen（フォーゲル分光分類）

[1.32] Vogel, H. C., 1895, ApJ, 2, 333–346, On The Occurrence in Stellar Spectra of the Lines of Clèveite Gas, and on the Classification of Stars of the First Spectral Type（Clèveite gas ＝ Helium gas, I 型星の改定分類）

[1.33] Vogel, H. C. and Wilsing, J., 1899, Publicationen des Astrophysikalischen Observatorium zu Potsdam, 12, Bd. 1, Untersuchungen uber die Spectra von 528 Sternen（I 型星の分光カタログ）

[1.34] Vogel, H. C., 1892, MNRAS, 52, 541–544, List of the Proper Motions in the Line of Sight of Fifty-One Stars（視線速度の測定）

ルイ・モリス・ラザファード

[1.35] a. Rees, J. K., 1906, Contributions from the Observatory of Columbia University, No. 1, Lewis Morris Rutherfurd, 1–15（伝記）
b. Gould, B. A., 1895, Report for National Academy, 415–441, Memoire of Lewis Morris Ruherfurd, 1816–1892（伝記）
c. [1.1] b, Chapter 4, Section 4.3（分光）

[1.36] a. Rutherfurd, L. M., 1863, American Journal of Science and Arts, 35, 71
b. Rutherfurd, L. M., 1863, American Journal of Science and Arts, 36, 154（ラザファード分光．Hearnshaw [1.35] c による）

[1.37] Comstock, G. C., 1922, National Academy of Science, 17, 153–180, Bibliographical memoires, Benjamine Apthorp Gould（グールド伝記）

[1.38] Gould, B. A., 1879, Uranometria Argentina, Resultados del Observatorio Nacional Argentino en Cordoba, 1, 1–401（グールド，アルゼンチン天文表）

[1.39] Olson, R. J. M. and Pasachoff, J. M., 1998, "Fire in the Sky: Comets and Meteors, the Decisive Centuries, in British Art and Science," Cambridge University Press, Chapter 5, Donati's Comet（ドナーティ彗星）

[1.40] 富山市科学博物館ホームページ

ジョバンニ・バティスタ・ドナーティ

[1.41] a. [1.1] b, Chapter 4, Section 4.2, Stellar spectroscopy: a new beginning（分光）
 b. Obituary, 1874, MNRAS, 34, 153, Associates deceased−Prof. G. B. Donati（追悼文）
 c. Clerke, A. M., 1902, [1.11] b, Chaper 10, Recent Comets, p. 342

[1.42] Biography 2006, Giovanni Batista Amici 〈http://gbamici.sns.it/eng/biografia.htm〉（アミーチ伝記）

[1.43] a. Donati, G. B., 1862, Nuovo Cimento, 15, 296−302, On the Lines in Stellar Spectra（最初の星の分光論文）
 b. Donati, G. B., 1863, MNRAS, 23, 100−107, On the Striae of Stellar Spectra, from the Memorie Astronomiche（striae ＝ スペクトル線）

ジョージ・エアリー

[1.44] a. Airy, W. (ed.), 1896, "Autobiography of Sir George Biddell Airy," Edited by Wilfrid Airy (2007, Biblio Bazaar 社から復刻版)（息子編集のエアリー自伝）
 b. Maunder, E. W., 1900, "The Royal Observatory, Greenwich: A Glance at its History and Work," The Religious Tract Society（グリニジ天文台の歴史）
 c. [1.1] b Chapter 4, Sec 4.4, Early spectroscopy at Greenwich（エアリー分光）
 d. Turner, H. H., 1892, AN, 129, 33−38, Sir George Biddell Airy（追悼文）

[1.45] Airy, G. B., 1834, "Mathematical Tracts," 2nd edition, p. 321f., On the diffraction of an object-glass with circular aperture（エアリーディスクの発見）

[1.46] Airy, G. B., 1863, MNRAS, 23, 188−190, On an Apparatus Prepared at the Royal Observatory, Greenwich, for the Observation of the Spectra of Stars（恒星分光）

エドワード・マウンダー

[1.47] a. Crommelin, A. C. D., 1928, Obs., 51, 157−159, Obituary: Edward Walter Maunder（マウンダー追悼文）
 b. Kinder, A. J., 2008, Journal of the British Astronomical Association, 116, 21−42, Edward Walter Maunder: His Life and Time（マウンダー伝記）

[1.48] Maunder, A. S. D., 1902, MNRAS, 62, 57−62, Preliminary Note on Observations of the Total Solar Eclipse of 1901 May 18, Made at Pamplemousses, Mauritisu（マウンダー夫人のコロナ観測）

[1.49] Maunder, E. W., 1891, Journal of the British Astronomical Association, 2, 35−40, Stars of the First and Second Types of Spectrum（星の分光）

第2章 星の分光分類とHD星表
ジョンおよびヘンリー・ドレイパー

- [2.1]
  - a. Barker, G. F., 1888, Report for the National Academy, 81-139, Memoir of Henry Draper, 1837-1882(ヘンリー・ドレイパー伝記)
  - b. Cannon, A. J., 1915, Journal of the Royal Astronomical Society of Canada, 9, 203-215, The Henry Draper Memorial(伝記,追悼)
  - c. Tenn, J. S., 1986, Griffith Observer, 50, 2-15, The Hugginses, the Drapers, and the rise of astrophysics(ハギンス家,ドレイパー家,天体物理学の勃興)
  - d. Schucking, E. L., 1952, in "Symposium on the Orion Nebula to Honor Henry Draper", Glassgold, A. E. et al. (eds.), New York Academy of Sciences, 299-307, Henry Draper — The Unity of the Universe(ヘンリー・ドレイパー追想)
  - e. 小暮智一,2009,天文月報,102,769-775,歴史的天文台バーチャル探訪(その4)ヘイスティングス天文台とドレイパー公園

- [2.2] Barker, G. F., 1886, Report for the National Academy, pp. 349-387, Memoir of John William Draper, 1811-1882(ジョン・ウイリャム・ドレイパー伝記)

- [2.3]
  - a. Draper, J. W., 1843, Philosophical Magazine, 22, 360-364, On a New System of Inactive Tithonographic Spaces in the Solar Spectrum Analogous to the Fixed Lines of Fraunhofer(ジョン・ウイリャム・ドレイパーの太陽プリズム分光)
  - b. Draper, J. W. 1844, Philosophical Magazine, 26, 465-478, On the Interference Spectrum, and the Absorption of Tithonic Rays(ジョン・W・ドレイパーの太陽回折分光)

- [2.4] Draper, H., 1864, Contrib. Smithsonian Institute, 14, 1, On the construction of a silvered glass telescope 15.5 inches in aperture, and its use in celestial photography(ヘンリー・ドレイパーの望遠鏡制作と天体写真)

- [2.5] (太陽スペクトルの酸素輝線エピソード)
  - a. Draper, H., 1873, Philosophical Magazine, 46, 418, On Diffraction Spectrum Photography
  - b. Draper, H., 1877, Proceedings of American Philosophical Society, 17, 74-80, Discovery of Oxygen in the Sun by Photography and a New Theory of the Solar Spectrum

- [2.6] Trowbridge, J. and Hutchins, C. C., 1887, Proc. Amer. Acad. Arts and Sciences, 23, 1-9, Oxygen in the Sun(酸素輝線エピソードの決着)

- [2.7] Clarke, A. M. 1902, [1.11] b, Chapter 4, p. 215(酸素輝線エピソードの評価)

- [2.8] Draper, H., 1877, American. J. of Sci., III, 13, 95, Photographs of the Spectra of Venus and α Lyrae(初の天体スペクトル写真)

- [2.9] (オリオン星雲写真撮影)
  - a. Draper, H., 1880, Science, 1, 304, On photographing the nebula in Orion
  - b. Draper, H., 1880, C. R., 91, 688, Photographs of the nebula in Orion

[2.10] Gingerich, O., 1992, in "The Great Copernicus Chase and other adventures in astronomical history," Cambridge University Press, Chaper 24, The first photograph of a nebula

[2.11] Draper, H., 1882, Obs. 5, 165–167, On Photographs of the Spectrum of the Nebula in Orion

[2.12] Young, C. A. and Pickering, E., 1883, Proc. Amer. Acad. of Arts and Sci. 19, 231–261（ドレイパーの撮影したスペクトルの解析）

[2.13] Plotkin, H., 1982, in "Symposium on the Orion Nebula to Honor Henry Draper," (edited by A. E. Glassgold, P. J. Huggins, and E. L. Schucking) 321–330, Henry Draper, Edward Pickering, and the Birth of American Astrophysics（ドレイパーからピッカリングへの引き継ぎ，アンナの手紙）

エドワード・ピッカリング

[2.14]（ハーバード大学天文台の歴史）
　　a. Bailey, S. I., 1931, Harvard Observatory Monographs, 4, 1–295, "The History and Work of Harvard Observatory, 1839–1927"
　　b. Jones, B. Z. and Boyd, L. G., 1971, "The Harvard College Observatory. The First Four Directorship, 1839–1919," The Belknap Press of Harvard University Press

[2.15] a. Plotkin, H., 1990, JHA, 21, 47–58, Edward Charles Pickering（伝記）
　　b. Bailey, S. I., 1912, National Academy of Sciences of the USA, 15, 167–178, Biographical Memoir of Edward Charles Pickering, 1846–1919（伝記）
　　c. Tenn, J. S., 1991, Mercury, 20, No. 1, 26–28, Bruce Medalist Profile: Pidkering, Edward-Charles

[2.16] King, H. C., 1955, [1.6], Chap. XIV, 295–297（ピッカリングの測光法）

[2.17] Pickering, E. C. (ed.), 1908, Ann. HCO, 50, 1, Revised Harvard Photometry, A Catalogue of 9110 Stars, Mainly of Magnitude 6.50 and Brighter, Observed with the 2 and 4 inch Meridian Photometers（恒星測光カタログ）

[2.18] Pickering, W. H., 1895, Ann HCO, 32, 1–135, Investigations in astronomical photography（写真測光法の開発）

[2.19] Lankford, J. 1984, in "Astrophysics and twentieth-century astronomy to 1950," Part. A, 16–39, Cambridge University Press, The impact of photograph on astronomy（天体写真の発展史）

[2.20] Hoffleit, D., 1972, Journal of AAVSO, 1, 3–8, E. C. Pickering in the history of variable star astronomy（変光星の観測史）

[2.21] Pickering, E. C., 1883, Obs., 6, pp. 46–51; 79–82, A Plan for Securing Observations of the Variable Stars（変光星の分類）

[2.22] Hogg, H. S., 1984, in "Astrophysics and Twentieth-Century Astronomy to 1950," Part. A, Cambridge University Press, 73–89, Variable Stars（変光星観測史）

[2.23] Pickering, E. C., 1881, AN, 99, 375. Schreiben des Herren Professor Edw. C.

Pickering an den Herausgeber（ピッカリングの分光分類）

ウィラマイナ・パトン・フレミング

[2.24] a. Cannon, A. J., 1911, ApJ, 34, 314–317, Williamina Paton Fleming（追悼）
b. Turner, H. H., 1912, MNRAS, 72, 261–264, Mrs. Fleming（追悼）
c. [1.1] b, Chapter 5, Section 5.3, Williamina Fleming and the Draper Memorial Catalogue（フレミング分光）

[2.25] a. Pickering, E. C., 1890, Ann. HCO, 27, 1–388, The Draper Catalogue of Stellar Spectra Photographed with the 8-inch Bache Telescope as a Part of the Henry Draper Memorial
b. Pickering, E. C., 1891, Ann. HCO, 26, 1–218, Preparation and Discussion of the Draper Catalogue（フレミング分類とヘンリー・ドレイパー記念カタログ）

[2.26] Fleming, W. P., 1912, Ann. HCO, 47, 115–280, Photographic Observations of Variable Stars During the Years 1886 to 1905 Forming a Part of the Henry Draper Memorial（変光星観測）

[2.27] Fleming, W. P., 1912, Ann. HCO, 56, 165–226, Stars with peculiar spectra（特異星観測）

[2.28] Pickering, E. C., 1908, Ann. HCO, 60, 147–194, Nebulae Discovered at the Harvard College Observatory（星雲カタログ）

[2.29] a. Waldee, S. R. and Hazen, H., 1990, PASP, 102, 133, The Discovery and Early Photographs of the Househead Nebulae（馬頭星雲）
b. Waldee, S. R., website: The Horsehead Project–19th century study of bright and dark nebulae〈http://home.earthlink.net/~asro-app/horsehead/B33-19thC_4.htm〉

アントニア・モーリー

[2.30] a. website: Vassar College Encyclopedia, Antonia Maury〈http://vcencyclopedia.vassar.edu/index.php/Antonia_Maury〉（伝記）
b. Chamberlain, J., 2008, Hastings Historian, 38, No. 2, Antonia Maury – Astronomer, Naturalist（伝記）
c. Hoffleit, D., 1952, Sky and Telescope, March 1952, 102, Antonia C. Maury（悼辞）

[2.31] a. Website: Vassar Encyclopedia, Maria Mitchell〈http://vcencyclopedia.vassar.edu/faculty/original-faculty/maria-mitchell1.html〉
b. 小暮智一，2009，天文月報，102, No. 7, 437, 歴史的天文台バーチャル探訪（その1）マリア・ミッチェル天文台

[2.32] Hoffleit, D., 1994, "The MK Process at 50 Years," Astron. Soc. Pacific, Conf. Ser. 60, 215–223, Reminiscences on Antonia Maury and the C-Characteristic

[2.33] Maury, A. C., 1897, Ann. HCO, 28, Part I, 1–134, Spectra of Bright Stars Photographed with the 11-inch Draper Telescope, as a Part of the Henry Draper Memorial（分光分類とカタログ）

[2.34] Vogel, H. C., 1895, ApJ, 2, 333-346, On the Occurance in Stellar Spectra of the Lines of Cleveite Gas, and on the Classification of Stars of the First Spectral Type

[2.35] Maury, A., 1933, Ann. HCO, 84, No. 8, 208-255, The Spectral Changes of Beta Lyrae（β Lyr のスペクトル変化）

[2.36] Harmanec, P., 2002, AN, 323, 87-98, The Ever Challenging Emission-Line Binary Beta Lyrae

[2.37] a. Martin, M., 1992, Hastings Historian, spring issue, 1-4, History of the Observatory Cottage
b. 小暮智一，2009，天文月報，102，769，歴史的天文台バーチャル探訪（その4）ヘイスティングス天文台とドレイパー公園

アンニー・ジャンプ・キャノン

[2.38]（キャノンの伝記と追悼）
a. Merrill, P. W., 1942, MNRAS, 102, 74-76, Annie Jump Cannon（追悼）
b. Campbell, L., 1941, Pop. A., 49, 345-347, Annie Jump Cannon（追悼）
c. Welther, B., 1984, Mercury, Jan./Feb., 28-29, Annie Jump Cannon: Classifier of the Stars（伝記）

[2.39] Pickering, E. C. and Cannon, A, J., 1897, ApJ, 6, 349-153, Spectra of Bright Southern Stars（キャノンの分光分類の始まり）

[2.40] Cannon, A. J., 1901, Ann. Report of HCO, 28, 129-271, Spectra of Bright Southern Stars, Photographed with the 13-inch Boyden Telescope（キャノン初期の分類）

[2.41] Evans, D. S., 1984, in "The General History of Astronomy, Vol. 4," Gingerich, O. (ed.), Cambridge University Press, 153-165, Astronomical Instituions in the southern hemisphere, 1850-1950（南半球の天文台）

[2.42] [2.14] a, Chaper 5 (Expedition and Foreign Station)，および Chaper 12 (Spectroscopy)（チリ観測所の設立）

[2.43]（キャノンの分類の精密化）
a. Cannon, A. J., 1912, Ann. HCO, 56, 65-114, Classification of 1477 stars by means of their photographic spectra
b. Cannon, A. J. 1912, Ann. HCO, 56, 115-164, Classification of 1688 stars by means of their photographic spectra

[2.44] a. Cannon, A. J. and Pickering, E. C., 1918, Ann. HCO, 91, 1-294, The Henry Draper Catalogue, 0h, 1h, 2h and 3h（HD 星表の始め，第1巻）
b. Cannon, A. J. and Pickering, E. C., 1924, Ann. HCO, 99, 1-272, The Henry Draper Catalogue, 21h, 22h, and 23h（HD 星表の終わり，第9巻）

[2.45] Cannon, A. J., 1936, Ann. HCO, 100, 1925-1936, Henry Draper Extension, Nos. 1-6（HDE 星表）

[2.46] a. Cannon, A. J. and Shapely, H., 1937, Ann. HCO, 105, 1-19, Henry Draper Charts of Stellar Spectra（HDE チャート）

　　　　b. Cannon, A. J. and Mayall, M. W., 1949, Ann. HCO, 112, 1, The Henry Draper Extension II
[2.47]　Nesterov, V. V., Kuzmin, A. V. et al., 1995, A & AS 110, 367–370, The Henry Draper Extension Charts: A Catalogue of Accurate Positions, Proper Motions, Magnitudes and Spectral Types of 86933 Stars（HDEチャートのカタログ化）
[2.48]　Cannon, A. J., 1916, Ann. HCO, 76, 19–42, Spectra Having Bright Lines（輝線星リスト）
[2.49]　Yamashita, Y., Nariai, K. and Norimoto, Y., 1977, "An Atlas of Representative Stellar Spectra," University of Tokyo Press
[2.50]　山本一清，1959，『四十八人の天文家』，恒星社厚生閣

ヘンリエッタ・リービット
[2.51]（リービット伝記と追悼）
　　　　a. Johnson, G., 2005, "Miss Leavitt's Stars," W. W. Norton & Company
　　　　b. Bailey, S., 1921, Pop A., 30, 197–199, Henrietta Swan Leavitt（追悼文）
[2.52]　Pickering, E. C. and Leavitt, H. S., 1904, ApJ. 19, 289–295, Variable Stars in the Nebula of Orion（オリオン座の変光星）
[2.53]　Leavitt, H. S., 1908, Ann. HCO, 60, 87–108, 1777 Variables in the Magellanic Clouds（大小マゼラン雲中の変光星探査）
[2.54]　Leavitt, H. S., 1912, Harvard Coll. Obs. Circular, 173, 1–3, Periods of 25 Variable Stars in the Small Magellanic Cloud（ケフェウス変光星の光度周期関係）
[2.55]　Leavitt, H. S. and Pickering, E. C., 1917, Ann. HCO, 71, 47–232, The North Polar Sequence（写真等級の基準化）

第3章　星の構造と進化論

ジョン・ジェイムス・ウォータストン
[3.1]　a. Tassoul, J.-L. and Tassoul, M., 2004, "A concise history of solar and stellar physics," Princeton University Press, Chap. 3, Section 3.1, pp. 68–72（伝記）
　　　　b. O'Conner, J. J. and Robertson, E. F., 2008, website: John James Waterston〈http://www-groups.dcs.st-and.ac.uk/~history/Printonly/Waterston.html〉（伝記）
　　　　c. Brush, S. G., 1961, Amer. Scientists, 49, No. 2, 202, John James Waterston and the Kinetic Theory of Gases（気体運動論）
[3.2]　Waterston, J. J., 1843, "Thoughts on the Mental Function"（心的機能に関する考察）自費出版
[3.3]　Watserston, J. J., 1845, Submitted to RSPS（当時，受理されなかった論文。[3.8]に再掲する。）
[3.4]　Waterston, J. J., 1853, The Athenaeum, No. 1351, On the Dynamical Sequence in Kosmos（ウォータストンの収縮説）
[3.5]　Helmholtz, H. L. F. von, 1854, Public lecture（収縮説の講演，英訳は A. J.

[3.6] Waterston, J. J., 1858, MNRAS, 19, 29-30, Thoughts on the Formation of the Tail of a Comet (彗星の尾の生成)

[3.7] Waterston, J. J., 1861, MNRAS, 22, 60-67, An Account of Observations on Solar Radiation (太陽熱量計の製作と太陽観測)

[3.8] Waterston, J. J., 1892, RSPT, A 183, 1-79, On the Physics of Media that are Composed of Free and Perfectly Elastic Molecules in a State of Motion (これは1845年に不受理になった論文。表題は「運動状態にあって，完全な弾性を持つ自由な分子によって構成される媒質の物理学について」である。)

ロバート・フォン・マイヤー

[3.9] a. [3.1] a, Chap. 3, Section 3.1, pp. 68-69 (伝記)
b. Caneva, K. L. 1993, "Robert Mayer and the Conservation of Energy," Princeton University Press (伝記と熱力学)

[3.10] a. Youmans, E. L. (ed.), 1868, "The Correlation and Conservation of Forces," D. Appleton and Co. (エネルギー保存則論文集)
b. Mayer. J. R., 1851, in [3.10] a, pp. 316-355, The mechanical equivalence of heat (エネルギー保存の着想)

[3.11] Mayer. J. R., 1842, Liebigs Annalen der Chimie, Remarks on the Forces of Inorganic Nature (この論文は [3.10] a, pp. 250-258 に採録された。邦訳は『近代熱学論集』(村上陽一郎編，朝日出版社) に「生命なき自然界における力についての考察」として掲載されている。)

[3.12] Mayer. J. R., 1845, in [3.10] a, pp. 259-315. Celestial Dynamics (天体の動力学)(太陽の熱源，潮汐摩擦などの考察)

[3.13] 杉山滋郎，1988，「熱学の展開」，村上陽一郎編，『近代熱学論集』，旭出版社

[3.14] Mayer. J. R., 1848, Beiträge zur Dynamik des Himmels in Populären Darstellung (Heilbronn Jahann Ulrich Landherr) (ハイルブロンで行われた一般講演)

[3.15] Brosche, P., 1998, Science Tribute, December, Understanding Tidal Friction: A History of Science in a Nutshell (マイヤーの潮汐摩擦の理論の紹介)

ジョナサン・ホーマー・レーンとアウグスト・リッター

[3.16] a. See, T. J. J., 1906, Pop. A., 14, 193-206, Historical Sketch of J. Homer Lane (レーン伝記)
b. Powell, C. S., 1988, JHA, 19, 183-199, J. Homer Lane and the Internal Structure of the Sun (レーン伝記と業績)
c. [3.1] a, Chapter 3. Section 3.2 (レーンとリッターの伝記と業績)

[3.17] Lane, J. H., 1870, American Journal of Science and Arts, 50, 57-74, On the Theoretical Temperature of the Sun : Under the Hypothesis of a Gaseous Mass Maintaining its Volume by its Internal Heat, and Depending on the Law of Gases as Known to Terrestrial Experiment (太陽内部構造論)

- [3.18] See, T. J. J., 1905, AN, 169, 321–364, Researches on the Physical Constitution of the Heavenly Bodies（シーによるレーンの追計算）
- [3.19] Chandrarekhar, S., 1939, "An Introduction to the Study of Stellar Structure," Dover Publications Inc., pp. 176–182, Bibliographical notes（レーンとリッターの研究評価）
- [3.20] Ritter, A., 1878–1883, Wiedemann's Annalen, 5, 20, Researches on the Height of the Atmosphere and the Constitution of Gaseous Celestial Bodies（リッターの論文集成）
- [3.21] Ritter, A., 1898, ApJ, 8, 293–315, On the Constitution of Gaseous Celestial Bodies（これは ApJ 誌の編集者が Ritter の論文 18 編のうち，第 16 章を英訳したものである。恒星スペクトル分類に焦点を当てた論文で恒星の分光型を理論的に導いた最初の論文である。）

ロベルト・エムデンとカール・シュヴァルツシルト

- [3.22] Gautschy, A., 2012, Robert Emden – Wanderer zwischen Welten, zu seinem 150 Geburtstag（ETH＝スイス連邦ポリテクニク，ホームページ）〈http://e-collection.library.ethz.ch/view/eth: 5325〉（エムデンの生誕 150 年記念，伝記）
- [3.23]（シュヴァルツシルト伝記と業績）
    - a. Suhendro, I., 2008, Abraham Zelmanov Journal, 14, 19, Biography of Karl Schwarzschild（カール・シュヴァルツシルトの伝記）
    - b. Hertzsprung, E., 1917, ApJ, 45, 285–292, Karl Schwarzschild（悼辞）
    - c. Schwarzschild, K., 1910, Astronomische Mitteilungen der Königlichen Sternwarte zu Göttingen, 40, 1–125, Aktimetrie der Sterne der B. D. bis zur Grösse 7.5（化学光量計の考案とそれに基づく星の測光カタログ）
    - d. Schwarzschild, K., 1916, Sitzungsberichte der Königlich Preussischen Akademie der Wissenschaften, Serie, 189–196, Über den Gravitationsfeld eines Massenpunktes nach Einsteinschen Theorie（質点の周りの重力場の一般相対論による厳密解）
- [3.24] a. Emden, R., 1901, "Beiträge zur Sonnentheorie," B. G. Taubner（太陽理論への寄与）
    - b. Emden, R., 1902, ApJ, 15, 38–60, Contribution to the Solar Theory（上記 1901 著書の英語による紹介，簡約）
- [3.25] Emden, R., 1907, "Gaskugelnn – Anwendung der Mechanischen Wärmetheorie auf Kosmologische und Meteorologische Probleme," B. G. Teubner（著書「ガス球論」）

ノーマン・ロッキャー

- [3.26]（ロッキャー伝記と追悼）
    - a. Cortie, A. L., 1921, ApJ, 53, 233–248, Sir Norman Lockyer, 1836–1920
    - b. Meadows, A. J., 1972, "Science and Controvasy: A biograohy of Sir Norman

[3.27] a. Lockyer, J. N., 1868, RSPS, 17, 131-132, Spectroscopic Observations of the Sun (abstract)（未知の輝線＝ヘリウム発見）
　　　b. Lockyer, J. N. 1869, RSPT, 154, 425-444, Spectroscopic Observations of the Sun
[3.28] Janssen, J., 1968, C. R., 67, 838（未知の輝線＝ヘリウム発見）
[3.29] a. Lockyer, N., 1899, AN, 149, 225-232, On the Order of Appearance of Chemical Substances at Different Temperature
　　　b. Lockyer, N., 1899, AN, 149, 387-392, On the Chemical Classification of the Stars（化学分類法）
[3.30] a. Lockyer, N., 1902, "Catalogue of 470 Bright Stars Classified According to Their Chemistry," Publ. of the Committee on Solar Physics
　　　b. Lockyer, N., 1903, MNRAS, 64, 227-238, Further Researches on the Temperature Classification of Stars（星の分光分類とカタログ）
[3.31] Lockyer, N., 1915, Nature, 94, 282-284, 618-619, Notes on Stellar Classification
[3.32] Lockyer, N., 1887, RSPS, 43, 117-156, Researches on the Spectra of Meteorites, A report to the Solar Physics Committee（隕石炎のスペクトルと星形成）
[3.33] 小暮智一，2009，天文月報，102，9月号，488-494，歴史的天文台バーチャル探訪（その2）ノーマン・ロッキャー天文台

エイナー・ヘルツシュプルング

[3.34]（ヘルツシュプルング伝記と祝辞）
　　　a. Leuschner, A. O., 1937, PASP, 49, 65-81, The Award of the Bruce Gold Medal to Professor Ejnar Hertzsprung（伝記と功績）
　　　b. Phillips, T. E. R., 1929, MNRAS, 89, 404-417, Address（ゴールドメダル授与式における挨拶）
　　　c. Andrews, A. D., 1963, Irish Astronomical Journal, 6, 150-151, Ejnar Hertzsprung's 90th Birthday（90歳誕生日に対する祝辞）
[3.35] a. Herzsprung, E., 1905, Zeitschrift für Wissenschaftliche Photographie, 3, 429-442, Zur Strahlung der Sterne
　　　b. Herzsprung, E., 1907, Zeitschrift für Wissenschaftliche Photographie, 5, 89, Zur Strahlung der Sterne（最初の色等級図）
[3.36] DeVorkin, D., 1984, "Astrophysics and Twentieth-Century Astronomy to 1950," Cambridge University Press, 90-108, Stellar Evolution and the Origin of the HR Diagram（HR図成立史）
[3.37] Herzsprung, E., 1909, AN, 179, 373-380, Über die Sterne der Unterabteilungen c und ac（c, ac特性を持つ星について）
[3.38] Herzsprung, E., 1907, AN, 176, 49-58, Zur Bestimmung der Photographischen

Sterngrösse（プレアデス星団の色等級図）

[3.39] Herzsprung, E., 1914, AN, 196, 201-208. Über die Räumliche Verteilung der Veränderlichen vom δ Cephei Typus（δ Cep 型変光星の空間分布）

[3.40] Strand, A. A., 1947, Pop. A., 55, 361-364, Ejnar Hertzsprung and the Leiden Observatory（ヘルツシュプルング退官送別会でのオールト台長挨拶）

ヘンリー・ノリス・ラッセル

[3.41] a. Tenn, J. S. 1993, Mercury, Sep/Oct, 19-21, Henry Norris Russell, The twentieth Bruce Medalist（伝記と業績）
b. Stratton, F. J. H., 1957, Biographic Memories of Fellows of the Royal Society, 3, 173-191, Henry Norris Russell（伝記）

[3.42] Russell, H. N., 1929, ApJ, 70, 11-82, On the Composition of the Sun's Atmosphere（宇宙組成，ラッセル・ミックスチュア）

[3.43] a. Russell, H. N., 1911, Carnegie Institute of Washington Publications, No. 147
b. [1.1] b, Chap. 7, Section 7.4, Russell's Work on Luminosity and Spectral Type, and his Relationship to Hertzsprung,（ラッセルの分光型－等級図）

[3.44]（ラッセル図の成立）
a. Russell, H. N., 1913, Obs., 36, 324-329, "Giants" and "Dwarf" Stars
b. Russell, H. N., 1914, Pop. A., 22, 275-284, Relation Between the Spectrum and Other Characteristics of the Stars I
c. Russell, H. N., 1914, Nature, 93, 252-258; 281-286, Relation between the Spectral and Other Characteristics of the Stars (II, III)

[3.45] Strömgren, B., 1933, Zs. f. Ap, 7, 222-248, On the Interpretation of the Hertzsprung-Russell Diagram（HR 図の名前の由来）

[3.46] Russell, H. N., 1914, Pop. A., 22, 331-351, Relation between the Spectrum and Other Characteristics of the Stars II

[3.47] Russell, H. N., 1914, Obs., 37, 165-175, On the Possible Order of Stellar Evolution

[3.48]（ラッセルの収縮進化論）
a. Russell, H. N., 1919, PASP, 31, 205-211, On the Source of Stellar Energy
b. Russell, H. N., 1921, Pop. A., 29, 541-545, Stellar Evolution
c. Russell, H. N., 1926, Pop. A., 34, 244-245, On the Problem of Stellar Evolution

[3.49] Russell, H. N., Dugan, R. S. and Stewart, R. M., 1927, "Astronomy"（邦訳は『天文学』鈴木敬信訳，岩波書店，1932）（活性物質による進化論）

ウォルター・モーガン

[3.50]（モーガンの伝記と業績）
a. Morgan, W. W., 1988, Annual Review of Astronomy and Astrophysics, 26, 1-9, A Morphological Life（自伝）
b. Osterbrock, D. E., 1997, National Academy of Sciences of the USA, Biographical Memoir of William Wilson Morgan 1906-1994（伝記）

c. Sheeken, W., 2008, Joural of Astronomical History and Heritage, 11(1), 3–21, W. W. Morgan and the Discovery of the Spiral Arm Structure of our Galaxy（業績）
[3.51] Morgan, W. W., 1933, ApJ. 77, 330–336, Some Evidence for the Existence of A Peculiar Branch of the Spectral Sequence in the Interval B8–F0（A 型特異星）
[3.52] Morgan, W. W., 1937, ApJ, 85, 380–397, On the Spectral Classification of the Stars of Types A to K
[3.53] Ünsold, A., 1967, "Der Neue Kosmos," Springer-Verlag（邦訳：小平桂一訳『現代天文学』岩波書店）(HR 図)
[3.54] Morgan, W. W., Keenan, P. C. and Kellman, E., 1943, "An Atlas of Stellar Spectra with an Outline of Spectral Classification," University of Chicago Press（MKK アトラス）

第 4 章 熱核反応と星の進化論
アーサー・エディントンとジェイムス・ジーンズ

[4.1] a. Vibert, D. A., 1956, "The Life of Arthur Stanley Eddington," Thomas Nelson and Sons Ltd.（エディントンの伝記）
b. Adams, W. S., 1924, PASP, 36, 2–9, Address of the Retiring President of the Society in Awarding the Bruce Medal to Professor A. S. Eddington
c. Hutchinson, I. H. 2002, "Astrophysics and Mysteicism: the life of Arthur Stanley Eddington," Faith of Great Scientists Seminar, MIT（伝記と神秘主義）
[4.2] Eddington, A. S., 1914, "Stellar Movements and the Structure of the Universe," Maximillian and Co. Ltd.（『恒星の運動と宇宙の構造』）
[4.3] Eddington, A. S., 1926, "Internal Constitution of the Stars" (Dover edition in 1959)（星の内部構造論）
[4.4] Eddington, A. S., 1927, "Stars and Atoms"（邦訳：谷本誠訳『星と原子』岩波書店）
[4.5] Schwarzschild, K., 1906, Nachrichten, König. Gesell. Wissenschaft, Götingen, 195, p. 41（星の大気論）
[4.6] Eddington, A. S., 1924, MNRAS, 84, 308–332, On the Relation between the Masses and Luminosities of the Stars（質量光度関係）
[4.7] Eddington, A. S., 1920, Obs., 43, 341–358, Internal Constitution of the Stars（英国天文学会における総合報告）
[4.8] （星の質量，熱源，寿命）
a. Jeans, J. H., 1925, Nature, 115, 297–298, The Ages and Masses of the Stars
b. Jeans, J. H., 1925, Nature, 115, 494, The Source of Stellar Energy
[4.9] Jeans, J. H., 1928, "Astronomy and Cosmogony," Cambridge University Press (Dover edition, in 1961)（ジーンズの代表著書『天文学と宇宙創成論』）
[4.10] Eddington, A. S., 1925, Nature, 115, 419–420; 117, 25–32, The Source of Stellar

Energy
- [4.11] Eddington, A. S., 1929, "Science and the Unseen World," (Swarthmore Lecture), MacMillan. N. Y.（「科学と目に見えない世界」，クエーカー教徒の集会での講演記録）
- [4.12] Eddington, A. S., 1946, "Fundamental Theory," Cambridge University Press

サブラマニアン・チャンドラセカール
- [4.13] a. Wali, K. C., 1991, "CHANDRA: A Biography of S. Chandrasekhar," University of Chicago Press（1989年までの伝記．Waliによるチャンドラへのインタビューも含まれている）
  b. Parker, E. N., 1997, National Academy of Sciences of the USA, Biographical Memoir of Subrahmanyan Chandrasekhar, 1910-1995（伝記と業績）
- [4.14] 三上喜貴，2009，『インドの科学者』，岩波科学ライブラリー
- [4.15] a. Chandrasekhar, S., 1939, "An Introduction to the Study of Stellar Structure," Dover Publications Inc.（星の内部構造論序説）
  b. Chandrasekhar, S., 1935, MNRAS, 95, 207-225, The Highly Collapsed Configurations of a Stellar Mass (Second paper)（高度に崩壊した星の構造）
- [4.16] Chandrasekhar, S., 1931, ApJ, 74, 81-82, The Maximum Mass of Ideal White Dwarfs（白色矮星の質量上限）
- [4.17] チャンドラセカール著，豊田彰訳，2002，『真理と美：科学における美意識と動機』，法政大学出版局（原著は1987）（チャンドラセカール講演集）
- [4.18] Chandrasekhar, S., 1935, MNRAS, 96, 647-660, The Equilibrium of Stellar Envelopes and the Central Condensations of Stars（星外層部の平衡と中心温度）
- [4.19] a. Strömgren, B., 1933, Zs. f. Ap., 7, 224-248, On the Interpretation of the Hertzsprung-Russell Diagram
  b. Strömgren, B., 1932, Zs. f. Ap. 4, 118, The Opacity of Stellar Matter and the Hydrogen Content of the Stars（星物質の不透明度と水素存在量）

ハンス・ベーテ
- [4.20] a. Brown, G. E. and Lee, S., 2009, National Academy of Sciences of the USA, 1-28, Biographic Memoir of Hans Albrecht Bethe, 1906-2005（伝記と業績）
  b. website: Personal and Historical Perspectives of Hans Bethe 〈http://bethe.cornell.edu/about.html〉（コーネル大学ホームページ）
  c. Bethe, H., 2003, Annual Review of Astronomy and Astrophysics, 41, 1-14, My Life in Astrophysics（自伝）
  d. Hans Albert Bethe, The Bruce Medalists
  〈http://www.phys-astro.sonoma.edu/BruceMedalists/Bethe/Bethe.html〉
- [4.21] Bethe, H., 1939, Phys. Rev, 55, 434-456, Energy Production in Stars（星の内部におけるエネルギー生産）
- [4.22] Strömgrem, B., 1937, Ergebn. d. Exakt. Naturwiss. 16, 465; 1938, ApJ, 87, 520-

534, On the Helium and Hydrogen Content of the Interior of the Stars
- [4.23] Bethe, H. and Critchfield, C., 1938, Phys. Rev., 54, 248–254, The Formation of Deutrons by Proton Combination
- [4.24] Bethe, H., 1991, "The Road from Los Alamos," (Masters of Modern Physics)(『ロスアラモスからの道』，核兵器と軍縮論，平和論を主題としたエッセイ集)
- [4.25] Jungk, R., 1956, "Brighter than a Thousand Suns: A Personal History of the Atomic Scientists"(1958 年に英訳版，邦訳は菊盛英夫訳『千の太陽よりも明るく――原子科学者の運命』，文芸春秋新社)
- [4.26] Bethe, H. A., 1997, National Academy of Sciences of the USA, 1–47, Biographical Memoir of J. Robert Oppenheimer, 1904-1967(オッペンハイマー伝記)

カール・フリードリッヒ・ワイツゼッカー

- [4.27] a. Von Weizsäcker, C. F., 1977, "Der Garten des Menschlichen: Beträge zur geschichtlichen Anthropologie"(邦訳：山辺建訳『人間的なるものの庭―歴史人間学論集』2000 年刊，法政大学出版局)
  b. Maurizi, S., 2002, Interview with Carl F. von Weizsäcker(インタビュー，原爆製造期におけるワイツゼッカー)
  (http://www.stefabuamaurizi.it/Interviste/en-carl_friedrich_von_weizsaecker.html)
  c. Neuneck, G., 2007, Physics Today, April: June, Death notice from the German Pugwach Group(追悼文)
- [4.28] Von Weizsäcker, C. F., 1937, Physikalische Zeitschrift, 38, 176–191, Über Elementumwandlungen im Innern der Sterne I(恒星内部における元素変換)
- [4.29] Von Weizsäcker, C. F., 1938, Physikalische Zeitschrift, 55, 633–646, Über Elementumwandlungen im Innern der Strerne II(恒星内部における元素変換)(R. H. Milburn による英訳は "A Source Book in Astronomy and Astrophysics, 1900-1975," Lang and Gingerich, eds., Harvard University Press, pp. 309–339)
- [4.30] Von Weizsäcker, C. F., 1943, Zs f Ap, 22, 319–355, Über die Entstehung des Planetensystems(惑星系形成論)
- [4.31] Gamow, G. and Hynek, J. A., 1945, ApJ, 101, 249, Recent Progress in Astrophysics: A New Theory by C. F. Weizsacker of the Origin of the Planetary System(ワイツゼッカーの惑星系形成論の英語による紹介)
- [4.32] a. ter Haar, D., 1945, Leiden Observatory, PhD Thesis, Studies on the origin of the solar system
  b. ter Haar, D., 1950, ApJ, 111, 179, Further studies on the origin of the solar system(乱流理論を取り入れた太陽系生成論，ワイツゼッカー理論の拡張)
- [4.33] Kuiper, G. P., 1951, in "Astrophysics, A topical symposium," editeb by Hynek, J. P., McGraw-Hill Book Company, pp. 357–424, Origin of the solar system
- [4.34] Weizsäcker, C. F., 1991, "Der Mensch in Seiner Geschichte,"(邦訳：『人間とは何か：過去・現在・未来の省察』小杉，新垣訳，2007 年刊，ミネルヴァ書房)

ジョージ・ガモフ

[4.35] a. Hufbauer, K., 2009, National Academy of Sciences of the USA, 1–39, Biographycal Memoir of George Gamow, 1904–1968（伝記と業績）
b. George Gamow, コロラド大学ホームページ〈http://www.colorado.edu/physics/Web/Gamow/life.html〉

[4.36] Gamow, G., 1928, Zs. f. Phys., 51, 204–212, Zur Quantentheorie des Atomkernes（原子核の量子理論）（α粒子放出の物理過程）

[4.37] Gamow, G., 1929, Zs. f. Phys., 52, 510–515, Zur Quantentheorie der Atomzertrümerung（原子崩壊の量子論について）

[4.38] Atkinson, R., and Houtermans, F. G., 1929, Zs. f. Phys., 54, 656–665, Zur Frage der Aufbaumöglichkeit der Elemente in Sternen（星の内部における元素合成の可能性）

[4.39] Atkinson, R., 1931, ApJ, 73, 250–295 (I); ApJ, 73, 308–347 (II), Atomic Synthesis and Stellar Energy（元素合成と星のエネルギー源）

[4.40] Gamow, G., 1938, ApJ, 87, 206–208, A Star Model with Selective Thermo-Nuclear Source（選択的熱殻エネルギー源のモデル）

[4.41] Gamow, G., 1938, Phys. Rev, 53, 595–604, Nuclear Energy Sources and Stellar Evolution（核反応エネルギー源と星の進化）

[4.42] Gamow, G., 1941, Pop. A., 49, 360–365, Our Sun is Bound to Explore（「われわれの太陽は爆発に向かう」）

[4.43] ジョージ・ガモフ，伏見康治他訳，1990，『トムキンスの冒険』（完本），白楊社

[4.44] Gamow, G., 1940, "The Birth and Death of the Sun," The Viking Press（邦訳：白井俊明訳『太陽の誕生と死』，白楊社）

エルンスト・エピック

[4.45] a. Öpik, E. J., 1977, Annual Review of Astronomy and Astrophysics, 15, 1–17, About Dogma in Science and Other Recollections of an Astronomer（エピック自伝）
b. Lindsay, E. M., 1972, Irish Astronomical Journal, 10, 1, Biographycal, Ernst Julius Öpik（伝記）
c. Wayman, P. A. and Mullan, D. J., 1986, QJRAS, 27, 508–514, Obituary, Ernst Julius Öpik（追悼）

[4.46] Öpik, E., 1968, Irish Astronomical Journal. 8, 185–208, The Cometary Origin of Meteorites（彗星軌道と隕石の起源）

[4.47] Öpik, E., 1922, Publications of the Tartu University, 25, 1–45, Notes on Stellar Statistics and Stellar Evolution（初期の進化説）

[4.48] Öpik E. J. 1938, Publications of the Tartu University, 30, No. 3, 1–115, Stellar Structure, Source of Energy, and Evolution（非均質構造と進化論）

[4.49] a. Atkinson, R. D'E. and Houtermans, F. G., 1929, Zs. f. Phys, 54, 656, Zur Frage der Aufbaumöglilch der Elemente in Sternen
b. Atkinson, R. D'E., 1931, ApJ, 73, 250-295, 308-347, Atomic Synthesis and Stellar Energy, I, II（星内部における元素合成の可能性）

ロバート・トランプラー

[4.50] a. Weaver, H. F., 2000, National Academy of Sciences of the USA, No. 78, pp. 1-23, Biographical Memoir of Robert Julius Trumpler（伝記）
b. Weaver, H. F., Mayall, N. U. and Shane, C. D., 1959, University of California, Memoriam, 1-3, Robert Julius Trumpler, Astronomy（追悼）

[4.51] Trumpler, R. J., 1925, PASP, 37, 307-318, Spectral Type in Open Clusters（散開星団の HR 図と星団の進化）

[4.52] Cuffey, J., 1941, ApJ, 94, 55-69, The Galactic Clusters M46, M50 and NGC 2324（散開星団の初期の色等級図）

[4.53] Trumpler, R. J., 1930, Lick Observatory Bulletin, No. 420, 154-188, Preliminary Results on the Distances, Dimensions and Space Distribution of Open Star Clusters

[4.54] Trumpler, R. J., 1931, PASP, 43, 145-148, Star Clusteres: A Review

[4.55] Ruprecht, J., 1966, Bulletin of the Astronomical Institutes, Czechoslovakia, 17, 33-44, Classification of Open Star Clusters（散開星団の分類）

アラン・サンデージ

[4.56] a. Lynden-Bell, D. and Schweizer, F., 2011, National Academy of Sciences of the USA, 1-20, Biographycal Memoirs of Allan R. Sandage, 18 June 1926-12 November 2010（伝記と追悼）
b. Lightman, A. and Brawer, R., 1990, "Origins," Harvard University Press（宇宙論研究者へのインタビュー集．サンデージほか 20 数人）
c. Overbye, D., 2010, The N. Y. Times（11 月 17 日付）．Allan Sandage（追悼）

[4.57] a. Shapley, H., 1917, ApJ, 45, 118-141, Studies Based on the Colors and Magnitudes in Stellar Clusters（球状星団の初の色等級図）
b. Shapley, H. and Davis, H. N., 1920, ApJ, 51, 140-178, Studies Based on the Colors and Magnitudes in Stellar Clusters. XVI（M3 に対する色等級関係）

[4.58] Baum, W. A., 1964, Annual Review of Astronomy and Astrophysics, 2, 165-184, Photosensitive Detectors（光学的測光機器の開発）

[4.59] Sandage, A. R., 1961, "The Hubble Atlas of Galaxies," Carnegie Institution Washington

[4.60] Arp, H. C., 1966, "Atlas of Peculiar Galaxies," California Inst. Technology (ApJ, Suppl., 14, page 1-20, Plate 1-57)

[4.61] Sandage, A. R., 1953, AJ, 58, 61-74, The Color-Magnitude Diagram for the Globular Cluster M3

[4.62] a. Arp, H. C., Baum, W. A. and Sandage, A. R., 1952, AJ, 57, 4-5, The H-R

Diagram for the Globular Cluster M92 and M3

b. Baum, W. A., 1952, AJ, 57, 222-226, Globular Clusters I. Photometric and Spectroscopic Observations in M3 and M92

マーティン・シュヴァルツシルト

[4.63] a. Ostriker, J. P., 2013, National Academy of Sciences of the USA, 1-19, Biographical Memoirs of Martin Schwarzschild, 1912-1997（伝記と業績）

b. Weart, S., 1977, Oral History Transcript: Dr. Martin Schwarzschild, (Niels Bohr Library and Archives)（Weart と DeVokin によるインタビュー）
(http://www.aip.org/history-programs/niels-bohr-library/oral-histories/4517-1, 同 4517_2, 4517_3, 4517_4)

c. Trimble, V., 1997, PASP, 109, 1289-1297, Martin Schwarzschild (1912-1997)（伝記と追悼文）

d. Henyey, L. G., 1965, PASP, 77, 233-236, Award of the Bruce Gold Medal to Martin Schwarzschild（ブルースメダル献辞）

[4.64] Schwarzschild, M., 1958, "Structure and Evolution of the Stars," Princeton University Press（星の内部構造と進化，基本的テキスト）

[4.65] Oke, J. B. and Schwarzschild, M., 1952, ApJ, 116, 317, Inhomogeneous Stellar Models. I. Models with a Convective Core and a Discontinuity in the Chemical Composition（非均質モデル）

[4.66] Sandage, A. R. and Schwarzschild, M., 1952, ApJ, 116, 463-476, Inhomogeneous Stellar Models. II. Models with Exhausted Cores in Gravitational Contraction（非均質モデル）

[4.67] Sandage, A., 1955, Leaflet of Astronomical Society of the Pacific, No. 308, 1-8, The Evolution of the Stars

第5章　銀河天文学と宇宙論

ウィリャム・ハーシェル

[5.1] a. Clerke, A. M., 1895, "The Herschels and Modern Astronomy," Cassell and Com. London（ウィリャム，キャロライン，ジョン・ハーシェルの伝記）

b. Belkora, L., 2003, "Minding the Heavens: The Story of our Discovery of the Milky Way" IOP publishing, Chapter 4, William Herschel: Natural Historian of the Universe（伝記，本書の題名はハーシェルが留守するさいにキャロラインに依頼した言葉「天界のお世話を頼む」に由来する）

c. Crowe, M. J., 1994, "Modern Theories of the Universe from Herschel to Hubble," Dover Publications Inc., Chapter 3, Sir William Herschel: Celestial Naturalist（「天界の構造」の2論文 (1784, 1785) の主な箇所を掲載している）．

d. Holden, E., 1881, "Sir William Herschel, His Life and Works," Charles

Scribner's Suns（詳細な伝記と，ハーシェルの論文の解説に詳しい）
- [5.2] a. Herschel, W., 1782, RSPT, 72, 112, Catalogue of Double Stars
  b. Herschel, W. 1785, RSPT, 75, 40, Catalogue of Double Stars
- [5.3] King, H. C., 1955, [1.6]（第 7 章がハーシェルの望遠鏡）
- [5.4] Herschel, W., 1811, RSPT, 101, 269, Astronomical Obervations Relating to the Construction of the Heavens（星雲スケッチの例）
- [5.5] （星団，星雲のカタログ）
  a. Herschel, W., 1786, RSPT, 76, 457-459, Catalogue of One Thousand New Nebulae and Clusters of Stars
  b. Herschel, W., 1789, RSPT, 79, 212-255, Catalogue of a Second Thousand of New Nebulae and Clusters of Stars: with a Few Introductory Remarks on the Construction of the Heavens
  c. Herschel. W., 1802, RSPT, 92, 477, Catalogue of 500 new Nebulae, Nebulous Stars, Planetary Nebulae, and Clusters of Stars: With Remarks on the Construction of the Heavens
- [5.6] Herschel, W., 1802, RSPT, 75, 213, On the Construction of the Heavens（星計測法）
- [5.7] Herschel. W., 1817, RSPT, 107, 302-331, Astronomical Observations and Experiments Tending to Investigate the Local Arrangement of the Celestial Bodies in Space, and to Determine the Extent and Condition of the Milky Way（等光度法）
- [5.8] Herschel, W., 1791, RSPT, 82, 11, On Nebulous Stars, Properly So-Called by William Herschel（星雲仮説の始まり）
- [5.9] Laplace, P. S., 1796, "The System of the World"（初版）（ラプラスの『世界体系』，1935 年まで版を重ねる）
- [5.10] McKenna-Lawlor, Susan M. P., 2003, "Whatever Shines Should be Observed," Kluver Academic Publishers（19 世紀に活躍した 7 人の女性，ロス卿夫人マリー，ハギンス夫人マーガレット，歴史家アグネス・クラークを含む）

ウィリアム・パーソンズ（第 3 代ロス卿）

- [5.11] a. Parsons, Brendan (Seventh Earl of Ross), 1968, Hermathena, No. 100, 5-13, William Parsons, Third Earl of Rosse（ロス卿伝記）
  b. Murphy, F., 1965, Irish Astronomical Journal, 7, 53-58, The Parsons of Parsonstown
  c. 小暮智一，2010，天文月報，103, 205-212, 歴史的天文台バーチャル探訪（その 5）バー・キャッスルと巨大海獣
- [5.12] Hoskin, M., 1990, JHA, 21, 331-344, Rosse, Robinson and the Resolution of the Nebulae（巨大望遠鏡と星雲論争）
- [5.13] William P. (Third Earl of Ross), 1861, RSPT, 151, 681-745, On the Construction of Specula of Six-Feet Aperture and a Selection from the Observations of Nebulae Made with Them（望遠鏡建設と星雲の観測）

ジョン・ハーシェル

[5.14] a. O'Connor, J. J. and Robertson, E. F., Web site: John Frederick William Herschel 〈http//www-history.mcs.st-and.ac.uk/Biographies/Herschel.html〉（ジョン・ハーシェル伝記）

b. Dodge, N. S., 1871, Smithsonian Report, 1-16, Memoir of Sir John William Herschel（伝記と業績）

[5.15] Herschel, J. F. W., 1815, RSPT, 2, 334-335, A catalogue of Nebulae and Clusters of Stars in the Southern Hemisphere, Observed at Paramatta in New South Wales by James Dunlop（ジョン・ハーシェルの星雲星団に関する最初の論文）

[5.16] Herschel, J. F. W., 1832, Memoir of the Royal Astronomical Society, 6, 1-73, Fifth catalogue of double stars, observed at Slough in the year 1830 and 1831（3241個の連星カタログのまとめ）

[5.17] Hersechel, J. F. W., 1833, RSPT, 123, 359, Observations of Nebulae and Clusters of Stars, made at Slough, with a Twenty-feet Reflector, between the years 1825 and 1833（2307天体，スラウカタログ）

[5.18] Herschel, J. F. W., 1847, "Results of Astronomical Observations Made during the Years 1834-1838 at the Cape of Good Hope, Being a Completion of a Telescopic Survey of the Whole Surface of the Visible Heavens Commenced in 1825," Smith, Elder & Co., London（1713天体，ケープカタログ）

[5.19] a. Herschel, J. F. W., 1863, RSPS, 13, 1-3, A General Catalogue of Nebulae and Clusters of Stars for the Year 1860.0, with Precession for 1880.0 (abstract)

b. Herschel, J. F. W., 1864, RSPT, 154, 1-137, Catalogue of Nebulae and Clusters of Stars（General Catalogue＝GC，一般カタログ）

ジョン・ルイ・エミール・ドライヤー

[5.20] a. Lindsay, E. M., 1965, Astron. Soc. Pacific, Leaflet No. 436, 1-8, J. L. E. Dreyer and his New General Catalogue of Nebulae and Clusters of Stars（ドライヤーの伝記とNGC作成の経過）

b. Steinicke, W., 2010, "Observing and Cataloguing Nebulae and Star Clusters: from Herschel to Dreyer's New General Catalogue," Cambridge University Press

c. 小暮智一，2011，天文月報，104，38，歴史的天文台バーチャル探訪（その8）アーマー天文台（NGC成立の由来）

[5.21] Dreyer, J. L. E., 1888, Memoirs of the Royal Astronomical Society, 49, 1-241, A New Catalogue of Nebulae and Clusters of Stars, Being the Catalogue of the Late Sir John F. W. Herschel, Bart, Revised, Corrected and Enlarged（NGCカタログ）

[5.22] Dreyer, J. L. E., 1895, Memoirs of the Royal Astronomical Society, 51, 185-228, Index Catalogue of Nebulae Found in the Years 1888 to 1895, with Notes and Corrections in the New Geneal Catalogue（IC-1）

[5.23] Dreyer, J. L. E., 1910, Memoirs of the Royal Astronomical Society, 59, 105-228,

Second Index Catalogue of Nebulae and Clusters of Stars, Containing Objects Found in the Years 1895 to 1907, With Notes and Corrections in the New Geneal Catalogue and to the Index Catalogue for 1888-94 (IC-2)
[5.24] Ashbrock, J., 1980, in "The Astronomical Scrapbook," Cambridge University Press, pp. 392-396, Topic 75, A hole in the sky（天空の穴）
[5.25] Dick, T., 1840, "The Sidereal Heavens and Other Subjects Connected with Astronomy, as Illustrative of the Character of the Deity, and of Infinity of Worlds,"Herper & Brothers

エドワード・バーナード
[5.26] a. Verschuur, G. L., 1989, "Interstellar Matters, Essays on Curiosity and Astronomical Discovery," Springer-Verlag, Part 1. 3-83, The Genesis of an Idea: Barnard's Dilemma（伝記と暗黒領域）
b. Frost, E. B., 1923, ApJ, 58, 1-35, Edward Emerson Barnard（伝記と追悼）
c. Tenn, J. S., 1992, Mercury, 21, No. 5, 164-166, Edward Emerson Barnard: The Fourteenth Bruce Medalist（ブルースメダル受賞辞）
d. Wikipedia, Edward Emerson Barnard 〈http://en.wikipedia.org/wiki/Edward_Emerson_Barnard〉
[5.27] 山本一清，1923，天界，3，331-340，「バーナード先生のこと」
[5.28] Barnard, E. E., 1884, AN, 108, 369-370, New Nebulae - Small Black Hole in the Milky Way - Duplicity of β^1 Capricorni（天空の穴の例）
[5.29] Barnard, E. E., 1906, Pop. A., 14, 579-583, On the Vacant Regions of the Sky（星欠乏域）
[5.30] Barnard, E. E., 1916, ApJ, 43, 1-8, Some of the Dark Markings on the Sky and What They Suggest（銀河の暗黒模様）
[5.31] Barnard, E. E., 1919, ApJ, 49, 1-24, On the Dark Markings of the Sky, with a Catalogue of 182 Such Objects（暗黒模様のカタログ）
[5.32] Barnard, E. E., 1920, AJ, 33, 86, On the Comparative Distances of Certain Globular Clusters and Star Clouds in the Milky Way
[5.33] Frost, E. B. and Calvert, M. R., 1927, "A Photographic Atlas of Selected Regions of the Milky Way"（合本は 2011, Cambridge University Press）（暗黒星雲の写真アトラス）

マックス・オルフ
[5.34] a. Dugan, R. S., 1933, Pop. A., 41, 239-244, Max Wolf（追悼と伝記）
b. Tenn, J. S., 1994, Mercury, 23, No. 4, 27-28, Max Wolf: The Twenty-Fifth Bruce Medalist（ブルースメダル受賞辞）
c. MacPherson, H., 1932, Obs., 55, 355-359, Max. Wolf（追悼）
[5.35] Wolf, M., 1902, Publikationen des Astrophysikalischen Instituts Königstuhl-Heidelberg, 1, 125-176, Die Nebelflicken am Pol der Milchstrasse（星雲の分類

[5.36] Wolf, M., 1912, AN, 190, 229–232, Die Entfernung der Spiralnebel（渦状星雲は銀河系より遠方の天体か）

[5.37] Wolf, M., 1902, Publikationen des Astrophysikalischen Instituts Königstuhl-Heidelberg, 1, 11–15, Verzeichniss von 154 Nebleflicken（星雲リスト No. 1）

[5.38] Wolf, M., 1913, Veröffentlichungen der Sternwarte zu Heiderberg, 6, 115–116, Königstuhl-Nebel Liste 14（星雲リスト No. 14）

[5.39] Wolf, M., 1907, MNRAS, 68, 30–33, The Nebula H IV 74 Cepher (NGC 7023)（洞窟星雲の例）

[5.40] Wolf, M., 1917, A. N. 204, 41–42, Über das Specktrum der Höhlennebel

[5.41] Wolf, M., 1923, A. N. 219, 109–116, Über den dunklen Nebel NGC 6960（白鳥座網状星雲と暗黒星雲）

[5.42] Kogure, T., Kobayashi, Y. et al., 1982, "An Atlas of the Northern Milky Way in the H-alpha Emission," Department of Astronomy, Kyoto University

アイラ・ボーエン

[5.43] a. Babcock, H., 1982, National Academy of Sciences of the USA, 88–119, Biographical Memoir of Ira Sprague Bowen（ボーエンの伝記と業績）

b. McKellar, A., 1957, PASP, 69, 105–108, Award of the Bruce Gold Medal to Dr. Ira S. Bowen

[5.44] Merrill, P. W., 1958, Lines of the Chemical Elements in Astronomical Spectra, Carnegie Institute of Wachington Publication

[5.45] Bowen, I. S., 1927, PASP, 39, 295–297, The Origin of the Chief Nebular Lines（禁制線の解明）

[5.46] Bowen, I. S., 1928, ApJ, 67, 1–15, The Origin of the Nebular Lines and the Structure of the Planetary Nebulae（惑星状星雲の電離構造）

[5.47] Bowen, I. S., 1936, Reviews of Modern Physics, 8, 55–81, Forbidden lines（禁制線一般）

ヘルマン・ザンストラ

[5.48] a. Garstang, R. H., 1973, Memoirs Société Royal de Liège, 6e série, tome V, 11–15, Herman Zanstra（伝記と業績）

b. Osterbrock, D. E., 2002, Revista Mexicana de Astronomía y Astrofísica, 12, 1–7, Pioneer Nebular Theorists from Zanstra to Seaton and Beyond（業績とその後の発展）

c. Plasett, H. H., 1974, QJR AS, 15, 59–66, Herman Zanstra（追悼）

[5.49] Hubble, E., 1922, ApJ, 56, 162–201, A General Study of Diffuse Galactic Nebulae（ハッブルによる銀河系内星雲の分類）

[5.50] Zanstra, H., 1927, ApJ, 65, 50–70, An Application of the Quantum Theory to the Luminosity of Diffuse Nebulae（星雲光度の量子理論）

[5.51] Zanstra, H., 1928, Nature, 121, 790, Temperatures of Stars in Planetary Nebulae（惑星状星雲の中心星の温度）

ベンクト・ストレームグレン

[5.52] a. Mayall, N. U., 1959, PASP, 71, 79–82, Award of the Bruce Gold Medal to Dr. Bengt Strömgren（ブルースメダル受賞辞）

b. Hoddeson, L. and Baym, G., 1967, "Oral history of transcript: Dr. Bengt Strömgren," American Institute of Physics（ストレームグレンへのインタビュー）

[5.53] Strömgren, B. 1939, ApJ., 89, 526–547, The physical state of interstellar hydrogen（電離領域 HII region の半径）

[5.54] Georgelin, Y. M., Lortet=Zuckermann, M. C. and Monnet, G. 1975, A & A, 42, 273–285, Interaction of Hot Stars and of the Interstellar Medium. VII: The Rate and Fate of Stellar Ultraviolet Photons（ストレームグレン半径の現在値）

第6章　銀河系の発見

[6.1] Hirshfeld, A. W. 2001, 再掲 [1.5]（恒星視差測定の歴史物語）

フリードリッヒ・ベッセル

[6.2] a. Kopal, Z., 1985, ApSS, 110, 3–19, Friedrich Wilhelm Bessel – An appreciation（追悼）

b. [6.1] Chapter 12, The Twice-Built Telescope（伝記），Chapter 16, The Star in the Lyre（業績）

[6.3] Bessel, F. W., 1818, "Fundamental Astronomiae," Königsberg Observatory（基礎天文学）

ウィルヘルム・シュトルーヴェ

[6.4] a. [1.11] a, Chap. 5, Wilhelm Struve: Seeker of parallax（伝記）

b. Litvinova, E. F., Web site: W. Struve – his life and scientific activity – Pulkovo Observatory.〈www.gao.spb.ru/english/history/struve.html〉

c. Struve, O. W., 1895, "Wilhelm Struve, Zur Erinnerung an der Vator, Karlsruhe," G. Braun'schen Hofbuchdruckerie（息子のオットーによる父 Wilhelm に対する回想録）

[6.5] Website: Tartu Observatory Home page, Heads of the Tartu Observatory〈http://www.ajaloomuuseum.ut.ee/vvebook/〉（歴代台長，Pfaff, Huth, Struve の紹介）

[6.6] 小暮智一，2009，天文月報，102，614，歴史的天文台バーチャル探訪（その3）古タルトゥ天文台

[6.7] Struve, W., 1847, "Etude d'astronomie stellaire, sur la voie lactée et sur la distance des étoires fixes," St. Petersburg, Imprimerie de l'Academie des Sciences（Kessinger Publishing 社復刻版）（『恒星天文学エチュード ── 銀河系について，および恒星の距離について』）

トマス・ヘンダーソン

[6.8] Gavine, D., 1998, Journal of the Astronomical Society of Edinburgh, 38, 1–2, Thomas Henderson 1798–1844, Scotland's first Astronomer Royal（伝記と業績）

[6.9] Struve, W. F., 1840, AN, 17, No. 396, 12–13, Ueber die Parallaxe des Sterns α Lyrae nach Micrometermessungen am grössen Refraktor der Dorpater Sternwarte（ヴェガの視差測定）

[6.10] a. Bessel, F. W., 1838, MNRAS, 4, 152–161, On the Parallax of 61 Cyg, A Letter from Professor Bessel to Sir J. Herschel (1838 Oct. 23 received)（視差測定　第1報）

b. Bessel, F. W., 1838, AN., 17, No. 365, 65–96, Bestimmung der Entferbung des 61sten Sterne des Schwans（61 Cyg の視差測定の詳細）

[6.11] Henderson, T., 1839, MNRAS, 4, (Jan. 11), 168–170, On the Parallax of α Centauri（α Cen の視差測定）

[6.12] "The Hipparcos and Tycho Catalogue," 1997, SP-1200, European Space Agency (ESA)（ヒッパルコス星表）

[6.13] Bessel, F. W., 1830, "Tabulae Regiomontanae Reductionum Observationum Astronomicarum ab Anno 1750 Usque ad Annum 1850 Computlatae（ベッセルの作成したレギオモンタヌス恒星カタログ）

ヤコブス・カプタインとジョージ・ヘール

[6.14] a. [1.11] a, Chapter 7, Jacobus C. Kapteyn: Mastermind without a telescope（伝記）

b. Hertzsprug-Kapteyn, H., "The Life and Works of J. C. Kapteyn,"（復刻版：1993, Kluwer Academic Pubishers）（次女ヘンリエッタによるカプタイン追想記）

c. Tenn, J. S., 1991, Mercury, Sep/Oct 145, Jacobus Cornelius Kapoeyn: Tenth Bruce Medalist

[6.15] Gill, D., 1886, Bulletin Astronomique, Serie I, 3, 161–164, Photographie Astronomique（パリ天文台長 M. I. Mouchez への公開書簡）

[6.16] Gill, D. and Kapteyn, J. C., 1896, "The Cape Photographic Durchmusterung for the Equinox 1875," Darling & Son Ltd. London（ケープ写真掃天表）

[6.17] Paul, E. R., 1993, "The Milky Way Galaxy and Statistical Cosmology, 1890–1924," Chapter 3 (Zeeliger), Chapter 4 (Kapteyn), Cambridge University Press

[6.18] Kapteyn, J. C., 1900, Publication of the Kepteyn Astronomical Laboratory Groningen, 1, 3–99, The Parallax of 248 Stars of the Region around BD 35° 4013

[6.19] Kapteyn, J. C. and Kapteyn W., 1900, Pubication of the Kapteyn Astronomical Laboratory Groningen, 5, 1–87, On the Distribution of Cosmic Velocities; 1906, ibd. 6, 13–19, Some Useful Trigonometric Formula and a Table of Geometrical Functions for the Four Quadrants（平均視差の導入）

[6.20] Kapteyn, J. C., 1914, Journal of the Royal Astronomical Society of Canada, 8, 145–

159, On the Structure of the Universe（2つの星流の特徴と星の進化）
[6.21] Eddington, A. S., 1938, Forty Years of Astronomy, in "Background to Modern Science," Needham & Pagel (eds), Cambridge University Press, pp. 167-178
[6.22] Kapteyn, J. C., 1904, International Congress of Arts and Sciences, St. Louis, 4, 412-422, Statistical Methods in Stellar Astronomy（セントルイスでの講演記録）
[6.23] a. Adams, W. S., 1939, National Academy of Sciences of the USA, 21, Biographical Memoir of George Ellery Hale, 1868-1938（ジョージ・ヘールの伝記）
 b. Tenn, J. S., 1992, Mercury, 21, 3, 92, George Ellery Hale: The thirteenth Bruce medalist（ヘールへのブルースメダル）
 c. Zirin, H., 1969, Solar Physics, 5, 435-441, George Ellery Hale, 1868-1938
[6.24] Kapteyn, J. C., 1909, ApJ., 29, 46-48, On the Absorption of Light in Space
[6.25] Kapteyn, J. C., and van Rhijn, P. J., 1920, ApJ., 52, 23-38, On the Distribution of the Stars in Space Especially in the High Galactic Latitudes
[6.26] Kapteyn, J. C., 1922, ApJ, 55, 302-328, First Attempt at a Theory of the Arrangement and Motion of the Sidereal System（[6.25], [6.26]：銀河系モデル）

ユーゴー・ハンス・ゼーリガー

[6.27] a. Kienle, H., 1925, Naturwissenschaften, 13, 613-619, Hugo von Seeliger（伝記）
 b. Grossmann, E., 1925, AN, 223, 297-304, Anzeige des Todes von Hugo von Seeliger（邦訳：荒木俊馬，天界，53, 167-171, ゼーリーゲルの死を悼む）
 c. Eddington, A. S., 1925, MHRAS, 85, 316-318, Hugo von Seeliger
[6.28] Argelander, F. W. A., 1963, "Astronomicshe Beobachtung auf der Sternwarte der Königlichen Rheinischen" (Friedrich-Wilhelm-Universität zu Bonn, Bonn)（ボン星表，改訂版）
[6.29] Seelilger, H., 1891, Neue Annalen der Koeniglichen Sternwarte in Bogenhausen bei München, 2, C1-C4, Die Verteilung der Sterne in beiden Bonner Duchmustrungen enhalten Sterne und Himmel（ボン星表に基づく恒星の密度分布）
[6.30] Seeliger, H. von, 1886, München Ak Sber., 16, 220, Über die Verteilung der Sterne auf der sudlichen Halbkugel nach Schönfeld's Durchmustetung（[6.17] Chapter 3, Seeliger's cosmology）
[6.31] Seeliger, H. von, 1889, München Ak. Sber., 19, 565, Betrauchungen über die räumliche Verteilung der Fixsterne（銀河系モデルの最初の論文，[6.17]）
[6.32] Seeliger, H. von, 1920, München Ak. Sber, 87, 144, Untersuchungen über das Sternsystem（晩年の銀河モデル，[6.17]）
[6.33] Easton, C., Encyclopedia, by Blaauw, A.〈http://www.encyclopedia.com/doc/1G2-2830901275.html〉（イーストンへの弔辞）
[6.34] Easton, C., 1893, "La voie lactée dans l'hemisphère boreal," p. 71, G. Villars and F, Paris（『北天における天の川』）

[6.35] Easton, C., 1900, ApJ, 12, 136-158, A New Theory of the Milky Way（銀河系の円環構造，太陽は円環の中心から離れた離心点にある。）

[6.36] Easton, C., 1913, ApJ, 37, 105-118, A Photographic Chart of the Milky Way and the Spiral Theory of the Galactic System（銀河系の円環と渦巻き構造）

[6.37] Seeliger, H., 1900, ApJ, 12, 376-380, Remarks on Mr. Easton's article "On a new theory of the Milky Way" in the Astrophysical Journal for September（イーストンへの批判）

ヒーバー・カーチス

[6.38] a. Aitken, R. G., 1942, National Academy of Sciences of the USA, 22, 275-294, Biographical Memoir of Curtis, Heber Doust（伝記）
b. McMath, R. R., 1942, PASP, 54, 68-69, Heber Doust Curtis

[6.39] Curtis, H. D., 1908, PASP, 20, 132-155, Methods of Determining the Orbits of Spectroscopic Binaries（連星軌道解析法）

[6.40] Curtis, H. D., 1918, Pub. Lick Obs., 13, 9-42, Description of 762 Nebulae and Clusters Photographed with the Crossley Reflector（星雲星団の観測）

[6.41] Curtis, H. D., 1918, PASP, 29, 182-183, New Stars in Spiral Nebulae（新星）

ハーロウ・シャプレー

[6.42] a. Berkora, L., 2003, [1.11] a, Chapter 8, Harlow Shapley: Champion of the big galaxy（伝記）
b. Glass, I. S., 2006, Revolutionaries of the cosmos, Oxford University Press, Chapter 8, 235-267, Harlow Shapley
c. Bok, B., 1978, National Academy of Sciences of the USA, 141-194, Biographical Memoir of Harlow Shapley, 1885-1972

[6.43] Shapley, H., 1914, ApJ, 40, 448-465, On the Nature and Cause of Cepheid Variation（シャプレー，ケフェウス型変光星の脈動論）

[6.44] シャプレーの球状星団の研究
a. Shapley, H., 1918, ApJ, 48, 89-133, Studies Based on the Colors and Magnitudes in Stellar Clusters VI: On the Determination of the Distances of Globular Clusters
b. Shapley, H., 1918, ApJ, 48, 154-181, Studies Based on the Colors and Magnitudes in Stellar Clusters VII: The Distances, Distribution in Space, and Dimensions of 69 Globular Clusters
c. Shapley, H., 1918, ApJ, 48, 279-294, Studies Based on the Colors and Magnitudes in Stellar Clusters VIII: The Luminosities and Distances of 139 Globular Clusters

[6.45] Crowe, M. J., 1994, "Modern theories of the Universe from Herschel to Hubble," Dover Publications Inc., Chapter 7: Background to the Great Debate, Chapter 8: The Great Debate（シャプレー対カーチス論争の背景）

[6.46] Shapley, H. 1921, Bulletin of the National Research Council, II, Part 3, 171-217, The Scale of the Universe（シャプレーの大銀河系説）

[6.47] Shapley, H., 1918, Proceedings of the National Academy of Sciences of USA, Vol. 4, 224-229, Studies of Magnitudes in Star Clusters. VIII. A Summary of Results Bearing on the Structure of the Sidereal Universe

[6.48] van Maanen, A., 1916, ApJ, 44, 210-228, Preliminary Evidence of Internal Motion in the Spiral Nebula Messier 101

[6.49] Curtis, H. D. 1921, Bulletin of the National Research Council, II, Part 3, 194-217, The Scale of the Universe（カーチスの系外銀河説）

第7章 宇宙論の源流
ベストー・スライファー

[7.1] a. Hoyt, W. G.. 1980, National Academy of Sciences of the USA, Biographical Memoir of Vesto Melvin Slipher, 1875-1969（伝記と業績）
b. Einarsson, S., 1935, PASP, 47, 5-10, The Award of the Bruce Gold Medal to Dr. Vesto Melvin Slipher
c. Tenn, J. S., 2007, J. Astron. History and Heritage, 10(1), 65-71, Lowell Observatory Enters the Twentieth Century-in the 1950s

[7.2] 宮崎正明，1995，『知られざるジャパノロジスト：ローエルの生涯』，丸善ライブラリー

[7.3] Slipher, V. M., 1903, AN, 163, 35, A Spectrographic Investigation of the Rotation of Venus（金星の自転周期）

[7.4] Goldstein, R. M., 1964, AJ, 69, 12-18, Symposium on Radar and Radiometric Observations of Venus during the 1962 Conjunction

[7.5] （火星運河説の支持）
a. Slipher, V. M., 1926, Lowell Observatory Archive, Letter of Slipher to H. Wetherald, March 9, 1926
b. Slipher, V. M., 1923, Lowell Observatory Archive, Letter of Slipher to F. O. Grover, Jan. 23, 1923

[7.6] [7.1] c, Section 5, John Scoville Hall rescues Lowell Observatory（ローエル天文台の復興）

[7.7] Slipher, V. M., 1913, Lowell Observatory Bulletin, No. 58, 56-57, The Radial Velocity of the Andromeda Nebula

[7.8] a. Slipher, V. M., 1915, Pop. A, 23, 21-24, Spectrographic Observations of Nebulae
b. Slipher, V. M., 1917, Obs, 40, 304-306, Radial Velocity Observations of Spiral Nebulae（渦状星雲の視線速度）

[7.9] de Vaucouleurs, G., de Vaucouleurs, A. and Corwin, H. G., 1975, "Second Reference Catalogue of Bright Galaxies," University of Texas Press

[7.10] Slipher, V. M., 1922, Publication of the American Astronomical Society, 4, 284–286, Further Notes on Spectrographic Observations of Nebulae and Clusters

[7.11] Slipher, V. M., 1914, Lowell Observatory Bulletin, No. 62, 66, The Detection of Nebular Rotation

エドウィン・ハッブル

[7.12] a. Mayall, N. U., 1970, National Academy of Sciences of the USA, Biographic Memoirs of Edwin Powell Hubble 1889–1953

b. Christianson, G. E., 1995, "Edwin Hubble: Mariner of the Nebulae," Farrar, Straus and Giroux

c. [1.11] a, Chap. 9, Edwin Hubble: Redeemer of Island Universes

[7.13] Hubble, E., 1922, ApJ., 56, 162, A General Study of Diffuse Galactic Nebulae

[7.14] Hubble, E., 1929, Proceedings of the National Academy of Sciences, 15, 168–173, A Relation between Distance and Radial Velocity among Extra-Galactic Nebulae（銀河の距離速度図）

[7.15] Hubble, E., 1936, "The Realm of the Nebulae," Yale University Press（邦訳：戎崎俊一訳『銀河の世界』, 岩波文庫, 1999）

[7.16] Hubble, E. and Humason, M. L., 1934, Proceedings of the National Academy of the USA, 20, 264, The Velocity-Distance Relation for Isolated Extra-Galactic Nebulae

[7.17] Hubble, E., 1926, ApJ., 64, 321–369, Extra-Galactic Nebulae

ウォルター・バーデ

[7.18] a. Osterbrock, D. E., 1995, JHA, 26, 1–32, Walter Baade, Observational Astrophysicist, (1): The preparation 1893–1931

b. Osterbrock, D. E., 1995, JHA, 27, 301–348, Walter Baade, Observational Astrophysicist, (2) Mount Wilson 1931–1947

[7.19] Baade, W., 1922, Mitteilungen Hamburger Sternwarte, 5, 35–39, 7 Veränderliche in der Umgebung des Kugelhaufens M53（球状星団 M53 中の変光星）

[7.20]（新星と超新星の区別）

a. Baade, W. and Zwicky, F., 1934, Proceedings of the National Academy of the USA, 20, 254–259, On supernovae

b. Baade, W. and Zwicky, F., 1934, Proceedings of the National Academy of the USA, 20, 259–263, Cosmic Rays from Supernovae

[7.21] Baade, W., 1944, Contributions from the Mt. Wilson Observatory, Carnegie Institution of Washington, No. 696, The Resolution of M32, NGC 205 and the Central Region of the Andromeda Nebula（星の分解, 種族, HR 図）

[7.22] Pickering, E. C. and Bailey, S., 1898, ApJ., 8, 257–261, Variable stars in clusters

[7.23] Baade, W., 1952, Transaction of the IAU, 8, 307–398, A Revision of the Extra-Galactic Distance Scale（宇宙スケールの改定）

宇宙論
- [7.24] a. Longair, M., 2006, "The Cosmic Century: A History of Astrophysics and Cosmology," Cambridge University Press, Chap. 6. The origin of astrophysical Cosmology
  b. ミューニッツ，M. K. 編，高柳明夫訳，1974，『宇宙論の展開』東京図書

アルバート・アインシュタイン
- [7.25] a. フィオナ・マグドナルド著，日暮雅通訳，1994，『アインシュタイン』，偕成社（伝記）
  b. 矢野健太郎，1991，『アインシュタイン』講談社学術文庫（履歴，人柄，相対性理論の解説と原論文の翻訳含む）
  c. 内井惣七，2004，『アインシュタインの思想をたどる』ミネルヴァ書房
- [7.26] アインシュタイン，A., 石原純・岡本一平訳，1922，『アインシュタイン講演録』，東京図書，78-88，いかにして私は相対性理論を創ったか
- [7.27] Einstein, A., 1907, Jahrbuch der Radioaktivität und Elektronik, 4, 411-462, Über das Relativitätsprinzip und die aus demselben gezognen folgerngen（相対性原理とそこからの結論）
- [7.28] Einstein, A., 1911, Ann. der Physik, 35, 898-908, Über den Einfluss der Schwerkraft auf die Ausbreitung des Lichtes（光の伝播に対する重力の効果）
- [7.29] Einstein, A. and Grossmann, M., 1913, Zeitschrift. für. Math. u. Phys., 62, 225-259, Entwurf einer verallegemeineruten Relativitätstheorie und einer Theorie der Gravitation（一般相対性理論の「草案」）
- [7.30] Einstein, A., 1915, Sitzungsberichte, Königlich Akademie der Wissenschaft (Berlin), II, 844-847, Die Feldgleichung der Gravitation（重力場の方程式，一般相対性理論）
- [7.31] Einstein, A., 1917, Königlich Preussische Akademie der Wissenschaften, Sitaungsberichte, 142-152, Kosmologische Betrachtungen zur allgemeinen Relativitärstheorie（静的宇宙モデル）

ウィレム・ド・ジッター
- [7.32] a. Jones, H. S., 1935, MNRAS, 95, 343-347, Willem de Sitter（追悼，伝記）
  b. Meyer, W. F., 1931, PASP, 43, 125-129, Address of the Retiring President of the Society in Awarding the Bruce Gold Medal to Dr. Willem de Sitter
  c. Oort, J., 1935, Obs., 58, 22-27, Willem de Sitter（追悼文）
  d. Tenn, J. S., 1994, Mercury, 23, No. 5, 28-29, Bruce Medalilst Profile
- [7.33] de Sitter, W., 1911, MNRAS, 71, 388-415, The Principle of Relativity, its Bearing on Gravitational Astronomy（特殊相対論による惑星運動の理論）
- [7.34] a. de Sitter, W., 1916, MNRAS, 76, 699-728, Einstein's Theory of Gravitation and its Astronomical Consequence
  b. de Sitter, W., 1916, MNRAS, 77, 155, Einstein's Theory of Gravitation and its

Astronomical Consequences, Second paper

　　　　c. de Sitter, W., 1917, MNRAS, 78, 3–28, Einstein's Theory of Gravitation and its Astronomical Consequences, Third paper（膨張する無の宇宙モデル）

アレクサンダー・フリードマン

[7.35]　a. Belenky, A., 2012, Physics Today, October, 38–43, Alexabder Friedmann and the Origin of Modern Cosmology（伝記と業績）

　　　　b. O'Connor, J. J and Robertson, E. F., 1997, Website: Aleksandr Aleksandrovich Friedmann, Mac Tutor History of Mathematics〈http://www-history.mcs.st-andrews.ac.uk/Biographies/Friedmann.html〉

　　　　c. Tropp, E., Frenkel, V. V. and Chemin, A. D., 1993, "Alexander A. Friedmenn: Man Who Made the Universe Expand," Cambridge University Press（伝記と業績）

[7.36]　Friedmann, A., 1922, Zs f. Phys. 10, 377–386, Über der Krümmung des Raumes（英語版はOn the curvature of the space. A Source Book in Astronomy and Astrophycs 1900–1975, p. 838 に収録）（非静的宇宙モデル）

[7.37]　Friedmann, A., 1924, Zs. f. Phys. 21, 326–332, Über die Möglichkeit einer Welt mit konstanter negative Krümmung des Raumes（開いた宇宙モデル）

ジョージ・ルメートル

[7.38]　a. Hetherington, N. S. (ed.), 1993, "Cosmology" (Garlland Library), Chapter 20, Big bang cosmology, pp. 371–389（ルメートル宇宙論）

　　　　b. Website: UCL-Georges Lemaître http://www.uclouvain.be/en-316446.html (UCL = Université Catholique de Louvain)（略歴と宇宙論）

　　　　c. Farrell, J., 2005, "The Day without Yesterday: Lemaître, Einstein and the Birth of Modern Cosmology," Thunder's Mouth Press（膨張宇宙論の発展）

[7.39]　Lemaître, G., 1927, Annales de la Société Scientifique de Bruxelles, A47, 49–59, Un universe homogëne de masse constante et de rayon croissant rendant compte dela vitesse radiale des nebuleuses extra-galactiques（初期の宇宙論）（英訳は[7.41]）

[7.40]　Lemaître, G., 1931, Nature, 127, 706, The Beginning of the World from the Point of View of Quantum Theory（始原的原子の膨張宇宙論）

[7.41]　Lemaître, G., 1931, MNRAS, 91, 483–490, A Homogeneous Universe of Constant Mass and Increasing Radius Accounting for the Radial Velocity of Extra-Galactic Nebulae（花火仮説として知られる）

[7.42]　Lemaître, G., 1946, "L'hypothese de l'atome primitive" Griffon at Neuchatet, Hermes at Bruxelles（1929–1945年に書かれたエッセイ集，邦訳はそのうちの第5章（[7.49] b．115–135，原始原子））

[7.43]　Laracy, J. R., 2009, The Faith and Reason of Father George Lemaître, Website: Library, Catholic Culture,〈http://www.catholicculture.org/culture/library/view.

cfm?recnum = 8847〉

ジョージ・ガモフ

[7.44] Chandrasekhar, S. and Henrich, L. P., 1942, ApJ, 95, 288–298, An Attempt to Interprete the Relative Abundances of the Elements and their Origin（元素組成の起源，平衡説）

[7.45] a. Gamow, G. 1946, Phys. Rev., 70, 572–573, Expanding universe and the origin of elements（元素組成の起源，非平衡説）

b. Gamow, G., 1947, Phys. Rev, 71, 273, Erratum: Expanding Universe and the Origin of Elements

[7.46]（膨張宇宙における元素の起源）

a. Alpher, R. A., Bethe, H. and Gamow, G., 1948, Phys. Rev., 73, 803–804, The Origin of Chemical Elements

b. Alpher, R. A., Bethe, H. and Gamow, G., 1948, Phys. Rev., 74, 1198–1199, Thermonuclear Reactions in the Expanding Universe

[7.47] Jeans, J. H., 1928, "Astronomy and Cosmogony," Dover Publications Inc., pp. 345–350, Gravitatinal Instability（星間媒質中の重力不安定）

[7.48] a. Gamow, G., 1948, Nature, 162, 680–682, The Evolution of the Universe

b. Gamow, G., 1949, Review of Modern Physics, 21, 367–373, On Relativistic Cosmology（相対論的宇宙論）

定常宇宙論

[7.49] a. [7.38] a, Chap. 21, Steady State Theory

b. ミューニッツ編，高柳明夫訳．1974（第1版），『宇宙論の展開』東京図書，pp. 195–207（ハーマン・ボンジ），pp. 205–216（D. W. シアマ）

[7.50] Bondi, H. and Gold, T., 1948, MNRAS, 108, 252–270, The Steady-State Theory of the Expanding Universe

[7.51] Hoyle, F., 1948, MNRAS, 108, 372–382, A New Model for the Expanding Universe

フレッド・ホイル

[7.52] a. Burbidge, G. and Burbidge, M., 2003, Obs., 122, 133–136, Obituary, Sir Fred Hoyl, 1915–2001

b. Lynden-Bell, D., 2001, Obs., 121, 405–408, Obituary, Sir Fred Hoyl (1915–2001)

c. O'Connor, J. J. and Robertaon, E. F., Website: Sir Fred Hoyle〈http://www.-history.mcs.st.and.ac.uk/Biographies/Hoylle.html〉

ヘルマン・ボンディ

[7.53] a. Mestel, L., 2005, Nature, 437, 828, Hermann Bondi (1919–2005): Mathematician, Cosmologist and Public Servant

b. O'Connor, J. J. and Robertson, E. F., Web site: Hermann Bondi〈http://www-

groups.dcs.st-and.ac.uk/history/Biographics/Bondi.html⟩
c. Tucker, A., 2005, The Gardian, 13 Sepember 2005, Obituary, Sir Hermann Bondi

トマス・ゴールド
[7.54] a. Burbidge, G. and Burbidge, M., 2006, National Academy of Sciences of the USA, 88, Biographical Memoirs of Thomas Gold, 1920-2004
b. Terzian, Y. and Bilson, E. M. (eds), 1982, "Cosmology and Astrophysics, Essys in Honor of Thomas Gold," Cornell University Press（ゴールドと宇宙論エッセイ集）

[7.55] Penzias, A. A. and Wilson, R. W., 1965, ApJ, 142, 419-421, A Measurement of Excess Antenna Temperature at 4080 MHz（宇宙背景放射の発見）

第8章　日本における天体物理学の黎明

長岡半太郎と高嶺俊夫
[8.1] a. 中山茂，1972，『日本の天文学』（岩波新書）
b. 日本天文学会編，2008，『日本の天文学の百年』恒星社厚生閣，第1章　日本の天文学の黎明
[8.2] 藤岡由夫編，1964，『高嶺俊夫と分光学』，応用光学研究所刊（遺稿と追悼集）
[8.3] 板倉聖宣，1976，『長岡半太郎』，アサヒ新聞社刊（評伝）
[8.4] 長岡半太郎，1909，天文月報 2, 13-16，ゼーマン効果に就き
[8.5] Takamine, T., 1919, ApJ., 50, 23-41, The Stark Effect for Metals
[8.6] De Vorkin, D., 2002, Astrophysics and Space Sci. Library, 275, 145-147, Toshio Takamine's Contact with Western Astrophysics

新城新蔵
[8.7] a. 能田忠亮，1979，「新城新蔵博士伝」『星の手帖』，1979 - 3月号　93-98
b. 藪内清，1992，『東洋学の系譜』（江上波夫編，大修館書店）新城新蔵
c. 株本訓久，1996，科学史研究，35，260，「日本現代天文学における新城新蔵の役割」
d. 長岡半太郎，1939，自然，8, 82-85，「故新城新蔵君を憶う」（『自然』は上海自然科学研究所の日本語雑誌）
[8.8] 荒木俊馬，1979，『荒木俊馬論文集』，[8.40] a, pp. 507-509,「故新城新蔵博士」
[8.9] 小暮智一，2008，[8.1] b，第3章「京都における天文学の草創と伝統」
[8.10] 新城新蔵，1931，『岩波講座　物理学及び化学（宇宙物理学 II. C）』，「宇宙進化論」
[8.11] a. Shinjo S., 1914, Mem. College of Science, Kyoto Imperial Univ.,1, 11-20, Meteoreinfälle als Ursache des vermuteten Zurückhaltens der obersten Atmösphäre
b. 新城新蔵，1913，天文月報，6, No. 4, 37-39，流星の大きさ
c. 新城新蔵，1923，天文月報，16, 3-6；19-23，流星圏について (I，II)

[8.12] a. Shinjo S., 1922, JaJAG, 1, 7-21, On the Physical Nature of Cepheid Variation
b. 新城新蔵, 1923, 天界, 25, No. 3, 新星現象について
[8.13] Shinjo S., 1922, JaJAG, 1, 183-190, General Consideration of the Variable Stars from the Standpoint of Stellar Evolution

一戸直蔵
[8.14] a. 中山茂, 1989, 『一戸直蔵：野におりた志の人』, リプロポート社
b. 中桐正夫, 2008, 国立天文台天文情報センター アーカイブ室新聞, Nos. 15, 31, 37, 46, 60, 61, 一戸直蔵資料関係
[8.15] Ichinohe, N., 1907, AN, 176, 311-314, Maximum of o Ceti in 1906
[8.16] Ichinohe, N., 1907, ApJ, 26, 157-163, Orbit of the Spectroscopic Binary μ Sagittarii
[8.17] 平山清次, 1920, 天文月報, 13, 12号, 185, 一戸直蔵君の死を悼む；185-186, 一戸直蔵博士論文および著書目録

山本一清
[8.18] 宮本正太郎他, 1959, 天文月報 52, 49-77, 山本一清追悼（宮本正太郎, 木辺成麿, 土居客郎, 山本一清先生論文一覧）
[8.19] a. 冨田良雄編, 2012, 第2回天文台アーカイブプロジェクト報告会集録「山本一清先生資料の概要」
b. 冨田良雄編, 2012, 第3回天文台アーカイブプロジェクト報告会集録「山本天文台の望遠鏡」
[8.20] a. Yamamoto, I., 1919, Pop. A, 26, 586-87, The Eclipse and Nova in Japan（新星発見の事情）
b. Yamamoto, I., 1919, Pop. A, 26, 660-667, Observations of Nova Aquilae（新星の光度曲線）
[8.21] a. Yamamoto, I., Ueta, Y. and Kudara, K., 1919, Memoirs of the College of Sciences of the Kyoto Imperial University, 4, 23-42, Observations of Nova Aquilae No. 3
b. Yamamoto, I., 1919, Pop. A., 27, 200-201, Nova Aquilae, No. 3（わし座新星 Nova Aql No. 3 の測光, 分光観測）
[8.22] Yamamoto, I., 1919, Memoirs of the College of Sciences of the Kyoto Imperial University, 4, 13-23, Ligh Curves of Several Recent Novae and Some Notes on the General Features Thereof（新星のスペクトル変化）
[8.23] 山本一清, 1919-1920, 天文月報, 13, Nos. 10, 11, 12, 新星一覧
[8.24] Shapley, H., Yamamoto, I. and Wilson, H. H., 1925, Harvard Coll. Obs, Circ. No. 280, 1-8, The Magellanic Clouds, VII. The photographic period-luminosity curve（小マゼラン雲中のケフェウス型変光星の周期光度関係）
[8.25] 冨田良雄, 久保田諄, 2000, 『中村要と反射望遠鏡』, かもがわ書房

萩原雄祐
- [8.26] 萩原雄祐の生涯と追悼
  - a. [8.1] b 第2章「東京における天文学の半世紀」
  - b. 『東京天文台百年史　部局史　三』
  - c. 末元善三郎他，1979，天文月報，72，117-124，萩原雄祐追悼特集（末元善三郎，宮本正太郎，山内恭彦，永田武，藤田良雄，海野和三郎，古在由秀）
- [8.27] 萩原雄祐，1961，天文月報，54，4-7，七十四吋望遠鏡談義
- [8.28] 萩原雄祐，2001，岡山天体物理観測所40周年記念誌 p. 4，鼎の三脚
- [8.29] 柘植芳男，1961，天文月報，54，26-29，188センチ及び91センチ反射望遠鏡ドームの完成するまで
- [8.30] Hagihara, Y., 1930, JaJAG, 8, 67-167, Theory of the Relativistic Trajectories in a Gravitational Field of Schwarzschild（質点の周りのテスト粒子の相対論的軌道）
- [8.31] Hagihara, Y., 1970-1976, "Celestial Mechanics," Vol. 1-2 (MIT), Vol. 3-5, (JSPS＝日本学術振興会)
- [8.32] Hagihara, Y., 1937, JaJAG, 15, 1-136, Radiative Equilibrium of a Planetary Nebula（惑星状星雲の放射平衡）
- [8.33]
  - a. Menzel, D. H., 1937, ApJ, 85, 330-339, Physical Processes in Gaseous Nebulae: I. Absorption and Emission of Radiation
  - b. Menzel, D. H. and Baker, J. G., 1937, ApJ, 86, 70-77, Physical Processes in Gaseous Nebulae: II. Theory of the Balmer Decrement
- [8.34] Hagihara, Y., 1940, MNRAS, 100, 62-64, The Electron Velocity Distribution in the Planetary Nebulae（惑星状星雲内の電子速度分布）
- [8.35]
  - a. Hagihara, Y., 1939, JaJAG, 17, 199-264, Electron Velocity Distribution in a Planetary Nebula (Paper I)
  - b. Hagihara, Y., 1939, JaJAG, 17, 417-476, Electron Velocity Distribution in a Planetary Nebula (Paper II) (Paper IX，1942までつづく)

畑中武夫
- [8.36]
  - a. 東大天文学教室OB編集，1993，『されど天界は変わらず』，龍鳳書房
  - b. 一柳壽一他，1964，天文月報，57, No. 2, 33-37，畑中武夫追悼特集（一柳壽一，宮本正太郎，早川幸男，海野和三郎，守山史生）
  - c. 畑中武夫博士，主要論文著作目録，天文月報 同上，37-38
- [8.37] Hatanaka, T., 1942, JaJAG, 20, 14-35, Intensity of Forbidden Lines and Abundance of OII and OIII Atoms in Planetary Neulae
- [8.38] Hatanaka, T., 1946, JaJAG, 21, 1-53, Theory of Optical Interaction among HeII, OIII and NIII Atoms in a Planetary Nebula
- [8.39] Taketani, M., Hatanaka, T. and Obi, S., 1956, Progress of Theoretical Physics, 15, 89-94, Populations and Evolution of Stars

荒木俊馬
- [8.40] a.『荒木俊馬論文集』1979，京都産業大学故荒木総長顕彰会刊
  b. 清永嘉一，1979，[8.40] a，609-615，荒木先生の生涯と業績
  c. 荒木俊馬追悼特集，1978，天文月報，71，289-297．（末元善三郎，宮本正太郎，藪内清，清永嘉一，能田忠亮，略歴，著作論文一覧）
- [8.41] Shinjo, S. and Araki, T., 1924, JaJAG, 2, 147-163, On the Priodic Inequality in the Light-Elements of Cepheids and Mira-Type Variables（変光星の離心的心核モデル）
- [8.42] a. Araki, T., 1925, Memoirs of College of Sciences of theKyoto Imperial University, Ser. A. 8, 75-129, Über die Erklarungshypothesen der Cepheidenerscheinung（脈動理論と離心核モデルとの比較。離心核モデル採用）
  b. Araki, T., 1928, JaJAG, 6, 1-13, Atmospharendruckandrung der Cepheiden
  c. Araki, T., 1928, JaJAG, 6, 15-30, Qualitative Untersuchunngen über die Druckanderung in der Atmospharen der Cepheiden（ケフェウス型変光星の大気圧変動に関する定量的考察）
- [8.43] Milne, E. A., 1930, MNRAS, 91, 3-55, The Analysis of Stellar Structure
- [8.44] a. Araki, T., 1934, Zs. f. Ap, 8, 358-369, Zur Theorie des inneren Aufbaues der weissen Zwerge
  b. Araki, T. and Kurihara, M., 1935, Memoirs of the College of Science, Kyoto Imperial University Ser A. 18, 138-153, Über den inneren Aufbau der Weissen Zwerge（白色矮星内部構造論）
- [8.45] a. 竹田新一郎，1940，『遊星から恒星へ』，恒星社厚生閣
  b. 荒木俊馬，1940，[8.45] a，245-256，理論宇宙物理学における 故竹田新一郎君の業績
- [8.46] a. Araki and Kurihara. 1937, Zs. f. Ap., 13, 89-102, Zur Konturberechnung der Emissionslinien der expandierenden Gashülle eines Sternes（膨張大気における輝線輪郭の計算）
  b. 荒木俊馬，栗原道徳，1942，『天体の輻射と電離』（恒星社厚生閣），55-69，恒星を包む拡大運動状態にあるガス雲に起因するスペクトル輝線の輪郭について（前記論文の邦訳，一部増補）
  c. 栗原道徳，1942，『天体の輻射と電離』（恒星社厚生閣），71-111，運動状態にある恒星雰囲気に関する輻射論的研究

宮本正太郎
- [8.47] a. 宮本周子編，1994，『星月夜：宮本正太郎追悼記』（非売品）
  b. 宮本正太郎，遺稿「星と共に四十年」，星月夜 7-12
  c.『宮本正太郎論文集』，1993，京都コンピュータ学院編集刊行
  d. 宮本正太郎，1954，天文月報，47, No. 9, 139-142，天文学とともに

[8.48] Miyamoto, S., 1952, PASJ, 4, 91-99, Radiation Pressure and Stability of the Atmospheres of Early-Type Stars（早期型星の大気の安定性の判定）

[8.49] a. 宮本正太郎，1943，「天体の輻射と電離」，荒木俊馬他編（恒星社厚生閣），太陽コロナの輝線について，

b. Miyamoto, S., 1949, PASJ, 1, 10-13, Ionization Theory of Solar Corona

[8.50] a. Miyamoto, S. and Kawaguchi, I., 1950, PASJ, 1, 114-121, On the Electron Temperature of the Chromosphere（太陽彩層の低温度説）

b. 宮本正太郎，1948，天文月報 41, No. 11, 65, コロナおよび彩層の研究

藤田良雄

[8.51] a. 藤田良雄，1986，『星とともに半世紀』（非売品）

b. 尾崎洋二，2008，『日本の天文学の百年』（恒星社厚生閣），263-270,「藤田良雄先生へのインタビュー」

c. 山下泰正他，2013，天文月報，106, No. 4, 278-286 藤田良雄先生追悼文集（山下泰正，古在由秀，日江井榮三郎，辻隆）

d. 辻 隆，1997，天文月報，90, No. 4, 182-185，藤田良雄先生と低温度星の分光学

[8.52] a. 藤田良雄，1935，天文月報，28, 37-39，東京天文台の塔望遠鏡について

b.『東京大学百年史 部局史 三』，102, 塔望遠鏡

[8.53] Fujita, Y., 1997, "Collected Papers on the Spectroscopic Behavior of Cool Stars"（非売品）

[8.54] Fujita, Y., 1935, JaJAG, 13, 21-42, Dissociation of Diatomic Molecules in the Stars Abundant of Hydrogen（2原子分子の解離平衡論）

[8.55] a. Fujita, Y., 1939, JaJAG, 17, 17-57, An Interpretation of the Spectral Sequence for the Late Type Stars

b. Fujita, Y., 1941, JaJAG, 18, 45-49, On the M-S Differentiation of the Late Type Stars

c. Fujita, Y., 1941, JaJAG, 18, 177-183, On the M-S Differentiation of the Late Type Stars (Second paper)（晩期型星における分光系列の考察）

[8.56] a. Fujita, Y., 1951, ApJ, 113, 620-629, Absorption Lines and Bands in the Spectrum of Chi Cygni

b. Fujita, Y., 1952, PASJ, 4, 81-90, Spectrophotometry of Chi Cygni (a, b: χ Cyg のスペクトル解析)

[8.57] Fujita, Y., 1956, ApJ., 124, 155-167, Comparative Study of Five Carbon Stars in the Visual and Infrared Spectral Regions

[8.58] a. Fujita, Y., 1963, Proceedings of the Japan Academy of Sciences, 39, 48-53, Spectral Features in the Infrared Region of Some Carbon Stars

b. Fujita, Y. and Utsumi, K., 1963, Proceedings of the Japan Academy of Sciences, 39, 358-363, Spectral Features in the Infrared Region of Some Carbon Stars, II

- c. Fujita, Y., 1964, Proceedings of the Japan Academy of Sciences, 40, 332-337, Spectral Features in the Infrared Region of Some Carbon Stars, III（炭素星の分光学的研究）
- [8.59] Keenan, P. C. and Morgan, W. W., 1941, ApJ., 94, 501-510, The Classification of the Red Carbon Stars

松隈健彦
- [8.60] a. 萩原雄祐，1950，天文月報，42, 21, 松隈健彦博士を悼む
  - b. 一柳寿一，1950，天文月報，42, 22, 仙台での（松隈）先生
  - c.「日本の天文学の百年」日本天文学会編，2008，第 4 章。
- [8.61] a. 松隈健彦，1930, Sendai Astronomiaj Reportoj, 1, 1-22, 球状星団の力学
  - b. 松隈健彦，1930,『宇宙』，岩波全書

一柳壽一
- [8.62] a. [8.60] c．第 4 章。
  - b. 須田和男，1968，天文月報，91, 514, 一柳寿一先生を悼む
  - c. 私信，2014, 12 月（関宗蔵）
- [8.63] Rosseland, S., 1932, Zs. f. Ap., 4, 255-264, A note on stellar structure
- [8.64] Hitotuyanagi, Z., 1934, JaJAG, 12, 113, Bemerkungen über ein Sternmodell mit der Energierzeugung $\varepsilon \sim \rho^2$（星の内部構造論）
- [8.65] Hitotuyanagi, Z., 1914, JaJAG, 19, 97, 113, Über die Randverdunklung der Sonne, I, II（太陽の周縁減光について）
- [8.66] 銀河の構造と進化の理論シンポジュウム集録，1972, 一柳教授退官記念会刊

第 9 章　現代天文学への展開
電波天文学
- [9.1] a. Longair, M., 2006, "The Cosmic Century: A History of Astrophysics and Cosmology, Cambridge University Press, Chapter 7, The Opening of the Electromagnetic Spectrum and the New Astronomies
  - b. [8.60] c．第 13 章．電波天文学
- [9.2] Kraus, J. L., 1986, "Radio Astronomy," Cygnus-Quasar Books, Chapter 1, Introduction (A Short History of the Early Years of Radio Astronomy)
- [9.3] Jansky, K. G., 1933, Proceedings of the Institute of Radio Engineers, 21, 1387-1398, Electrical Disturbances Apparently of Extraterrestrial Origin（宇宙電波発見）
- [9.4] Reber, G., 1944, ApJ., 100, 279-287, Cosmic Static（銀河電波とマップ）
- [9.5] a. Oort, J. H., 1981, Annual Revue of Astronomy and Astrophysics, 19, 1-5, Some Notes on My Life as an Astronomer（オールト自伝）
  - b. Blaauw, A. and Schmidt, M., 1993, PASP, 105, 681-685, Jan Hendrik Oort (1900-1992)

[9.5] c. van de Hulst, H. C., 1994, QJRAS, 35, 237-242, Jan Hendrik Oort

[9.6] Oort, J. H., Kerr, F. J. and Westerhout, G., 1958, MNRAS, 118, 379-389, The Galactic System as a Spiral Nebula（銀河系渦状構造）

[9.7] Moxon, L. A., 1946, Nature, 158, 758-759, Variation of Cosmic Radiation with Frequency（銀河面に沿う非熱的電波スペクトル）

[9.8] Schwinger, J., 1949, Phys. Rev., 75, 1912-1925, On the Classical Radiation from Accelerated Electron（シンクロトロン放射理論）

[9.9] Alfvén, H. O. G. and Herlofson, N., 1950, Phys. Rev., 78, 616, Cosmic Radiation and Radio Stars（宇宙電波源）

[9.10] Kiepenheuer, K-O., 1950, Phys. Rev., 79, 738-739, Cosmic Rays as the Source of the General Galactic Radio Emission（宇宙電波源）

[9.11] Wilson, R. W., Jefferts, K. B., and Penzias, A. A., 1970, ApJ, 161, L43-L44, Carbon Monoxide in the Orion Nebula（CO 分子の発見）

[9.12] 鈴木博子，大石雅壽，1985，天文月報，78，No. 8，209-212，星間分子線の探査

新技術望遠鏡

[9.13] Boyle, W. S. and Smith, G. E., 1970, Bell System Technical Journal, 49, 587-593, Charge Coupled Semiconductor Devices（CCD の発明）

[9.14] a. Opik, E. J., 1955, The Irish Astronomical Journal, 3, 237-240, Bernhard Schmidt (1879-1935)
b. Schmidt, E., 1955, The Irish Astronomical Journal, 3, 240-245, Notes on the Childhood and Youth of Bernhard Schmidt（若き日のシュミット）

[9.15] a. 小暮智一，1991，天文月報，84，76-80，オリオン座に星の生成過程を探る
b. Wiramihardja, S. D., Kogure, T., Yoshida, S. et al., 1993, PASJ, 45, 643-653, Survey Observations of Emission-Line Stars in the Orion I

X 線天文学

[9.16] Clark, G. W., 1998, Biophycal Memoir, National Academy of Sciences, Washington D. C., Bruno Benedetto Rossi, 1905-1993

[9.17] a. Giacconi, R., 2003, Autobiography, Nobel Foundation, Stockholm, The Nobel Prize in Physics 2002（ジャッコーニ自伝）
b. Giacconi, R., 2005, Annual Review of Astronomy and Astrophysics. 43, 1-3, An Education in Astronomy（自伝）

[9.18] Giacconi, R. and Gursky, H., 1965, Space Sci. Rev., 4, 151-175, Observations of X-ray Sources Outside the Solar System

[9.19] Forman, W. et al., 1978, ApJS, 38, 357, Fourth Uhuru Catalogue of X-ray sources（ウフル X 線源カタログ）

[9.20] a. 小川原嘉明，2001，天文月報，94，234-239，小田稔先生ご逝去
b. 井上一ほか編，『現代の天文学』（日本評論社）第 17 巻，宇宙の観測 III，高

エネルギー天文学
赤外線，紫外線

- [9.21] Lequeux, J., 2009, Journal of Astronomical History and Heritage, 12, No. 2, 125-140, Early Infrared Astronomy（1970年代までの赤外線天文学の歴史）
- [9.22] Coblentz, W. W., 1922, ApJ, 55, 20-23, New Measurements of Stellar Radiation（近代的赤外線観測）
- [9.23] Cruikshank, D. P., 1993, National Academy of Sciences of the USA, Biographical Memoir of Gerard Peter Kuiper, 1905-1973（カイパーの伝記）
- [9.24] Kuiper, G. P., Goranson, R., Bindes, A. and Johnson, H. L., 1962, Communications of the Lunar and Planetary Laboratory, 1, Part 1, 119-127, An Infrared Stellar Spectrometer（赤外検出器）
- [9.25] Neugebauder, G. and Leighton, R. B., 1969, NASA SP-3047, Two-Micron Sky Survey: A preliminary Catalogue（2ミクロン掃天カタログ）
- [9.26] Beichman and Neugebauer, G., 1986, A & AS, 65, 607-1065, IRAS Catalogs and Atlases - Atlas of low-resolution spectra（IRAS分光アトラス）
- [9.27] Code, A. D. and Meade, M. R., 1979, ApJS, 39, 195-289, Ultraviolet Photometry from the Orbiting Astronomical Observatory. XXXII. An Atlas of Ultraviolet Stellar Spectra（恒星紫外線分光）
- [9.28] Hack, M., 1974, A & A, 38, 321-323, The Far Ultraviolet Spectrum of β Lyrae
- [9.29] Stalio, R., 1974, A & A, 36, 279-294, Spectrophotometrc Results from the Copernicus Satellite: The Ulatraviolet Spectrum of αAnd

気体力学

- [9.30] "Problems of cosmical aerodynamics", 1951, Proceedings of the Symposium on the Motion of Gaseous Masses of Cosmical Dimensions held at Paris, August 16-19, 1948（宇宙気体力学の開幕）
- [9.31] a. Tenn, J. S., 2013, Sonoma State University, "Eugen Newman Parker: 1997 Bruce Medalist"
  b. Astronomical Society of the Pacific, 1997, Mercury, 26, No. 3, 6, Award Winners for 1997, Bruce Medal: Eugen N. Parker
- [9.32] a. Parker, E. N., 1958, ApJ, 128, 664-676, Dynamics of the Interplanetary Gas and Magnetic Fields
  b. Parker, E. N., 1965, Space Science Review, 4, 666-708, Dynamical Theory of the Solar Wind（太陽風予測）
- [9.33] a. Morton, D. C., 1966, AJ, 71, 172-173, Far-Ultraviolet Spectra of Six Stars in Orion
  b. Morton, D. C., 1966, ApJ, 144, 1-12, Line Spectra of Delta and Pi Scorpii in the Far-Ultravilolet（恒星風ロケット観測）
  c. Morton, D. C., 1966, ApJ, 147, 1017-1024, The Far-Ultraviolet Spectra of Six

Stars in Orion
- [9.34] 小暮智一, 2002, 『輝線星概論』(ごとう書房), 第3章, 恒星大気における力学的過程
- [9.35] a. O'Connor, J. J. and Robertson, E. F., web site：Hannes Olof Gösta Alfvén 〈http://www-history.mcs.st-and.ac.uk/Biographies/Alfven.html〉(アルフヴェン伝記)
  b. Falthammar, C. G. and Dessler, A. J., Website: Hannes Alfvén (1908-1995) 〈http://www.alfvenlab.kth.se/hannes.html〉(アルフヴェン伝記)
- [9.36] Alfvén, H., 1942, Nature, 150, 405, Existence of Electromagnetic-Hydromdynamic Waves (電磁流体波の基礎)
- [9.37] Alfvén, H., 1945, MNRAS, 105, 3-16, Magneto-Hydrodynamic Waves and Sunspots
- [9.38] Alfvén, H., 1947, MNRAS, 107, 211-219, Granulation, Magneto-Hydrodynamic Waves, and the Heating of the Solar Corona
- [9.39] 小暮智一, 2010, 天文月報, 103, No. 9, 561-567, 歴史的天文台バーチャル探訪 (その7) コダイカナール天文台とマドラス天文台
- [9.40] a. Evershed, J., 1908, MNRAS, 69, 454-457, Radial Movement in Sun-spots
  b. Evershed, J., 1910, MNRAS, 70, 217-225, Radial Movement in Sun-spots, II (エバーシェッド流)
- [9.41] Harvey, J., 1977, Highlights of Astronomy, 4, Part II, 223-237, Observations of Small-Scale Photospheric Magnetic Fields (太陽面磁場)
- [9.42] Rust, D. M. and Roy, J. R., 1971, IAU Symposium, 43, 569-579, Coronal Magnetic Fields above Active Regions (コロナ磁場)
- [9.43] Ishii, T., Kurokawa, H. and Takeuchi, T. T., 1998, ApJ, 499, 898-904, Emergence of a Twisted Magnetic Flux Bundle as a Source of Strong Flare Activity (浮上磁場とフレア活動)

図版出典一覧

※著者作成のものを除く

図 1　　ニュートン『光学』1717, 島尾永康訳, 岩波文庫より転載

第 1 部扉　提供 国立天文台

第 1 章扉　M.J. Crowe, Modern Theories of the Universe from Herschel to Hubble. Dover Publ Inc.

図 1.1　Hearnshaw, J. B., 1986, "The Analysis of Starlight: One Hundred and Fifty Years of Astronomical Spectroscopy," Cambridge University Press
図 1.2　King, H. C., 1955, "The History of the Telescope," Dover Publications Inc.
図 1.3　Picture Gallery of Tartu Old Observatory http://www.obs.ee/obs/pictures.html
図 1.4　Hirshfeld, A. W., 2001, "Parallax: The Race to Measure the Cosmos," Henry Holt and Company
図 1.6　Gingerich, O., 1992, "The Great Copernicus Chase, and Other Adventures in Astronomical History," Cambridge University Press
図 1.7　Kirchhoff, G. and Bunsen, R., 1860, Annalen der Physik und der Chemie, 110, 161–169, Chemical analysis by observation of spectra
図 1.9　Glass, I. S. 2006, Revolutionaries of the Cosmos, Oxford University Press, Chapter 5, William Huggins.
図 1.10　Hoskin, M. (ed.). 1997, "The Cambridge Illustrated History of Astronomy," Cambridge University Press
図 1.11　Wikipedia "William Allen Miller," from "Portraits of Men of Eminence in Literature, Science, and Art, with Biographical Memoirs"
図 1.12　Hearnshaw, J. B. 1986, "The Analysis of Starlight," Cambridge University Press
図 1.13　提供 国立天文台
図 1.14　Huggins, W. 1866, MNRAS, 26, 297, Diagram of the spectrum and the spectrum of bright lines forming the compound spectrum of the temporary bright star near Epsilon Coronae Borealis.
図 1.15　McKenna-Lawlor, S. M. P., 2003, "Whatever Shines should be Observed," Kluwer Academic Publishers
図 1.16　Huggins, W. and Huggins, M. L., 1899, "An Atlas of Representative Stellar Spectra, from λ 4870 to λ 3300," William Wesley and Son
図 1.17　Hearnshaw, J. B., 1986, "The Analysis of Starlight: One Hundred and Fifty Years of Astronomical Spectroscopy," Cambridge University Press
図 1.18　提供 バチカン天文台
図 1.19　上：Secchi, A. 1866a, MNRAS, 26, 214, Spectrum of a Orionis
　　　　下：Secchi, A. 1866c, MNRAS, 26, 308, On the spectrum of Antares

図 1.20　Secchi, P. A. 1869, AN 73, 129–138, Catalogue des étoiles colorées dont on observé le spectre prismatique à l'observatoire du Collège Romain dans 1867 et 1868
図 1.21　Hearnshaw, J. B., 1986, "The Analysis of Starlight: One Hundred and Fifty Years of Astronomical Spectroscopy," Cambridge University Press
図 1.22　Hearnshaw, J. B., 1986, "The Analysis of Starlight: One Hundred and Fifty Years of Astronomical Spectroscopy," Cambridge University Press
図 1.23　Wikipedia "ベンジャミン・グールド," from Harper's Encyclopædia of United States History, Vol. IV, Harper & Brothers, 1905
図 1.24　Yale Center for British Art, Paul Mellon Collection
図 1.25　Wikipedia "Giovanni Battista Donati"
図 1.26　Hearnshaw, J. B., 1986, "The Analysis of Starlight: One Hundred and Fifty Years of Astronomical Spectroscopy," Cambridge University Press
図 1.27　NNDB "George Biddell Airy" http://www.nndb.com/people/766/000096478/
図 1.28　Airy, G. B., 1863, MNRAS, 23, 188–190, On an Apparatus Prepared at the Royal Observatory, Greenwich, for the Observation of the Spectra of Stars
図 1.29　Maunder, E. W., 1900, "The Royal Observatory, Greenwich: A Glance at its History and Work," The Religious Tract Society
図 1.30　Wikipedia "Edward Walter Maunder," from Astronomers of Today

第 2 章扉　Gleason's pictorial drawing-room companion by Gleason, Frederick, 1851
図 2.1　Photo courtesy of the Hastings Historical Society of Westchester County, NY
図 2.2　Wikipedia "Henry Draper"
図 2.3　Photo courtesy of the Hastings Historical Society of Westchester County, NY
図 2.4　Photo courtesy of the Hastings Historical Society of Westchester County, NY
図 2.5　Phillips, T.E.R. and Steavenson, W.H., 1932, "Splendour of the Heavens," Robert M. McBride & Company. courtesy Griffith Observatory.
図 2.6　提供 パリ天文台　© Observatoire de Paris
図 2.7　Glassgold, A. E., Huggins, P. J., and Schucking E. L. (eds.), 1982, "Symposium on the Orion Nebula to Honor Henry Draper"
図 2.8　Wikipedia "Harvard College Observatory"
図 2.9　Plotkin, H., 1990, JHA, 21, 47–58, Edward Charles Pickering
図 2.10　Scientific American, cover, 15 October 1887; courtesy of J. Lankford.
図 2.11　Hogg, H. S., 1984, in "Astrophysics and Twentieth-Century Astronomy to 1950," Part. A, Cambridge University Press
図 2.12　Scientific American, cover, 29 October 1887; courtesy of J. Lankford.
図 2.13　Cannon, A. J., 1911, ApJ, 34, 314–317, Williamina Paton Fleming. © AAS. Reproduced with permission
図 2.14　Hoskin, M. (ed.). 1997, "The Cambridge Illustrated History of Astronomy," Cambridge University Press. © Harvard College Observatory
図 2.15　Fleming, W. P., 1912, Ann. HCO, 56, 165–226, Stars with peculiar spectra. © Harvard College Observatory
図 2.16　Malin, D. 1993, A View of the Universe, Cambridge University Press

図 2.17　Wikipedia "Maria Mitchell," from a portrait by H. Dassell, 1851
図 2.18　Photo courtesy of the Hastings Historical Society of Westchester County, NY
図 2.19　Photo courtesy of the Hastings Historical Society of Westchester County, NY
図 2.20　Evans, D. S., 1984, in "The General History of Astronomy, Vol. 4," Gingerich, O. (ed.), Cambridge University Press, 153–165, Astronomical Institurions in the southern hemisphere, 1850–1950. © Harvard College Observatory
図 2.21　Hoskin 1997, Cambridge Illustrated History, Astronomy, Chapter 8
図 2.22　Cannon, A. J., 1901, Ann. Report of HCO, 28, 129–271, Spectra of Bright Southern Stars, Photographed with the 13-inch Boyden Telescope. © Harvard College Observatory
図 2.23　Welther, B., 1984, Mercury, Jan./Feb., 28–29, Annie Jump Cannon: Classifier of the Stars, University of Chicago Press
図 2.24　Cannon, A. J. and Mayall, M. W., 1949, Ann. HCO, 112, 1, The Henry Draper Extension II
図 2.25　Yamashita, Y., Nariai, K. and Norimoto, Y., 1977, "An Atlas of Representative Stellar Spectra," University of Tokyo Press
図 2.26　Johnson, G., 2005, "Miss Leavitt's Stars," W. W. Norton & Company
図 2.27　Leavitt, H. S., 1912, Harvard Coll. Obs. Circular, 173, 1–3, Periods of 25 Variable Stars in the Small Magellanic Cloud. © Harvard College Observatory

第 2 部扉　写真：Stocktrek Images/ アフロ
第 3 章扉　アーレニウス著，寺田寅彦訳『宇宙の始まり』第三書房，p.162
図 3.1　Tassoul, J.-L. and Tassoul, M., 2004, "A concise history of solar and stellar physics," Princeton University Press
図 3.2　Wikipedia "Hermann von Helmholtz," from Practical Physics published 1914 Macmillan and Company
図 3.3　Tassoul, J.-L. and Tassoul, M., 2004, "A concise history of solar and stellar physics," Princeton University Press
図 3.4　Youmans, E. L. (ed.), 1868, "The Correlation and Conservation of Forces," D. Appleton and Co.
図 3.5　美星天文台画像データ
図 3.6　See, T. J. J., 1906, Pop. A., 14, 193–206, Historical Sketch of J. Homer Lane
図 3.7　Tassoul, J.-L. and Tassoul, M., 2004, "A concise history of solar and stellar physics," Princeton University Press
図 3.8　Tassoul, J.-L. and Tassoul, M., 2004, "A concise history of solar and stellar physics," Princeton University Press
図 3.9　Gautschy, A., 2012, Robert Emden – Wanderer zwischen Welten, zu seinem 150 Geburtstag
図 3.10　Suhendro, I., 2008, Abraham Zelmanov Journal, 14, 19, Biography of Karl Schwarzschild

図 3.11　Suhendro, I., 2008, Abraham Zelmanov Journal, 14, 19, Biography of Karl Schwarzschild
図 3.12　Emden, R., 1907, "Gaskugelnn－Anwendung der Mechanischen Wärmetheorie auf Kosmologische und Meteorologische Probleme," B. G. Teubner
図 3.13　Emden, R., 1907, "Gaskugelnn－Anwendung der Mechanischen Wärmetheorie auf Kosmologische und Meteorologische Probleme," B. G. Teubner
図 3.14　Wikipedia "ノーマン・ロッキャー"
図 3.15　Lockyer, J. N., 1868, RSPS, 17, 131-132, Spectroscopic Observations of the Sun
図 3.16　ノーマン・ロッキャー天文台ホームページ http://www.normanlockyer.org/
図 3.17　Lockyer, N., 1899, AN, 149, 225-232, On the Order of Appearance of Chemical Substances at Different Temperature
図 3.18　Lockyer, N., 1915, Nature, 94, 618-619, Notes on Stellar Classification
図 3.19　ウラニア天文台ホームページ http://www.nafa.dk/Historie/Urania%20history.htm
図 3.20　Encyclopædia Britannica "Ejnar Hertzsprung"
図 3.21　DeVorkin, D., 1984, "Astrophysics and Twentieth-Century Astronomy to 1950," Cambridge University Press. © Harvard College Observatory
図 3.22　DeVorkin, D., 1984, "Astrophysics and Twentieth-Century Astronomy to 1950," Cambridge University Press
図 3.23　Stratton, F. J. H., 1957, Biographic Memories of Fellows of the Royal Society, 3, 173-191, Henry Norris Russell
図 3.24　Russell, H. N., 1914, Nature, 93, 252-258; 281-286, Relation between the Spectral and Other Characteristics of the Stars (II, III)
図 3.25　Russell, H. N., Dugan, R. S. and Stewart, R. M., 1927, "Astronomy"
図 3.26　YERKES OBSERVATORY PHOTOGRAPH
図 3.27　Morgan, W. W., 1937, ApJ, 85, 380-397, On the Spectral Classification of the Stars of Types A to K. © AAS. Reproduced with permission
図 3.28　Ünsold, A., 1967, "Der Neue Kosmos," Springer-Verlag
図 3.29　Morgan, W. W., Keenan, P. C. and Kellman, E., 1943, "An Atlas of Stellar Spectra with an Outline of Spectral Classification," University of Chicago Press

第 4 章扉　写真：PIXTA
図 4.1　Vibert, D. A., 1956, "The Life of Arthur Stanley Eddington," Thomas Nelson and Sons Ltd.
図 4.2　Vibert, D. A., 1956, "The Life of Arthur Stanley Eddington," Thomas Nelson and Sons Ltd.
図 4.3　Eddington, A. S., 1926, "Internal Constitution of the Stars" をもとに作成
図 4.4　Eddington, A. S., 1926, "Internal Constitution of the Stars"
図 4.5　Eddington, A. S., 1924, MNRAS, 84, 308-332, On the Relation between the Masses and Luminosities of the Stars
図 4.6　Wikipedia "James Hopwood Jeans"
図 4.7　Wali, K. C., 1991, "CHANDRA: A Biography of S. Chandrasekhar," University of Chicago Press

図 4.8　Chandrasekhar, S. 1939, "An introduction to the study of stellar structure," Dover Pub. Inc.
図 4.9　Division of Rare and Manuscript Collections Cornell University Library
図 4.10　©National Academy of Sciences
図 4.11　写真：AP/アフロ
図 4.12　Von Weizsäcker, C. F., 1943, Zs f Ap, 22, 319−355, Über die Entstehung des Planetensystems
図 4.13　写真：Science Photo Library/アフロ
図 4.14　Gamow, G., 1938, Phys. Rev, 53, 595−604, Nuclear Energy Sources and Stellar Evolution
図 4.15　Gamow, G., 1965, "Mr. Tompkins in Paperback," Cambridge University Press. ©Cambridge University Press 1965, 1993, reproduced with permission
図 4.16　Image courtesy Armagh Observatory
図 4.17　Öpik E. J. 1938, Publications of the Tartu University, 30, No. 3, 1−115, Stellar Structure, Source of Energy, and Evolution
図 4.18　Image courtesy Armagh Observatory
図 4.19　写真：Science Photo Library/アフロ
図 4.20　Trumpler, R. J., 1925, PASP, 37, 307−318, Spectral Type in Open Clusters, University of Chicago Press
図 4.21　Trumpler, R. J., 1930, Lick Observatory Bulletin, No. 420, 154−188 Preliminary Results on the Distances, Dimensions and Space Distribution of Open Star Clusters. © UC Regents/Lick Observatory
図 4.22　The Observatories of the Carnegie Institution of Washington, courtesy AIP Emilio Segre Visual Archives, Tenn Collection
図 4.23　Sandage, A. R., 1953, AJ, 58, 61−74, The Color-Magnitude Diagram for the Globular Cluster M3. © AAS. Reproduced with permission
図 4.24　Sandage, A. R., 1953, AJ, 58, 61−74, The Color-Magnitude Diagram for the Globular Cluster M3. © AAS. Reproduced with permission
図 4.25　写真：Science Photo Library/アフロ
図 4.26　Sandage, A. R. and Schwarzschild, M., 1952, ApJ, 116, 463−476, Inhomogeneous Stellar Models. II. Models with Exhausted Cores in Gravitational Contraction. © AAS. Reproduced with permission
図 4.27　Sandage, A., 1955, Leaflet of Astronomical Society of the Pacific, No. 308, 1−8, The Evolution of the Stars, University of Chicago Press

第 3 部扉　©NASA/ESA/STSCI

第 5 章扉　Wikipedia "Lick Observatory," from "Essays in astronomy," D. Appleton & company, 1900
図 5.3　The Herschel Museum of Astronomy
図 5.4　Belkora, L., 2003, "Minding the Heavens: The Story of our Discovery of the Milky Way" IOP publishing

図 5.5　King, H. C., 1955, "The History of the Telescope," Dover Publications Inc.
図 5.6　Herschel, W. 1811, RSPT, 101, 269-336, Astronomical obervations relating to the construction of the Heavens.
図 5.7　Belkora, L., 2003, "Minding the Heavens: The Story of our Discovery of the Milky Way" IOP publishing
図 5.8　Belkora, L., 2003, "Minding the Heavens: The Story of our Discovery of the Milky Way" IOP publishing
図 5.9　Wikipedia "NGC 1514"
図 5.10　Birr Castle Demesne, Birr Castle http://www.birrcastle.com/birrCastle.asp
図 5.11　Birr Castle Archives http://www.birrcastle.com/telescopeDiscoveries.asp
図 5.12　Wikipedia "William Parsons, 3rd Earl of Rosse"
図 5.13　Birr Castle Archive http://wwwbirrcastle.com/telescopeDiscoveries.asp
図 5.14　Wikipedia "John Herschel," from 1846 The Year-book of Facts in Science and Art By John Timbs, London
図 5.15　King, H. C., 1955, "The History of the Telescope," Dover Publications Inc.
図 5.16　Image courtesy Armagh Observatory
図 5.17　Image courtesy Armagh Observatory
図 5.18　Verschuur, G. L., 1989, "Interstellar Matters, Essays on Curiosity and Astronomical Discovery," Springer-Verlag
図 5.19　YERKES OBSERVATORY PHOTOGRAPH
図 5.20　Frost, E. B. and Calvert, M. R., 1927, "A Photographic Atlas of Selected Regions of the Milky Way"
図 5.21　Frost, E. B. and Calvert, M. R., 1927, "A Photographic Atlas of Selected Regions of the Milky Way"
図 5.22　Barnard, E. E., 1906, Pop. A., 14, 579−583, On the Vacant Regions of the Sky
図 5.23　Frost, E. B. and Calvert, M. R., 1927, "A Photographic Atlas of Selected Regions of the Milky Way"
図 5.24　Dugan, R. S., 1933, Pop. A., 41, 239−244, Max Wolf
図 5.25　Wikimedia Commons, Photo of an astrograph of the observatory in Heidelberg-Königstuhl, Germany, taken by Rivi
図 5.26　Wolf, M., 1907, MNRAS, 68, 30−33, The Nebula H IV 74 Cepher (NGC 7023)
図 5.27　Kogure, T., Kobayashi, Y. et al., 1982, "An Atlas of the Northern Milky Way in the H-alpha Emission," contribution from Department of Astronomy, Kyoto University, No.133
図 5.28　Wolf, M., 1923, A. N. 219, 109−116, Über den dunklen Nebel NGC 6960
図 5.29　Image courtesy The Observatories of the Carnegie Institution for Science Collection at the Huntington Library, San Marino, California.
図 5.30　Merrill, P. W., 1958, Lines of the Chemical Elements in Astronomical Spectra, Carnegie Institute of Wachington Publication. Courtesy of The Observatories of the Carnegie Institution of Washington.
図 5.31　Bowen, I. S., 1928, ApJ, 67, 1−15, The Origin of the Nebular Lines and the

	Structure of the Planetary Nebulae. © AAS. Reproduced with permission
図 5.32	Photographic Archive, University of Chicago http://photoarchive.lib.uchicago.edu/db.xqy?show=browse6.xml|245
図 5.33	Wikipedia "Bengt Strömgren"
第 6 章扉	Sandage, A. R., 1961, "The Hubble Atlas of Galaxies," Carnegie Institution of Washington. Courtesy of the Carnegie Observatories.
図 6.1	Hirshfeld, A. W., 2001, "Parallax: The Race to Measure the Cosmos," Henry Holt and Company
図 6.2	Hirshfeld, A. W., 2001, "Parallax: The Race to Measure the Cosmos," Henry Holt and Company
図 6.3	Hirshfeld, A. W., 2001, "Parallax: The Race to Measure the Cosmos," Henry Holt and Company
図 6.4	Hirshfeld, A. W., 2001, "Parallax: The Race to Measure the Cosmos," Henry Holt and Company
図 6.5	Wikipedia "Thomas Henderson (astronomer)"
図 6.7	Belkora, L., 2003, "Minding the Heavens: The Story of our Discovery of the Milky Way", Institute of Physics Publishing. ©Layne Lundstrom
図 6.8	Belkora, L., 2003, "Minding the Heavens: The Story of our Discovery of the Milky Way", Institute of Physics Publishing. YERKES OBSERVATORY PHOTOGRAPH
図 6.9	©National Academy of Sciences
図 6.10	上：Kapteyn, J. C., and van Rhijn, P. J., 1920, ApJ., 52, 23–38, On the Distribution of the Stars in Space Especially in the High Galactic Latitudes. © AAS. Reproduced with permission 下：Kapteyn, J. C., 1922, ApJ, 55, 302–328, First Attempt at a Theory of the Arrangement and Motion of the Sidereal System. © AAS. Reproduced with permission
図 6.11	Paul, E. R., 1993, "The Milky Way Galaxy and Statistical Cosmology, 1890–1924"
図 6.12	Paul, E. R., 1993, "The Milky Way Galaxy and Statistical Cosmology, 1890–1924"
図 6.13	Easton, C., 1900, ApJ, 12, 136-158, A New Theory of the Milky Way. © AAS. Reproduced with permission
図 6.14	College of Literature, Science, and the Art's, University of Michigan https://sites.lsa.umich.edu/astrohistory/2015/03/13/heber-doust-curtis/
図 6.15	King, H. C., 1955, "The History of the Telescope," Dover Publications Inc.
図 6.16	Curtis, H. D., 1918, Pub. Lick Obs., 13, 9–42, Description of 762 Nebulae and Clusters Photographed with the Crossley Reflector. © UC Regents/Lick Observatory
図 6.17	Bok, B., 1978, National Academy of Sciences of the USA, 141–194, Biographical Memoir of Harlow Shapley, 1885–1972
図 6.18	Glass, I. S., 2006, Revolutionaries of the cosmos, Oxford University Press
図 6.19	Shapley, H., 1918, Proceedings of the National Academy of Sciences of USA, Vol. 4, 224–229, Studies of Magnitudes in Star Clusters. VIII. A Summary of Results

Bearing on the Structure of the Sidereal Universe
第7章扉　Camille Flammarion, L'Atmosphere: Météorologie Populaire (Paris, 1888), pp. 163
図 7.1　the Lowell Observatory Archives
図 7.2　Wkipedia "Percival Lowell"
図 7.3　Wikipedia "ローウェル天文台"
図 7.4　Christianson, G. E., 1995, "Edwin Hubble: Mariner of the Nebulae," Farrar, Straus and Giroux
図 7.5　Hubble, E., 1929, Proceedings of the National Academy of Sciences, 15, 168-173, A Relation between Distance and Radial Velocity among Extra-Galactic Nebulae
図 7.6　Hubble, E., 1936, "The Realm of the Nebulae," Yale University Press
図 7.7　Hubble, E., 1926, ApJ., 64, 321-369, Extra-Galactic Nebulae. © AAS. Reproduced with permission
図 7.8　Christianson, G. E., 1995, "Edwin Hubble: Mariner of the Nebulae," Farrar, Straus and Giroux
図 7.9　Osterbrock, D. E., 1995, JHA, 26, 1-32, Walter Baade, Observational Astrophysicist, (1): The preparation 1893-1931. YERKES OBSERVATORY PHOTOGRAPH
図 7.10　Baade, W., 1944, Contributions from the Mt. Wilson Observatory, Carnegie Institution of Washington, No. 696
図 7.11　写真：Universal Images Group/アフロ
図 7.12　The Bruce Medalists "Willem de Sitter" http://www.phys-astro.sonoma.edu/BruceMedalists/deSitter/index.html
図 7.13　O'Connor and Robertson, web http://www-history.mcs.st-and.ac.uk/Biographies/Friedman.html
図 7.15　Archives Georges Lemaître Université catholique de Louvain Louvain-la-Neuve, Belgique
図 7.16　Hetherington, N. S. (ed.), 1993, "Cosmology" (Garlland Library)
図 7.17　Reprinted figure with permission from Alpher, R. A., Bethe, H. and Gamow, G., 1948, Phys. Rev., 73, 803-804, The Origin of Chemical Elements. © 1948, American Physical Society
図 7.18　写真：Science Photo Library/アフロ

第4部扉　写真：PIXTA

第8章扉　「東京大学の百年」編集委員会編，1978，『東京大学　東京天文台の百年』東京大学出版会
図 8.1　Wikipedia "トマス・メンデンホール"
図 8.2　Wikipedia "長岡半太郎"
図 8.3　藤岡由夫編，1964，『高嶺俊夫と分光学』，応用光学研究所刊
図 8.4　京都大学宇宙物理学教室所蔵「新城文庫」より

図 8.5	Shinjo S., 1922, JaJAG,.1, 7–21, On the Physical Nature of Cepheid Variation
図 8.6	Shinjo S., 1922, JaJAG, 1, 183–190, General Consideration of the Variable Stars from the Standpoint of Stellar Evolution
図 8.7	青山学院資料センター所蔵
図 8.8	Ichinohe, N., 1907, AN, 176, 311–314, Maximum of o Ceti in 1906
図 8.9	Ichinohe, N., 1907, ApJ, 26, 157–163, Orbit of the Spectroscopic Binary μ Sagittarii. © AAS. Reproduced with permission
図 8.10	国立天文台　所蔵，国立天文台アーカイブ新聞 No. 35（2006 年 7 月 1 日）
図 8.11	京都大学理学部山本天文台資料室
図 8.12	Yamamoto, I., Ueta, Y. and Kudara, K., 1919, Memoirs of the College of Sciences of the Kyoto Imperial University, 4, 23–42, Observations of Nova Aquilae No. 3
図 8.13	Yamamoto, I., Ueta, Y. and Kudara, K., 1919, Memoirs of the College of Sciences of the Kyoto Imperial University, 4, 23–42, Observations of Nova Aquilae No. 3
図 8.14	Shapley, H., Yamamoto, I. and Wilson, H. H., 1925, Harvard Coll. Obs, Circ. No. 280, 1–8, The Magellanic Clouds, VII. The photographic period-luminosity curve
図 8.15	冨田良雄編，2012，第 2 回天文台アーカイブプロジェクト報告会集録「山本一清先生資料の概要」
図 8.16	萩原雄祐，2001，岡山天体物理観測所 40 周年記念誌
図 8.17	柘植芳男，1961，天文月報，54，26–29，188 センチ及び 91 センチ反射望遠鏡ドームの完成するまで
図 8.18	萩原雄祐，2001，岡山天体物理観測所 40 周年記念誌 © 国立天文台
図 8.19	「新宮市の名誉市民：畑中　武夫」https://www.city.shingu.lg.jp/forms/info/info.aspx?info_id=18872
図 8.20	Hatanaka, T., 1946, JaJAG, 21, 1–53, Theory of Optical Interaction among HeII, OIII and NIII Atoms in a Planetary Nebula
図 8.21	『荒木俊馬論文集』1979，京都産業大学故荒木総長顕彰会刊
図 8.22	Araki and Kurihara. 1937，Zs. f. Ap., 13, 89–102, Zur Konturberechnung der Emissionslinien der expandierenden Gashülle eines Sternes
図 8.23	荒木俊馬，栗原道徳，1942，『天体の輻射と電離』(恒星社厚生閣)，p.69，第 4 図
図 8.24	『宮本正太郎論文集』(1993，京都コンピュータ学院編集刊行) より口絵 宮本正太郎肖像
図 8.25	Miyamoto, S., 1952, PASJ, 4, 91–99, Radiation Pressure and Stability of the Atmospheres of Early-Type Stars
図 8.26	Miyamoto, S., 1949, PASJ, 1, 10–13, Ionization Theory of Solar Corona
図 8.27	山下泰正他，2013，天文月報，106，No. 4，278–286 藤田良雄先生追悼文集
図 8.28	Fujita, Y., 1951, ApJ, 113, 620–629, Absorption Lines and Bands in the Spectrum of Chi Cygni. © AAS. Reproduced with permission
図 8.29	Fujita, Y., 1964, Proceedings of the Japan Academy of Sciences, 40, 332–337, Spectral Features in the Infrared Region of Some Carbon Stars, III
図 8.30	提供　東北大学資料館
図 8.31	須田和男，1998，天文月報，91，514，一柳寿一先生を悼む

図 8.32　Hitotuyanagi, Z., 1914, JaJAG, 19, 97, 113, Über die Randverdunklung der Sonne, I, II

第 9 章扉　© JAXA
図 9.1　写真：Science Photo Library/ アフロ
図 9.2　写真：Science Photo Library/ アフロ
図 9.3　Reber, G., 1944, ApJ., 100, 279–287, Cosmic Static. © AAS. Reproduced with permission
図 9.4　© Leiden Observatory
図 9.5　Oort, J. H., Kerr, F. J. and Westerhout, G., 1958, MNRAS, 118, 379–389, The Galactic System as a Spiral Nebula
図 9.6　Moxon, L. A., 1946, Nature, 158, 758–759, Variation of Cosmic Radiation with Frequency
図 9.8　野辺山宇宙電波観測所 30 周年記念誌 © 国立天文台
図 9.9　鈴木博子，大石雅壽，1985，天文月報，78，No. 8，209–212，星間分子線の探査
図 9.10　写真：アフロ
図 9.11　提供 国立天文台
図 9.12　提供 国立天文台
図 9.13　提供 国立天文台
図 9.14　東京大学大学院 天文学教育研究センター 木曽観測所
図 9.15　小暮智一，1991，天文月報，84，76–80，オリオン座に星の生成過程を探る
図 9.17　Wikipedia "Ricardo Giacconi"
図 9.18　Forman, W. et al., 1978, ApJS, 38, 357, Fourth Uhuru Catalogue of X-ray sources
図 9.19　ISAS ニュース　2001.5　No.242 より抜粋
図 9.20　Coblentz, W. W., 1922, ApJ, 55, 20–23, New Measurements of Stellar Radiation. © AAS. Reproduced with permission
図 9.21　Code, A. D. and Meade, M. R., 1979, ApJS, 39, 195–289, Ultraviolet Photometry from the Orbiting Astronomical Observatory. XXXII. An Atlas of Ultraviolet Stellar Spectra
図 9.22　Parker, E. N., 1965, Space Science Review, 4, 666–708, Dynamical Theory of the Solar Wind
図 9.23　The University of Chicago https://astro.uchicago.edu/people/eugene-n-parker.php
図 9.24　写真：Science Photo Library/ アフロ
図 9.25　桜井ほか編『太陽』（シリーズ「現代の天文学」第 10 巻）（日本評論社）をもとに作成
図 9.26　©NOAO/AURA/NSF
図 9.27　Harvey, J., 1977, Highlights of Astronomy, 4, Part II, 223–237, Observations of Small-Scale Photospheric Magnetic Fields
図 9.28　Rust, D. M. and Roy, J. R., 1971, IAU Symposium, 43, 569–579, Coronal Magnetic Fields above Active Regions
図 9.29　飛騨天文台 30 年の歩み，1998，京都大学理学研究科附属天文台
図 9.30　Ishii, T., Kurokawa, H. and Takeuchi, T. T., 1998, ApJ, 499, 898–904, Emergence of a Twisted Magnetic Flux Bundle as a Source of Strong Flare Activity

索 引

■人名

【ア行】

アープ（Halton Arp） 273, 274, 275
アインシュタイン（Albert Einstein） 4, 173, 243, **436**, 438, 439, 441, 443, 444, 447, 454, 457, 491, 513
アダムス（Walter S. Adams） 135, 256, 432, 475
アトキンソン（R. D'E. Atkinson） 252, 259
アボット（C. G. Abbott） 545
アミーチ（Giovanni Batista Amici） 48, 58, 66, 67, 68
荒木俊馬（Araki Toshima） 7, 467, 468, **496**, 497, 498, 500
アルゲランダー（Friedrich Whilhelm Argelander） 385, 386
アルファー（Ralph Asher Alpher） 452, 458
アルヴェン（Hannes Olof Gösta Alfvén） 528, 529, **555**, 556
イーストン（Cornelis Easton） 389, 390
石原純（Ishihara Jun） 513
一戸直蔵（Ichinohe Naozo） 7, 139, **473**, 474, 476, 477, 478, 479, 481
ウィルソン（Robert W. Wilson） 458, 529
ウィンロック（Joseph Winlock） 99, 101
ウーテン（Benjamin A. Wooten） 201
上田穣（Ueta Joe） 468
ウォータストン（John James Waterston） 3, **148**, 149, 150, 151, 152, 164
ウォラストン（William Hyde Wollaston） 15
ウォーナー（H. H. Warner） 322
ウツシュナイダー（J. von Utzschneider） 12, 13, 14
エアリー（Groge Airy） 27, 71, 72, 73, 74, 75
エーウェン（H. I. Ewen） 524
エーレンフェスト（Paul Ehrenfest） 444
エディントン（Arthur Stanley Eddington） 4, 175, **210**, 211, 212, 213, 214, 215, 216, 217, 218, 219, 220, 223, 225, 227, 228, 236, 238, 258, 267, 378, 399, 446, 447, 454, 487, 492, 499, 514, 516
エドレン（B. Edlén） 505
エバーシェッド（John Evershed） 557
エピック（Ernst Julius Öpik） 5, **256**, 257, 258, 259, 260, 261, 262, 280
エムデン（Jacob Robert Emden） 4, **168**, 169, 170, 171, 173, 175, 214, 228, 399
オーク（J. B. Oke） 280
オールト（Jan Hendrick Oort） 191, 258, 442, 523, 524
オストワルド（Wilhelm Ostwald） 186
小田稔（Oda Minoru） 542, **543**, 544
オッペンハイマー（J. R. Oppenheimer） 238, 239, 240, 279
折口信夫 487
オルバース（Heinrich Wilhelm Olbers） 356
オルフ，マックス（Maximilian Franz Joseph Cornerius Wolf） 5, 320, **325**, 326, 331, 332, 334, 336, 338
オルムステッド（Denison Olmsted） 161
オングストローム（Andres Jonas Ångström） 22, 89

【カ行】

カー（F. J. Kerr） 524
カーティス（Heber Doust Curtis） 6, **391**, 392, 393, 394, 395, 403, 406, 408, 409, 424
カール・ブルーンス（Carl Christian Bruhns） 385
カイパー（G. P. Kuiper） 545, 546
ガウス（Karl Friedrich Gauss） 19, 62, 356
カフィー（James Cuffey） 267
カプタイン，ヤコブス（Jacobus Cornelius Kapteyn） 5, 211, 340, **373**, 374, 375, 376, 379, 380, 381, 382, 383, 384, 390, 434, 439
カプタイン，ウィレム（Willem Kapteyn） 377

ガポシュキン（Cecilia Payne-Gaposchkin）109
ガモフ（George Gamov）5, 6, 235, 238, 247, **249**, 250, 251, 252, 253, 255, 445, **450**, 451, 452, 454, 457, 458
ガレ（J. G. Galle）18, 359
カント（Immanuel Kant）371
カンプ（Peter van de Kamp）262
キーナン（Philip C. Keenan）206, 512
キーペンハーン（Karl-Otto Kiepenheuer）529
キーラー（James Edward Keeler）393, 394
ギッブス（W. B. Gibbs）59
木村栄（Kimura Sakae）473, 480
キャノン（Annie Jump Cannon）3, 108, 116, 121, **129**, 130, 132, 133, 134, 135, 137, 139, 188, 203, 402
キャンベル（W. W. Campbell）393
キルヒホッフ（Gustav Robert Kirchhoff）2, 20, **23**, 22, 24, 25, 26, 33, 83
クライン（Felix Klein）437
グラブ，ホワード（Howard Grubb）40
グールド（Benjamine Apthorp Gould）58, 61, **62**, 63, 64, 65
クリッチフィールド（C. Critchfield）238
栗原道徳（Kurihara Michinori）501
グロスマン（M. Grossmann）437, 441
ゴールド（Thomas Gold）454, 455, 456, 457
コグシャル（Wilfur A. Cogshall）412
後藤新平 477
コブレンツ（William Coblentz）545

【サ行】
サウス（James South）72, 309, 310
早乙女清房（Saotome Kiyohusa）474, 507
サマーヴィル（Mary F. Somerville）156
ザンストラ（Herman Zanstra）341, **347**, 348, 349, 350, 352, 354
サンデージ（Allan Rex Sandage）5, **272**, 273, 274, 275, 276, 277, 280, 282
シアーズ（Frederick Seares）398, 399
シアマ（Denis Scima）457
シー（Jackson See）164
ジーンズ（James H. Jeans）**218**, 219, 220, 422, 424, 453

シェーレラップ（H. K. F. K. Schjellerup）50, 51, 316
シェーン（Charles D. Shane）509
シェーンフェルド（Eduard Schönfeld）385, 386
ジャッコーニ（Riccardo Giacconi）541, 542
シャプレー（Harlow Shapley）6, 99, 143, 200, 273, 335, 380, 384, 395, **396**, 397, 399, 400, 401, 402, 403, 404, 405, 406, 407, 409, 423, 424, 426, 431, 434, 435, 446, 470, 484, 489, 498
ジャンスキー（Karl Jansky）520, 521, 526
ジャンセン（Pierre Joule Janssen）48, 178
シュヴァルツシルト，カール（Karl Schwarzschild）168, 170, **171**, 172, 173, 189, 190, 191, 194, 211, 212, 279, 437, 467, 491
シュヴァルツシルト，マーティン（Martin Schwarzschild）5, 276, 278, 280
シュウィンガー（Julian Schwinger）526
ジュール（James Prescott Joule）155
シュトルーヴェ，オットー（Otto Struve）202, 224, 351, 361, 501
シュトルーヴェ，ウィルヘルム（Friedrich Georg Wilhelm Struve）5, 17, **359**, 361, 360, 362, 363, 366, 367, 369, 370, 371, 372, 373
シュペーラー（Gustav Friedrich Wilhelm Spörer）56
シュミット（Bernhard Voldemar Schmidt）536, 537
シュレージンガー（Frank Schlesinger）263
シュレーター（Johann Schröter）357
ショール（Richard Schorr）431
ジル（David Gill）375, 376, 439, 440
新城新蔵（Shinjo Shinzo）7, 171, **462**, 465, 466, 467, 468, 469, 471, 473, 479, 480, 497, 498
スタリオ（R. Stalio）548
ストレームグレン（Bengt Strömgren）197, 229, 236, 341, **351**, 352, 354, 509
スピッツァー（Lyman Spitzer）278
スミス（George Smith）533
スミス（Robert Smith）290
スライファー，アール（Earl C. Sligher）

412, 416
スライファー，ベストー・メルビン（Vesto Melvin Slipher） 6, **412**, 414, 415, 416, 417, 418, 419, 422, 423, 426, 447
セイファート（Carl K. Seyfert） 327
ゼーリガー（Hugo Hans Ritter von Seeliger） 5, 383, **384**, 385, 386, 387, 388, 389, 390
セッキ（Pietro Angelo Secchi） 2, 27, **45**, 47, 49, 50, 52, 59, 67, 107, 123
ゾンマーフェルト（Arnold Sommerfeld） 234, 351

【タ行】
ターナー（Herbest H. Turner） 421
高嶺俊夫（Takamine Toshio） 462, 464, 465, 508
ダゲール（L. J. M. Daguerre） 82
竹田新一郎（Takeda Shin'ichiro） 500
田中館愛橘（Tanakadate Aikitsu） 462, 465, 466
ダンロップ（James Dunlop） 313
チェンバーリン（Thomas Chamberlin） 421
チャンドラセカール（Subrahmanyan Chandrasekhar） 168, **221**, 222, 223, 224, 225, 226, 227, 228, 230, 231, 245, 451
チャンドラセカール，ラリサ（Lalitha Doraiswamy Chandrasekhar） 222, 223
ツヴィッキイ（Fritz Zwicky） 432
デ・ヴィコ（S. J. de Vico） 46, 47
ディック（Thomas Dick） 320
ディラック（Paul A. M. Dirac） 223, 454
テラー（E. Teller） 279
寺尾寿（Terao Hisasi） 462, 473, 478
テル・ハール（ter Haar） 247
ド・ジッター，ウィレム（Willem de Sitter） 6, 424, **439**, 440, 441, 442, 443, 447
ド・ジッター，エールノート（Aernout de Sitter） 440
ドナーティ（Giovanni Batista Donati） 27, 65, 66, 67, 68, 69, 70
ドライヤー，ジョン・ルイ・エミール（John Louis Emil Dryer） 117, **315**, 316, 317, 318
ド・ラ・ルー，ウォーレン（Warren de la Rue） 177, 178
トランプラー（Robert Julius Trumpler） **262**, 264, 265, 266, 267, 268, 269, 270
ドレイパー，アンナ（Anna Palmer Draper） 88, 89, **95**, 96, 103, 107, 121
ドレイパー，ジョン・ウィリアム（John William Draper） 2, **82**, 83, 85, 96, 472
ドレイパー，ヘンリー（Henry Draper） 2, 82, 84, **85**, 87, 88, 89, 91, 92, 93, 95, 96, 103, 107, 472

【ナ行】
長岡半太郎（Nagaoka Hantarou） **462**, 463, 464, 465
中村要（Nakamura Kaname） 485
ニールセン（Victor Neilsen） 184
ニューカム（Simon Newcomb） 163, 325, 326
ニュートン（I. Newton） 1, 159
ネステロフ（V. V. Nesterov） 136
ノイゲバウエル（G. Neugebauer） 546

【ハ行】
パーカー（Eugene Newman Parker） **551**, 552, 553, 554
ハーシェル，ウィリアム（William Herschel, Friedrich Wilhelm Herschel） 5, 16, 35, 262, **288**, 289, 291, 292, 293, 294, 295, 296, 298, 300, 302, 304, 309, 310, 312, 318, 319, 365, 370, 371, 372, 387, 388, 545
ハーシェル，キャロライン（Caroline Lucretia Herschell） 118, 288, 289, 291, 293, 294, 295, 299, **305**, 314, 315, 319
ハーシェル，ジョン・フレデリック・ウィリアム（John Frederick William Herschel） 5, 46, 87, 159, 162, 294, 305, 309, 310, 311, **312**, 314, 315, 317, 318, 319, 320, 329, 358, 368
パーセル（E. M. Purcell） 524
パーソンズ，ウィリアム（William Parsons） →ロス卿（第3代）
バーデ（Wilhelm Heinrich Walter Baade） 272, 273, 348, 426, **430**, 432, 433, 434, 435, 537

バーナード（Edward Emerson Barnard） 5, **320**, 322, 323, 324, 325, 326, 327, 328, 484
バーナム（S. W. Burnham） 323
ハーバード，ジョン（John Harvard） 97
ハイゼンベルク（Werner Karl Heisenberg） 241, 243
ハイネク（J. A.Hynek） 247
バウム（William Baum） 273, 274, 275
萩原雄祐（Hagihara Yusuke） 7, **487**, 488, 489, 490, 491, 492, 493, 501, 509
ハギンス，ウィリャム（William Huggins） 2, 27, **28**, 29, 30, 31, 33, 34, 35, 36, 37, 38, 42, 44, 59, 70, 74, 83, 88, 90, 94, 311, 332, 341, 472, 545
ハギンス，マーガレット・リンゼイ（Margaret Lindsey Huggins） **40**, 41, 42, 44
畑中武夫（Hatanaka Takeo） 493, **494**, 495, 496, 509
ハック（M. Hack） 548
ハッブル（Edwin Hubble） 6, 272, 348, 349, 418, **420**, 421, 423, 424, 425, 426, 427, 428, 429, 430
バベジ（Charles Babbage） 313
ハルトマン（J. Hartmann） 430
ハルマネック（P. Harmanec） 126, 127
ピアジ（Giuseppe Piazzi） 367
ビーアマン（Ludwig Biermann） 551, 552
一柳壽一（Hitotuyanagi Zyuiti） 515, 516, 517
ビールス（C.S. Beals） 501
ピッカリング，ウィリアム・H（W. H. Pickering） **103**, 117, 130, 142, 171
ピッカリング，エドワード・チャールス（Edward Charles Pickering） 2, 95, 92, 95, 96, 99, **100**, 101, 102, 103, 104, 105, 106, 107, 108, 109, 112, 113, 117, 120, 122, 126, 129, 130, 140, 143, 187, 188, 189, 381
平山信（Hirayama Shin） 473, 479
平山清次（Hirayama Kiyotsugu） 474, 479
ヒンクス（A. R. Hinks） 192
ファウラー（R. H.Fowler） 222, 223, 227
ファン・デ・フルスト（H. C. van de Hulst） 523, 550
ファン・マーネン（A. van Maanen） 406, 409, 419, 423, 424, 425
ファン・ライン（Pieter van Rhijn） 381
フーコー（Leon Foucault） 47
フーターマンス（F. G. Houtermans） 252, 259
フォーゲル（Hermann C. Vogel） 2, 41, **53**, 54, 56, 167
藤田良雄（Fujuta Yoshio） 465, **507**, 509, 510, 511, 512, 513, 515
フス（Johann S. G. Huth） 360
プファッフ（Johann W. A. Pfaff） 360
フマーソン（Milton Humason） 424, 425, 426
ブラーエ（Ticho Brahe） 191, 315, 483
ブラウン，ウェルナー・フォン（Werner von Braun） 541
フラウンホーファー（Joseph von Fraunhofer） 1, **12**, 14, 15, 16, 17, 19, 59
ブラッドレー（James Bradley） 358
フリードマン（AlexanderAlexsandrovich Friedmann） 6, 250, **443**, 444, 445, 446
ブルース，キャサリン（Catherine W. W. Bruce） 325, 333
フレミング（Williamina Paton Fleming） 2, 107, **110**, 111, 112, 114, 115, 116, 117, 118, 120, 123, 124, 130, 134, 137
フロスト，B（Edwin Brant Frost） 201, 422, 474, 475, 484
ブロンシュタイン（Matvey Bronstein） 250
ブンゼン（Robert Wilhelm Bunsen） 20, 23, 24, 25
フンボルト（Alexander Humboldt） 357
ベイリー（Solon Bailey） 130, 143, 399, 434
ベーカー（H. F. Baker） 487
ベーカー（J. G. Baker） 492, 501
ベーテ，ハンス（Hans Albrecht Bethe） 4, 230, **233**, 234, 235, 236, 238, 239, 240, 241, 244, 258, 259
ヘール（George Ellery Hale） 342, 323, **379**, 380, 403, 422, 430, 463
ヘックマン（Otto Heckman） 261
ベッセル（Friedrich Wilhelm Bessel） 5, 19, **356**, 357, 361, 366, 367, 369, 372

ベルク，フォン（Count von Berg） 360
ヘルツシュブルング（Ejnar Hertzsprung） 4, 124, **184**, 185, 186, 188, 189, 191, 194, 195, 197, 375, 381
ヘルマン（Robert Herman） 452
ヘルムホルツ，フォン（Hermann von Helmholtz） **151**, 152, 155, 162
ヘルロフソン（Nicolai Herlofson） 528
ペンジアス（Arno Penzias） 458
ヘンダーソン（Thomas Henderson） 5, 359, 363, 364, 367, 368, 369
ポアンカレ（Jules Henri Poincaré） 232
ホイル，フレッド（Fred Hoyl） 454, 455, 456, 457
ボイル（Willard S.Boyle） 533
ボーア，ニールス（Niels Bohr） 223, 241, 351
ボーエン（Ira Sprague Bowen） 37, 341, **342**, 343, 345, 346, 347, 350, 354
ボーフォート（Francis Beaufort） 148
ホール（John S. Hall） 416
ホールデン（E. S. Holden） 322, 323
ホフライト（D. Hoffleit） 120
ボルン，マックス（Max Born） 454
ホワイティング（Sarah Whiting） 129, 130
ボンディ（Herman Bondi） 454, 455, 456, 457
ボンド，ウィリアム（William Cranch Bond） 97, 99
ボンド，ジョージ（George Philips Bond） 68, 99

【マ行】

マイケルソン（Albert A. Michelson） 342, 420
マイヤー（Julius Robert von Mayer） 3, **153**, 154, 155, 156, 157, 158, 159, 160
マウンダー，エドワード（Edward Maunder） 74, 76, **77**, 78, 79
マウンダー，ラッセル（A. Russell S. Maunder） 77, 78
マスケリン（Nevil Maskelin） 290, 292
マッカーシー（M. F. McCarthy） 52
松隈健彦（Matsukuma Takehiko） 7, **513**, 514, 517

マックリア（W. McCrea） 457
ミッチェル，マリア（Maria Mitchell） 119, 120
宮本正太郎（Miyamoto Shotaro） 494, **503**, 504, 506, 507
ミュラー（C. A.Muller） 524
ミラー，ウィリアム（William Allen Miller） 2, **31**, 32, 34, 36, 37
ミリカン（Robert A. Milikan） 342, 345, 420
ミルス（B. Y. Mills） 522
ミルン（E. A. Milne） 223, 499, 500
ムーア，シャルロッテ（Charlotte Moor） 200
ムーア，パトリック（Patrick Moore） 261
ムーシェ（M. I. Mouchez） 375
ムールトン（Forest R. Moulton） 421
メイヨール，マーガレット（Margaret W. Mayall） 106, 136
メシエ（Charles Messier） 298
メリル（P. W. Merrill） 342
メンゼル（D. H. Menzel） 492, 501, 504
メンデンホール（Thomas C. Mendenhall） 462, 463
モーガン（William Wilson Morgan） 42,124, **200**, 201, 202, 203, 204, 205, 206, 207, 512
モートン（Donald C. Morton） 547, 554
モーリー，アントニア（Antonia Caetana de Paiva Maury） 3, 84, 107, **119**, 120, 121, 122, 124, 125, 126, 127, 130, 135, 143, 186, 188, 203, 204
モーリー（F. M. Maury） 46
モクソン（L. A. Moxon） 526, 528

【ヤ行】

ヤーキス，チャールス（C. T. Yerkes） 323, 380
山本一清（Yamamoto Issei） 7, 139, 326, 468, **480**, 481, 483, 485, 486, 503
ヤング（A. C. Young） 192
ヤング，トマス（Thomas Young） 16, 364
ユンク（Robert Jungk） 240

【ラ行】

ライト，トマス（Thomas Wright） 370

ライトン（R. B. Leighton） 546
ラザファード（Lowis Morris Rutherfurd） 2, 27, **57**, 58, 59, 60, 61, 63, 64, 74, 89
ラッセル（Henry Norris Russell） 4, 190, **192**, 193, 194, 195, 197, 198, 199, 216, 220, 343, 398, 424
ラプラス（Pierre-Simon Laplace） 151, 304
ラプレヒト（J. Ruprecht） 269
ラム（Horace Lamb） 210
ランダウ（Lev Landau） 250
ランベルト（Johann Heinrich Lambert） 371
リービット（Henrietta Leavitt） 109, **140**, 141, 142, 143, 144, 190, 381, 400, 484
リッター（August Ritter） 3, **165**, 166, 167, 168, 170, 175, 183, 198, 228, 399
リトルトン（Ray Littelton） 454
リンゼイ（EricLindsay） 261
ルーデンドルフ（H. Ludendorff） 497
ルスト（D. M. Rust） 560
ルボック（J. W.Lubbock） 150
ルメートル（Georges-Henri Lemaître） 6, **446**, 447, 449, 450
レイリー卿（Lord Rayleigh） 152, 153
レーバー（Grote Reber） 520, 521, 523
レーン，ホーマー（Jonathan Homer Lane） 3, **161**, 162, 163, 164, 168, 170, 175, 198, 228
レッドマン（R. O. Redman） 506
レピシエ（Emile Lépisier） 462
ロア（J. R. Roy） 560
ローウェル（Percival Lowell） 264, **413**, 414, 415, 416
ロジャース（William B.Rogers） 100
第3代ロス卿（ウィリャム・パーソンズ） 5, 85, **306**, 308, 310, 316
ロスコー（Henry E. Roscoe） 24, 25
ロスランド（S. Rosseland） 516
ロッキャー（Norman Lockyer） 3, 54, 79, **177**, 178, 179, 180, 181, 182, 183, 197, 471
ロッシ，ブルーノ（Bruno Rossi） 541
ロビンソン（Thomas R. Robinson） 309, 310

【ワ行】

ワイツゼッカー（Carl Friedrich von Weizsäcker） 4, 230, **241**, 242, 243, 244, 245, 246, 247, 249, 258, 259
ワイル（Hermann Wyle） 437
ワトソン（William Watson） 290, 292, 298

■事項

【ア行】

アストロパーク 261
天の川電波強度分布図 520, 522
アルゴール型変光星　→変光星
アルゼンチン天文表　→星表
アルフヴェン波 555
暗黒星雲 5, 320, 326, 328, 329, 334, 338, 340, 529
一方向進化説　→星の進化論
一般相対性理論 6, 173, 436, 437, 441, 443
緯度変化 480
イメージ・インテンシファイヤー 532
色消しレンズ 13, 58
色指数 173, 273, 341, 380
色収差 13, 17
色等級図 189, 190, 197, 273, 274, 275, 276, 282, 283

隕石 182, 183
宇宙気体力学 549, 550, 551
宇宙項 438, 439
宇宙電波 494, 520, 522, 528
宇宙電波源カタログ
　ケンブリッジCカタログ 522
　MSHカタログ 522
宇宙年齢 426, 427
宇宙の元素組成 237
宇宙のスケール 403
宇宙マイクロ波背景放射 450, 458
宇宙論 6
　宇宙進化論（新城新蔵） 469, 471
　宇宙論（ガモフ） 451
　宇宙論（ド・ジッターの「空虚な宇宙」） 442
　宇宙論（フリードマン） 443

宇宙論（ルメートル） 446
静的宇宙論（アインシュタイン） 436
定常宇宙論（ホイル，ボンディ，ゴールド） 454, 457, 458
ビッグバン宇宙論 449, 450, 454
ウフル衛星（Uhuru） →科学衛星
エアリー・ディスク 73
（英国）王立協会 292, 312, 364
英国天文協会（BAA） 78, 448
エネルギー準位図 342, 344
エネルギー保存則 151, 156, 160
エバーシェッド流 557, 558
王立天文協会（RAS） 29, 40, 72, 77, 78, 87, 118, 306, 363
オールト・エピックのベルト 258
オリオン線 122, 123
オルフ・ライエ星（WR星） 114, 115, 137, 138, 139, 504, 553
オングストローム 22

【カ行】
海王星 18, 359
回帰新星 39
回折格子 16, 83, 89
科学衛星 539
　　ウフル衛星（Uhuru） 542, 543, 544
　　ぎんが 545
　　コペルニクス衛星（OAO-3） 548
　　てんま 544
　　はくちょう 544
　　IRAS衛星 546
　　IUE衛星 549
　　OAO-2衛星 547
化学特異星 202, 548
化学光量計 173
化学分析法 23, 31
核反応サイクル 235, 236
渦状構造（銀河系） 270, 525
渦状星雲 6, 310, 311, 335, 394, 395, 416, 417, 418, 428
火星 59, 130, 192, 412
火星運河説 415
活動銀河 543
カロリック 150
乾式写真乾板 54, 91, 103

眼視測光器 103, 142
輝線B型星 504
輝線スペクトル 37, 38
輝線星雲 341, 349, 354
輝線星 114, 137, 538, 539
気体運動論 149, 150, 152
吸収線スペクトル 37, 38, 39
球状星団 5, 6, 37, 142, 265, 273, 274, 282, 399, 400, 401, 418, 431, 514
巨星 190, 197, 215, 259, 260, 510
許容線 346
距離速度図 425
キルヒホッフの法則 25
ぎんが →科学衛星
銀河回転 525
銀河系モデル
　　銀河系構造（イーストン） 390, 391
　　銀河系の渦状構造 523
　　銀河系モデル（カプタイン） 382, 383
　　銀河系モデル（シュトルーヴェ） 370, 373
　　銀河系モデル（ゼーリガー） 388, 389
　　銀河系モデル（ハーシェル） 300, 301
　　大銀河系説（シャプレー） 404, 407
　　理想的恒星系（ゼーリガー） 387, 388
銀河系外星雲 426, 427
銀河団 334, 335
均質モデル →星の進化論
金星 14, 414
禁制線 37, 345, 346, 350
金属反射望遠鏡 16, 82, 290, 308
グールドベルト 63
屈折赤道儀 74, 76
屈折望遠鏡 16, 17, 47, 54, 57, 62, 67, 91, 184, 202
経緯台式 17
蛍光線 494, 495
ケーニッヒスツール・ハイデルベルク星雲リスト →星団星雲カタログ
ケープ写真掃天表 →星表
ケフェウス型変光星 →変光星
ケルビン・ヘルムホルツ不安定性 170
原始星雲 35, 246, 304
原始太陽系 304
元素合成 230, 231, 245, 259

元素組成　451, 452
光学的周界　501
恒星視差　194, 357, 358, 369
恒星風　549, 551, 554
光度階級　42, 204, 205
国際天文学連合（IAU）　135, 143, 423, 431, 489, 549
黒体　26
黒体放射　349, 547
黒点　77, 78, 159, 160, 170, 177
　太陽黒点　56, 77, 159, 177
黒点磁場　556
コペルニクス衛星　→科学衛星
固有運動　61, 75, 186, 188, 190, 194, 263, 365, 367, 377
コルドバ掃天星表　→星表
コロナ　78, 179, 503, 505, 550, 551, 552, 553, 556
コロナグラフ　488

【サ行】
サイクロトロン放射　526
彩層　178, 179, 503, 506, 556
散開星団　263, 264, 265, 266, 268, 269, 282
散光星雲　328, 341, 350, 378, 526
ザンストラ温度　350
シーロスタット　507, 508
紫外線観測　548
紫外分光アトラス　547
磁気流体力学　555, 556, 557, 562
磁気流体力学波（MHD波）　555
始原的原子　448, 449
子午儀　58, 73, 102, 466
視差測定　365, 366, 375
視線速度　6, 37, 53, 54, 56, 75, 76, 190, 417, 424
質量光度関係　215, 216, 217, 218, 252
質量半径図（白色矮星）　226
島宇宙　395, 408, 409, 418
　島宇宙説　404, 407, 416
写真アトラス（バーナード）　→星団星雲カタログ
写真測光法　103, 104
周縁減光　516, 517
周期光度関係　381, 400, 424, 426, 435, 484

収縮説　43, 151
収縮論　217
シューメーカー・レビ第9彗星　→彗星
重力測定　462
重力不安定　453
縮退ガス　225
主系列星　124, 176, 260, 554
シュタルク効果　124, 464, 465
小惑星　62, 192, 334, 356
食変光星　→変光星
新一般カタログ（NGC）　→星団星雲カタログ
「深遠な銀河系」　301, 302, 371
新技術望遠鏡　534
シンクロトロン放射　523, 526, 527, 528, 529
新星　38, 39, 41, 43, 79, 105, 115, 138, 481, 483, 549
シンチレーション　70
「新天文学」　27, 28, 74, 75, 472
新天台構想（一戸直蔵）　477, 478
振動宇宙　444
彗星　62, 65, 67, 70, 258, 293, 321, 322, 323, 326, 332, 357, 551
　シューメーカー・レビ第9彗星　159, 160
　スイフト彗星　323
　ドナーティ彗星　65, 66, 67, 68
　ハレー彗星　356
水素輝線星　114, 115
水素爆弾　239, 240
スイフト彗星　→彗星
すだれコリメータ　542, 543, 544
ストレームグレン球　353
スペクトロヘリオグラフ　379
スペコラ（合金）　16
星雲仮説　151, 304
星雲線，星雲輝線　37, 94, 341, 343, 345
星雲団　335
星間吸収　268, 380, 524
星間雲　548
星間コロナ　543
星間赤化　380
星間分子　523, 529, 531
星間分子分光学　523
星周圏　500, 501

星団型変光星 →変光星
星団星雲カタログ 298
 インデックス・カタログ (IC) 117, 318
 ケーニッヒスツール・ハイデルベルク星雲リスト（オルフ）336
 写真アトラス（バーナード）330
 新一般カタログ（NGC）318
 星団星雲の一般カタログ 305
 星団, 星雲の一般カタログ (GC) 315, 317
 星団星雲カタログ（メシエ）(M) 298
 2ミクロン掃天カタログ 546
静的宇宙論 →宇宙論
星表
 アルゼンチン天文表 63
 ケープ写真掃天表 376
 コルドバ掃天星表 63
 赤色星カタログ（シェーレラップ）50, 51
 プルコワ星表 372
 ヘンリー・ドレイパー記念星表 107, 112, 113
 ヘンリー・ドレイパー星表（HD星表）108, 135
 ボン写真星表 474
 ボン星表（BD星表）135, 376, 385, 386, 390
 レギオモンタヌス星表 372
 HDE星表 135, 136
 HDEチャート 135, 136
ゼーマン効果 463, 464
赤外線 545
 赤外線源 546
赤色巨星 4, 176, 198, 217, 218, 219, 246, 554
赤色星カタログ →星表
赤色矮星 218, 219, 554
赤道儀式 17
絶対等級 186, 187, 190, 400
ゼラチン・ブロマイド乾式乾板 91, 92, 332
早期型特異星 504
双極分子流 551
掃天観測 63, 143, 375, 546
測地事業 361
ソルベー会議 251

【タ行】
大銀河系説 →銀河系
太陽向点 377
太陽黒点 →黒点
太陽スペクトル 15, 21, 22, 25, 31, 33, 48, 49, 61, 70, 89, 90, 462, 464
 太陽スペクトル表 22, 33
太陽ニュートリノ 238
太陽熱量計 152
太陽の内部構造 175
太陽の熱源 3, 150, 157, 158, 164
太陽風 551, 552, 553, 555
対流平衡 163, 213
楕円星雲 335, 427
ダゲレオ式カメラ 29, 82, 85
短周期変光星 →変光星
炭素・窒素サイクル 236
炭素星 52, 113, 116, 512, 513, 539
地球物理学 462, 466
チャンドラセカール限界（白色矮星）227
中性子星 176, 227
中性水素 524, 525
超巨星 124, 135, 204, 555
長周期変光星 →変光星
超新星 432, 549
 超新星残骸 523, 529, 543
潮汐作用 160
低温度星 510, 511
定常宇宙論 →宇宙論
天空の穴 5, 319, 320, 328, 330, 338
天体力学 488, 491, 492
天王星 292, 359, 414
電波源のカタログ 522
電波スペクトル 526
電波望遠鏡 494, 521, 529
てんま →科学衛星
電離星雲 353
東亜天文学会 483
洞窟星雲 338
等光度法 301, 302, 371, 372
特異星 104, 114, 137
土星 47, 99
ドップラー効果 37, 417
ドナーティ彗星 →彗星
ドレイパー公園 127

トンネル効果　252

【ナ行】
内部構造　3, 162, 164, 166, 170, 212, 214, 217, 225, 259
2次元分類　→分光分類
二重星　73, 192, 292, 313, 314, 358, 360, 363
21 cm 電波　524, 525
二星流説　211, 377, 378, 379
二方向進化説　→星の進化論
2ミクロン掃天カタログ　→星表
熱核反応　235, 244, 250, 259
熱的電波　526
年周視差　376, 377

【ハ行】
パーカースパイラル　553
バース哲学協会　292
ハーバード分類　→分光分類
白色矮星　176, 195, 225, 226, 227, 256, 359, 499
はくちょう　→科学衛星
白斑　159, 160
バターフライ図　56
ハッブル系列　427, 428
ハッブル定数　427
パラボラ型アンテナ　520
ハレー彗星　→彗星
パロマースカイアトラス　347, 537
晩期型星　186
反射鏡　290
反射星雲　338, 341, 349
反射望遠鏡　16, 85, 87, 88, 532, 537
非均質モデル　→星の進化論
非熱的なスペクトル　528
表面重力　203, 204
微惑星仮説　421
フーコー振子　47
浮上磁場　561
フラウンホーファー線　2, 15, 20, 21, 22, 25, 33, 40, 61, 69, 74, 83, 178, 462, 503
プラズマ　555
ブラックホール　227, 492
プリズム分光器　16, 24, 25, 33, 59, 69, 91, 93, 475, 509

ブリンクコンパレータ　332
古い銀河座標系　270
ブルースメダル　326
ブルコワ星表　→星表
フレア　561
プロト元素　180
プロミネンス　78, 177, 483
分光学　462, 464
分光分類
　　化学分類（ロッキャー）　181
　　ハーバード分類（キャノン）　135, 182
　　分光分類（キャノン）　132, 133, 135
　　分光分類（セッキ）　51, 52, 106, 125
　　分光分類（フォーゲル）　53, 54, 55, 106
　　分光分類（フレミング）　112, 114, 125, 130, 132
　　分光分類（モーリー）　120, 122, 123, 125, 126, 130
　　分光分類（ラザファード）　60
　　2次元分類（モーガン）　124, 203, 206
　　MK 分類　206
分光連星　116, 393, 475
分子スペクトル　508
平均視差　377, 382, 409
ヘイスティングス歴史協会　128
β Lyr 型星　114
ベネディクトボイエルン光学工場　13, 14, 16
ヘリウム　123, 178, 259
ヘリウム線　55
ヘルツシュプルング・ラッセル図（HR 図）　4, 190, 197, 206, 230, 254, 265, 266, 433, 434
変光星　104, 105, 114, 116, 137, 140, 141, 472, 474, 481, 483, 484
　　アルゴール型変光星　105, 106, 116
　　ケフェウス型変光星　141, 142, 190, 215, 381, 399, 400, 409, 424, 469, 470, 484
　　食変光星　215
　　星団型変光星　276, 434
　　短周期変光星　105, 116
　　長周期変光星　105, 116, 554
変光星雲　329
ヘンリー・ドレイパー記念星表　→星表

ヘンリー・ドレイパー星表（HD星表）　→星表
放射平衡　213, 214
膨張宇宙　425, 444, 445, 447
星数え法　339, 340
星計測法　300, 302, 371, 388
星欠乏域　328, 336, 337, 338
星の種族　433
星の進化論　3
　　一方向進化説　3, 168
　　均質モデル　5
　　二方向進化説　3, 168, 183, 197, 471
　　非均質モデル　5, 280, 282
　　星の進化（エディントン）　217
　　星の進化（エピック）　258, 260
　　星の進化過程（カプタイン）　378
　　星の進化（ガモフ）　252, 253
　　星の進化（ジーンズ）　219
　　星の進化（新城新蔵）　471
　　星の進化論（マーティン・シュヴァルツシルト）　280
　　星の進化論（ラッセル）　192, 197
　　星の進化論（リッター）　166
　　星の進化（ワイツゼッカー）　244, 245
北極基準星　143
ポリトロープ　173
ポリトロープ（ガス）球　174, 175, 214, 215, 228, 230, 499
ボン写真星表　→星表
ボン星表　→星表

【マ行】
マイヤーの関係式　157
マウナケア山頂　532, 534, 536
マウンダーミニマム　77
マリナー2号　553
木星　47, 59, 323, 440, 441
　　木星スペクトル　59

【ヤ行】
陽子—陽子反応　236, 238, 244, 259

【ラ行】
ラッセル・ミックスチュア　193, 237
ラッセル図　195, 196

離心的心核　469, 470, 498
理想的恒星系　→銀河系モデル
粒状斑　159, 556
流星　257, 469, 471
流星物質　183, 257, 469
レーンの法則　165
レギオモンタヌス星表　→星表
連続光　22, 38, 94, 349, 350
連続スペクトル　25, 26, 37
ロケット観測　541
ロッキャーのアーチ　181, 182

【ワ行】
矮星　190, 197, 215, 510
惑星科学　506
惑星系形成論　246
惑星状星雲　35, 36, 37, 79, 94, 115, 117, 137, 138, 303, 304, 310, 335, 346, 350, 378, 492, 493, 494, 500, 501, 504, 550

【A-Z】
BD星表　→星表
CCD　533, 534
CNOサイクル　236, 244
CNサイクル　236
HD星表　→星表
HDEチャート　→星表
HDE星表　→星表
HR図　→ヘルツシュプルング・ラッセル図
IAU　→国際天文学連合
IRAS衛星　→科学衛星
IUE衛星　→科学衛星
MK分類　→分光分類
MKKアトラス　206, 207
MSHカタログ　→宇宙電波源カタログ
OAO-2衛星　→科学衛星
OAO-3衛星　→科学衛星
P Cyg 型星　138, 139, 505, 553
P Cyg 型輪郭　42, 554
WR星　→オルフ・ライエ星
X線スペクトル　544
X線バースト　544
X線源　542, 543, 544
X線連星　543, 545

■恒星，星雲，星団

アークトゥルス（α Boo）　55, 60, 61, 65, 91, 187
アルシオーネ星（η Tau）　62
アルタイル（α Aql）　91
アルデバラン（αTau）　33, 34, 49, 55
アンタ－レス（α Sco）　49, 50, 51, 319, 328
アンドロメダ座 α 星（α And）　548
アンドロメダ座 S 星（S And）　394, 432
アンドロメダ星雲（M31 銀河）　37, 98, 310, 408, 417, 423, 433, 434
いて座 μ 星（μ Sgr）　475, 476
エリダヌス座 σ 星（σ Eri）　195
オリオン座 ζ 星（ζ Ori）　117, 118
オリオン座トラペジウム　43, 92, 93, 311
オリオン星雲（散光星雲）　43, 79, 92, 93, 94, 98, 297, 310, 339, 526
カシオペア座 γ 星（γ Cas）　51, 55, 79
かに星雲（超新星残骸）　308
カペラ（α Aur）　51, 55, 60, 91, 187, 214, 237, 252
かんむり座 T 星（T CrB）　39, 55
北アメリカ星雲　338
キャッツアイ雲（NGC 6543）　36
ケンタウルス座 α 星（α Cen）　187, 368, 369
こと座ベータ星（β Lyr）　43, 51, 55, 79, 116, 126, 430, 548
こと座リング星雲（NGC 6720）　37, 335
さそり座ベータ星（β Sco）　38
小マゼラン雲　141, 190, 191
シリウス（αCMa）　14, 15, 33, 34, 39, 49, 51, 55, 60, 225, 359
スピカ（αVir）　60
大マゼラン雲　141, 314
はくちょう座網状星雲（NGC 6960）　338, 339, 340
はくちょう座 P 星（P Cyg）　43, 79
はくちょう座 U 星（U Cyg）　509
はくちょう座 χ 星（χ Cyg）　328, 511, 512
はくちょう座 61 星（61 Cyg）　366, 367, 369
馬頭星雲（暗黒星雲）　117, 118
ヒアデス星団　189, 190, 282
プレアデス星団　61, 62, 64, 104, 143, 189, 263, 267, 328
プレセペ星団　61, 143, 267, 282
ベガ（α Lyr）　51, 55, 89, 91, 365, 369
ペガサス座ベータ星（β Peg）　39
リーゲル（β Ori）　49, 55, 60
ベテルギウス（α Ori）　33, 34, 39, 48, 49, 50, 51, 55, 60
ヘルクレス座 α 星（α Her）　55
ミラ（o Cet, 極大光度期）　79, 475
わし座新星 No. 3　481, 482
h + χ 星団　267, 282
M3（球状星団）　274, 275, 276
M4（球状星団）　319
M8（散光星雲）　339
M11（散光星雲）　324, 328
M13（球状星団）　400
M20（散光星雲）　339
M33（渦状星雲）　336
M51（渦状星雲）　310
M53（球状星団）　431
M67（散開星団）　282
M80（散光星雲）　319
M92（球状星団）　274, 275
M99（渦状星雲）　310, 311
M101（渦状星雲）　406, 407, 409, 419, 425
NGC 1499（散光星雲）　324
NGC 1514（惑星状星雲）　303, 304
NGC 4594（渦状星雲）　419
NGC 6210（散光星雲）　335
NGC 6543（惑星状星雲）　→キャッツアイ星雲
NGC 6720（惑星状星雲）　→こと座リング星雲
NGC 6960（超新星残骸）　→はくちょう座網状星雲
NGC 7023（散光星雲）　336
NGC 7023（反射星雲）　337

■研究機関（大学，天文台，博物館）

アーヘン工業大学　165
アーマー天文台　258, 261, 316, 317
アムステルダム大学　348
アメリカ沿岸調査所　58, 62
アメリカ海軍天文台　46
アメリカ航空宇宙局（NASA）　541, 549
アメリカ国立電波観測所　529
アルチェトリ天体物理学観測所　68
アレキッパ観測所　130, 131, 133, 141
アレゲニー天文台　263, 395
ウィルソン山天文台　272, 342, 349, 380, 398, 422, 430, 432, 463, 465, 545, 546
ウプサラ大学　555
ウラニア天文台　184, 185, 186
ウレスリー女子大学　129, 130
エストニア大学　257
エディンバラ大学　364
岡山天体物理観測所　139, 490, 491, 512, 513
オンサラ観測所　529
カーネギー研究所　192
カリフォルニア工科大学　272, 342, 346, 546
カリフォルニア大学　264
カプタイン天文学研究所　384
カルトン・ヒル天文台　363, 365
木曽観測所　537
キットピーク国立（太陽）天文台　532, 557, 558
キャベンディシ研究所　250
京都産業大学　498
京都大学天文台　468, 485
京都帝国大学　464, 466, 467, 503
グリニジ（王立）天文台　39, 71, 72, 74, 79, 210, 252
ケーニッヒスツール天文台　325, 333
ケーニッヒスベルク大学　357
ケーニッヒスベルク（大学）天文台　19, 357, 358, 361
ケープ天文台　314, 364, 375, 440
ゲッチンゲン大学　171, 252, 466
ゲッチンゲン大学付属天文台　19, 467
ケンブリッジ大学　72, 210, 212, 222, 487, 514, 522
ケンブリッジ大学天文台　44, 71, 72

コーネル大学　234, 241
コダイカナール太陽天文台　557
コペンハーゲン大学　351
コペンハーゲン天文台　318
コルドバ天文台　62
コロナ観測所（乗鞍岳）　488
コロラド大学　251
コロンビア大学　64, 278
コロンビア大学天文台　64
サクラメントピーク国立太陽天文台　559
シカゴ大学　202, 224, 342, 351, 420, 551
シドニー大学　522
ジョージ・ワシントン大学　251
ストックホルム王立工科大学　555
ストロムロ山天文台　435
セロトロロ汎アメリカ天文台　532
太陽物理天文台　179
タシケント天文台　256
タルスヒル天文台　29, 30, 38, 40, 42, 44, 91
タルト大学　257
タルト天文台　17
チェーレンチュウスカヤ天文台　532
チェロ・パラナル観測所　534
月惑星研究所（アリゾナ大学）　545
ドイツ博物館　18
東京大学宇宙航空研究所　544
東京帝国大学　462, 465, 473, 487
東京天文台　474, 487, 507
東北帝国大学　513, 514, 515
トリエステ天文台　548
ドルパト王立天文台　17
ドルパト大学　361
ドルパト天文台（現タルト天文台）　359, 360, 362, 363
ノーマン・ロッキャー天文台　184
野辺山宇宙電波観測所　496, 529, 530
バー・キャッスル　85, 306, 310, 312, 316
ハーシェル博物館　289, 290
ハーバード大学　140, 257, 526
ハーバード大学天文台　68, 95, 96, 97, 98, 99, 104, 106, 114, 115, 117, 120, 126, 136, 140, 142, 188, 278, 318, 325, 401, 446, 483, 484, 492

ハイデルベルク大学　23, 26, 332
ハイデルベルク大学化学研究所　20, 21
バサール女子大学　119
バチカン天文台　2, 47
花山天文台　468, 485, 503
パリ天文台　48, 178
パリ天文台（ムードン）　56
バルチック天文台　261
パロマー山天文台　272, 273, 274, 346, 537
バンダービルト大学　322, 328
ハンブルク大学　243
ハンブルグ天文台　348, 431, 537
ピサ大学　67
飛騨天文台　503, 560
物理学および自然史博物館（フィレンツェ）　58, 66
プリンストン大学　192, 278, 541
プリンストン大学天文台　193
ブルコワ天文台　363
ブレスラウ大学　23
フローニンゲン大学　375
ヘイスティングス天文台　82, 85, 86, 87, 96
ペトログラード大学　443
ベル電話研究所　520, 533
ペルム州立大学　443
ベルリン王立天文台　18
ベルリン大学　23, 26, 497
ホイップル博物館　44
ボスカムプ天文台　54
ポツダム天体物理観測所　171, 497
ポツダム天体物理天文台　56
ポツダム天文台　56, 189
ボン天文台　385
マサチューセッツ工科大学（MIT）　100, 101, 102, 526, 541
マックス・プランク研究所　243
マドラス大学　222, 223
マリア・ミッチェル天文台　119
ミシガン大学天文台　395
水沢緯度観測所　468, 480
ミネソタ大学　347
ミュンヘン王立天文台　19
ミュンヘン工科大学　169
ミュンヘン市立博物館　12
ミュンヘン大学　351, 385
ミュンヘン物理博物館　16
ヤーキス天文台　99, 201, 202, 323, 324, 325, 352, 379, 380, 422, 474, 476, 483, 509
山本天文台　485, 486
ヨーロッパ宇宙機構（ESA）　549
ヨーロッパ南天天文台（ESO）　532
ライデン大学　523
ライデン天文台　191, 374, 441, 523
ラザファード天文台　57, 58
ラドクリフ天文台　348
理化学研究所　508
リック天文台　99, 264, 265, 322, 324, 325, 393, 509, 545
リリエンタール天文台　357
理論物理学研究所（コペンハーゲン）　223, 250, 351
ルーヴェン・カトリック大学　446
レニングラード大学　249, 250
ローウェル天文台　264, 412, 413, 415, 416, 545
ローマ・カレッジ天文台　47, 48
ロンドン王立協会　152, 182
ESA　→ヨーロッパ宇宙機構
MIT　→マサチューセッツ工科大学
NASA　→アメリカ航空宇宙局

■望遠鏡

屈折望遠鏡　16
　　ケンジントン望遠鏡（太陽物理天文台, ロンドン）　179
　　クラーク61 cm屈折望遠鏡（ローウェル天文台）　413
　　クラーク屈折鏡（ヘイスティングス天文台）92, 93
　　クック30 cm写真儀（東京天文台三鷹）　488
　　ザートリウス18 cm屈折（京大天文台）　481
　　ドレイパー28 cm屈折（ハーバード大学天文台）　122
　　ドレイパー屈折鏡（ハーバード大学天文

台）133
バーシェ望遠鏡（ハーバード大学天文台）103, 112
フィッツ望遠鏡（ラザファード天文台）58
ブルース双筒望遠鏡（ハーバード大学天文台）102
ブルースツイン写真儀（ケーニッヒスツール天文台）333, 334, 336, 337
ブルース望遠鏡（ハーバード大学天文台）141, 326
ボイデン屈折鏡（ハーバード大学天文台）133
メトカルフ望遠鏡（ハーバード大学天文台）136
メルツ屈折望遠鏡（バチカン天文台）48, 49
9インチ（23 cm）屈折鏡（ドルパト天文台）17, 363, 365, 367
16 cm ヘリオメータ（ケーニッヒスベルグ天文台）18, 367
16 cm 屈折鏡（N・ロッキャー）177
18 cm 屈折望遠鏡（京都大学天文台）468
20 cm 屈折鏡（タルスヒル天文台）31
20 cm 屈折望遠鏡（ポツダム天体物理天文台）56
25 cm 屈折望遠鏡（アーマー天文台）317
27 cm 屈折望遠鏡（ミュンヘン王立天文台）19
29 cm 屈折望遠鏡（ラザファード天文台）61
30 cm 屈折望遠鏡（京大天文台）485
30 cm 屈折望遠鏡（リック天文台）322
30 cm 屈折望遠鏡（ヤーキス天文台）474
30 cm 屈折望遠鏡（ポツダム天体物理天文台）36
33 cm 屈折赤道儀（グリニジ天文台）73, 76, 77
36インチ屈折望遠鏡（リック天文台）323, 324, 511
38 cm 屈折赤道儀（ハーバード大学天文台）98, 102
40 cm 屈折望遠鏡（ケープ天文台）314
40インチ（102 cm）屈折望遠鏡（ヤーキス天文台）206, 324, 380, 423, 474, 475, 509
61 cm 屈折鏡（ローウェル天文台）415, 417
71 cm 屈折赤道義（グリニジ天文台）73, 76
80 cm 屈折望遠鏡（ポツダム天体物理天文台）56

反射望遠鏡 16
16 cm 反射鏡（W・ハーシェル）290, 293
30 cm 反射鏡（W・ハーシェル）295, 298
122 cm 反射望遠鏡（W・ハーシェル）296, 297, 371
90 cm 望遠鏡（バー・キャッスル）308, 309, 310
183 cm 反射望遠鏡（巨大海獣，バー・キャッスル）307, 308, 309, 311, 316
40 cm 反射鏡（ヘイスティングス天文台）86
71 cm 反射鏡（ヘイスティングス天文台）86, 91, 93
76 cm 反射望遠鏡（N・ロッキャー）179
クロスリー反射望遠鏡（リック天文台）265, 393, 394
ワルツ反射望遠鏡（ケーニッヒスツール天文台）333, 334, 337
カルバー製 46 cm 反射望遠鏡（山本天文台）485
100インチ（254 cm）望遠鏡（ウィルソン山天文台）272, 273, 342, 380, 425, 433
200インチ反射望遠鏡（パロマー山天文台）273, 274, 346, 429, 430, 531
1.8 m 反射望遠鏡（ストロムロ山天文台）435
188 cm 反射望遠鏡（岡山天体物理観測所）490, 491

ハーシェル望遠鏡（カナリー島） 532
1.6 m 赤外線望遠鏡（カリフォルニア工科大学） 546
3.58 m NTT 望遠鏡（ESO） 534
ジェミニ望遠鏡（マウナケア，セロ・パチョン） 534
すばる望遠鏡（国立天文台，マウナケア） 534, 535
VLT（Very Large Telescope）（ESO） 534
3.6 m 反射望遠鏡（FCH，マウナケア） 532
4 m 反射望遠鏡（KPNO） 532

シュミット望遠鏡 537
120 cm シュミット望遠鏡（パロマー山天文台） 347, 537
100 cm シュミット望遠鏡（ESO） 537
120 cm シュミット望遠鏡（UKST） 537
105 cm シュミット望遠鏡（木曽観測所） 537, 538

太陽望遠鏡
30 cm スペクトロヘリオグラフ（G・E・ヘール） 379
太陽トンネル望遠鏡（コダイカナール太陽天文台） 557
ダン太陽望遠鏡（サクラメント国立太陽天文台） 559
ドームレス太陽望遠鏡（飛騨天文台） 561
マクマス・ピアース太陽望遠鏡（キットピーク国立太陽天文台）557, 558, 559

■電波望遠鏡

太陽電波望遠鏡（10 m，東京天文台三鷹） 488
パラボラ型アンテナ（9.5 m，レーバー） 520
ケンブリッジ電波干渉計 522
VLA（Very Large Array，大型干渉計ネットワーク） 523
VLBI（Very Long Base Line，超長基線干渉計） 523
11 m ミリ波望遠鏡（アメリカ国立電波観測所） 529
20 m ミリ波望遠鏡（オンサラ観測所） 529
30 m ミリ波望遠鏡（IRAM） 529
45 m ミリ波望遠鏡（野辺山宇宙電波観測所） 529

【著者紹介】

小暮　智一（Kogure Tomokazu）

1926 年 6 月　群馬県桐生市出身
1950 年 3 月　京都大学理学部卒業，宇宙物理学専攻
1950 年 4 月　大阪市立高校教諭
1952 年 10 月　京都府立高校教諭
1961 年 4 月　京都大学助手（理学部宇宙物理学教室）
1969 年 4 月　茨城大学理学部物理学科助教授
1969 年 10 月　同教授（宇宙物理学担当）
1976 年 10 月　京都大学理学部教授（銀河物理学担当）
1990 年 3 月　京都大学名誉教授
1993 年 7 月　岡山県美星町立美星天文台台長
2000 年 3 月　同名誉台長

研究分野　恒星分光学，銀河物理学

主な著書
1956 年　「地学教育講座」（全 15 巻中天文関係 3 分冊共著）福村書店
1980 年　「恒星の世界」（小平桂一編，分担：第 5 章「恒星の周辺」）恒星社
1983 年　「北天銀河の Hα 写真星図」（英文，共著）京都大学宇宙物理学教室
1994 年　「スペース・クルーズ，星の一生を探る旅」（共著）株式会社アスキー
1994 年　「星間物理学」ごとう書房
2002 年　「輝線星概論」ごとう書房
2007 年　「輝線星の天体物理学」（英文）Springer

現代天文学史
――天体物理学の源流と開拓者たち　　　　© T. Kogure 2015

2015 年 12 月 10 日　初版第一刷発行

著　者　　小　暮　智　一
発行人　　末　原　達　郎

発行所　京都大学学術出版会
京都市左京区吉田近衛町 69 番地
京都大学吉田南構内（〒606-8315）
電　話（075）761-6182
FAX（075）761-6190
Home page http://www.kyoto-up.or.jp
振　替　01000-8-64677

ISBN 978-4-87698-882-2
Printed in Japan

印刷・製本　㈱クイックス
定価はカバーに表示してあります

本書のコピー，スキャン，デジタル化等の無断複製は著作権法上での例外を除き禁じられています。本書を代行業者等の第三者に依頼してスキャンやデジタル化することは，たとえ個人や家庭内での利用でも著作権法違反です。